朱尧辰 著

数的几何引论

An Introduction to the Geometry of Numbers

中国科学技术大学出版社

内 容 简 介

数的几何是数论的一个经典分支.本书给出它的基本结果和一些数论应用.基本结果包括凸体和格的性质,Minkowski 第一和第二凸体定理,Minkowski-Hlawka 容许格定理,Mahler 列紧性定理,二次型的约化理论及堆砌与覆盖等;数论应用有四平方和定理及 Hurwitz 逼近定理等的证明.

本书以大学理工科有关专业高年级学生和研究生为主要对象,也可供有关研究人员参考.

图书在版编目(CIP)数据

数的几何引论/朱尧辰著. —合肥:中国科学技术大学出版社,2019.5

ISBN 978-7-312-04643-8

Ⅰ. 数…　Ⅱ. 朱…　Ⅲ. 数的几何　Ⅳ. O156.3

中国版本图书馆 CIP 数据核字(2019)第 010928 号

出版　中国科学技术大学出版社
安徽省合肥市金寨路 96 号,230026
http://press.ustc.edu.cn
https://zgkxjsdxcbs.tmall.com

印刷　合肥市宏基印刷有限公司

发行　中国科学技术大学出版社

经销　全国新华书店

开本　710 mm×1000 mm　1/16

印张　15.75

字数　309 千

版次　2019 年 5 月第 1 版

印次　2019 年 5 月第 1 次印刷

定价　45.00 元

前　　言

数的几何是应用几何方法研究某些数论问题的一个数论分支, 也称几何数论. 就整体而言, 数的几何的研究对象具有互相关联的两个侧面: 算术侧面和几何侧面. 历史上, 首先出现的是算术的观点. 但早在 17~18 世纪间, J.-H. Lagrange 和 C. F. Gauss 等就已经开始以几何方法研究二次型的算术性质. 直到 1896 年, H. Minkowski 的 *Geometrie der Zahlen* (《数的几何》) 问世, 系统地确立了几何的观点, 建立了关于凸体的两个基本定理, 才奠定了数的几何作为一个独立的数论分支的地位. 我们可以将数的几何的基本问题表述为: 在什么条件下, 一个给定的凸体中含有非零整点? 也可以表述为: 在什么条件下, 对于空间中每个点 $\boldsymbol{z}$, 在一个给定的立体中存在点 $\boldsymbol{x}$, 使得 $\boldsymbol{x}-\boldsymbol{z}$ 是一个整点? 从 Minkowski 的开创性工作开始, 一直到 20 世纪 80 年代, 围绕基本问题的研究, 数的几何积累了丰硕的理论成果, 并且成为研究某些丢番图逼近和代数数论问题的重要数论工具. 它们大体上构成数的几何的经典部分.

目前以数的几何为主题的中文出版物很少. 本书是作者在大学数论专业课程讲稿基础上补充加工而成的, 以 Minkowski 凸体定理为主, 比较系统地给出经典数的几何的基本结果, 为大学理工科有关专业高年级学生和研究生进一步学习或从事研究工作提供一座桥梁, 也适当兼顾有关科研人员的参考需求.

本书含 8 章, 各章内容如下: 第 1 章和第 2 章给出关于 n 维凸体和格的基本概念和一些基本性质, 是全书的预备, 其中包含一些后文并不引用但在数的几何中具有基本意义的结果. 第 3 章研究一个凸体何时含有非零格点的问题. 首先证明 Blichfeldt 定理, 然后由此推出 Minkowski 第一凸体定理 (分别就 $\mathbb{Z}^n$ 情形和一般格的情形加以讨论), 并给出 Minkowski 线性型定理. 这一章其余部分给出 Minkowski 第一凸体定理在某些数论问题研究中的应用, 如格的特征的讨论, 用二次型表示整数问题 (四平方和定理等) 的数的几何解法. 第 4 章考虑一个凸体何时不含有非零格点的问题, 引进容许格和临界行列式的概念, 证明关于容许格的存在性的 Minkowski-Hlawka 定理. 第 5 章的主题是 Minkowski 第二凸体定理. 首先比较一般地讨论距离函数, 然后简明地给出商空间 $\mathbb{R}^n/\Lambda$ (其中 Λ 是一个格) 上的测度概念, 进而引入相继极小的概念, 并证明 Minkowski 第二凸体定理, 最后给出上述基本结果到对偶凸集情形的扩充, 并且介绍 Mahler 复合体, 以及近些年来 W. M. Schmidt 和 L. Summerer 提出的"参数数的几何". 第 6 章引进格序列收敛性概念, 证明 Mahler 列紧性定理 (或称 Mahler 选择定理). 第 7 章的主题通常称为二次型的约化理论, 首先讨论格与型的一般关系, 然后给出关于正定二次型的约化的基本定理, 并用于正定二次型绝对值的极小问题, 最后给出不定二元二次型情形的一些方法和结果, 并用来给出 Hurwitz 逼近定理的一种证明. 第 8 章是关于堆砌与覆盖的简明引论, 包括一些一般性的结果, 以及关于球格堆砌和球格覆盖的某些基本结果. 各章末附习题. 正文之后集中给出部分习题的解答或提示, 供读者参考.

从现有文献看, 数的几何的某些部分如覆盖与堆砌的当代发展 (包括在编码理论中的应用等) 突破了它的经典框架, 通常归于离散几何、计算几何以及凸几何 (甚至有时数的几何本身也被视作凸几何的一个组成部分), 所有这些都超出本书的预设目标. 对此我们只在参考文献中列出若干有关专著.

限于作者的水平, 书中存在谬误和不妥在所难免, 欢迎读者和同行批评指正.

朱尧辰

2018 年 6 月于北京

主要符号说明

1° $\mathbb{N},\mathbb{Z},\mathbb{Q},\mathbb{R},\mathbb{C}$　依次为正整数集, 整数集, 有理数集, 实数集, 复数集.

$\mathbb{N}_0$　等于 $\mathbb{N}\cup\{0\}$.

$|S|$　有限集 S 所含元素的个数.

2° $[a]$ $(\lfloor a\rfloor)$　实数 a 的整数部分, 即不超过 a 的最大整数.

$\{a\}$　实数 a 的分数部分, 也称小数部分, 即 $\{a\}=a-[a]$.

$\lceil a\rceil$　大于或等于 a 的最小整数.

$\gcd(a_1,\cdots,a_n)$　整数 $a_1,\cdots,a_n$ 的最大公因子.

δ_{ij}　Kronecker 符号, 即当 $i=j$ 时其值为 1, 否则为 0.

$\operatorname{sgn}(a)$　实数 a 的符号函数 (其值等于 $+1$(若 $a>0$), -1(若 $a<0$), 或 0(若 $a=0$)).

3° $\log_b a$　实数 $a>0$ 的以 b 为底的对数.

$\log a$ (与 $\ln a$ 同义)　实数 $a>0$ 的自然对数.

$\exp(x)$　指数函数 e^x.

$\Gamma(x)$　伽马函数.

4° $(x_1,\cdots,x_n)^{\mathrm{T}}$　向量 $(x_1,\cdots,x_n)$ 的转置.

$\boldsymbol{x}\cdot\boldsymbol{y}$　向量 $\boldsymbol{x}=(x_1,\cdots,x_n),\boldsymbol{y}=(y_1,\cdots,y_n)\in\mathbb{R}^n$ 的内积 (数量积), 即 $x_1y_1+\cdots+x_ny_n$.

$|\boldsymbol{x}|$　向量 $\boldsymbol{x}=(x_1,\cdots,x_n)$ 的长, 即 $|\boldsymbol{x}|=(\boldsymbol{x}\cdot\boldsymbol{x})^{1/2}=(x_1^2+\cdots+x_n^2)^{1/2}$.

$(a_{ij})_{m\times n}$　第 i 行、第 j 列元素为 a_{ij} 的 $m\times n$ 矩阵.

$(a_{ij})_n$　第 i 行、第 j 列元素为 a_{ij} 的 n 阶方阵, 不引起混淆时可记为 (a_{ij}).

$\boldsymbol{I}_n$　n 阶单位方阵, 不引起混淆时可记为 $\boldsymbol{I}$.

$\boldsymbol{O}_n$　n 阶零方阵, 不引起混淆时可记为 $\boldsymbol{O}$.

$\operatorname{diag}(a_{11},a_{22},\cdots,a_{nn})$　n 阶对角方阵.

$(\boldsymbol{a}_1\quad\boldsymbol{a}_2\quad\cdots\quad\boldsymbol{a}_n)$　由 n 维列向量 $\boldsymbol{a}_1,\boldsymbol{a}_2,\cdots,\boldsymbol{a}_n$ 组成的 n 阶方阵.

$\begin{pmatrix} \boldsymbol{a}_1 \\ \vdots \\ \boldsymbol{a}_n \end{pmatrix}$ 由 n 维行向量 $\boldsymbol{a}_1,\boldsymbol{a}_2,\cdots,\boldsymbol{a}_n$ 组成的 n 阶方阵.

$\boldsymbol{A}^{\mathrm{T}},(a_{ij})^{\mathrm{T}}$ 方阵 $\boldsymbol{A}$ 和 (a_{ij}) 的转置.

$\det \boldsymbol{A},\det(\boldsymbol{A}),\det(a_{ij}),|\boldsymbol{A}|$ 方阵 $\boldsymbol{A}$ 或 (a_{ij}) 的行列式.

$\|\boldsymbol{\tau}\|$ $\mathbb{R}^n$ 中线性变换 $\boldsymbol{\tau}$ 的范数 (模), 若 $\boldsymbol{\tau}$ 对应的系数矩阵是 (τ_{ij}), 则 $\|\boldsymbol{\tau}\|=n\max\limits_{1\leqslant i,j\leqslant n}|\tau_{ij}|$.

5° $D(f)$ 二次型 f 的判别式 (行列式).

$M(f)$ 定义见 7.6 节的式 (10), 即 $M(f)=\inf\limits_{\boldsymbol{x}\in\mathbb{Z}^n\setminus\{\boldsymbol{0}\}} f(\boldsymbol{x})$.

6° $\mathcal{L},\mathcal{L}_n$ 所有 n 维格的集合.

$\Lambda_0,\Lambda_0^{(n)}$ 所有 n 维整点形成的格, 等同于 $\mathbb{Z}^n$.

$d(\Lambda)$ 格 Λ 的行列式, 定义见 2.1 节的式 (6).

$\Delta(\mathscr{S})$ 点集 $\mathscr{S}$ 的临界行列式 (格常数), 定义见 4.1 节的式 (1).

$F(\Lambda)$ 定义见 5.3 节的式 (1), 即 $F(\Lambda)=\inf\limits_{\boldsymbol{a}}F(\boldsymbol{a})$, 其中 F 是距离函数, $\boldsymbol{a}$ 遍历格 Λ 的所有非零格点.

$|\Lambda|$ 定义见 5.3 节的式(2), 即 $|\Lambda|=\inf\limits_{\boldsymbol{a}}|\boldsymbol{a}|$, 其中 $\boldsymbol{a}$ 遍历格 Λ 的所有非零格点.

$\delta(F)$ 定义见 5.3 节的式 (4), 即 $\delta(F)=\sup\limits_{\Lambda\in\mathcal{L}_n}\big(F(\Lambda)\big)^n/d(\Lambda)$.

$\widehat{\delta}(\mathscr{S},\mathcal{C}),\widehat{\delta}(\mathscr{S})$ 有界凸集 $\mathscr{S}$ 的 (平移) 堆砌 $\mathcal{C}$ 的密度.

$\delta(\mathscr{S})$ 有界凸集 $\mathscr{S}$ 的最密 (平移) 堆砌密度.

$\widehat{\delta}^*(\mathscr{S},\Lambda),\widehat{\delta}^*(\mathscr{S})$ 有界凸集 $\mathscr{S}$ 的格堆砌密度.

$\delta^*(\mathscr{S})$ 有界凸集 $\mathscr{S}$ 的最密格堆砌密度.

$\delta_n=\delta(\mathscr{S}_n)$ 最密球堆砌密度 ($\mathscr{S}_n$ 表示 n 维单位球).

$\delta_n^*=\delta^*(\mathscr{S}_n)$ 最密球格堆砌密度.

$\widehat{\vartheta}(\mathscr{S},\mathcal{C}),\widehat{\vartheta}(\mathscr{S})$ 有界凸集 $\mathscr{S}$ 的 (平移) 覆盖 $\mathcal{C}$ 的密度.

$\vartheta(\mathscr{S})$ 有界凸集 $\mathscr{S}$ 的最稀 (平移) 覆盖密度.

$\widehat{\vartheta}^*(\mathscr{S},\Lambda),\widehat{\vartheta}^*(\mathscr{S})$ 有界凸集 $\mathscr{S}$ 的格覆盖密度.

$\vartheta^*(\mathscr{S})$ 有界凸集 $\mathscr{S}$ 的最稀格覆盖密度.

$\vartheta_n=\vartheta(\mathscr{S}_n)$ 最稀球覆盖密度 ($\mathscr{S}_n$ 表示 n 维单位球).

$\vartheta_n^*=\vartheta^*(\mathscr{S}_n)$ 最稀球格覆盖密度.

$\Gamma(\mathscr{S})$ 点集 $\mathscr{S}$ 的覆盖常数, 定义见 8.2 节.

$\mu(\mathscr{S},\Lambda)$ 点集 $\mathscr{S}$ 对于格 Λ 的非齐次极小, 定义见 8.2 节.

$\mu_0(\mathscr{S})$ 点集 $\mathscr{S}$ 的下绝对非齐次极小, 定义见 8.2 节.

目　录

第 1 章　n 维点集

本章是全书的预备, 给出 n 维欧氏空间中整点和凸体及其他有关概念.

1.1 整　　点

我们将 $\mathbb{R}^n$ 中的点 $(x_1,\cdots,x_n)$ 等同于向量 $\boldsymbol{x}=(x_1,\cdots,x_n)$. 若 $(x_1,\cdots,x_n)\in\mathbb{R}^n$ 的所有分量都是整数, 则称它为一个整点, $\boldsymbol{x}$ 称为整向量. 若整数 $x_1,\cdots,x_n$ 不同时为零, 则 $(x_1,\cdots,x_n)$ 称为非零整点. 若非零整点 $\boldsymbol{x}=(x_1,\cdots,x_n)$ 的所有分量的最大公因子等于 1, 也就是说, 它不能表示为 $u\boldsymbol{x}'$ 的形式 (其中 u 是大于 1 的整数, $\boldsymbol{x}'$ 是非零整点), 则称它为本原整点 (简称本原点). 记 n 维向量

$$\boldsymbol{e}_1=(1,0,\cdots,0),\quad \boldsymbol{e}_2=(0,1,0,\cdots,0),\quad \cdots,\quad \boldsymbol{e}_n=(0,\cdots,0,1),$$

那么 $\boldsymbol{x}=(x_1,\cdots,x_n)$ 是一个整点, 当且仅当

$$\boldsymbol{x}=\sum_{i=1}^{n}x_i\boldsymbol{e}_i\quad (x_1,\cdots,x_n\in\mathbb{Z}).$$

$\mathbb{Z}^n$ 也记作 Λ_0.

设点集 $\mathscr{M}\subset\mathbb{R}^n$. 若对于任何 $\boldsymbol{x},\boldsymbol{y}\in\mathscr{M}$, 总有 $\boldsymbol{x}\pm\boldsymbol{y}\in\mathscr{M}$, 则称 $\mathscr{M}$ 是一个模. 因此, 若 $\mathscr{M}$ 是一个模, 则它含有点 $\mathbf{0}$, 并且 $\mathscr{M}$ 中任意有限多个点的整系数线性组合也在 $\mathscr{M}$ 中. 如果 $\boldsymbol{x}^{(i)}\,(i=1,2,\cdots,m)$ 是模 $\mathscr{M}$ 中的 m 个向量, 具有性质:

(i) 每个 $\boldsymbol{x}\in\mathscr{M}$ 可表示为 $\boldsymbol{x}=\sum\limits_{i=1}^{m}a_i\boldsymbol{x}^{(i)}$, $a_i\in\mathbb{Z}\,(i=1,\cdots,m)$,

(ii) 诸 $\boldsymbol{x}^{(i)}$ 在 $\mathbb{Q}$ 上线性无关, 即 $\sum\limits_{i=1}^{m} a_i\boldsymbol{x}^{(i)} = \boldsymbol{0}, a_i \in \mathbb{Z}(i=1,\cdots,m) \Leftrightarrow a_i = 0$ $(i=1,\cdots,m)$,

则称 $\boldsymbol{x}^{(i)}\,(i=1,2,\cdots,m)$ 是模 $\mathscr{M}$ 的一组基.

可以证明 (参见文献 [9]): 如果 $\mathscr{M} \subseteq \mathbb{Z}^n$ 是一个模, 并且至少含有一个非零点, 则它必有一组下列形式的由 $m(\leqslant n)$ 个向量组成的基:

$$\boldsymbol{x}^{(i)} = (0,\cdots,0,x_{ii},\cdots,x_{in}), \quad x_{ii} \neq 0 \quad (i=1,\cdots,m).$$

显然 $\mathbb{Z}^n$ 本身是一个模, $\boldsymbol{e}_1,\cdots,\boldsymbol{e}_n$ 是它的一组基.

我们下面给出关于 2 维情形 (即平面整点) 的一些结果.

引理 1.1.1 设 $0 \leqslant a < b, y = f(x)$ 是 $[a,b]$ 上的连续函数, 那么在曲线 $y = f(x)$ 和区间 $[a,b]$ 以及直线 $x = a$ 和 $x = b$ 所围成的曲边梯形 T 内部和曲线边界上的整点个数为

$$N(T) = \sum_{n\in\mathbb{Z}\cap(a,b)} [f(n)].$$

证 设整数 $n \in (a,b)$, 记 $A = (n,0), B = (n,f(n))$, 那么线段 AB 上的整点个数为 $[f(n)]+1$(包括 A), 因此推出结论. □

例 1.1.1 设 $p,q > 2$ 是两个不相等的素数, 则

$$\sum_{k=1}^{(p-1)/2}\left[\frac{kq}{p}\right] + \sum_{l=1}^{(q-1)/2}\left[\frac{lp}{q}\right] = \frac{p-1}{2}\cdot\frac{q-1}{2}.$$

证 考虑直角坐标平面上以 $O(0,0), A(p/2,0), B(p/2,q/2)$ 和 $C(0,q/2)$ 为顶点的矩形 $\varPi$ 内部 (即不含边界) 的整点个数. 矩形对角线 OB 所在的直线方程是 $qx - py = 0$. 若整点 (ξ,η) 在此直线上, 则 $q\xi = p\eta$, 因为 p,q 互素, 所以 $p|\xi, q|\eta$, 于是 $\xi \geqslant p, \eta \geqslant q$, 从而 (ξ,η) 在矩形 $\varPi$ 外部. 因此在 $\varPi$ 的对角线 OB 上没有整点. 于是依引理 1.1.1, $\triangle OAB$ 内部的整点个数为

$$\sum_{k=1}^{(p-1)/2}\left[\frac{kq}{p}\right];$$

因为 $\triangle OCB$ 与 $\triangle OAB$ 全等, 所以 $\triangle OCB$ 内部的整点个数为

$$\sum_{l=1}^{(q-1)/2}\left[\frac{lp}{q}\right].$$

注意矩形 $\varPi$ 内部的整点个数也等于

$$\frac{p-1}{2}\cdot\frac{q-1}{2}.$$

于是得到结论.

例 1.1.2　设整数 $n\geqslant 1$, 则

$$\sum_{k=1}^{n}\left[\frac{n}{k}\right]=2\sum_{k=1}^{[\sqrt{n}]}\left[\frac{n}{k}\right]-[\sqrt{n}]^2.$$

证　应用引理 1.1.1 的证明的思路. 我们用不同方法计算满足 $xy\leqslant n$ 的正整数对 (x,y) 的个数 N.

一方面, 由 $xy\leqslant n$ 可知 $x,y\in\{1,2,\cdots,n\}$. 不等式 $xy\leqslant n$ 等价于 $x\leqslant n/y$. 当 $y=k(1\leqslant k\leqslant n)$ 时, x 取 $[n/k]$ 个正整数值, 所以得到 $[n/k]$ 组正整数解 (x,y), 因此

$$N=\sum_{k=1}^{n}\left[\frac{n}{k}\right]. \tag{1}$$

另一方面, 换一种算法, 曲线 $xy=n$ 被点 $(\sqrt{n},\sqrt{n})$ 分为两部分. 当 $1\leqslant x\leqslant\sqrt{n}$ 时得到满足 $xy\leqslant n$ 的正整数解 (x,y) 的组数等于

$$\sum_{x=1}^{[\sqrt{n}]}\left[\frac{n}{x}\right]. \tag{2}$$

当 $1\leqslant y\leqslant\sqrt{n}$ 时得到满足 $xy\leqslant n$ 的正整数解 (x,y) 的组数等于

$$\sum_{y=1}^{[\sqrt{n}]}\left[\frac{n}{y}\right]. \tag{3}$$

式 (2) 和式 (3) 显然相等, 但都将以 $(1,1),(1,\sqrt{n}),(\sqrt{n},\sqrt{n}),(\sqrt{n},1)$ 为顶点的正方形 (包括边界) 中的整点算入, 它们总共有 $[\sqrt{n}]^2$ 个, 所以

$$N=2\sum_{k=1}^{[\sqrt{n}]}\left[\frac{n}{k}\right]-[\sqrt{n}]^2. \tag{4}$$

由式 (1) 和式 (4) 立得所要证的等式.

引理 1.1.2　在 2 维平面上, 若直线 $y=kx$ 的斜率是无理数, 则对于任何 $\varepsilon>0$, 该直线两边总存在整点与该直线的距离小于 ε.

证　直线方程是 $l:y=kx$, 其中 k 是无理数. 显然任何整点都不可能在 l 上. 设 (q,p) 是任意整点, 则它与 l 的距离

$$d=\frac{|kq-p|}{\sqrt{1+k^2}}>0.$$

由注 3.4.1 的 2° 知, 存在无穷多组整数 $(p,q)(q>0)$ 满足

$$|kq-p|\leqslant\frac{1}{q}.$$

对于给定的 $\varepsilon>0$, 存在 $(p,q)\,(q>0)$ 满足上述不等式并且 $q>1/\varepsilon\sqrt{1+k^2}$, 于是整点 $\pm(q,p)$ 与 l 的距离 $d<\varepsilon$. □

设 $O(0,0)$ 是坐标原点, $A(\xi,\eta)$ 是一个 (平面) 整点, 如果线段 OA 内部没有任何整点, 则称 A 是 (关于点 O 的) 可见点, 不然称 A 是隐藏点.

引理 1.1.3 (平面) 整点 $A(\xi,\eta)$ 是可见点, 当且仅当 ξ,η 互素.

证 我们不妨考虑第一象限. 若整点 $A(\xi,\eta)$ 的坐标不互素, 即 $k=\gcd(\xi,\eta)>1$, 则可设 $\xi=ka,\eta=kb$, 其中 $a,b\in\mathbb{N}$. 于是 $a<\xi,b<\eta,a/b=\xi/\eta$, 这表明点 (a,b) 在线段 OA 上, 从而 $A(\xi,\eta)$ 是隐藏点. 因此, 若 $A(\xi,\eta)$ 是可见点, 则 ξ,η 互素.

反之, 我们来证明: 若 ξ,η 互素, 则 $A(\xi,\eta)$ 是可见点. 用反证法. 设点 $A(\xi,\eta)$ 是隐藏点, 那么在线段 OA 上必然有一个可见点 (a,b). 于是依刚才所证, a,b 互素. 又由相似三角形性质可知

$$\frac{a}{b}=\frac{\xi}{\eta}, \tag{5}$$

并且

$$0<a<\xi,\quad 0<b<\eta. \tag{6}$$

由 $b\xi=a\eta$ 以及 a,b 互素推出 $a\,|\,\xi,b\,|\,\eta$. 于是有 $\xi=aa',\eta=bb'$, 其中 $a'>1,b'>1$ 是正整数, 从而由式 (5) 得到

$$\frac{a}{b}=\frac{\xi}{\eta}=\frac{aa'}{bb'},$$

因此 $a'=b'$. 进而由 $\xi=aa',\eta=bb'$ 及 a,b 互素推出 $\gcd(\xi,\eta)=a'>1$. 我们得到矛盾.

或者: 由 a,b 互素可知, 存在整数 m,n 满足

$$am+bn=1. \tag{7}$$

由式 (5) 解出 $a=b\xi/\eta$, 代入式 (7) 得到

$$b(\xi m+\eta n)=\eta. \tag{8}$$

类似地得到

$$a(\xi m+\eta n)=\xi. \tag{9}$$

因为 ξ,η 互素, 所以由式 (8) 和式 (9) 可知 $\xi m+\eta n=1$, 从而 $\xi=a,\eta=b$. 这与式 (6) 矛盾. □

注 1.1.1 关于 2 维平面中整点与任意闭曲线之间的关系, 有一些有趣的结果. 例如, 如果 C 是长度为 l 的封闭不自交的曲线, 它所围的区域 R 的面积为 A, R 内部的整点个数为 M, 以这些整点为顶点形成的完全被 C 包围的单位正方形的个数为 N, 那么:

(a) 若 $l \geqslant 1$, 则 $|A-N|<l$(Jarnik 定理, 见文献 [4]).

(b) 存在常数 $\beta>0$, 使得 $0 \leqslant A-N \leqslant \beta l$. 若 α 表示满足此不等式的 β 的下确界, 则有

$$\frac{\pi+4}{2\pi} \leqslant \alpha \leqslant 3+\frac{2}{\gamma},$$

其中

$$\gamma=6\pi\left(1+\sqrt{1+\frac{2}{9\pi}}\right)$$

(见文献 [54]).

其他有关结果可见文献 [43, 67].

1.2 列 紧 集

对于 $\mathbb{R}^n$ 中任意向量 $\boldsymbol{x}=(x_1,\cdots,x_n)$, 定义它的长为

$$|\boldsymbol{x}|=(\boldsymbol{x}\cdot\boldsymbol{x})^{1/2}=(x_1^2+\cdots+x_n^2)^{1/2}.$$

并定义两点 $\boldsymbol{x}=(x_1,\cdots,x_n),\boldsymbol{y}=(y_1,\cdots,y_n)$ 之间的 (欧氏) 距离为

$$|\boldsymbol{x}-\boldsymbol{y}|=\left((x_1-y_1)^2+\cdots+(x_n-y_n)^2\right)^{1/2}.$$

特别地, 有 $|\boldsymbol{x}|=|\boldsymbol{x}-\boldsymbol{0}|$. 有下列“三角形不等式”成立:

$$|\boldsymbol{x}+\boldsymbol{y}| \leqslant |\boldsymbol{x}|+|\boldsymbol{y}|.$$

设 $\boldsymbol{x}=(x_1,\cdots,x_n),\boldsymbol{y}=(y_1,\cdots,y_n)\in\mathbb{R}^n$,

$$y_i=\sum_{j=1}^n \alpha_{ij}x_j \quad (i=1,\cdots,n) \tag{1}$$

是一个可逆实线性变换, 即 $\det(\alpha_{ij})\neq 0$. 由 Cauchy 不等式推出

$$\begin{aligned}|\boldsymbol{y}|^2=\sum_{i=1}^n\left(\sum_{j=1}^n\alpha_{ij}x_j\right)^2 &\leqslant \sum_{i=1}^n\left(\sum_{k=1}^n\alpha_{ik}^2\right)\left(\sum_{j=1}^n x_j^2\right)\\ &\leqslant n^2A^2\sum_{j=1}^n x_j^2=n^2A^2|\boldsymbol{x}|^2,\end{aligned}$$

其中

$$A = \max_{1\leqslant i,j\leqslant n} |\alpha_{ij}|.$$

由变换的可逆性解出

$$x_i = \sum_{j=1}^{n} \beta_{ij} y_j \quad (i = 1, \cdots, n). \tag{2}$$

于是, 类似地有

$$|\boldsymbol{x}|^2 \leqslant n^2 B^2 |\boldsymbol{y}|^2,$$

其中

$$B = \max_{1\leqslant i,j\leqslant n} |\beta_{ij}|.$$

因而得到:

引理 1.2.1 设 $\boldsymbol{x},\boldsymbol{y}$ 如式 (1) 或式 (2) 给出, 则存在与 $\boldsymbol{x},\boldsymbol{y}$ 无关的常数 $c_1, c_2 > 0$, 使得

$$c_1|\boldsymbol{y}| \leqslant |\boldsymbol{x}| \leqslant c_2|\boldsymbol{y}|,$$

特别是当 $\boldsymbol{y} \neq \boldsymbol{0}$ 时,

$$c_1 \leqslant \frac{|\boldsymbol{x}|}{|\boldsymbol{y}|} \leqslant c_2.$$

设 $\mathscr{R} \subset \mathbb{R}^n$. 若存在常数 C, 使得对于任意 $\boldsymbol{x} = (x_1, \cdots, x_n) \in \mathscr{R}$, 都有

$$|x_i| \leqslant C \quad (i = 1, \cdots, n),$$

则称 $\mathscr{R}$ 是有界集, 否则是无界集.

我们称 $\mathbb{R}^n$ 中无穷点列 $\boldsymbol{x}_k (k = 1, 2, \cdots)$ 收敛于点 $\boldsymbol{x}$(极限点), 如果按通常意义 (见数学分析教程), 有

$$\lim_{k\to\infty} |\boldsymbol{x}_k - \boldsymbol{x}| = 0.$$

显然, 对于任何 $\boldsymbol{a} = (a_1, \cdots, a_n) \in \mathbb{R}^n$, 有

$$\max_{1\leqslant j\leqslant n} |a_j| \leqslant |\boldsymbol{a}| \leqslant \sqrt{n} \max_{1\leqslant j\leqslant n} |a_j|.$$

将此不等式应用于点列 $\boldsymbol{x}_k - \boldsymbol{x}$, 可知: 点列 $\boldsymbol{x}_k (k = 1, 2, \cdots)$ 收敛于 $\boldsymbol{x}$, 当且仅当 $\boldsymbol{x}_k$ 的各个分量分别收敛于 $\boldsymbol{x}$ 的相应分量.

若 $\mathscr{R}$ 中任意一个无穷点列 $\boldsymbol{x}_n (n = 1, 2, \cdots)$ 的极限点也在 $\mathscr{R}$ 中, 则称 $\mathscr{R}$ 是闭集.

如果 $\mathscr{R}$ 中每个无穷点列 $\boldsymbol{x}_k (k = 1, 2, \cdots)$ 总含有一个在 $\mathscr{R}$ 中收敛的子列 $\boldsymbol{y}_{s_r} (s_1 < s_2 < \cdots)$:

$$\lim_{r\to\infty} \boldsymbol{y}_{s_r} = \boldsymbol{y} \in \mathscr{R},$$

那么称 $\mathscr{R}$ 为列紧集. 经典的 Weierstrass 列紧性定理表明: $\mathbb{R}^n$ 中的点集 $\mathscr{R}$ 是列紧的, 当且仅当它是有界闭集.

1.3　对称凸体

设点集 $\mathscr{R}\subseteq\mathbb{R}^n$. 若对于任意两点 $\boldsymbol{x},\boldsymbol{y}\in\mathscr{R}$ 及任何满足 $\lambda+\mu=1$ 的实数 $\lambda,\mu>0$, 都有

$$\lambda\boldsymbol{x}+\mu\boldsymbol{y}\in\mathscr{R},$$

即对于 $\mathscr{R}$ 中任意两点 $\boldsymbol{x},\boldsymbol{y}$, 连接此两点的线段

$$t\boldsymbol{x}+(1-t)\boldsymbol{y}\quad(0<t<1)$$

整个在 $\mathscr{R}$ 中, 则称 $\mathscr{R}$ 为 n 维凸集 (凸体). 此外, 如果对于位于 $\mathscr{R}$ 中或边界上的任何两点 $\boldsymbol{x},\boldsymbol{y}$, 上述线段上的点都是 $\mathscr{R}$ 的内点, 则称 $\mathscr{R}$ 是严格凸的.

首先给出凸集的一些简单性质:

1° 若 $\boldsymbol{x}_1,\cdots,\boldsymbol{x}_s$ 是凸集 $\mathscr{R}$ 的任意 $s(\geqslant 2)$ 个点, 并且

$$t_j\geqslant 0,\quad \sum_{j=1}^{s}t_j=1,$$

那么 $\sum\limits_{j=1}^{s}t_j\boldsymbol{x}_j\in\mathscr{R}$.

证　对 s 用数学归纳法. 对于 $s=2$, 当 $(t_1,t_2)=(1,0)$ 及 $(t_1,t_2)=(0,1)$ 时分别得到点 $\boldsymbol{x}_1$ 及 $\boldsymbol{x}_2$, 所以由定义可知 $s=2$ 时命题成立. 设当 $s=r(>2)$ 时命题成立. 若 $t_1+\cdots+t_{r+1}=1,t_j\geqslant 0$, 则 $t_j(1\leqslant j\leqslant r+1)$ 中有一个 (不妨设是) $t_1\neq 1$. 于是

$$t_1\boldsymbol{x}_1+\cdots+t_{r+1}\boldsymbol{x}_{r+1}=t_1\boldsymbol{x}_1+(1-t_1)\boldsymbol{y},$$

其中

$$\boldsymbol{y}=\frac{t_2}{1-t_1}\boldsymbol{x}_2+\cdots+\frac{t_{r+1}}{1-t_1}\boldsymbol{x}_{r+1}.$$

依归纳假设, $\boldsymbol{y}\in\mathscr{R}$. 因此 $t_1\boldsymbol{x}_1+(1-t_1)\boldsymbol{y}\in\mathscr{R}$, 即 $t_1\boldsymbol{x}_1+\cdots+t_{r+1}\boldsymbol{x}_{r+1}\in\mathscr{R}$. 于是完成归纳证明. □

2° 每个 n 维凸集 $\mathscr{R}$ 或者有内点, 或者整个位于平面

$$\pi:\ p_1x_1+\cdots+p_nx_n=k$$

中.

证 若 $\mathscr{R}$ 不在任何一个平面 π 中, 则含不在同一平面中的 $n+1$ 个点 $\boldsymbol{x}_1,\cdots,\boldsymbol{x}_{n+1}$. 点

$$\sum_{j=1}^{n+1} t_j\boldsymbol{x}_j \quad \left(t_j\geqslant 0,\quad \sum_{j=1}^{n+1} t_j=1\right)$$

组成以 $\boldsymbol{x}_j(j=1,\cdots,n+1)$ 为顶点的单纯形, 依 $\mathscr{R}$ 的凸性, 此单纯形整个含在 $\mathscr{R}$ 中, 因而 $\mathscr{R}$ 有内点. □

3° 若凸体 $\mathscr{R}$ 有有限的非零体积 $V(\mathscr{R})$, 则它有界.

证 当 $V(\mathscr{R})>0$ 时, $\mathscr{R}$ 不可能位于一个平面内. 因此, 可设坐标原点 $\mathbf{0}$ 是 $\mathscr{R}$ 的内点 (不然可将坐标系适当平移), 并且存在某个实数 $\eta>0$, 使得所有点

$$\eta\boldsymbol{e}_j=(0,\cdots,0,\eta,0,\cdots,0)\quad (j=1,\cdots,n)$$

(其中只有第 j 个坐标等于 η, 其余坐标全为 0) 都在 $\mathscr{R}$ 中. 设 $\boldsymbol{a}=(a_1,\cdots,a_n)$ 是 $\mathscr{R}$ 的任意点, 但不同于上述 n 个点. 不妨设 $a_1\neq 0$. 那么依 $\mathscr{R}$ 的凸性, 以 $\eta\boldsymbol{e}_1,\cdots,\eta\boldsymbol{e}_n,\boldsymbol{a},\mathbf{0}$ 为顶点的单纯形整个位于 $\mathscr{R}$ 中. 这个单纯形的体积等于

$$\frac{1}{n!}\eta^{n-1}|a_1|$$

(参见文献 [3]), 因此

$$\frac{1}{n!}\eta^{n-1}|a_1|\leqslant V(\mathscr{R}),$$

从而推出

$$\max_{1\leqslant j\leqslant n}|a_j|\leqslant\frac{1}{n!\eta^{n-1}}V(\mathscr{R}).$$

因此 $\mathscr{R}$ 有界. □

4° 若 $\mathscr{R}_1$ 和 $\mathscr{R}_2$ 是两个没有公共点的闭凸体, 则存在一个平面

$$\pi:p_1x_1+\cdots+p_nx_n=k$$

将 $\mathscr{R}_1$ 和 $\mathscr{R}_2$ 分隔开, 即 $\mathscr{R}_1$ 的所有点位于 π 的一侧, 而 $\mathscr{R}_2$ 的所有点位于 π 的另一侧.

特别地, 若 $\mathscr{R}$ 是闭凸体, 点 $\boldsymbol{a}\notin\mathscr{R}$, 则存在平面将 $\mathscr{R}$ 和点 $\boldsymbol{a}$ 分隔开.

证 直观看几乎是显然的. 我们考虑 (欧氏) 距离 $|\boldsymbol{x}_1-\boldsymbol{x}_2|$, 其中点 $\boldsymbol{x}_1$ 和 $\boldsymbol{x}_2$ 分别遍取 $\mathscr{R}_1$ 和 $\mathscr{R}_2$ 的点. 因为 $\mathscr{R}_1$ 和 $\mathscr{R}_2$ 是闭的并且无公共点, 所以存在点

$\boldsymbol{x}_1' \in \mathscr{R}_1$ 和 $\boldsymbol{x}_2' \in \mathscr{R}_2$, 并且 $\boldsymbol{x}_1' \neq \boldsymbol{x}_2'$, 使得 $|\boldsymbol{x}_1 - \boldsymbol{x}_2|$ 达到它的下确界. 那么连接此两点的线段的垂直平分面就是所要的平面 π. 事实上, 作适当的坐标变换 (平移和旋转), 可以认为

$$\boldsymbol{x}_1' = (-\eta, 0, \cdots, 0), \quad \boldsymbol{x}_2' = (\eta, 0, \cdots, 0),$$

其中 $\eta > 0$. 于是平面 π 的方程是

$$\pi: \ x_1 = 0.$$

如果此平面 π 不合要求, 那么存在 $\mathscr{R}_1$ 的一个点 $\boldsymbol{z} = (z_1, \cdots, z_n)$, 其坐标 $z_1 \geqslant 0$. 由凸性, 点

$$\boldsymbol{z}_t = (1-t)\boldsymbol{x}_1' + t\boldsymbol{z}\,(0 < t < 1) \in \mathscr{R}_1.$$

于是

$$\begin{aligned}|\boldsymbol{z}_t - \boldsymbol{x}_2'|^2 &= (2\eta - t\eta - tz_1)^2 + \sum_{2 \leqslant j \leqslant n} (tz_j)^2 \\ &= 4\eta^2 - 4(\eta + z_1)\eta t + O(t^2).\end{aligned}$$

若 $t > 0$ 足够小, 则 $|\boldsymbol{z}_t - \boldsymbol{x}_2'|^2 < 4\eta^2$, 这与点 $\boldsymbol{x}_1'$ 和 $\boldsymbol{x}_2'$ 的定义矛盾.

将此一般结论应用于 $\mathscr{R}_1 = \mathscr{R}$ 和 $\mathscr{R}_2 = \{\boldsymbol{a}\}$, 即得所述结论的第二部分. □

注 1.3.1 由性质 1°, 集合 $\mathscr{R}$ 的凸性可等价地由下列条件刻画: 对于任意两点 $\boldsymbol{x}, \boldsymbol{y} \in \mathscr{R}$ 及任何满足 $\lambda + \mu = 1$ 的实数 $\lambda, \mu \geqslant 0$, 都有 $\lambda\boldsymbol{x} + \mu\boldsymbol{y} \in \mathscr{R}$. 此外, 对于闭点集 (即含边界), 严格凸性与凸性是一回事.

对于任何点集 $\mathscr{R} \subseteq \mathbb{R}^n$, 以及 $\boldsymbol{u} \in \mathbb{R}^n$, 令

$$\mathscr{R} + \boldsymbol{u} = \{\boldsymbol{x} \,|\, \boldsymbol{x} = \boldsymbol{r} + \boldsymbol{u}, \boldsymbol{r} \in \mathscr{R}\}$$

($\mathscr{R}$ 按向量 $\boldsymbol{u}$ 的平移), 对于任何实数 λ, 令

$$\lambda\mathscr{R} = \{\boldsymbol{x} \,|\, \boldsymbol{x} = \lambda\boldsymbol{r}, \boldsymbol{r} \in \mathscr{R}\}.$$

若点集 $\mathscr{R} \subseteq \mathbb{R}^n$ 满足 $-\mathscr{R} = \mathscr{R}$ (即 $\boldsymbol{x} \in \mathscr{R} \Leftrightarrow -\boldsymbol{x} \in \mathscr{R}$), 则称 $\mathscr{R}$ 关于原点对称 (中心对称), 简称对称. 下面着重讨论对称凸集 (对称凸体).

引理 1.3.1 若 $a_{ij}, c_i (i = 1, \cdots, m; j = 1, \cdots, n)$ 都是实数, 则由不等式组

$$|a_{i1}x_1 + \cdots + a_{in}x_n| \leqslant c_i\,(\text{或} < c_i) \quad (i = 1, \cdots, m) \tag{1}$$

的解 $\boldsymbol{x} = (x_1, \cdots, x_n)$ 组成的点集 $\mathscr{R}$ 是对称凸集. 特别地, 如果不等式 (1) 中全是 "$\leqslant$" 号, 那么 $\mathscr{R}$ 是闭集. 如果 $m = n$, 并且 $d = |\det(a_{ij})| > 0$, 那么 $\mathscr{R}$ 是有界集, 并且其体积

$$V(\mathscr{R}) = 2^n c_1 \cdots c_n d^{-1}. \tag{2}$$

证 (i) 集合 $\mathscr{R}$ 的对称性和闭性是容易验证的. 现在验证它的凸性. 设 $\boldsymbol{x},\boldsymbol{y}\in\mathscr{R}$ 是任意两点, $\boldsymbol{z}=\lambda\boldsymbol{x}+\mu\boldsymbol{y}=(z_1,\cdots,z_n)$, 其中 $\lambda\geqslant 0,\mu\geqslant 0$ 是任意满足 $\lambda+\mu=1$ 的实数. 那么对于任何 $i=1,\cdots,n$,

$$\begin{aligned}|a_{i1}z_1+\cdots+a_{in}z_n|&=|a_{i1}(\lambda x_1+\mu y_1)+\cdots+a_{in}(\lambda x_n+\mu y_n)|\\&\leqslant\lambda|a_{i1}x_1+\cdots+a_{in}x_n|+\mu|a_{i1}y_1+\cdots+a_{in}y_n|\\&\leqslant(\lambda+\mu)\max\{|a_{i1}x_1+\cdots+a_{in}x_n|,|a_{i1}y_1+\cdots+a_{in}y_n|\}\\&\leqslant(\text{或}<)(\lambda+\mu)c_i=c_i,\end{aligned}$$

因此 $\mathscr{R}$ 是凸集.

(ii) 由式 (2) 及上述性质 3° 可推出 $\mathscr{R}$ 的有界性. 也可直接证明如下: 设

$$\xi_i=\sum_{j=1}^{n}a_{ij}x_j\quad(i=1,\cdots,n),\tag{3}$$

因为 $d>0$, 所以系数矩阵 (a_{ij}) 可逆, 设其逆矩阵是 (b_{ij}). 若 $\boldsymbol{x}=(x_1,\cdots,x_n)\in\mathscr{R}$, 则 $|\xi_i|\leqslant c_i(i=1,\cdots,n)$, 所以

$$|x_i|=\left|\sum_{j=1}^{n}b_{ij}\xi_j\right|\leqslant\sum_{j=1}^{n}|b_{ij}||\xi_j|\leqslant\max_{1\leqslant i,j\leqslant n}|b_{ij}|\sum_{j=1}^{n}c_j.$$

上式右边是常数, 因此 $\mathscr{R}$ 有界.

(iii) 最后来证明式 (2). 我们有

$$V(\mathscr{R})=\int\cdots\int\limits_{|\xi_1|\leqslant c_1,\cdots,|\xi_n|\leqslant c_n}\mathrm{d}x_1\cdots\mathrm{d}x_n.$$

作变换 (3), 得到

$$\begin{aligned}V(\mathscr{R})&=\int\cdots\int\limits_{|\xi_1|\leqslant c_1,\cdots,|\xi_n|\leqslant c_n}\left|\frac{\partial(x_1,\cdots,x_n)}{\partial(\xi_1,\cdots,\xi_n)}\right|\mathrm{d}\xi_1\cdots\mathrm{d}\xi_n\\&=d^{-1}\int\cdots\int\limits_{|\xi_1|\leqslant c_1,\cdots,|\xi_n|\leqslant c_n}\mathrm{d}\xi_1\cdots\mathrm{d}\xi_n=d^{-1}2^nc_1\cdots c_n.\end{aligned}$$ □

引理 1.3.2 若 $\mathscr{R}$ 是对称凸体, 则:

(a) 对于任意实数 $\lambda,\lambda\mathscr{R}$ 也是对称凸体.

(b) 对于任意实数 λ, 若 $|\lambda|\leqslant 1$, 则 $\lambda\mathscr{R}\subseteq\mathscr{R}$.

(c) 对于任意 $\boldsymbol{x},\boldsymbol{y}\in\mathscr{R}$ 及满足条件 $|\lambda|+|\mu|\leqslant 1$ 的实数 λ,μ, 有 $\lambda\boldsymbol{x}+\mu\boldsymbol{y}\in\mathscr{R}$.

证 (a) 是显然的. 为证 (b), 注意

$$\lambda\boldsymbol{x}=\frac{1+\lambda}{2}\boldsymbol{x}+\frac{1-\lambda}{2}(-\boldsymbol{x}),$$

因为 $\boldsymbol{x},-\boldsymbol{x}\in\mathscr{R}$, 非负实数 $(1+\lambda)/2,(1-\lambda)/2$ 之和等于 1, 所以 $\boldsymbol{x}\in\mathscr{R}\Rightarrow\lambda\boldsymbol{x}\in\mathscr{R}$. 于是 $\lambda\mathscr{R}\subseteq\mathscr{R}$.

现在证 (c). 由 (b) 可知

$$\boldsymbol{x},\boldsymbol{y}\in\mathscr{R}\quad\Rightarrow\quad\pm(|\lambda|+|\mu|)\boldsymbol{x},\pm(|\lambda|+|\mu|)\boldsymbol{y}\in\mathscr{R}.$$

若用 $\mathrm{sgn}(a)$ 表示实数 a 的符号, 则

$$\lambda=(\mathrm{sgn}\,\lambda)|\lambda|,\quad\mu=(\mathrm{sgn}\,\mu)|\mu|,$$

于是

$$\begin{aligned}\lambda\boldsymbol{x}+\mu\boldsymbol{y}=&\frac{|\lambda|}{|\lambda|+|\mu|}\big((\mathrm{sgn}\,\lambda)\,(|\lambda|+|\mu|)\boldsymbol{x}\big)\\&+\frac{|\mu|}{|\lambda|+|\mu|}\big((\mathrm{sgn}\,\mu)\,(|\lambda|+|\mu|)\boldsymbol{y}\big)\in\mathscr{R}.\end{aligned}$$ □

1.4 星形体

设 $\mathscr{S}$ 是 $\mathbb{R}^n$ 中的非空点集, 如果对于任何 $\boldsymbol{x}\in\mathscr{S}$ 及所有 $\lambda\in[0,1]$, 总有 $\lambda\boldsymbol{x}\in\mathscr{S}$, 那么称 $\mathscr{S}$ 是射线集. 因此, $\mathscr{S}$ 总含坐标原点 O, 并且任何一条以 O 为端点的射线与 $\mathscr{S}$ 的交集或者是射线本身, 或者是单个点即 O, 也可能是射线上的一个区间 $[O,\boldsymbol{a})$ 或 $[O,\boldsymbol{a}]$.

如果 $\mathscr{S}$ 是射线集, 那么 $\mathscr{S}\cup(-\mathscr{S})$ 以及 $\mathscr{S}\cap(-\mathscr{S})$ 都是 (中心) 对称的.

设点集 $\mathscr{S}\subseteq\mathbb{R}^n$ 具有下列性质: (i) 坐标原点 O 是 $\mathscr{S}$ 的内点; (ii) 任何以坐标原点 O 为端点的射线与 $\mathscr{S}$ 的边界或者不相交, 或者仅交于一点. 换言之, 对于任何非零点 $\boldsymbol{x}\in\mathscr{S}$, 或者 $t\boldsymbol{x}\in\mathscr{S}$ (当所有 $t\geqslant 0$ 时); 或者存在实数 t_0, 使得 $t\boldsymbol{x}$ 当 $t<t_0$ 时是 $\mathscr{S}$ 的内点, 当 $t=t_0$ 时是 $\mathscr{S}$ 的边界点, 当 $t>t_0$ 时不在 $\mathscr{S}$ 中 (包括边界). 那么我们称 $\mathscr{S}$ 是一个星形体 (星形集).

星形集是射线集. 若射线集 $\mathscr{S}$ 是闭的, 并且对于任何 $\boldsymbol{x}\in\mathscr{S}$ 和所有 $|\lambda|<1,\lambda\boldsymbol{x}$ 总是 $\mathscr{S}$ 的内点, 则 $\mathscr{S}$ 是对称星形集.

对称凸集是星形集, 反之未必成立. 例如由 $|x_1x_2|<1$ 定义的 2 维平面集合是星形集, 甚至关于原点对称, 但不是凸集.

注 1.4.1 数的几何中一些问题与星形体有关. 距离函数是研究星形体的重要工具 (见第 6 章).

习 题 1

1.1 证明: 若一直线含有两个不同整点, 则含有无穷多个整点.

1.2 设 a,b,n 是正整数, a,b 互素. 若直线 $ax+by=n$ 上的坐标为正数的整点的个数为 N, 证明:

$$\left|N-\left[\frac{n}{ab}\right]\right|\leqslant 1.$$

1.3 证明: 对于任何正整数 n,

$$\sum_{2\leqslant k\leqslant \log_2 n}([\sqrt[k]{n}]-1)=\sum_{2\leqslant \mu\leqslant \sqrt{n}}([\log_\mu n]-1).$$

1.4 在 $\mathbb{R}^3$ 中给出具有下列性质的集合的例子:

(i) 关于原点对称, 但不是凸集.

(ii) 关于任何点都不对称的凸集.

(iii) 两个关于原点对称的凸集, 它们的并也是关于原点对称的凸集.

(iv) 两个关于原点对称的凸集, 它们的并关于原点对称, 但不是凸集.

1.5 设 $\mathscr{A}$ 和 $\mathscr{B}$ 是平面上的两个凸多边形, 还设线段 AB 的端点 $A\in\mathscr{A}$(即 A 在 $\mathscr{A}$ 的内部或边界上), 端点 $B\in\mathscr{B}$, 点 C 是 AB 的中点. 证明: 当 A 和 B 分别遍历 $\mathscr{A}$ 和 $\mathscr{B}$ 时, 点 C 形成的集合 $\mathscr{C}$ 是一个凸多边形.

1.6 任意两个凸集之交或并是否是凸集 (证明或给出反例)?

1.7 设 $\phi:\mathbb{R}^n\to\mathbb{R}^n$ 是一个同构. 证明: 若 $\mathscr{S}$ 是凸集, 则 $\phi(\mathscr{S})$ 也是凸集.

1.8 设 $\mathscr{S}$ 是 n 维凸体, 含点 $\mathbf{0}$. 证明: 若实数 $\lambda\leqslant\mu$, 则 $\lambda\mathscr{S}\subseteq\mu\mathscr{S}$. 并且构造一个凸体 $\mathscr{S}$, 不含点 $\mathbf{0}$, 使得 $\mathscr{S}\cap(2\mathscr{S})=\varnothing$.

第 2 章　格

本章讲述格的概念及它的一些基本性质, 包括格和格的基, 子格, 格在线性变换下的像, 格点分布, 以及互相对偶的格及其性质. 它们对于数的几何具有重要意义, 是全书的基础.

2.1　格　和　基

设 $\boldsymbol{a}_1,\cdots,\boldsymbol{a}_n$ 是 n 维实欧氏空间 $\mathbb{R}^n$ 中的 n 个向量, 若由关系式 $t_1\boldsymbol{a}_1+\cdots+t_n\boldsymbol{a}_n=\mathbf{0}$ 可推出所有 (实) 系数 $t_i=0$, 则称它们是线性无关的. 设给定 n 个线性无关的向量 $\boldsymbol{a}_1,\cdots,\boldsymbol{a}_n\in\mathbb{R}^n$, 我们将所有向量 (点)

$$\boldsymbol{x}=u_1\boldsymbol{a}_1+\cdots+u_n\boldsymbol{a}_n\quad(u_i\in\mathbb{Z})\tag{1}$$

组成的集合称作以 $\boldsymbol{a}_1,\cdots,\boldsymbol{a}_n$ 为基的格, 并将这个集合中的任何一个向量称为一个格点. 我们常用大写希腊字母 $\varGamma,\varLambda,M$ 等记一个格. 特别地, 所有整点的集合 (即 $\mathbb{Z}^n$) 组成一个格, 通常将它记作 $\varLambda_0$ 或 $\varLambda_0^{(n)}$. 显然它有一组基

$$\boldsymbol{e}_j=(0,\cdots,0,1,0,\cdots,0)\quad(j=1,\cdots,n),$$

其中只有第 j 个坐标等于 1, 其余坐标全为 0. 如果 $\varLambda$ 的格点 $\boldsymbol{a}$ 不能表示成 $u\boldsymbol{a}'$ 的形式 (其中 u 是大于 1 的整数, $\boldsymbol{a}'\in\varLambda$), 则将它称为 $\varLambda$ 的本原格点. 特别地, $\varLambda_0$ 的本原格点就是本原整点.

约定　在本书中, 格点一般理解为用行向量表示, 但有时 (特加说明后) 也理解为列向量.

若 $\boldsymbol{a}_1,\cdots,\boldsymbol{a}_n$ 线性无关, 则对于任何 $\boldsymbol{x}\in\mathbb{R}^n$, 存在唯一确定的实系数 u_i, 使得

$$\boldsymbol{x}=u_1\boldsymbol{a}_1+\cdots+u_n\boldsymbol{a}_n\quad(u_i\in\mathbb{R}).$$

事实上, 若还有

$$\boldsymbol{x}=u_1'\boldsymbol{a}_1+\cdots+u_n'\boldsymbol{a}_n\quad(u_i'\in\mathbb{R}),$$

则两式相减有

$$(u_1-u_1')\boldsymbol{a}_1+\cdots+(u_n-u_n')\boldsymbol{a}_n=\boldsymbol{0},$$

由向量组 $\boldsymbol{a}_i(i=1,\cdots,n)$ 的线性无关性推出所有 $u_i-u_i'=0$, 于是 $u_i=u_i'$. 特别地, 由此可知, 若 $\boldsymbol{x}\in\Lambda$, 而式 (1) 是它通过向量 $\boldsymbol{a}_1,\cdots,\boldsymbol{a}_n$ 的实系数线性组合的表达式, 则所有系数 $u_i\in\mathbb{Z}$.

格的基不是唯一的. 事实上, 若 $v_{ij}\in\mathbb{Z}(i,j=1,\cdots,n)$, 并且

$$\det(v_{ij})=\pm1,\tag{2}$$

则 n 个格点

$$\widetilde{\boldsymbol{a}}_j=\sum_{l=1}^{n}v_{jl}\boldsymbol{a}_l\quad(j=1,\cdots,n)\tag{3}$$

也构成这个格的一组基. 为证明此结论, 可由方程组 (3) 解出

$$\boldsymbol{a}_i=\sum_{j=1}^{n}w_{ij}\widetilde{\boldsymbol{a}}_j\quad(i=1,\cdots,n),\tag{4}$$

由式 (2) 可知 $w_{ij}\in\mathbb{Z}$. 因此点 (1) 组成的集合与点

$$u_1'\widetilde{\boldsymbol{a}}_1+\cdots+u_n'\widetilde{\boldsymbol{a}}_n$$

组成的集合是相同的, 从而 $\boldsymbol{a}_i(i=1,\cdots,n)$ 及 $\widetilde{\boldsymbol{a}}_i(i=1,\cdots,n)$ 是同一个格的基.

上述方法可以用来由给定的一组基 $\boldsymbol{a}_i(i=1,\cdots,n)$ 得出任何另外一组基 $\widetilde{\boldsymbol{a}}_i(i=1,\cdots,n)$. 这是因为点 $\widetilde{\boldsymbol{a}}_i$ 属于以 $\boldsymbol{a}_i$ 为基的格, 所以存在整数 v_{ij}, 使得式 (3) 成立. 又因为 $\widetilde{\boldsymbol{a}}_i(i=1,\cdots,n)$ 也是这个格的基, 所以存在整数 w_{ij}, 使得式 (4) 成立. 将式 (3) 代入式 (4), 那么由向量组 $\boldsymbol{a}_i$ 的线性无关性推出

$$\sum_{j=1}^{n}w_{ij}v_{jl}=\delta_{il}\quad(\text{Kronecker 符号}),$$

于是

$$\det(w_{ij})\cdot\det(v_{jl})=1.$$

左边两个行列式都是整数, 所以它们都等于 1 或都等于 -1, 从而式 (2) 成立. 即基 $\widetilde{\boldsymbol{a}}_i(i=1,\cdots,n)$ 可通过式 (3) 得到, 其中系数 v_{ij} 是某些满足式 (2) 的整数.

如上所见, 若 $\boldsymbol{a}_i(i=1,\cdots,n)$ 及 $\widetilde{\boldsymbol{a}}_i(i=1,\cdots,n)$ 是同一个格 Λ 的任意两组基, 则有关系式 (3) 成立, 其中系数 v_{ij} 满足式 (2). 所以

$$\det\begin{pmatrix}\widetilde{\boldsymbol{a}}_1\\ \vdots\\ \widetilde{\boldsymbol{a}}_n\end{pmatrix}=\det(v_{ij})\cdot\det\begin{pmatrix}\boldsymbol{a}_1\\ \vdots\\ \boldsymbol{a}_n\end{pmatrix}=\pm\det\begin{pmatrix}\boldsymbol{a}_1\\ \vdots\\ \boldsymbol{a}_n\end{pmatrix}, \tag{5}$$

我们记

$$d(\Lambda)=\left|\det\begin{pmatrix}\boldsymbol{a}_1\\ \vdots\\ \boldsymbol{a}_n\end{pmatrix}\right|=|\det(\boldsymbol{a}_1^{\mathrm{T}}\quad\cdots\quad\boldsymbol{a}_n^{\mathrm{T}})|. \tag{6}$$

等式 (5) 表明 $d(\Lambda)$ 与格 Λ 的基的选取无关, 我们将它称为格 Λ 的行列式. 由基向量组的线性无关性可知

$$d(\Lambda)>0.$$

显然 $d(\Lambda_0)=1$.

综合上述讨论可得:

引理 2.1.1 若 $\boldsymbol{a}_i(i=1,\cdots,n)$ 及 $\widetilde{\boldsymbol{a}}_i(i=1,\cdots,n)$ 是同一个格 Λ 的任意两组基, 则

$$\begin{pmatrix}\widetilde{\boldsymbol{a}}_1\\ \vdots\\ \widetilde{\boldsymbol{a}}_n\end{pmatrix}=\boldsymbol{V}\begin{pmatrix}\boldsymbol{a}_1\\ \vdots\\ \boldsymbol{a}_n\end{pmatrix}, \tag{7}$$

或

$$(\widetilde{\boldsymbol{a}}_1^{\mathrm{T}}\quad\cdots\quad\widetilde{\boldsymbol{a}}_n^{\mathrm{T}})=(\boldsymbol{a}_1^{\mathrm{T}}\quad\cdots\quad\boldsymbol{a}_n^{\mathrm{T}})\boldsymbol{V}^{\mathrm{T}}, \tag{8}$$

其中 $\boldsymbol{V}=(v_{ij})$ 是 n 阶整数矩阵, $\det\boldsymbol{V}=\pm1$. 反之, 若 $\boldsymbol{a}_i(i=1,\cdots,n)$ 及 $\widetilde{\boldsymbol{a}}_i(i=1,\cdots,n)$ 之间由上述等式相联系, 并且其中有一组构成 Λ 的基, 则另一组也构成 Λ 的基.

注 2.1.1 满足 $\det\boldsymbol{V}=\pm1$ 的 n 阶整数矩阵 $\boldsymbol{V}=(v_{ij})$ 称幺模矩阵, 以幺模矩阵为系数的线性变换称幺模变换. 全体幺模变换形成一个乘法群. 同一个格 Λ 的任意两组基由一个幺模变换通过式 (7) 或式 (8) 相联系.

注 2.1.2 格 Λ 的点组成一个加群 (模). 可以证明, 格 Λ 是 n 维空间中含有 n 个线性无关的点, 并且具有下述性质的最大的群: 存在一个以原点 O 为中心的球, 它不含群的任何非零点 (参见定理 3.5.1).

在本节最后, 我们再回到式 (6), 即格 Λ 的行列式 $d(\Lambda)$, 这是 Λ 的一个重要数量表征. 设 $\boldsymbol{a}_1,\cdots,\boldsymbol{a}_n$ 是格 Λ 的任意一组基, 我们将点集

$$\mathscr{P}=\{y_1\boldsymbol{a}_1+\cdots+y_n\boldsymbol{a}_n\,|\,0\leqslant y_1<1,\cdots,0\leqslant y_n<1\}$$

称为格 Λ 的基本平行体 (或胞腔, 单元). 在 2 维情形, 就是向量 $\boldsymbol{a}_1,\boldsymbol{a}_2$ 张成的平行四边形, 其内部不含任何格点, 所以有时也称它为空平行四边形. 一般来说, 不同的基产生不同形状的基本平行体.

引理 2.1.2 若 $\mathscr{P}$ 是格 Λ 的基本平行体 ($n=2$ 的情形见图 2.1.1), 则:

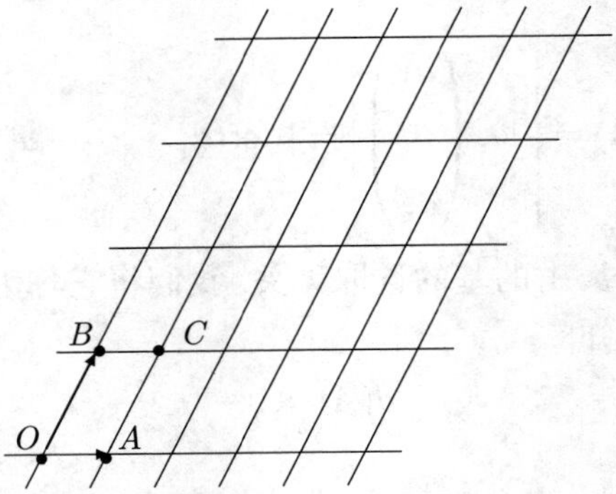

图 2.1.1 2 维格的基本平行体

(a) $\mathscr{P}$ 的体积为

$$V(\mathscr{P})=d(\Lambda).$$

(b) $\mathbb{R}^n$ 中任意一点 $\boldsymbol{x}$ 可唯一地表示为

$$\boldsymbol{x}=\boldsymbol{u}+\boldsymbol{v}\quad(\boldsymbol{u}\in\Lambda,\boldsymbol{v}\in\mathscr{P}),$$

并且当且仅当 $\boldsymbol{v}=\boldsymbol{0}$ 时, $\boldsymbol{x}\in\Lambda$.

证 (a) 记 $\boldsymbol{x}=(x_1,\cdots,x_n),\mathrm{d}\boldsymbol{x}=\mathrm{d}x_1\cdots\mathrm{d}x_n$, 在积分

$$V(\mathscr{P})=\int\cdots\int_{\boldsymbol{x}\in\mathscr{P}}\mathrm{d}\boldsymbol{x}$$

中作代换 $\boldsymbol{x}=\sum\limits_{i=1}^{n}y_i\boldsymbol{a}_i,\boldsymbol{y}=(y_1,\cdots,y_n)$, 则有

$$V(\mathscr{P})=\int_0^1\cdots\int_0^1\left|\frac{\partial(x_1,\cdots,x_n)}{\partial(y_1,\cdots,y_n)}\right|\mathrm{d}\boldsymbol{y}=d(\Lambda).$$

(b) 因为 $\boldsymbol{a}_1,\cdots,\boldsymbol{a}_n$ 是 $\mathbb{R}^n$ 的一组基, 所以 $\mathbb{R}^n$ 的任意一点 $\boldsymbol{x}$ 可唯一地表示为

$$\boldsymbol{x}=c_1\boldsymbol{a}_1+\cdots+c_n\boldsymbol{a}_n\quad(c_i\in\mathbb{R}).$$

令 $c_i=[c_i]+\{c_i\}\,(i=1,\cdots,n)$(这个表示也是唯一的), 以及

$$\boldsymbol{u}=[c_1]\boldsymbol{a}_1+\cdots+[c_n]\boldsymbol{a}_n,\quad \boldsymbol{v}=\{c_1\}\boldsymbol{a}_1+\cdots+\{c_n\}\boldsymbol{a}_n,$$

即容易得到 (b). □

注 2.1.3 **1°** 依引理 5.4.4, 商空间 $\mathbb{R}^n/\Lambda$ 的测度等于 $V(\mathscr{P})$; 由引理 2.1.2, $V(\mathscr{P})=d(\Lambda)$. 因此也将 $d(\Lambda)$ 称作格 Λ 的余体积.

2° 设 $n=2,\Lambda$ 是一个 2 维格, 其基本平行体的面积是 d. 以 (Λ 的) 格点为顶点, 并且任何两边除公共顶点外没有其他公共点的多边形称为格点多边形. 若格点多边形边界上和内部分别含有 p 个和 q 个格点, 则其面积为

$$S=\left(q+\frac{p}{2}-1\right)d.$$

这个结果称为 Pick 定理 (见文献 [96]), 文献中有多种不同的证明 (例如文献 [10, 44, 58] 等).

下面给出几个与格的概念有关的简单例子 (限于平面情形, 即 $n=2$).

例 2.1.1 在 2 维平面上全体整点组成一个 2 维格 Λ_0. 设点 $A(a_1,a_2)$ 和 $B(b_1,b_2)$ 是关于点 $O(0,0)$ 的可见点, 以 OA,OB 为邻边的平行四边形 Π 的面积是 δ. 证明:

(a) 当且仅当 $\delta=1$ 时, 向量 $\boldsymbol{a}=(a_1,a_2)$ 和 $\boldsymbol{b}=(b_1,b_2)$ 组成 2 维格 Λ_0 的基.

(b) 如果 $\delta>1$, 则平行四边形 Π 中至少含有一个非零整点.

证 (a) 向量 $\boldsymbol{e}_1=(1,0),\boldsymbol{e}_2=(0,1)$ 是 Λ_0 的一组基, 并且

$$\begin{pmatrix}\boldsymbol{a}\\ \boldsymbol{b}\end{pmatrix}=\begin{pmatrix}a_1 & a_2\\ b_1 & b_2\end{pmatrix}\begin{pmatrix}\boldsymbol{e}_1\\ \boldsymbol{e}_2\end{pmatrix}.$$

平行四边形 Π 的面积为

$$\delta=\pm\begin{vmatrix}0 & 0 & 1\\ a_1 & a_2 & 1\\ b_1 & b_2 & 1\end{vmatrix}=\pm\begin{vmatrix}a_1 & a_2\\ b_1 & b_2\end{vmatrix}$$

(正负号的选取使得 $\delta>0$). 于是由引理 2.1.1 得到结论.

(b) 分别以 $\overrightarrow{OA},-\overrightarrow{OB};-\overrightarrow{OA},\overrightarrow{OB};-\overrightarrow{OA},-\overrightarrow{OB}$ 为邻边作平行四边形, 这三个 (小) 平行四边形与平行四边形 Π 合起来形成一个大平行四边形, 并且这三个 (小) 平行四边形可以看作由 Π 作适当平移而得. 大平行四边形是一个关于 O 中心对称的整点多边形, 其面积为 $4\delta>4$, 由 Pick 定理 (其中 $p=8$) 可知 $q>1$, 所以其内部有一个非零整点. 若这个整点不属于平行四边形 Π, 则由上述平移关系知, Π 相应地含有一个非零整点.

或者: 显然平行四边形 Π 是一个整点多边形. 由 Pick 定理及可见点的定义可知, 对于 Π 有 $p=4$, 于是

$$\delta=q+\frac{p}{2}-1=q+1.$$

若 $\delta>1$, 则 $q>0$. 因为 $q\in\mathbb{N}_0$, 所以 $q\geqslant 1$.

注 2.1.4 **1°** 若 M,N 是两个非零平面整点, 则三角形 OMN 的面积 $\Delta\geqslant 1/2$(这是一个显然的事实).

事实上, 因为 M,N 是非零平面整点, 所以以 OM,ON 为邻边的平行四边形的面积可表示为元素为整数的行列式, 从而是非零整数 (参见本例 (a) 小题的证明), 于是这个面积至少等于 1.

2° 本例 (b) 小题的另一证明 (应用定理 3.2.1): 分别以

$$\overrightarrow{OA},-\overrightarrow{OB};\quad -\overrightarrow{OA},\overrightarrow{OB};\quad -\overrightarrow{OA},-\overrightarrow{OB}$$

为邻边作平行四边形, 这三个 (小) 平行四边形与平行四边形 Π 合起来形成一个大平行四边形, 并且这三个 (小) 平行四边形可以看作由 Π 作适当平移而得. 大平行四边形是一个关于 O 中心对称的凸形, 其面积为 $4\delta>4$, 所以依定理 3.2.1, 其内部或边界上有一个非零整点. 若这个整点不属于平行四边形 Π, 则由上述平移关系知, Π 相应地含有另一个非零整点, 并且因为 A,B 是可见点, 所以此点在 Π 内部.

例 2.1.2 设 Λ 是 $\mathbb{R}^2$ 中的一个行列式 $d(\Lambda)=1$ 的格, 那么任意两个格点间的距离不超过 $\sqrt{2/\sqrt{3}}$.

证 设格点 $\boldsymbol{u},\boldsymbol{v}$ 间的距离最小, 令 $\sigma=|\boldsymbol{v}-\boldsymbol{u}|$. 作适当的坐标变换 (平移和旋转), 可使原点 O' 落在 $\boldsymbol{u}$ 上, 并且向量 $\boldsymbol{v}-\boldsymbol{u}$ 平行于 X' 轴 (如图 2.1.2 所示).

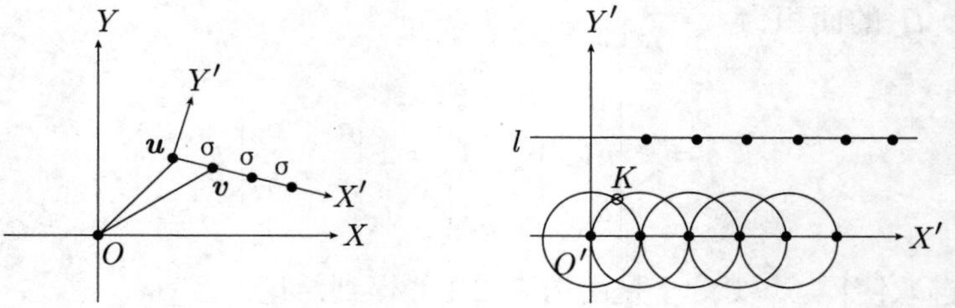

图 2.1.2

在新坐标系中, 以格点 $(k\sigma,0)(k\in\mathbb{Z})$ 为中心, σ 为半径作圆, 由 σ 的定义知, 这些圆 (盘) 的并集 $\mathscr{S}$ 中不可能含有除圆心以外的格点. 相邻两圆在 X' 轴上方的交点在 X' 轴的一条平行线上, 两者相距为

$$h=\sigma\sin\frac{\pi}{3}=\frac{\sqrt{3}}{2}\sigma<\sigma$$

(h 即点 K 的纵坐标). 因为 $d(\Lambda)=1$, 所以在与 X' 轴平行的直线 $l:Y'=1/\sigma$ 上有无穷多个格点 (参见图 2.1.1). 如果 $1/\sigma<h$, 那么直线 l 将穿过 $\mathscr{S}$, 从而 $\mathscr{S}$ 中含有除圆心以外的格点. 因此

$$h\leqslant\frac{1}{\sigma},\quad 即\quad \frac{\sqrt{3}}{2}\sigma\leqslant\frac{1}{\sigma},$$

由此得到 $\sigma\leqslant\sqrt{2/\sqrt{3}}$.

例 2.1.3　设 Λ 是 2 维平面上的一个格, 其行列式为 $\det(\Lambda)$. 还设 $C=\{(x,y)\in\mathbb{R}^2\,|\,x^2+y^2<r^2\}$ 是一个半径为 r 的开圆盘. 定义

$$\widehat{\delta}=\frac{\pi r^2}{\det(\Lambda)}$$

以及集合

$$\mathscr{C}=\bigcup_{\boldsymbol{a}_i\in\Lambda}(C+\boldsymbol{a}_i).$$

证明: 若 $\mathscr{C}$ 中任何两个成员 $C+\boldsymbol{a}_i,C+\boldsymbol{a}_j\,(i\neq j)$ 都没有公共点, 则

$$\widehat{\delta}\leqslant\frac{\pi}{2\sqrt{3}}.\tag{9}$$

证　集合 $\mathscr{C}$ 的成员 $C+\boldsymbol{a}_i$ 乃是通过将圆盘 $x^2+y^2<1$ 的中心平移到格点 $\boldsymbol{a}_i$ 处得到的. 设 Λ 的任意两个格点间距离的最小值是 σ, 那么依 $C+\boldsymbol{a}_i$ 的性质可知, r 的最大值是 $\sigma/2$. 于是

$$\widehat{\delta}=\frac{\pi r^2}{\det(\Lambda)}\leqslant\frac{\pi\sigma^2}{\det(\Lambda)}\cdot\frac{1}{4}=\frac{\pi\sigma^2}{4\det(\Lambda)}.$$

类似于例 2.1.2 的推理, 由 Λ 的基本平行体的性质及 σ 的定义可得

$$\frac{\sqrt{3}}{2}\sigma\leqslant\frac{\det(\Lambda)}{\sigma},$$

所以

$$\sigma\leqslant\sqrt{\frac{2}{\sqrt{3}}}\sqrt{\det(\Lambda)}.$$

于是

$$\widehat{\delta}\leqslant\frac{\pi\sigma^2}{4\det(\Lambda)}\leqslant\frac{\pi}{2\sqrt{3}}.$$

注 2.1.5　集合 $\mathscr{C}$ 形成 (全平面的) 球格堆砌, $\widehat{\delta}$ 称为球格堆砌密度. 当式 (9) 是严格的等式时, $\delta=\pi/2\sqrt{3}$ 称为最密球格堆砌密度 (参见 8.1 节).

2.2 子 格

设 $\boldsymbol{a}_1,\cdots,\boldsymbol{a}_n$ 是以 $\boldsymbol{b}_1,\cdots,\boldsymbol{b}_n$ 为基的格 M 中的任意 n 个点, 则

$$\boldsymbol{a}_i=\sum_{j=1}^{n}v_{ij}\boldsymbol{b}_j\quad(i=1,\cdots,n),\tag{1}$$

其中 v_{ij} 是整数. 于是

$$I=|\det(v_{ij})|=\frac{|\det(\boldsymbol{a}_1^{\mathrm{T}}\quad\cdots\quad\boldsymbol{a}_n^{\mathrm{T}})|}{|\det(\boldsymbol{b}_1^{\mathrm{T}}\quad\cdots\quad\boldsymbol{b}_n^{\mathrm{T}})|}=\frac{|\det(\boldsymbol{a}_1^{\mathrm{T}}\quad\cdots\quad\boldsymbol{a}_n^{\mathrm{T}})|}{d(M)}$$

是一个整数, 称此数为点组 $\boldsymbol{a}_1,\cdots,\boldsymbol{a}_n$ 在格 M 中的指标. 因为 $d(M)$ 不依赖于格 M 的基的选取, 所以指标 I 也与格 M 的基的选取无关, 只与点组 $\boldsymbol{a}_1,\cdots,\boldsymbol{a}_n$ 本身有关. 特别地, $I\in\mathbb{N}_0$, 并且 $I=0\Leftrightarrow\boldsymbol{a}_1,\cdots,\boldsymbol{a}_n$ 线性相关.

如果格 Λ 的每个点也是格 M 的点 (于是作为集合, $\Lambda\subseteq M$), 则称 Λ 是 M 的子格. 此时, 若 $\boldsymbol{a}_1,\cdots,\boldsymbol{a}_n$ 和 $\boldsymbol{b}_1,\cdots,\boldsymbol{b}_n$ 分别是 Λ 和 M 的基, 则存在整数 $v_{ij}(i,j=1,\cdots,n)$ 使得式 (1) 成立. 我们将 Λ 的基 $\boldsymbol{a}_1,\cdots,\boldsymbol{a}_n$ 在格 M 中的指标, 即

$$D=|\det(v_{ij})|=\frac{|\det(\boldsymbol{a}_1^{\mathrm{T}}\quad\cdots\quad\boldsymbol{a}_n^{\mathrm{T}})|}{|\det(\boldsymbol{b}_1^{\mathrm{T}}\quad\cdots\quad\boldsymbol{b}_n^{\mathrm{T}})|}=\frac{d(\Lambda)}{d(M)}\tag{2}$$

称为子格 Λ 在格 M 中的指标. 由上式可知, 指标 D 只依赖于 Λ 和 M, 与基的选取无关. 特别地, 由 $\boldsymbol{a}_1,\cdots,\boldsymbol{a}_n$ 的线性无关性可知 $D=|\det(v_{ij})|>0$.

从方程组 (1) 解出 $\boldsymbol{b}_i$, 并应用式 (2), 我们有

$$D\boldsymbol{b}_i=\sum_{j=1}^{n}w_{ij}\boldsymbol{a}_j\quad(w_{ij}\in\mathbb{Z}),$$

于是得到

$$DM\subseteq\Lambda\subseteq M,\tag{3}$$

其中 DM 表示所有向量 $D\boldsymbol{b}(\boldsymbol{b}\in M)$ 组成的格.

我们常常需要选取 Λ 和 M 的基, 使得关系式 (1) 比较简单. 这就是:

定理 2.2.1 设 Λ 是格 M 的子格, 则:

(a) 对于格 M 的任何基 $\boldsymbol{b}_1,\cdots,\boldsymbol{b}_n$, 可以选取 Λ 的基 $\boldsymbol{a}_1,\cdots,\boldsymbol{a}_n$, 使得

$$\boldsymbol{a}_1=v_{11}\boldsymbol{b}_1,$$

$$\boldsymbol{a}_2 = v_{21}\boldsymbol{b}_1 + v_{22}\boldsymbol{b}_2,$$
$$\cdots,$$
$$\boldsymbol{a}_n = v_{n1}\boldsymbol{b}_1 + v_{n2}\boldsymbol{b}_2 + \cdots + v_{nn}\boldsymbol{b}_n,$$

其中所有 $v_{ij} \in \mathbb{Z}$, 并且 $v_{ii} \neq 0$.

(b) 反之, 对于子格 Λ 的任何一组基 $\boldsymbol{a}_1, \cdots, \boldsymbol{a}_n$, 存在格 M 的一组基 $\boldsymbol{b}_1, \cdots, \boldsymbol{b}_n$, 使得 (a) 中的关系式成立.

证　(a) 由式 (3), $D\boldsymbol{b}_i \in \Lambda$, 因此 Λ 中含有 $v\boldsymbol{b}_1 (v \in \mathbb{Z}, v \neq 0)$ 形式的点 (例如点 $D\boldsymbol{b}_1$), 我们在这种形式的点中选取一个 $v_{11}\boldsymbol{b}_1$, 使得 $v_{11} \neq 0$ 并且 $|v_{11}|$(在这种形式的点中) 最小, 令 $\boldsymbol{a}_1 = v_{11}\boldsymbol{b}_1$. 类似地, Λ 中存在 $v'\boldsymbol{b}_1 + v''\boldsymbol{b}_2 (v', v'' \in \mathbb{Z}, v'' \neq 0)$ 形式的点 (例如点 $D\boldsymbol{b}_1 + D\boldsymbol{b}_2$), 我们在这种形式的点中选取一个 $v_{21}\boldsymbol{b}_1 + v_{22}\boldsymbol{b}_2$, 使得 $v_{21}, v_{22} \in \mathbb{Z}, v_{22} \neq 0$ 并且 $|v_{22}|$(在这种形式的点中) 最小, 令 $\boldsymbol{a}_2 = v_{21}\boldsymbol{b}_1 + v_{22}\boldsymbol{b}_2$. 一般地, 我们可以选出 Λ 的 n 个点

$$\boldsymbol{a}_i = v_{i1}\boldsymbol{b}_1 + \cdots + v_{ii}\boldsymbol{b}_i \quad (i = 1, \cdots, n), \tag{4}$$

其中 $v_{ij} \in \mathbb{Z}, v_{ii} \neq 0$ 并且 $|v_{ii}|$(在这种形式的点中) 最小. 现在证明 $\boldsymbol{a}_1, \cdots, \boldsymbol{a}_n$ 组成 Λ 的基.

按构造, 所有 $\boldsymbol{a}_i \in \Lambda$, 所以对于任何 $w_i \in \mathbb{Z}$, 点

$$w_1\boldsymbol{a}_1 + \cdots + w_n\boldsymbol{a}_n \in \Lambda. \tag{5}$$

我们只需证明 Λ 中任何一点都可表示为式 (5) 的形式. 若不然, 则 Λ 中存在 $\boldsymbol{c} \neq \boldsymbol{0}$ 不能表示成式 (5) 的形式. 因为 $\boldsymbol{c} \in M$, 所以

$$\boldsymbol{c} = t_1\boldsymbol{b}_1 + \cdots + t_k\boldsymbol{b}_k,$$

其中下标 $k \in \{1, 2, \cdots, n\}, t_i \in \mathbb{Z}, t_k \neq 0$. 如果这种形式的点不止一个, 则取其中下标 k 最小的一个. 因为 $v_{kk} \neq 0$, 所以存在整数 s, 使得

$$|t_k - sv_{kk}| < |v_{kk}|. \tag{6}$$

依 $\boldsymbol{c}, \boldsymbol{a}_k \in \Lambda$ 可知

$$\boldsymbol{c} - s\boldsymbol{a}_k = (t_1 - sv_{11})\boldsymbol{b}_1 + \cdots + (t_k - sv_{kk})\boldsymbol{b}_k \in \Lambda. \tag{7}$$

又因为 $\boldsymbol{c}$ 不具备式 (5) 的形式, 所以 $\boldsymbol{c} - s\boldsymbol{a}_k$ 也不具备式 (5) 的形式. 由于 $\boldsymbol{c}$ 在不具备式 (5) 的形式的点中下标 k 是最小的, 可见 $t_k - sv_{kk} \neq 0$. 但由不等式 (6) 可知, Λ 中的点 $\boldsymbol{c} - s\boldsymbol{a}_k$ 的表达式 (7) 中 $\boldsymbol{b}_k$ 的系数绝对值非零, 并且比点 $\boldsymbol{a}_k$ 的同类

型表达式中 $\boldsymbol{b}_k$ 的系数绝对值 $|v_{kk}|$ 小, 这与 $\boldsymbol{a}_k$ 的定义矛盾. 因此 $\varLambda$ 中任何一点都可表示为式 (5) 的形式. 于是 (a) 得证.

(b) 设 $\boldsymbol{a}_1,\cdots,\boldsymbol{a}_n$ 是子格 $\varLambda$ 的某一组基. 按式 (3), DM 是 $\varLambda$ 的子格, 所以依 (a), 存在 DM 的基 $D\boldsymbol{b}_1,\cdots,D\boldsymbol{b}_n$, 使得

$$\begin{aligned}
&D\boldsymbol{b}_1=w_{11}\boldsymbol{a}_1,\\
&D\boldsymbol{b}_2=w_{21}\boldsymbol{a}_1+w_{22}\boldsymbol{a}_2,\\
&\cdots,\\
&D\boldsymbol{b}_n=w_{n1}\boldsymbol{a}_1+w_{n2}\boldsymbol{a}_2+\cdots+w_{nn}\boldsymbol{a}_n,
\end{aligned}$$

其中 $w_{ij}\in\mathbb{Z},w_{ii}\neq 0$. 由上式可逐次解出 $\boldsymbol{a}_1,\cdots,\boldsymbol{a}_n$, 它们具有式 (4) 的形式, 但 v_{ij} 是有理数. 又因为 $\boldsymbol{b}_1,\cdots,\boldsymbol{b}_n$ 组成 M 的基, 而 $\boldsymbol{a}_1,\cdots,\boldsymbol{a}_n\in M$, 所以系数 v_{ij} 应是整数. 特别地, $v_{ii}=D/w_{ii}\neq 0$. 于是 (b) 得证. □

推论 1 在定理 2.2.1 中可以认为 $v_{ii}>0$. 并且在 (a) 中,

$$0\leqslant v_{ij}<v_{jj};\tag{8}$$

在 (b) 中,

$$0\leqslant v_{ij}<v_{ii}.\tag{9}$$

证 (i) 若 $v_{ii}<0$, 则在 (a) 中以 $-\boldsymbol{a}_i$ 代替 $\boldsymbol{a}_i$, 在 (b) 中以 $-\boldsymbol{b}_i$ 代替 $\boldsymbol{b}_i$, 即可使得 $v_{ii}>0$.

(ii) 为证不等式 (8), 用向量

$$\boldsymbol{\alpha}_i=t_{i1}\boldsymbol{a}_1+\cdots+t_{i,i-1}\boldsymbol{a}_{i-1}+\boldsymbol{a}_i\quad(i=1,2,\cdots,n)\tag{10}$$

代替 $\boldsymbol{a}_i$, 其中 t_{ij} 是待定整数. 将式 (10) 写成

$$\begin{pmatrix}\boldsymbol{\alpha}_1\\ \boldsymbol{\alpha}_2\\ \vdots\\ \boldsymbol{\alpha}_n\end{pmatrix}=\begin{pmatrix}1 & & & \\ t_{21} & 1 & & \\ \vdots & \ddots & \ddots & \\ t_{n1} & \cdots & t_{n,n-1} & 1\end{pmatrix}\begin{pmatrix}\boldsymbol{a}_1\\ \boldsymbol{a}_2\\ \vdots\\ \boldsymbol{a}_n\end{pmatrix}\tag{11}$$

(空白处元素为 0, 下同), 将式 (4) 写成(注意, 如 (i) 中所证, 此处 $v_{ii}>0$)

$$\begin{pmatrix}\boldsymbol{a}_1\\ \boldsymbol{a}_2\\ \vdots\\ \boldsymbol{a}_n\end{pmatrix}=\begin{pmatrix}v_{11} & & & \\ v_{21} & v_{22} & & \\ \vdots & \ddots & \ddots & \\ v_{n1} & \cdots & v_{n,n-1} & v_{nn}\end{pmatrix}\begin{pmatrix}\boldsymbol{b}_1\\ \boldsymbol{b}_2\\ \vdots\\ \boldsymbol{b}_n\end{pmatrix}.\tag{12}$$

将式 (12) 代入式 (11), 即将式 (4) 代入式 (10), 得到

$$\begin{pmatrix}\boldsymbol{\alpha}_1\\\boldsymbol{\alpha}_2\\\vdots\\\boldsymbol{\alpha}_n\end{pmatrix}=\begin{pmatrix}v'_{11} & & & \\ v'_{21} & v'_{22} & & \\ \vdots & \ddots & \ddots & \\ v'_{n1} & \cdots & v'_{n,n-1} & v'_{nn}\end{pmatrix}\begin{pmatrix}\boldsymbol{b}_1\\\boldsymbol{b}_2\\\vdots\\\boldsymbol{b}_n\end{pmatrix},$$

即

$$\boldsymbol{\alpha}_i=v'_{i1}\boldsymbol{b}_1+\cdots+v'_{ii}\boldsymbol{b}_i\quad(i=1,2,\cdots,n),$$

其中对于每个 $i=1,\cdots,n$,

$$\begin{aligned}&v'_{ii}=v_{ii},\\&v'_{ij}=t_{ij}v_{jj}+t_{i,j+1}v_{j+1,j}+\cdots+t_{i,i-1}v_{i-1,j}+v_{ij}\quad(j=1,\cdots,i-1).\end{aligned}$$

因为方程组 (10) 的系数行列式等于 1, 所以对于任何整数 t_{ij}, 向量组 $\boldsymbol{\alpha}_i(i=1,\cdots,n)$ 组成 Λ 的基. 我们选取整数 t_{ij}, 使得这组基满足

$$0\leqslant v'_{ij}<v'_{jj}.$$

例如, 当 $i=2$ 时, 解不等式

$$0\leqslant v'_{21}=t_{21}v_{11}+v_{21}<v_{11}(=v'_{11})$$

可确定 t_{21}. 当 $i=3$ 时, 解不等式组

$$\begin{aligned}&0\leqslant v'_{31}=t_{31}v_{11}+t_{32}v_{21}+v_{31}<v_{11}(=v'_{11}),\\&0\leqslant v'_{32}=t_{32}v_{22}+v_{32}<v_{22}(=v'_{22})\end{aligned}$$

可确定 t_{32},t_{31}. 一般地, 对于 $i\geqslant 2$, 解不等式组

$$\begin{aligned}&0\leqslant v'_{i1}=t_{i1}v_{11}+t_{i2}v_{21}+\cdots+t_{i,i-1}v_{i-1,1}+v_{i1}<v_{11}(=v'_{11}),\\&0\leqslant v'_{i2}=t_{i2}v_{22}+\cdots+t_{i,i-1}v_{i-1,2}+v_{i2}<v_{22}(=v'_{22}),\\&\cdots,\\&0\leqslant v'_{i,i-1}=t_{i,i-1}v_{i-1,i-1}+v_{i,i-1}<v_{i-1,i-1}(=v'_{i-1,i-1})\end{aligned}$$

可确定 $t_{i,i-1},t_{i,i-2},\cdots,t_{i1}$.

(iii) 不等式 (9) 的证明是类似的. 定义向量 $\boldsymbol{\beta}_i$ 为方程组

$$\boldsymbol{b}_i=t_{i1}\boldsymbol{\beta}_1+\cdots+t_{i,i-1}\boldsymbol{\beta}_{i-1}+\boldsymbol{\beta}_i\quad(i=1,\cdots,n)$$

的解, 其中 t_{ij} 是待定整数. 我们将上述方程组写成

$$\begin{pmatrix}\boldsymbol{b}_1\\\boldsymbol{b}_2\\\vdots\\\boldsymbol{b}_n\end{pmatrix}=\begin{pmatrix}1&&&\\t_{21}&1&&\\\vdots&\ddots&\ddots&\\t_{n1}&\cdots&t_{n,n-1}&1\end{pmatrix}\begin{pmatrix}\boldsymbol{\beta}_1\\\boldsymbol{\beta}_2\\\vdots\\\boldsymbol{\beta}_n\end{pmatrix}=\boldsymbol{T}\begin{pmatrix}\boldsymbol{\beta}_1\\\boldsymbol{\beta}_2\\\vdots\\\boldsymbol{\beta}_n\end{pmatrix},$$

将式 (11) 写成

$$\begin{pmatrix}\boldsymbol{a}_1\\\boldsymbol{a}_2\\\vdots\\\boldsymbol{a}_n\end{pmatrix}=\boldsymbol{V}\begin{pmatrix}\boldsymbol{b}_1\\\boldsymbol{b}_2\\\vdots\\\boldsymbol{b}_n\end{pmatrix},$$

则有

$$\begin{pmatrix}\boldsymbol{a}_1\\\boldsymbol{a}_2\\\vdots\\\boldsymbol{a}_n\end{pmatrix}=\boldsymbol{VT}\begin{pmatrix}\boldsymbol{\beta}_1\\\boldsymbol{\beta}_2\\\vdots\\\boldsymbol{\beta}_n\end{pmatrix}=\boldsymbol{S}\begin{pmatrix}\boldsymbol{\beta}_1\\\boldsymbol{\beta}_2\\\vdots\\\boldsymbol{\beta}_n\end{pmatrix},$$

其中

$$\boldsymbol{S}=\boldsymbol{VT}=\begin{pmatrix}s_{11}&&&\\s_{21}&s_{22}&&\\\vdots&\ddots&\ddots&\\s_{n1}&\cdots&s_{n,n-1}&s_{nn}\end{pmatrix}.$$

于是

$$\boldsymbol{a}_i=s_{i1}\boldsymbol{\beta}_1+\cdots+s_{ii}\boldsymbol{\beta}_i\quad(i=1,2,\cdots,n).$$

因为 $|\det(\boldsymbol{S})|=|\det(\boldsymbol{V})||\det(\boldsymbol{T})|=1$, 所以 $\boldsymbol{\beta}_i(i=1,\cdots,n)$ 组成 M 的基. 我们用向量 $\boldsymbol{\beta}_i$ 代替向量 $\boldsymbol{b}_i(i=1,\cdots,n)$, 并且选择整数 s_{ij}, 使得这组基满足

$$0\leqslant s_{ij}<s_{ii}.$$

为此首先算出

$$s_{11}=v_{11},\quad s_{22}=v_{22},\quad s_{21}=v_{21}+v_{22}t_{21}.$$

一般地, 对于每个 $i=1,2,\cdots,n$,

$$\begin{aligned}&s_{ii}=v_{ii},\\&s_{ij}=(v_{i1},\cdots,v_{ii},0,\cdots,0)(0,\cdots,0,1,t_{j+1,j},\cdots,t_{n,j})^{\mathrm{T}}\end{aligned}$$

$$= v_{ij} + v_{i,j+1}t_{j+1,j} + \cdots + v_{ii}t_{ij} \quad (i = j+1, \cdots, n).$$

然后对于每个 $j \geqslant 1$, 由不等式

$$0 \leqslant s_{ij} < v_{ii} (= s_{ii})$$

确定 $t_{j+1,j}, \cdots, t_{nj}$. □

推论 2　设 $\boldsymbol{a}_1, \cdots, \boldsymbol{a}_m$ 是格 M 中的线性无关的点, 则存在 M 的基 $\boldsymbol{b}_1, \cdots, \boldsymbol{b}_n$, 使得

$$\begin{aligned}
&\boldsymbol{a}_1 = v_{11}\boldsymbol{b}_1,\\
&\boldsymbol{a}_2 = v_{21}\boldsymbol{b}_1 + v_{22}\boldsymbol{b}_2,\\
&\cdots,\\
&\boldsymbol{a}_m = v_{m1}\boldsymbol{b}_1 + \cdots + v_{mm}\boldsymbol{b}_m,
\end{aligned}$$

其中 v_{ij} 是整数, 满足 $v_{ii} > 0 (i = 1, \cdots, m)$ 以及

$$0 \leqslant v_{ij} < v_{ii} \quad (1 \leqslant j < i \leqslant m). \tag{13}$$

证　显然 $m \leqslant n$. 取点 $\boldsymbol{a}_{m-1}, \cdots, \boldsymbol{a}_n \in M$ (当 $m = n$ 时, 不需要补充新点), 使得它们与 $\boldsymbol{a}_1, \cdots, \boldsymbol{a}_m$ 组成线性无关组. 令 Λ 是以 $\boldsymbol{a}_i (i = 1, \cdots, n)$ 为基的格 (是 M 的子格), 则由定理 2.2.1(b) 可知, 存在 M 的基 $\boldsymbol{b}_1, \cdots, \boldsymbol{b}_n$, 使得

$$\boldsymbol{a}_i = v_{i1}\boldsymbol{b}_1 + \cdots + v_{ii}\boldsymbol{b}_i \quad (i = 1, \cdots, n),$$

取其中前 m 个等式, 并注意推论 1 中的式 (9), 即得结论. □

推论 3　设 $\boldsymbol{a}_1, \cdots, \boldsymbol{a}_m (m < n)$ 是格 M 中的线性无关的点, 则存在点 $\boldsymbol{a}_{m+1}, \cdots, \boldsymbol{a}_n$, 使得 $\boldsymbol{a}_1, \cdots, \boldsymbol{a}_m, \boldsymbol{a}_{m+1}, \cdots, \boldsymbol{a}_n$ 组成 Λ 的基, 充要条件是: 对于任何 $u_1, \cdots, u_m \in \mathbb{R}$,

$$\boldsymbol{c} = u_1\boldsymbol{a}_1 + \cdots + u_m\boldsymbol{a}_m \in M \quad \Rightarrow \quad u_1, \cdots, u_m \in \mathbb{Z}. \tag{14}$$

证　(i) 若存在点 $\boldsymbol{a}_{m+1}, \cdots, \boldsymbol{a}_n$ 将 $\boldsymbol{a}_1, \cdots, \boldsymbol{a}_m$ 补充成 M 的基, 那么可将形如 $\boldsymbol{c} = u_1\boldsymbol{a}_1 + \cdots + u_m\boldsymbol{a}_m$ $(u_1, \cdots, u_m \in \mathbb{R})$ 的点改写为

$$\boldsymbol{c} = u_1\boldsymbol{a}_1 + \cdots + u_m\boldsymbol{a}_m + 0 \cdot \boldsymbol{a}_{m+1} + \cdots + 0 \cdot \boldsymbol{a}_n.$$

由基的定义推出实数 $u_1, \cdots, u_m$ 都是整数.

(ii) 反之, 若条件 (14) 成立, 我们证明存在点 $\boldsymbol{a}_{m+1}, \cdots, \boldsymbol{a}_n$, 使得 $\boldsymbol{a}_1, \cdots, \boldsymbol{a}_m$, $\boldsymbol{a}_{m+1}, \cdots, \boldsymbol{a}_n$ 组成 Λ 的基. 设 $\boldsymbol{b}_1, \cdots, \boldsymbol{b}_n$ 是推论 2 中定义的格 M 的基, 并且 v_{ij} 是

相应的整数. 解推论 2 中的方程组可知, $\boldsymbol{b}_1,\cdots,\boldsymbol{b}_m$ 都有式 (14) 中 $\boldsymbol{c}$ 的形式, 特别地, 在 $\boldsymbol{b}_i$ 的表达式中 $\boldsymbol{a}_i$ 的系数是 $v_{ii}^{-1}\,(i=1,\cdots,m)$, 因此由条件 (14) 推出 $v_{ii}=1$. 又由式 (13) 可知 $v_{ij}=0(i\neq j)$. 因此 $\boldsymbol{a}_i=\boldsymbol{b}_i(i=1,\cdots,m)$, 从而 $\boldsymbol{b}_{m+1},\cdots,\boldsymbol{b}_n$ 就可作为所求的点 $\boldsymbol{a}_{m+1},\cdots,\boldsymbol{a}_n$. □

推论 4 设 $\boldsymbol{b}_1,\cdots,\boldsymbol{b}_n$ 是格 M 的基, 还设 $\boldsymbol{c}=u_1\boldsymbol{b}_1+\cdots+u_n\boldsymbol{b}_n$ 是 M 中的一个点. 那么点组 $\boldsymbol{b}_1,\cdots,\boldsymbol{b}_{m-1},\boldsymbol{c}$ 可扩充成 M 的一组基:

$$\boldsymbol{b}_1,\cdots,\boldsymbol{b}_{m-1},\boldsymbol{c},\boldsymbol{c}_{m+1},\cdots,\boldsymbol{c}_n, \tag{15}$$

其充要条件是 $u_m,u_{m+1},\cdots,u_n$ 的最大公因子是 ±1.

证 (i) 设 $\boldsymbol{b}_1,\cdots,\boldsymbol{b}_{m-1},\boldsymbol{c}$ 可补充成 M 的一组基 (15), 则

$$-(u_m\boldsymbol{b}_m+\cdots+u_n\boldsymbol{b}_n)=u_1\boldsymbol{b}_1+\cdots+u_{m-1}\boldsymbol{b}_{m-1}-\boldsymbol{c}\in M.$$

若 λ 是 $u_m,\cdots,u_n$ 的最大公因子, 则

$$-\frac{1}{\lambda}(u_m\boldsymbol{b}_m+\cdots+u_n\boldsymbol{b}_n)=\frac{u_1}{\lambda}\boldsymbol{b}_1+\cdots+\frac{u_{m-1}}{\lambda}\boldsymbol{b}_{m-1}-\frac{1}{\lambda}\boldsymbol{c}\in M.$$

由推论 3 可知实数 $u_1/\lambda,\cdots,u_{m-1}/\lambda,-1/\lambda$ 都是整数, 因此 $\lambda=\pm1$.

(ii) 反之, 设 $\lambda=\pm1$, 那么依推论 3, 只需证明对于任何实数 $t_1,\cdots,t_m$,

$$\boldsymbol{a}=t_1\boldsymbol{b}_1+\cdots+t_{m-1}\boldsymbol{b}_{m-1}+t_m\boldsymbol{c}\in M \quad\Rightarrow\quad t_1,\cdots,t_m\in\mathbb{Z}.$$

为此注意

$$\begin{aligned}\boldsymbol{a}&=t_1\boldsymbol{b}_1+\cdots+t_{m-1}\boldsymbol{b}_{m-1}+t_m(u_1\boldsymbol{b}_1+\cdots+u_n\boldsymbol{b}_n)\\&=(t_1+t_mu_1)\boldsymbol{b}_1+\cdots+(t_{m-1}+t_mu_{m-1})\boldsymbol{b}_{m-1}\\&\quad+t_mu_m\boldsymbol{b}_m+\cdots+t_mu_n\boldsymbol{b}_n.\end{aligned}$$

因为 $\boldsymbol{b}_1,\cdots,\boldsymbol{b}_n$ 是 M 的基, 所以上式中所有系数都是整数. 特别由 $t_mu_m,\cdots,t_mu_n\in\mathbb{Z}$ 以及 $\lambda=\pm1$ 可推出 t_m 是整数 (详而言之, 若设 $t_m=x/y$, 其中 x,y 是互素整数, 并且 $y\neq1$, 则由 $t_mu_m,\cdots,t_mu_n\in\mathbb{Z}$ 可知, y 是 $u_m,\cdots,u_n$ 的公因子, 从而 $y|\lambda=\pm1$, 此不可能). 进而由 $t_1+t_mu_1,\cdots,t_{m-1}+t_mu_{m-1}\in\mathbb{Z}$ 以及 $t_m,u_1,\cdots,u_{m-1}$ 为整数推出 $t_1,\cdots,t_{m-1}$ 也是整数. 这正是所要证的. □

2.3　点组扩充成基

下述定理应用较多, 是上面定理 2.2.1 的推论 3 的一个变体.

定理 2.3.1　设 $\boldsymbol{b}_1,\cdots,\boldsymbol{b}_n$ 是格 Λ 的基, 还设

$$\boldsymbol{a}_i=\sum_{j=1}^{n}v_{ij}\boldsymbol{b}_j\quad(i=1,\cdots,m)\tag{1}$$

是格 Λ 的 m 个点. 那么点 $\boldsymbol{a}_1,\cdots,\boldsymbol{a}_m$ 能扩充成 Λ 的基, 其充要条件是 $m\times n$ 矩阵

$$\boldsymbol{V}=(v_{ij})_{1\leqslant i\leqslant m,1\leqslant j\leqslant n}\tag{2}$$

的所有 m 阶子行列式的最大公因子等于 1.

证　(i) 条件的必要性. 设点 $\boldsymbol{a}_i\,(i=m+1,\cdots,n)$ 与给定的点 (1) 一起组成格 Λ 的基, 记

$$\boldsymbol{a}_i=\sum_{j=1}^{n}v_{ij}\boldsymbol{b}_j\quad(i=m+1,\cdots,n),\tag{3}$$

以及 n 阶方阵 $\boldsymbol{V}_0=(v_{ij})_{1\leqslant i,j\leqslant n}$. 因为点组 $\boldsymbol{a}_i$ 和 $\boldsymbol{b}_i(i=1,\cdots,n)$ 都是格 Λ 的基, 所以

$$\det(\boldsymbol{V}_0)=\pm 1.\tag{4}$$

按行列式的 Laplace 展开, 得到

$$\det(\boldsymbol{V}_0)=\sum_{r=1}^{R}V_rW_r,\tag{5}$$

其中 $V_r(r=1,\cdots,R)$ 是矩阵 (2) 的所有 m 阶子式, W_r 是它在 $\boldsymbol{V}_0$ 中的代数余子式, $R=\binom{n}{m}$. 由式 (4) 和式 (5) 推出 $V_1,\cdots,V_R$ 的最大公因子为 1.

(ii) 条件的充分性. 设 $\boldsymbol{c}=u_1\boldsymbol{a}_1+\cdots+u_m\boldsymbol{a}_m(u_i\in\mathbb{R})\in\Lambda$, 我们来证明 $u_1,\cdots,u_m$ 都是整数, 从而由定理 2.2.1 的推论 3 推出点 $\boldsymbol{a}_1,\cdots,\boldsymbol{a}_m$ 能补充成 Λ 的基.

由式 (1) 得到

$$\boldsymbol{c}=u_1\sum_{j=1}^{n}v_{1j}\boldsymbol{b}_j+\cdots+u_m\sum_{j=1}^{n}v_{mj}\boldsymbol{b}_j$$

$$= \sum_{k=1}^{n}\left(\sum_{i=1}^{m} u_i v_{ik}\right)\boldsymbol{b}_k = \sum_{k=1}^{n} l_k \boldsymbol{b}_k,$$

其中

$$l_k = \sum_{i=1}^{m} u_i v_{ik} \quad (k=1,\cdots,n). \tag{6}$$

因为 $\boldsymbol{b}_1,\cdots,\boldsymbol{b}_n$ 是格 Λ 的基, 所以 l_k 都是整数. 视式 (6) 为以 u_i 为未知数的方程组, 它有实数解, 并且其系数矩阵与矩阵 (2) 互为转置. 取其前 m 个方程组成的方程组. 设 $\widetilde{v}_k$ 是它的系数矩阵

$$\boldsymbol{V}_1 = (v_{ik})_{1\leqslant i,k\leqslant m}$$

的元素 v_{1k} 的代数余子式, 则知

$$u_1 V_1 = u_1 \det \boldsymbol{V}_1 = \sum_{k=1}^{m} \widetilde{v}_k l_k \in \mathbb{Z}.$$

一般地, 取式 (6) 中任意 m 个方程组成的方程组, 相应地以其系数矩阵 (即式 (6) 的系数矩阵的任意一个 m 阶子式) $\boldsymbol{V}_r$ 代替 $\boldsymbol{V}_1$ (即令 $\boldsymbol{V}_r = (v_{ik})$, 其中 $1\leqslant i\leqslant m$, 而 k 取集合 $\{1,\cdots,n\}$ 中任意 m 个不同的值), 用类似的推理可知

$$u_\nu V_r = u_\nu \det \boldsymbol{V}_r \in \mathbb{Z} \quad (\nu = 1,\cdots,m; r = 1,\cdots,R).$$

因此 u_ν 是有理数. 设 $u_1 = \alpha/\beta$, 其中 α 和 $\beta > 0$ 是互素整数, 那么 $(\alpha/\beta)V_r = z_r \in \mathbb{Z}(r=1,\cdots,R)$, 或 $\alpha V_r = z_r\beta$, 因此 $\beta\,|\,V_r\,(r=1,\cdots,R)$. 由假设, $V_1,\cdots,V_R$ 的最大公因子等于 1, 所以 $\beta = 1$, 从而 $u_1 = \alpha$ 是整数. 同理, 所有 $u_1,\cdots,u_m$ 都是整数. □

2.4 格关于子格的类数

设 Λ 是格 M 的子格. 在 2.2 节中我们定义了 Λ 在格 M 中的指标

$$D = \frac{d(\Lambda)}{d(M)}.$$

作为定理 2.2.1 的应用, 可以给出格 M 的子格 Λ 的指标的一个特性. 设 $\boldsymbol{c},\boldsymbol{d} \in M$, 若 $\boldsymbol{c} - \boldsymbol{d} \in \Lambda$, 则称 $\boldsymbol{c},\boldsymbol{d}$ 模 Λ 同余, 并记作 $\boldsymbol{c} \equiv \boldsymbol{d} (\bmod\ \Lambda)$, 或称 $\boldsymbol{c},\boldsymbol{d}$ 模 Λ 属于同一

个类. 因为

$$\boldsymbol{c}-\boldsymbol{d},\ \boldsymbol{d}-\boldsymbol{e}\in\Lambda \quad\Rightarrow\quad \boldsymbol{c}-\boldsymbol{e}\in\Lambda,$$

所以这是一个等价关系, 从而将 M 的所有点分为若干个类.

定理 2.4.1 子格 Λ 在 M 中的指标等于 M 模 Λ 的类数.

证 设 $\boldsymbol{a}_i$ 和 $\boldsymbol{b}_i(i=1,\cdots,n)$ 分别是定理 2.2.1 中定义的 Λ 和 M 的基, 那么由定义可知 Λ 在 M 中的指标

$$D=\prod_{i=1}^{n}|v_{ii}|. \tag{1}$$

另一方面, 任意点 $\boldsymbol{c}\in M$ 必与一个下列形式的点模 Λ 属于同一个类:

$$q_1\boldsymbol{b}_1+\cdots+q_n\boldsymbol{b}_n \quad (0\leqslant q_j<v_{jj}). \tag{2}$$

事实上, 设 $\boldsymbol{c}=c_1\boldsymbol{b}_1+\cdots+c_n\boldsymbol{b}_n(c_i$ 是整数), 则存在整数 s_n,q_n, 使得 $c_n=s_nv_{nn}+q_n,0\leqslant q_n<v_{nn}$, 从而

$$\boldsymbol{c}-s_n\boldsymbol{a}_n=c_1'\boldsymbol{b}_1+\cdots+c_{n-1}'\boldsymbol{b}_{n-1}+q_n\boldsymbol{b}_n.$$

又存在整数 s_{n-1},q_{n-1}, 使得 $c_{n-1}'=s_{n-1}v_{n-1,n-1}+q_{n-1},0\leqslant q_{n-1}<v_{n-1,n-1}$, 从而

$$\boldsymbol{c}-s_n\boldsymbol{a}_n-s_{n-1}\boldsymbol{a}_{n-1}=c_1''\boldsymbol{b}_1+\cdots+c_{n-2}''\boldsymbol{b}_{n-2}+q_{n-1}\boldsymbol{b}_{n-1}+q_n\boldsymbol{b}_n.$$

如此继续, 最后得到

$$\boldsymbol{c}-(s_n\boldsymbol{a}_n+\cdots+s_1\boldsymbol{a}_1)=q_1\boldsymbol{b}_1+\cdots+q_n\boldsymbol{b}_n,$$

因此

$$\boldsymbol{c}-(q_1\boldsymbol{b}_1+\cdots+q_n\boldsymbol{b}_n)=s_n\boldsymbol{a}_n+\cdots+s_1\boldsymbol{a}_1\in\Lambda,$$

于是上述断言成立. 注意依上述变换可知, 每个点 $\boldsymbol{c}\in M$ 必对应于唯一一组整数 $(q_1,\cdots,q_n)(0\leqslant q_j<v_{jj},j=1,\cdots,n)$. 特别地, 点 $q_1\boldsymbol{b}_1+\cdots+q_n\boldsymbol{b}_n$ 对应于数组 $(q_1,\cdots,q_n)$. 因此任何两个不同的形式 (1) 的点对应于不同的数组, 从而属于 (模 Λ) 不同的类. 于是形式 (2) 的点的总数等于 M 模 Λ 的类数. 因为形式 (2) 的点的总数恰好等于式 (1) 的右边, 于是定理得证. □

2.5 格点分布定理

H. Davenport[38] 证明了下列定理, 涉及格点的分布性质:

定理 2.5.1 设 Λ 是一个 n 维格, $\boldsymbol{c}_1,\cdots,\boldsymbol{c}_{n-1}$ 是任意给定的 n 维实向量, $\varepsilon>0$ 是给定的任意小的实数. 那么对于所有实数 $N>N_0$, 存在 Λ 的一组基 $\boldsymbol{a}_1,\cdots,\boldsymbol{a}_n$, 使得

$$|\boldsymbol{a}_i-N\boldsymbol{c}_i|<N^{\varepsilon}\quad(i=1,\cdots,n-1),\tag{1}$$

其中 N_0 仅与 $\Lambda,\boldsymbol{c}_i$ 和 ε 有关, $|\boldsymbol{x}|$ 表示通常的欧氏模.

定理的证明需要一些辅助引理.

引理 2.5.1 设 $q\geqslant 2$ 是一个正整数. 那么对于每个实数 $\delta>0$, 存在一个实数 $k=k(\delta)$ 具有下列性质: 每个长度为 kq^{δ} 的区间中总存在一个整数与 q 互素.

证 (i) 设 q 的标准素因子分解式是

$$q=p_1^{\alpha_1}\cdots p_J^{\alpha_J}.$$

一个整数与 q 互素, 当且仅当它不被 $p_1,\cdots,p_J$ 整除. 考虑任意一个长度为 $U>0$ 的区间

$$V<u\leqslant V+U,\tag{2}$$

其中 U,V 是固定整数. 设下标 $j_1<j_2<\cdots<j_s$, 其中 $s\leqslant J$, 用

$$M(j_1,\cdots,j_s)$$

表示区间 (2) 中可被素数 $p_{j_1},p_{j_2},\cdots,p_{j_s}$ 整除的整数个数 (当然它们也可能被 $p_1,\cdots,p_J$ 中的其他素数整除). 依逐步淘汰原理, 区间 (2) 中与 q 互素的整数个数

$$W=U+\sum_{\substack{j_1<j_2<\cdots<j_s\\ s\geqslant 1}}(-1)^sM(j_1,\cdots,j_s).\tag{3}$$

(ii) 因为 $M(j_1,\cdots,j_s)$ 表示下列形式的满足不等式 (2) 的整数 u 的个数:

$$u=p_{j_1}\cdots p_{j_s}u',$$

其中 u' 是整数, 由 u 满足不等式 (2) 可知 u' 满足

$$\frac{V}{p_{j_1}\cdots p_{j_s}}<u'\leqslant\frac{U+V}{p_{j_1}\cdots p_{j_s}}.$$

注意 u 与 u' 是一一对应的, $M(j_1,\cdots,j_s)$ 也表示满足上述不等式的整数 u' 的个数, 因此

$$\left|M(j_1,\cdots,j_s)-\frac{U}{p_{j_1}\cdots p_{j_s}}\right|<1.$$

由此得到

$$\left|\frac{M(j_1,\cdots,j_s)}{U}-\frac{1}{p_{j_1}\cdots p_{j_s}}\right|<\frac{1}{U}.\tag{4}$$

(iii) 由式 (3) 可知

$$W = U\left(1+\sum_{\substack{j_1<j_2<\cdots<j_s\\ s\geqslant 1}}(-1)^s\frac{M(j_1,\cdots,j_s)}{U}\right). \tag{5}$$

如果 $(-1)^s>0$, 那么由不等式 (4) 得到

$$(-1)^s\frac{M(j_1,\cdots,j_s)}{U} > -\frac{1}{U}+\frac{1}{p_{j_1}\cdots p_{j_s}} = -\frac{1}{U}+(-1)^s\frac{1}{p_{j_1}\cdots p_{j_s}};$$

如果 $(-1)^s<0$, 那么类似地由不等式 (4) 得到

$$(-1)^s\frac{M(j_1,\cdots,j_s)}{U} > -\frac{1}{U}-\frac{1}{p_{j_1}\cdots p_{j_s}} = -\frac{1}{U}+(-1)^s\frac{1}{p_{j_1}\cdots p_{j_s}}.$$

由此及式 (5) 推出

$$W > U\left(1+\sum_{\substack{j_1<j_2<\cdots<j_s\\ s\geqslant 1}}\left(-\frac{1}{U}+(-1)^s\frac{1}{p_{j_1}\cdots p_{j_s}}\right)\right).$$

注意

$$U\sum_{\substack{j_1<j_2<\cdots<j_s\\ s\geqslant 1}}\left(-\frac{1}{U}\right) = \sum_{\substack{j_1<j_2<\cdots<j_s\\ s\geqslant 1}}(-1) = -(2^J-1),$$

所以得到

$$\begin{aligned} W &> U\left(1+\sum_{\substack{j_1<j_2<\cdots<j_s\\ s\geqslant 1}}(-1)^s\frac{1}{p_{j_1}\cdots p_{j_s}}\right)-(2^J-1)\\ &= U\prod_j\left(1-\frac{1}{p_j}\right)-2^J+1 > 2^{-J}U-2^J. \end{aligned}$$

于是当

$$U \geqslant U_0(q) = 4^J$$

时, $W>0$, 即区间 (2) 中存在一个与 q 互素的整数. 如果 δ 如引理中给出, 那么

$$\frac{U_0(q)}{q^\delta} = \prod_j\frac{4}{p_j^\delta} = \prod_{p_j^\delta>4}\frac{4}{p_j^\delta}\cdot\prod_{p_j^\delta\leqslant 4}\frac{4}{p_j^\delta} \leqslant \prod_{p_j^\delta\leqslant 4}\frac{4}{p_j^\delta} \leqslant \prod_{p^\delta\leqslant 4}\frac{4}{p^\delta},$$

最后的乘积展布在满足不等式 $p\leqslant 4^{1/\delta}$ 的素数 p 上, 仅与 δ 有关, 于是得到

$$\frac{U_0(q)}{q^\delta} \leqslant \prod_{p^\delta\leqslant 4}\frac{4}{p^\delta} = k(\delta).$$

因为 $k(\delta)q^{\delta}\geqslant U_0(q)$, 所以引理的结论成立. □

引理 2.5.2 设给定正整数 $q\geqslant 2$ 和实数 $\delta>0$, 实数 $k=k(\delta)$ 由引理 2.5.1 所确定. 还设 s,t 是两个整数, t,q 互素. 那么每个长度大于 kq^{δ} 的区间中总存在一个整数 u, 使得 $tu+s$ 与 q 互素.

证 因为 t,q 互素, 所以存在整数 u_1,u_2, 使得 $u_1t+u_2q=1$, 于是

$$s=s_1t+s_2q,$$

其中整数 $s_1=u_1s,s_2=u_2s$, 从而

$$tu+s=t(u+s_1)+s_2q=tu'+s_2q.$$

因为 t,q 互素, 所以只需选取整数 u, 使得 $u'=u+s_1$ 与 q 互素. 对于任何长度大于 kq^{δ} 的区间 (a,b), 依引理 2.5.1, 区间 $(a+s_1,b+s_1)$ 中有一个整数 u' 与 q 互素, 从而区间 (a,b) 中有整数 $u=u'-s_1$, 使得 $u'=u+s_1$ 与 q 互素, 于是 $tu+s$ 与 q 互素. □

定理 2.5.1 之证 (i) 设 $\boldsymbol{b}_1,\cdots,\boldsymbol{b}_n$ 是格 Λ 的一组基, 令

$$\boldsymbol{c}_i=\sum_{j=1}^{n}\gamma_{ij}\boldsymbol{b}_j\quad(i=1,\cdots,n),\tag{6}$$

其中 $\gamma_{ij}\in\mathbb{R}$. 我们来证明: 可以选取 Λ 的基

$$\boldsymbol{a}_i=\sum_{j}v_{ij}\boldsymbol{b}_j\quad(j=1,\cdots,n)\tag{7}$$

满足不等式

$$v_{ij}=N\gamma_{ij}+O(N^{i\delta}),\tag{8}$$

其中 $N>1$ 是给定的正数, $\delta>0$ 是足够小的实数, 并且符号 O 中的常数仅与 n,δ,γ_{ij} 有关. 为此我们将选取 v_{ij}, 使得对于每个 $I<n$,

$$R_I=\det(v_{ij})\quad(1\leqslant i\leqslant I,1\leqslant j\leqslant I),$$
$$S_I=\det(v_{ij})\quad(1\leqslant i\leqslant I,2\leqslant j\leqslant I+1)$$

都是非零整数, 并且互素.

(ii) 对 I 用数学归纳法. 首先设 $I=1$. 取 v_{11} 为距 $N\gamma_{11}$ 最近的非零整数; 对于 $j>2$, 则取 v_{1j} 为最接近 $N\gamma_{1j}$ 的整数. 于是对于 $i=1,j\neq 2$, 式 (8) 显然成立. v_{12} 的取法如下: 当 $v_{11}=\pm 1$ 时, 取 v_{12} 为距 $N\gamma_{12}$ 最近的非零整数, 那么显然 v_{12} 与 v_{11} 互素, 并且式 (8) 成立; 当 $v_{11}\neq\pm 1$ 时, 在引理 2.5.1 中令 $q=|v_{11}|$,

那么在每个长度超过 kq^δ 的区间中总存在一个与 v_{11} 互素的整数, 它们形成一个离散集, 所以其中必有一个距 $N\gamma_{12}$ 最近的非零整数, 我们取此数作为 v_{12}. 因为 $v_{11}=O(N)$, 并且

$$|v_{12}-N\gamma_{12}|<kq^\delta \quad (\text{区间长度}),$$

所以 $v_{12}=N\gamma_{12}+O(N^\delta)$, 即在此情形中式 (8) 也成立. 此外, 此时 $R_1=v_{11},S_1=v_{12}$, 因而它们互素.

现在设 $I>1$, 并且对于 $i<I$, 诸整数 v_{ij} 已经被确定. 当 $j\neq I,I+1$ 时, 取 v_{Ij} 为最接近 $N\gamma_{Ij}$ 的整数. 按行列式的最后一行展开 R_I 和 S_I, 得到

$$R_I=\pm v_{II}R_{I-1}+A,\quad S_I=\pm v_{I,I+1}S_{I-1}+v_{II}B+C,$$

其中 A,B,C 是已经确定的整数 (实际是某些已经定义的 v_{ij} 的乘积之和). 由归纳法假设, R_{I-1} 和 S_{I-1} 均不为零, 并且互素. 因为 S_{I-1} 是 $(I-1)!$ 个加项之和, 其中每个加项都是 $I-1$ 个 v_{ij} 之积, 所以

$$S_{I-1}=O(N^{I-1}).$$

若 $S_{I-1}\neq\pm1$, 则由引理 2.5.2(在其中令 $q=|S_{I-1}|,t=\pm R_{I-1},s=A$) 可知, 可以选取 v_{II} 为最接近 $N\gamma_{II}$ 并且与 S_{I-1} 互素的非零整数, 于是

$$V_{II}-N\gamma_{II}=O(S_{I-1}^\delta)=O(N^{(I-1)\delta});$$

若 $S_{I-1}=\pm1$, 则取 v_{II} 为最接近 $N\gamma_{II}$ 的非零整数, 显然它与 S_{I-1} 互素, 并且满足上式. 确定了 v_{II} 后, R_I 也就确定, 并且

$$R_I=O(|v_{II}|R_{I-1})=O(N\cdot N^{I-1})=O(N^I).$$

接着我们按下列方式选取 v_{I,I_1}: 若 $R_I\neq\pm1$, 则应用引理 2.5.2(在其中令 $q=|R_I|,t=\pm S_{I-1},s=v_{II}B+C$) 可知, 可以选取 $v_{I,I+1}$ 为最接近 $N\gamma_{I,I+1}$ 并且与 R_I 互素的非零整数, 于是

$$V_{I,I+1}-N\gamma_{I,I+1}=O(R_I^\delta)=O(N^{I\delta});$$

若 $R_I=\pm1$, 则显然可取 $v_{I,I+1}$ 为最接近 $N\gamma_{I,I+1}$ 的非零整数, 也满足上述要求. 总之, 我们完成了 v_{ij} 的归纳法构造.

(iii) 因为 $(R_{n-1},S_{n-1})=1$, 所以由定理 2.3.1 可知, 可以选取整数 $v_{n1},\cdots,v_{nn}$, 使得由式 (7) 定义的点 $\boldsymbol{a}_1,\cdots,\boldsymbol{a}_n$ 组成 Λ 的基, 并且由式 (7) 和式 (8) 推出

$$|\boldsymbol{a}_i-N\boldsymbol{c}_i|=O(N^{(n-1)\delta})\quad (i=1,\cdots,n-1).$$

取 $\delta=\varepsilon/n$, 即得不等式 (1). □

王元 [6] 应用 Brun 筛法改进了引理 2.5.1 和引理 2.5.2, 从而将定理 2.5.1 中的误差阶 $O(N^{\varepsilon})$ 改进为 $O(\log^3 N)$.C. G. Lekkerkerker[70](还可参见文献 [53], 481 页) 在定理 2.5.1 的基础上进一步研究了格点的分布, 其后, 朱尧辰 [7] 基于上述工作, 给出了下面一般形式的格点分布结果.

设 r,s 为正整数, $r+s=n$. 对于 $\boldsymbol{x}=(x_1,\cdots,x_n)\in\mathbb{R}^n$, 分别用

$$\boldsymbol{x}^{(r)}=(x_1,\cdots,x_r,0,\cdots,0)$$

和

$$\boldsymbol{x}_{(s)}=(0,\cdots,0,x_{r+1},\cdots,x_n)$$

表示向量 $\boldsymbol{x}$ 在子空间

$$x_{r+1}=\cdots=x_n=0 \tag{9}$$

和子空间

$$x_1=\cdots=x_r=0$$

上的投影.

定理 2.5.2 设 $\varLambda$ 为 n 维格, $\boldsymbol{c}_i=(c_{i1},\cdots,c_{in})\,(i=1,\cdots,n)$ 为任意 n 个向量, 满足

$$\lambda=\det(\boldsymbol{c}_1^{(r)},\cdots,\boldsymbol{c}_r^{(r)})\cdot\det(\boldsymbol{c}_{r+1(s)},\cdots,\boldsymbol{c}_{n(s)})\neq 0.$$

又设 M,N 为充分大的实数, 满足

$$\lambda N^r M^{-s}=\det(\varLambda).$$

那么存在 $\varLambda$ 的一组基 $\boldsymbol{b}_1,\cdots,\boldsymbol{b}_n$, 满足

$$\boldsymbol{b}_i=\begin{cases}N(\boldsymbol{c}_i^{(r)}+\boldsymbol{d}_i), & \text{当 } i=1,\cdots,r \text{ 时},\\ \sum\limits_{h=1}^{r}\vartheta_{ih}\boldsymbol{b}_h+M^{-1}(\boldsymbol{c}_{i(s)}+\boldsymbol{d}_i), & \text{当 } i=r+1,\cdots,n \text{ 时},\end{cases}$$

其中 ϑ_{ih} 是某些实数, 诸向量 $\boldsymbol{d}_i$ 的分量 d_{ih} 满足

$$d_{ih}=\begin{cases}O\big(\max\{N^{-1}\log^3 N, M^{-1}\log^3 M\}\big), & \text{当 } i,h=1,\cdots,r \text{ 时};\\ & \text{及 } i,h=r+1,\cdots,n \text{ 时},\\ 0, & \text{当 } i=r+1,\cdots,n,\\ & \quad h=1,\cdots,r \text{ 时},\end{cases} \tag{10}$$

其中 O 中的常数仅与 $\varLambda$ 及诸向量 $\boldsymbol{c}_i$ 有关.

粗略地说, 这个定理表明 Λ 的这组基具有如下特性: 其前 r 个在子空间 (9) 上的投影近似地等于诸 $\boldsymbol{c}_i^{(r)}(i=1,\cdots,r)$ 的 N 倍, 后 s 个在模前 r 个向量所张成的子空间后 (即减去 $\sum\limits_{h=1}^{r}\vartheta_{ih}\boldsymbol{b}_h$, 其中 ϑ_{ih} 是适当的实数), 近似地等于诸 $\boldsymbol{c}_{i(s)}(i=r+1,\cdots,n)$ 的 M^{-1} 倍.

在定理 2.5.2 中取 $\boldsymbol{c}_i=\boldsymbol{e}_i$(标准单位向量)$(i=1,\cdots,n)$, 并且将式 (10) 右边的估值换为 $O\big(\max\{N^{-1+\varepsilon},M^{-1+\varepsilon}\}\big)$ (其中 $\varepsilon>0$ 任意给定), 就可得到文献 [70] 的结果.

注 2.5.1　格点分布定理在 Furtwängler 联立逼近问题中有重要应用, 对此可参见文献 [29](V.10 节) 和 [53](45.2 节).

2.6　格在线性变换下的像

在本节中, 术语“向量”按列向量理解. 考虑 $\mathbb{R}^n$ 到自身的非奇异线性变换:

$$\boldsymbol{y}=\boldsymbol{\alpha x},\tag{1}$$

其中 $\boldsymbol{x}=(x_1,\cdots,x_n)^{\mathrm{T}}$ 和 $\boldsymbol{y}=(y_1,\cdots,y_n)^{\mathrm{T}}\in\mathbb{R}^n,\boldsymbol{\alpha}=(\alpha_{ij})_{1\leqslant i,j\leqslant n}$ 是 n 阶非奇异实矩阵, 即

$$\det(\boldsymbol{\alpha})\neq 0,\tag{2}$$

于是变换 $\boldsymbol{y}=\boldsymbol{\alpha x}$ 由下式定义:

$$y_i=\sum_{j=1}^{n}\alpha_{ij}x_j\quad(i=1,\cdots,n).$$

设 Λ 是某个格, 我们定义集合

$$\boldsymbol{\alpha}\Lambda=\{\boldsymbol{\alpha x}\,|\,\boldsymbol{x}\in\Lambda\}.$$

若 $\boldsymbol{b}_1,\cdots,\boldsymbol{b}_n$ 是 Λ 的基, 则任何 $\boldsymbol{x}\in\Lambda$ 可唯一地表示为 $\boldsymbol{x}=u_1\boldsymbol{b}_1+\cdots+u_n\boldsymbol{b}_n\,(u_i\in\mathbb{Z})$, 于是

$$\boldsymbol{\alpha x}=u_1(\boldsymbol{\alpha b}_1)+\cdots+u_n(\boldsymbol{\alpha b}_n).$$

由式 (2) 可推出 $\boldsymbol{\alpha b}_1,\cdots,\boldsymbol{\alpha b}_n$ 线性无关, 所以 $\boldsymbol{\alpha}\Lambda$ 是以 $\boldsymbol{\alpha b}_1,\cdots,\boldsymbol{\alpha b}_n$ 为基的格, 并且它的行列式

$$d(\boldsymbol{\alpha}\Lambda)=|\det(\boldsymbol{\alpha b}_1\quad\cdots\quad\boldsymbol{\alpha b}_n)|$$

$$= |\det(\boldsymbol{\alpha})||\det(\boldsymbol{b}_1 \quad \cdots \quad \boldsymbol{b}_n)| = |\det(\boldsymbol{\alpha})|d(\varLambda).$$

于是我们证明了:

定理 2.6.1 在 $\mathbb{R}^n$ 到自身的非奇异仿射变换 $\boldsymbol{y} = \boldsymbol{\alpha x}$ 下, 格 $\varLambda$ 的像仍然是一个格, 并且其行列式等于 $|\det(\boldsymbol{\alpha})|d(\varLambda)$.

两个特例:

1° 设 t 是非零实数, $\varLambda$ 是一个格, 则点 $t\boldsymbol{b}\,(\boldsymbol{b} \in \varLambda)$ 组成的集合是一个格, 我们将它记作 $t\varLambda$. 此时式 (1) 中的 $\boldsymbol{\alpha}$ 是对角矩阵, 主对角元素为 t. 于是 $d(t\varLambda) = |t|^n d(\varLambda)$.

2° 设 $\varLambda_0$ 是所有整点形成的格, 那么任何一个格 M 都可表示为 $M = \boldsymbol{\alpha}\varLambda_0$, 其中 $\boldsymbol{\alpha}$ 由式 (1) 和式 (2) 定义. 事实上, 若 (列向量) $\boldsymbol{a}_j = (a_{1j}, \cdots, a_{nj})^{\mathrm{T}} (j = 1, \cdots, n)$ 是 M 的基, 则取 $\boldsymbol{\alpha} = (\boldsymbol{a}_1, \cdots, \boldsymbol{a}_n)$ 以及 $\boldsymbol{x} = (u_1, \cdots, u_n)^{\mathrm{T}} \in \varLambda_0$ 即可.

例 2.6.1 证明 2 维点集

$$\varLambda = \{(x,y) \in \mathbb{Z}^2 \,|\, y \equiv \sigma x \pmod p\}$$

是一个格, 其行列式 $d(\varLambda) = p$.

证 1 由 $y \equiv \sigma x \pmod p$ 得到

$$x = m, \quad y = \sigma m + pn \quad (m, n \in \mathbb{Z}),$$

因此

$$\begin{pmatrix} x \\ y \end{pmatrix} = m \begin{pmatrix} 1 \\ \sigma \end{pmatrix} + n \begin{pmatrix} 0 \\ p \end{pmatrix},$$

可见 $\varLambda$ 是一个以 $(1, \sigma)$ 和 $(0, p)$ 为基的格, 其行列式等于它的基本平行体的 (2 维) "体积" (即面积):

$$d(\varLambda) = \begin{vmatrix} 1 & 0 \\ \sigma & p \end{vmatrix} = p.$$

证 2 定义变换

$$\boldsymbol{\alpha} = \begin{pmatrix} 1 & 0 \\ \sigma & p \end{pmatrix},$$

那么 $\det(\boldsymbol{\alpha}) \neq 0$. 因为

$$\begin{pmatrix} x \\ y \end{pmatrix} = \boldsymbol{\alpha} \begin{pmatrix} m \\ n \end{pmatrix}, \quad m, n \in \mathbb{Z},$$

因此由定理 2.6.1 得到结果 (参见上述特例 2°).

注 2.6.1 如果格点仍然用行向量表示, 那么格 $\varLambda$ 在变换 $\boldsymbol{\alpha}$ 下的像为

$$\boldsymbol{\alpha}\varLambda = \{\boldsymbol{y} = (y_1, \cdots, y_n) \,|\, \boldsymbol{y}^{\mathrm{T}} = \boldsymbol{\alpha x}^{\mathrm{T}}, \boldsymbol{x} = (x_1, \cdots, x_n) \in \varLambda\}.$$

因此, 格点用列向量表示是为了 (矩阵乘法) 表达式简单些, 并无本质差别. 实际应用中可灵活处理.

2.7 格点列的收敛性

首先给出下列引理:

引理 2.7.1 设 Λ 是 $\mathbb{R}^n$ 中的一个格, 则存在仅与 Λ 有关的常数 $\tau, C > 0$ 具有下列性质:

(a) 若 $\boldsymbol{u}, \boldsymbol{v} \in \Lambda, |\boldsymbol{u} - \boldsymbol{v}| < \tau$, 则 $\boldsymbol{u} = \boldsymbol{v}$.

(b) 球 $|\boldsymbol{x}| < R$ 所含 Λ 中的格点的个数 $N(R) \leqslant C(R^n + 1)$.

证 (i) 若 $\Lambda = \Lambda_0$, 则 (例如) 可取 $\tau = 1, C = 3^n$, 此时当整点 $\boldsymbol{u} \neq \boldsymbol{v}$ 时必有 $|\boldsymbol{u} - \boldsymbol{v}| \geqslant 1$. 此外, 对于球 $|\boldsymbol{x}| < R$, 若 $R < 1$, 则显然 $N(R) = 1$; 若 $R \geqslant 1$, 则

$$N(R) \leqslant (2[R] + 1)^n < (3R)^n < 3^n(R^n + 1).$$

因此引理成立.

(ii) 设 $\Lambda \neq \Lambda_0$. 令 Λ 的基是

$$\boldsymbol{b}_j = (\beta_{1j}, \cdots, \beta_{nj}) \quad (j = 1, \cdots, n),$$

则点 $\boldsymbol{x} \in \Lambda$ 可以通过下式由点 $\boldsymbol{y} \in \Lambda_0$ 表示出来:

$$x_i = \sum_{j=1}^{n} \beta_{ij} y_j \quad (i = 1, \cdots, n). \tag{1}$$

于是, 若 $\boldsymbol{u} = (u_1, \cdots, u_n), \boldsymbol{v} = (v_1, \cdots, v_n) \in \Lambda$, 则

$$u_i = \sum_{j=1}^{n} \beta_{ij} y_j^{(1)}, \quad v_i = \sum_{j=1}^{n} \beta_{ij} y_j^{(2)} \quad (i = 1, \cdots, n),$$

其中 $\boldsymbol{y}^{(1)} = (y_1^{(1)}, \cdots, y_n^{(1)}), \boldsymbol{y}^{(2)} = (y_1^{(2)}, \cdots, y_n^{(2)}) \in \Lambda_0$(参见定理 2.6.1 后的特例 2°). 注意 $\boldsymbol{y}^{(1)} - \boldsymbol{y}^{(2)} \in \Lambda_0$, 所以由引理 1.2.1 得到

$$|\boldsymbol{y}^{(1)} - \boldsymbol{y}^{(2)}| \leqslant c_1^{-1} |\boldsymbol{u} - \boldsymbol{v}|.$$

因此当 $|\boldsymbol{u} - \boldsymbol{v}| < c_1$ 时, 按步骤 (i) 中所证, 得到 $\boldsymbol{y}^{(1)} = \boldsymbol{y}^{(2)}$, 从而有 $\boldsymbol{u} = \boldsymbol{v}$. 于是取 $\tau = c_1$, 结论 (a) 成立.

又因为 $\boldsymbol{x}\in\Lambda$ 与 $\boldsymbol{y}\in\Lambda_0$ 在变换 (1) 下的对应关系是一一的, 所以当点 $\boldsymbol{x}$ 位于球 $|\boldsymbol{x}|<R$ 中时, 对应的点 $\boldsymbol{y}$ 落在球 $|\boldsymbol{y}|<c_1^{-1}R$ 中. 因此依步骤 (i) 中所证, 有

$$N(R)\leqslant 3^n\big((c_1^{-1})^n+1\big)<(c_1^{-1}+1)^n\cdot 3^n\cdot(R^n+1).$$

(iii) 总之, 可取 $\tau=\min\{1,c_1\},C=\big(3(c_1^{-1}+1)\big)^n$. □

定理 2.7.1 格 Λ 中的点列 $\boldsymbol{x}_k(k=1,2,\cdots)$ 收敛 (于 $\boldsymbol{x}$), 当且仅当 k 充分大时所有 $\boldsymbol{x}_k$ 都相等, 即存在 k_0, 使得 $\boldsymbol{x}_k=\boldsymbol{x}$ (当 $k\geqslant k_0$ 时).

证 充分性显然. 必要性: 若点列 $\boldsymbol{x}_k(k=1,2,\cdots)$ 收敛, 则依 Cauchy 收敛准则, 对于任何 $\varepsilon>0$, 存在 $N=N(\varepsilon)$, 使得当 $m,m'\geqslant N$ 时有 $|\boldsymbol{x}_m-\boldsymbol{x}_{m'}|<\varepsilon$. 特别地, 取 $\varepsilon=\tau$, 由引理 2.7.1 得到 $\boldsymbol{x}_m=\boldsymbol{x}_{m'}$. 于是可取 $k_0=N(\tau)$. □

2.8 对 偶 格

设 $\boldsymbol{b}_1,\cdots,\boldsymbol{b}_n$ 是格 Λ 的基, 那么存在线性无关的向量 $\boldsymbol{b}_1^*,\cdots,\boldsymbol{b}_n^*$ 满足条件

$$\boldsymbol{b}_j^*\cdot\boldsymbol{b}_i=\begin{cases}1, & 当\ i=j\ 时,\\ 0, & 当\ i\neq j\ 时.\end{cases}\tag{1}$$

此处 $\boldsymbol{x}\cdot\boldsymbol{y}$ 表示向量 $\boldsymbol{x}=(x_1,\cdots,x_n),\boldsymbol{y}=(y_1,\cdots,y_n)\in\mathbb{R}^n$ 的内积 (数量积). 事实上, 若定义 n 阶矩阵

$$\boldsymbol{B}=(\boldsymbol{b}_1^{\mathrm{T}}\quad\cdots\quad\boldsymbol{b}_n^{\mathrm{T}}),$$

则因为它的 n 个列向量线性无关, 所以它的行列式不等于零, 从而对于每个 $i=1,\cdots,n$, 未知元为 $\boldsymbol{y}=(y_1,\cdots,y_n)$ 的方程组

$$\boldsymbol{y}\boldsymbol{B}=(0,\cdots,0,1,0,\cdots,0)$$

(第 i 个分量为 1, 其余分量为 0) 有唯一解 $\boldsymbol{y}=\boldsymbol{b}_i^*$. 此外, 如果 $c_1\boldsymbol{b}_1^*+\cdots+c_n\boldsymbol{b}_n^*=\boldsymbol{0},c_i\in\mathbb{R}$, 若 $c_1\neq 0$, 则由式 (1) 可知 $(c_1\boldsymbol{b}_1^*+\cdots+c_n\boldsymbol{b}_n^*)\cdot\boldsymbol{b}_1=c_1\boldsymbol{b}_1^*\cdot\boldsymbol{b}_1=c_1$, 同时还有 $(c_1\boldsymbol{b}_1^*+\cdots+c_n\boldsymbol{b}_n^*)\cdot\boldsymbol{b}_1=0$. 于是 $c_1=0$, 此不可能. 同理所有 $c_i=0$. 可见 $\boldsymbol{b}_1^*,\cdots,\boldsymbol{b}_n^*$ 线性无关. 我们将以 $\boldsymbol{b}_1^*,\cdots,\boldsymbol{b}_n^*$ 为基的格称作格 Λ 的对偶格 (或配极格), 记作 Λ^*; 还将 $\boldsymbol{b}_1^*,\cdots,\boldsymbol{b}_n^*$ 称作 $\boldsymbol{b}_1,\cdots,\boldsymbol{b}_n$ 的对偶基 (或配极基).

注 2.8.1 若 $\boldsymbol{z}\in\Lambda^*$, 则 $\boldsymbol{z}=c_1\boldsymbol{b}_1^*+\cdots+c_n\boldsymbol{b}_n^*$, 其中 $c_1,\cdots,c_n\in\mathbb{Z}$. 于是由式 (1) 得到 $\boldsymbol{z}\cdot\boldsymbol{b}_i=c_i\in\mathbb{Z}(i=1,\cdots,n)$. 下面定理中的 (a) 给出更一般的结果, 并且表明格 Λ 的对偶格与 Λ 的基的选取无关.

定理 2.8.1　(a) 向量 $\boldsymbol{a}^*$ 属于格 Λ^* 的充分必要条件是对于所有 $\boldsymbol{a}\in\Lambda$, $\boldsymbol{a}^*\cdot\boldsymbol{a}$ 是整数.

(b) $(\Lambda^*)^*=\Lambda$, 即格 Λ 也是 Λ^* 的对偶格; 并且 $d(\Lambda)d(\Lambda^*)=1$.

证　(a) (i) 设 $\boldsymbol{a}^*\in\Lambda^*$, 则

$$\boldsymbol{a}^*=\sum_{j=1}^{n}u_j\boldsymbol{b}_j^*\quad (u_j\in\mathbb{Z}).$$

对于 Λ 中的任意向量

$$\boldsymbol{a}=\sum_{j=1}^{n}v_j\boldsymbol{b}_j\quad (v_j\in\mathbb{Z}),$$

由式 (1) 推出

$$\boldsymbol{a}^*\cdot\boldsymbol{a}=\sum_{j=1}^{n}u_jv_j\in\mathbb{Z}.$$

(ii) 反之, 设向量 $\boldsymbol{c}$ 对于任何 $\boldsymbol{a}\in\Lambda$, 都使得 $\boldsymbol{c}\cdot\boldsymbol{a}$ 是整数. 特别地, 若 $\boldsymbol{b}_j\,(j=1,\cdots,n)$ 是格 Λ 的基, 则

$$\boldsymbol{c}\cdot\boldsymbol{b}_j=u_j\in\mathbb{Z}\quad (j=1,\cdots,n).$$

令 $\boldsymbol{a}^*=\sum\limits_{i=1}^{n}u_i\boldsymbol{b}_i^*$, 则 $\boldsymbol{a}^*\in\Lambda^*$. 由式 (1) 可知

$$(\boldsymbol{c}-\boldsymbol{a}^*)\cdot\boldsymbol{b}_j=0\quad (j=1,\cdots,n),$$

即

$$(\boldsymbol{c}-\boldsymbol{a}^*)(\boldsymbol{b}_1^{\mathrm{T}}\quad\cdots\quad\boldsymbol{b}_n^{\mathrm{T}})=\boldsymbol{0}.$$

因为 $\det(\boldsymbol{b}_1^{\mathrm{T}}\ \cdots\ \boldsymbol{b}_n^{\mathrm{T}})\neq 0$, 所以 $\boldsymbol{c}-\boldsymbol{a}^*=\boldsymbol{0}$, 即 $\boldsymbol{c}=\boldsymbol{a}^*\in\Lambda^*$.

(b) 注意由式 (1) 可知 $\boldsymbol{b}_i\cdot\boldsymbol{b}_j^*=\delta_{ij}$, 所以 $(\boldsymbol{b}_j^*)^*=\boldsymbol{b}_i$. 因此 $(\Lambda^*)^*$ 是以 $\boldsymbol{b}_i(i=1,\cdots,n)$ 为基的格, 也就是格 Λ, 于是 $(\Lambda^*)^*=\Lambda$.

又由式 (1) 推出

$$\det\begin{pmatrix}\boldsymbol{b}_1^*\\ \vdots\\ \boldsymbol{b}_n^*\end{pmatrix}\det(\boldsymbol{b}_1\quad\cdots\quad\boldsymbol{b}_n)=\det(\boldsymbol{b}_i^*\cdot\boldsymbol{b}_j)_{1\leqslant i,j\leqslant n}=\det\boldsymbol{I}_n=1,$$

即 $d(\Lambda)d(\Lambda^*)=1$.　□

例 2.8.1　设整数 $n>1$. 实数 $\xi_1,\cdots,\xi_{n-1}$ 任意给定. 对于任何 $(x,y_1,\cdots,y_{n-1})\in\mathbb{Z}^n,(x',y_1',\cdots,y_{n-1}')\in\mathbb{Z}^n$, 内积

$$(x,\xi_1x-y_1,\cdots,\xi_{n-1}x-y_{n-1})\cdot(x'-\xi_1y_1'-\cdots-\xi_{n-1}y_{n-1}',y_1',\cdots,y_{n-1}')$$

$$= xx' - y_1y_1' - \cdots - y_{n-1}y_{n-1}' \in \mathbb{Z}.$$

于是, 由定理 2.8.1 可知下列两个格

$$\Lambda_1 = \{(x, \xi_1 x - y_1, \cdots, \xi_{n-1}x - y_{n-1}) \mid x, y_1, \cdots, y_{n-1} \in \mathbb{Z}\}$$

和

$$\Lambda_2 = \{(x - \xi_1 y_1 - \cdots - \xi_{n-1}y_{n-1}, y_1, \cdots, y_{n-1}) \mid x, y_1, \cdots, y_{n-1} \in \mathbb{Z}\}$$

是互相对偶的.

下面讨论对偶格的其他性质. 首先注意, 在 $\mathbb{R}^n$ 中, 如果 $\boldsymbol{y} \neq \boldsymbol{0}$ 是一个给定的点, 那么方程 $\boldsymbol{y} \cdot \boldsymbol{x} = 0$ 的解 $\boldsymbol{x}$ 都在一个过点 $\boldsymbol{0}$ 的超平面上. 由式 (1) 可知, 对于 $\boldsymbol{y} = \boldsymbol{b}_n^*$, 方程 $\boldsymbol{b}_n^* \cdot \boldsymbol{x} = 0$ 有 $n-1$ 个线性无关的解: $\boldsymbol{x} = \boldsymbol{b}_1, \cdots, \boldsymbol{b}_{n-1} \in \Lambda$. 一般地, 我们有:

引理 2.8.1 设 $\boldsymbol{y} \in \mathbb{R}^n$. 那么存在 $n-1$ 个线性无关的点 $\boldsymbol{a}_1, \cdots, \boldsymbol{a}_{n-1} \in \Lambda$ 满足

$$\boldsymbol{y} \cdot \boldsymbol{a}_i = 0 \quad (i = 1, \cdots, n-1)$$

的充分必要条件是 $\boldsymbol{y} = t\boldsymbol{a}^*$, 其中 $t \in \mathbb{R}, \boldsymbol{a}^* \in \Lambda^*$.

证 (i) 设存在 $n-1$ 个线性无关的点 $\boldsymbol{a}_1, \cdots, \boldsymbol{a}_{n-1} \in \Lambda$ 满足

$$\boldsymbol{y} \cdot \boldsymbol{a}_i = 0 \quad (i = 1, \cdots, n-1). \tag{2}$$

依定理 2.2.1 的推论 2, 存在 Λ 的基 $\boldsymbol{b}_1, \cdots, \boldsymbol{b}_n$, 使得

$$\boldsymbol{a}_i = v_{i1}\boldsymbol{b}_1 + \cdots + v_{ii}\boldsymbol{b}_i \quad (i = 1, \cdots, n-1),$$

其中 $v_{ij} \in \mathbb{Z}, v_{ii} > 0$. 由此可依次得到

$$\begin{aligned}
&\boldsymbol{y} \cdot \boldsymbol{b}_1 = \boldsymbol{y} \cdot (v_{11}^{-1}\boldsymbol{a}_1) = 0, \\
&\boldsymbol{y} \cdot \boldsymbol{b}_2 = \boldsymbol{y} \cdot \big(v_{22}^{-1}(\boldsymbol{a}_2 - v_{21}\boldsymbol{b}_1)\big) = 0, \\
&\cdots.
\end{aligned}$$

一般地, 有

$$\boldsymbol{y} \cdot \boldsymbol{b}_i = 0 \quad (i = 1, \cdots, n-1). \tag{3}$$

记 $t = \boldsymbol{y} \cdot \boldsymbol{b}_n$, 那么由式 (1) 和式 (3) 可知 $(\boldsymbol{y} - t\boldsymbol{b}_n^*) \cdot \boldsymbol{b}_i = 0 \, (i = 1, \cdots, n-1)$, 并且由式 (1) 得到 $(\boldsymbol{y} - t\boldsymbol{b}_n^*) \cdot \boldsymbol{b}_n = 0$. 于是

$$(\boldsymbol{y} - t\boldsymbol{b}_n^*) \cdot \boldsymbol{b}_i = 0 \quad (i = 1, \cdots, n).$$

因为 $\det(\boldsymbol{b}_1^{\mathrm{T}}\ \cdots\ \boldsymbol{b}_n^{\mathrm{T}})\neq 0$, 所以未知元为 $\boldsymbol{z}=(z_1,\cdots,z_n)$ 的方程组

$$\boldsymbol{z}(\boldsymbol{b}_1^{\mathrm{T}}\quad \cdots\quad \boldsymbol{b}_n^{\mathrm{T}})=\mathbf{0}$$

只有零解, 于是 $\boldsymbol{y}-t\boldsymbol{b}_n^*=\mathbf{0}$, 即 $\boldsymbol{y}=t\boldsymbol{b}_n^*$. 因此可取 $\boldsymbol{a}^*=\boldsymbol{b}_n^*\in\Lambda^*$.

或者设 $\boldsymbol{y}=c_1\boldsymbol{b}_1^*+\cdots+c_n\boldsymbol{b}_n^*$, 则由式 (3) 推出 $c_1=\cdots=c_{n-1}=0,c_n=\boldsymbol{y}\cdot\boldsymbol{b}_n$, 从而 $\boldsymbol{y}=(\boldsymbol{y}\cdot\boldsymbol{b}_n)\boldsymbol{b}_n^*=t\boldsymbol{b}_n^*$.

(ii) 反之, 设 $\boldsymbol{y}=t\boldsymbol{a}^*,\boldsymbol{a}^*\in\Lambda^*$. 若 $\boldsymbol{a}^*=\mathbf{0}$, 则显然存在 $n-1$ 个线性无关的点 $\boldsymbol{a}_1,\cdots,\boldsymbol{a}_{n-1}\in\Lambda$ 满足式 (2). 下面设 $\boldsymbol{a}^*\neq\mathbf{0}$, 于是 $\boldsymbol{a}^*=m\boldsymbol{b}_1^*$, 其中 $m\geqslant 1$ 是一个整数, $\boldsymbol{b}_1^*$ 是 Λ^* 的一个本原格点. 将 $\boldsymbol{b}_1^*$ 扩充成 Λ^* 的一组基 $\boldsymbol{b}_1^*,\cdots,\boldsymbol{b}_n^*$, 并设 $\boldsymbol{b}_1,\cdots,\boldsymbol{b}_n$ 是其对偶基 (即格 Λ 的基), 那么

$$\boldsymbol{y}\cdot\boldsymbol{b}_j=mt\boldsymbol{b}_1^*\cdot\boldsymbol{b}_j=0\quad(j=2,\cdots,n).$$

因此可取 $\boldsymbol{b}_2,\cdots,\boldsymbol{b}_n$ 作为 $\boldsymbol{a}_i(i=1,\cdots,n-1)$. □

对于任意给定的向量 $\boldsymbol{a}^*$, 定义集合

$$\Lambda(\boldsymbol{a}^*)=\{\boldsymbol{a}\in\Lambda\,|\,\boldsymbol{a}^*\cdot\boldsymbol{a}=0\},$$

那么 $\forall\boldsymbol{a}^{(1)},\boldsymbol{a}^{(2)}\in\Lambda(\boldsymbol{a}^*)\Rightarrow\boldsymbol{a}^{(1)}\pm\boldsymbol{a}^{(2)}\in\Lambda(\boldsymbol{a}^*)$, 即 $\Lambda(\boldsymbol{a}^*)$ 是 $\mathbb{R}^n$ 中的一个模. 如果我们还设 $\boldsymbol{a}^*\in\Lambda^*$, 那么由引理 2.8.1 (在其中令 $\boldsymbol{y}=\boldsymbol{a}^*$) 可知, 存在 $n-1$ 个线性无关的向量 $\boldsymbol{a}_1,\cdots,\boldsymbol{a}_{n-1}\in\Lambda$, 满足 $\boldsymbol{a}^*\cdot\boldsymbol{a}_i=0(i=1,\cdots,n-1)$, 即 $\Lambda(\boldsymbol{a}^*)$ 中含有 $n-1$ 个线性无关的向量 $\boldsymbol{a}_i(i=1,\cdots,n-1)$. 于是 $\Lambda(\boldsymbol{a}^*)$ 由所有形如 $u_1\boldsymbol{a}_1+\cdots+u_{n-1}\boldsymbol{a}_{n-1}(u_i\in\mathbb{Z})$ 的向量组成, 从而在这种意义下, $\Lambda(\boldsymbol{a}^*)$ 具有一个 $n-1$ 维格的结构. 更确切地, 我们有下列定理:

定理 2.8.2 设 $n>1,\boldsymbol{a}^*=(a_1^*,\cdots,a_n^*)$ 是格 Λ^* 中的本原格点, $a_n^*\neq 0$. 则 $n-1$ 维向量的集合

$$M=\{\boldsymbol{\alpha}=(a_1,\cdots,a_{n-1})\,|\,\text{存在 } a_n,\text{ 使得 }\boldsymbol{a}=(a_1,\cdots,a_{n-1},a_n)\in\Lambda,\text{ 以及 }\boldsymbol{a}^*\cdot\boldsymbol{a}=0\}$$

是一个 $n-1$ 维格, 并且 $d(M)=|a_n^*|d(\Lambda)$.

证 (i) 显然, 将集合 $\Lambda(\boldsymbol{a}^*)$ 中所有向量的最后一个坐标去掉所得到的 $n-1$ 维向量组成集合 M, 并且将上述 $n-1$ 个线性无关的向量 $\boldsymbol{a}_i(i=1,\cdots,n-1)$ 去掉最后一个坐标后, 将得到 $n-1$ 个线性无关的 $n-1$ 维向量. 因此 M 是 $\mathbb{R}^{n-1}$ 中的一个格.

(ii) 将 $\boldsymbol{a}^*$ 扩充为 Λ^* 的基 $\boldsymbol{b}_1^*,\cdots,\boldsymbol{b}_n^*$, 其中 $\boldsymbol{b}_n^*=\boldsymbol{a}^*$, 于是其对偶基

$$\boldsymbol{b}_i=(b_{i1},b_{i2},\cdots,b_{in})\quad(i=1,\cdots,n)$$

组成 Λ 的基, 从而去掉 $\boldsymbol{b}_1,\cdots,\boldsymbol{b}_{n-1}$ 的最后一个坐标所得到的 $n-1$ 维向量

$$\boldsymbol{\beta}_i=(b_{i1},b_{i2},\cdots,b_{i,n-1})\quad(i=1,2,\cdots,n-1)$$

组成 $n-1$ 维格 M 的基. 记 $\boldsymbol{b}_n^*=\boldsymbol{a}^*=(a_1^*,\cdots,a_n^*)$, 那么我们有

$$\begin{aligned}a_n^*\det(\boldsymbol{b}_1^{\mathrm{T}}\ \cdots\ \boldsymbol{b}_n^{\mathrm{T}})&=a_n^*\begin{vmatrix}b_{11}&b_{21}&\cdots&b_{n1}\\b_{12}&b_{22}&\cdots&b_{n2}\\\vdots&\vdots&&\vdots\\b_{1n}&b_{2n}&\cdots&b_{nn}\end{vmatrix}\\&=\begin{vmatrix}b_{11}&b_{21}&\cdots&a_n^*b_{n1}\\b_{12}&b_{22}&\cdots&a_n^*b_{n2}\\\vdots&\vdots&&\vdots\\b_{1n}&b_{2n}&\cdots&a_n^*b_{nn}\end{vmatrix}.\end{aligned}$$

在所得右边的行列式中, 用 a_i^* 乘第 i $(i=1,\cdots,n-1)$ 列加到第 n 列上, 则可将它化为

$$\begin{aligned}&\begin{vmatrix}b_{11}&b_{21}&\cdots&a_1^*b_{11}+a_2^*b_{21}+\cdots+a_n^*b_{n1}\\b_{12}&b_{22}&\cdots&a_1^*b_{12}+a_2^*b_{22}+\cdots+a_n^*b_{n2}\\\vdots&\vdots&&\vdots\\b_{1n}&b_{2n}&\cdots&a_1^*b_{1n}+a_2^*b_{2n}+\cdots+a_n^*b_{nn}\end{vmatrix}\\&=\begin{vmatrix}b_{11}&b_{21}&\cdots&\boldsymbol{a}^*\cdot\boldsymbol{b}_1\\b_{12}&b_{22}&\cdots&\boldsymbol{a}^*\cdot\boldsymbol{b}_2\\\vdots&\vdots&&\vdots\\b_{1,n-1}&b_{2,n-1}&\cdots&\boldsymbol{a}^*\cdot\boldsymbol{b}_{n-1}\\b_{1n}&b_{2n}&\cdots&\boldsymbol{a}^*\cdot\boldsymbol{b}_n\end{vmatrix}=\begin{vmatrix}b_{11}&b_{21}&\cdots&0\\b_{12}&b_{22}&\cdots&0\\\vdots&\vdots&&\vdots\\b_{1,n-1}&b_{2,n-1}&\cdots&0\\b_{1n}&b_{2n}&\cdots&1\end{vmatrix}\\&=\begin{vmatrix}b_{11}&b_{21}&\cdots&b_{n-1,1}\\b_{12}&b_{22}&\cdots&b_{n-1,2}\\\vdots&\vdots&&\vdots\\b_{1,n-1}&b_{2,n-1}&\cdots&b_{n-1,n-1}\end{vmatrix}\\&=\det(\boldsymbol{\beta}_1^{\mathrm{T}}\ \cdots\ \boldsymbol{\beta}_{n-1}^{\mathrm{T}}).\end{aligned}$$

从而 $d(M)=|a_n^*|d(\Lambda)$. □

注 2.8.2 M 乃是集合 $\Lambda(\boldsymbol{a}^*)$ 在超平面 $x_n=0$ 上的投影. 因为 $a_n^*\neq0$, 所以在 M 的定义中, 若 a_n 存在, 则它由数 $a_1,\cdots,a_{n-1}$ 以及条件 $\boldsymbol{a}^*\cdot\boldsymbol{a}=0$ 唯一确定.

2.9 对偶变换

在本节中, 术语“向量”按列向量理解. 我们来考虑非奇异线性变换在一对互相对偶的格上的作用. 设

$$\boldsymbol{X}=\boldsymbol{\tau x} \tag{1}$$

是由

$$X_i=\sum_{j=1}^{n}\tau_{ij}x_j \quad (i=1,\cdots,n)$$

给定的 $\mathbb{R}^n$ 到自身的非奇异线性变换 (也将它称作变换 $\boldsymbol{\tau}$), 其中 $\boldsymbol{x}=(x_1,\cdots,x_n)^{\mathrm{T}}$, $\boldsymbol{X}=(X_1,\cdots,X_n)^{\mathrm{T}},\boldsymbol{\tau}=(\tau_{ij})_{1\leqslant i,j\leqslant n}$ 是 n 阶非奇异实矩阵, 即

$$\det(\boldsymbol{\tau})\neq 0. \tag{2}$$

如果 $\boldsymbol{Y}=(Y_1,\cdots,Y_n)^{\mathrm{T}}$ 是 $\mathbb{R}^n$ 中的任意向量, 那么

$$\boldsymbol{Y}\cdot\boldsymbol{X}=\sum_{i=1}^{n}Y_iX_i=\sum_{i=1}^{n}Y_i\sum_{j=1}^{n}\tau_{ij}x_j=\sum_{j=1}^{n}x_j\sum_{i=1}^{n}Y_i\tau_{ij}. \tag{3}$$

令 $\boldsymbol{y}=(y_1,\cdots,y_n)^{\mathrm{T}}$, 其中

$$y_j=\sum_{i=1}^{n}Y_i\tau_{ij} \quad (j=1,\cdots,n), \tag{4}$$

则得

$$\boldsymbol{Y}\cdot\boldsymbol{X}=\boldsymbol{y}\cdot\boldsymbol{x}. \tag{5}$$

由条件 (2) 可知式 (4) 将 $\boldsymbol{Y}$ 定义为 $\boldsymbol{y}$ 的函数. 于是我们可记

$$\boldsymbol{Y}=\boldsymbol{\tau}^*\boldsymbol{y}, \tag{6}$$

并且称 $\boldsymbol{\tau}^*$ 是变换 $\boldsymbol{\tau}$ 的对偶 (配极) 变换.

定理 2.9.1　设 $\boldsymbol{\tau}$ 是 $\mathbb{R}^n$ 到自身的非奇异线性变换, Λ 是一个格, $\boldsymbol{\tau}\Lambda$ 是向量 $\boldsymbol{\tau x}\,(\boldsymbol{x}\in\Lambda)$ 组成的格. 那么 $\boldsymbol{\tau}\Lambda$ 的对偶格是 $\boldsymbol{\tau}^*\Lambda^*$, 即

$$(\boldsymbol{\tau}\Lambda)^*=\boldsymbol{\tau}^*\Lambda^*, \tag{7}$$

其中 Λ^* 是 Λ 的对偶格, $\boldsymbol{\tau}^*$ 是 $\boldsymbol{\tau}$ 的对偶变换.

证 首先注意, 由定义可知

$$\boldsymbol{X}\in\boldsymbol{\tau}\Lambda \quad\Leftrightarrow\quad \boldsymbol{X}=\boldsymbol{\tau}\boldsymbol{x}\quad(\boldsymbol{x}\in\Lambda),$$
$$\boldsymbol{Y}\in\boldsymbol{\tau}^*\Lambda^* \quad\Leftrightarrow\quad \boldsymbol{Y}=\boldsymbol{\tau}^*\boldsymbol{y}^*\quad(\boldsymbol{y}^*\in\Lambda^*).$$

(i) 设 $\boldsymbol{Y}\in\boldsymbol{\tau}^*\Lambda^*$, 由式 (4) 定义 $\boldsymbol{y}$, 则依式 (2) 和式 (6) 可知 $\boldsymbol{y}\in\Lambda^*$. 于是由式 (5) 可知, 对于任何 $\boldsymbol{X}\in\boldsymbol{\tau}\Lambda$, 有

$$\boldsymbol{Y}\cdot\boldsymbol{X}=\boldsymbol{y}\cdot\boldsymbol{x}\quad(\boldsymbol{y}\in\Lambda^*,\boldsymbol{x}\in\Lambda).$$

依定理 2.8.1, 上式右边是整数, 所以对于任何 $\boldsymbol{X}\in\boldsymbol{\tau}\Lambda,\boldsymbol{X}\cdot\boldsymbol{Y}$ 是整数; 仍然依定理 2.8.1 可知 $\boldsymbol{Y}\in(\boldsymbol{\tau}\Lambda)^*$. 于是

$$\boldsymbol{\tau}^*\Lambda^*\subseteq(\boldsymbol{\tau}\Lambda)^*. \tag{8}$$

(ii) 反之, 设 $\boldsymbol{Y}\in(\boldsymbol{\tau}\Lambda)^*$, 则依定理 2.8.1, 对于任何 $\boldsymbol{X}\in\boldsymbol{\tau}\Lambda,\boldsymbol{Y}\cdot\boldsymbol{X}$ 是整数. 又由 $\boldsymbol{\tau}\Lambda$ 的定义可知 $\boldsymbol{X}=\boldsymbol{\tau}\boldsymbol{x}(\boldsymbol{x}\in\Lambda)$, 所以等式 (3) 在此成立; 进而由式 (4) 定义向量 $\boldsymbol{y}$, 依等式 (5) 得到

$$\boldsymbol{Y}\cdot\boldsymbol{X}=\boldsymbol{y}\cdot\boldsymbol{x},$$

并且由式 (6) 可知 $\boldsymbol{Y}=\boldsymbol{\tau}^*\boldsymbol{y}$. 因为上式左边对于任何 $\boldsymbol{X}=\boldsymbol{\tau}\Lambda$ 是整数, 所以依定理 2.8.1, 其右边对于任何 $\boldsymbol{x}\in\Lambda$ 是整数, 进而由定理 2.8.1 推出向量 $\boldsymbol{y}\in\Lambda^*$, 从而 $\boldsymbol{Y}=\boldsymbol{\tau}^*\boldsymbol{y}\in\boldsymbol{\tau}^*\Lambda^*$. 于是

$$(\boldsymbol{\tau}\Lambda)^*\subseteq\boldsymbol{\tau}^*\Lambda^*. \tag{9}$$

由式 (8) 和式 (9) 立得式 (7). □

习 题 2

2.1 设

$$\begin{pmatrix} p & q \\ r & s \end{pmatrix}$$

是一个 2 阶幺模矩阵, $X=px+ry,Y=qx+sy$. 则 $\gcd(x,y)=\gcd(X,Y)$.

2.2 设 p 是素数, $u\not\equiv 0 \pmod p$, 证明集合

$$\Lambda=\{(x,y)\,|\,x-yu\equiv 0 \pmod p\}$$

是一个 2 维格, 并且求出它的一组基, 计算 $d(\Lambda)$ 及其基本平行四边形的面积.

2.3　设

$$\Lambda_1 = \{(x,y,z) \,|\, y \equiv z \pmod 3\}, \quad \Lambda_2 = \{(x,y,z) \,|\, z \equiv 2y \pmod 5\}.$$

证明:$\Lambda_1, \Lambda_2, \Lambda_1 \cap \Lambda_2$ 都是 3 维格.

2.4　设 $(x,y,z) \in \mathbb{Z}^3$ 满足条件

$$y \equiv z \pmod 3, \quad z \equiv 2y \pmod 5, \quad x \equiv y \pmod 7,$$
$$y \equiv 2x \pmod 7, \quad x \equiv z \pmod 4, \quad y \equiv 0 \pmod 2,$$

则 $M = \{(x,y,z)\}$ 是一个 3 维格, 求它的基本平行体的体积, 并且证明每个格点 (x,y,z) 都满足

$$15x^2 + 14y^2 - 71z^2 \equiv 0 \pmod{4 \cdot 15 \cdot 14 \cdot 71}.$$

2.5　设 $\boldsymbol{b}_1, \boldsymbol{b}_2$ 是 2 维格 Λ 的两个线性无关的点. 证明: 若以 $\mathbf{0}, \boldsymbol{b}_1, \boldsymbol{b}_2$ 为顶点的闭三角形 (即含边界) 不含 Λ 的其他点, 则 $\boldsymbol{b}_1, \boldsymbol{b}_2$ 是格 Λ 的基, 并举例说明 3 维情形中类似的结论不成立.

2.6　构造一个 n 维格 Λ, 使得 $d(\Lambda) = 1$, 但 $\Lambda \neq \mathbb{Z}^n$.

第 3 章　Minkowski 第一凸体定理

数的几何奠基于 Minkowski 关于凸体的两个基本定理. 其中第一凸体定理是关于凸体中非零整点 (或一般的格点) 的存在性的基本结果, 它给出点集的“几何”性质 (凸性, 对称性和体积) 与“数论”性质 (存在非零整点或一般的格点) 间的联系, 是本章的主题. 本章含 6 节. 在前 4 节中, 我们首先证明 Blichfeldt 定理, 并由此推出 Minkowski 第一凸体定理, 作为 Minkowski 第一凸体定理的推论, 得到 Minkowski 线性型定理; 然后给出 Minkowski 第一凸体定理和线性型定理的简单应用例题. 后 2 节是 Minkowski 第一凸体定理的一些应用. 3.5 节给出 Minkowski 第一凸体定理在数的几何本身中应用的一个例子, 即讨论格的特征. 3.6 节研究应用数的几何方法讨论二次型表示整数的问题.

3.1　Blichfeldt 定理

1914 年, H. F. Blichfeldt[21] 首先证明了一个关于点集中整点存在性的几乎是显然的结果, 它不要求点集是凸集, 在数的几何中具有基本的重要性. 它的一个常见叙述形式是:

定理 3.1.1　设 $\mathscr{S}$ 是 $\mathbb{R}^n$ 中的一个点集. 如果它的体积 $V(\mathscr{S})>1$(可能为无穷), 或者它是列紧的并且 $V(\mathscr{S})=1$, 那么 $\mathscr{S}$ 中存在两个不同的点 $\boldsymbol{x}$ 和 $\boldsymbol{y}$, 使得 $\boldsymbol{x}-\boldsymbol{y}$ 是非零整点.

证 (i) 首先设 $V(\mathscr{S})>1$. 对于任意整点 $\boldsymbol{u}=(u_1,\cdots,u_n)$, 用 $\mathscr{S}_{\boldsymbol{u}}$ 表示点集 $\mathscr{S}$ 落在超立方体

$$u_i\leqslant x_i<u_i+1\quad(i=1,\cdots,n)$$

中的部分. 令 $\mathscr{R}_{\boldsymbol{u}}=\mathscr{S}_{\boldsymbol{u}}-\boldsymbol{u}$, 那么 $\mathscr{R}_{\boldsymbol{u}}$ 整个落在单位超立方体

$$0\leqslant x_i<1\quad(i=1,\cdots,n)$$

之中 (即将 $\mathscr{S}_{\boldsymbol{u}}$ 按 $-\boldsymbol{u}$ 平移到上述单位超立方体). 设 $V_{\boldsymbol{u}}$ 表示 $\mathscr{R}_{\boldsymbol{u}}$ 的体积. 因为超立方体的体积等于 1, 所以当 $\boldsymbol{u}$ 遍取 $\mathscr{S}$ 中的全部整点时, $V_{\boldsymbol{u}}$ 之和为

$$\sum_{\boldsymbol{u}}V_{\boldsymbol{u}}=V(\mathscr{S})>1,$$

因此在所有的集合 $\mathscr{R}_{\boldsymbol{u}}$ 中至少有两个相交 (不然上面的和将不超过 1). 设它们是

$$\mathscr{R}_{\boldsymbol{u}'}=\mathscr{S}_{\boldsymbol{u}'}-\boldsymbol{u}'\quad\text{和}\quad\mathscr{R}_{\boldsymbol{u}''}=\mathscr{S}_{\boldsymbol{u}''}-\boldsymbol{u}''\quad(\boldsymbol{u}'\neq\boldsymbol{u}''),$$

那么存在点 $\boldsymbol{x}\in\mathscr{S}_{\boldsymbol{u}'}\subset\mathscr{S}$ 和点 $\boldsymbol{y}\in\mathscr{S}_{\boldsymbol{u}''}\subset\mathscr{S}$, 使得

$$\boldsymbol{x}-\boldsymbol{u}'(\in\mathscr{R}_{\boldsymbol{u}'})=\boldsymbol{y}-\boldsymbol{u}''(\in\mathscr{R}_{\boldsymbol{u}''}),$$

于是 $\boldsymbol{x}-\boldsymbol{y}=\boldsymbol{u}'-\boldsymbol{u}''$ 是一个非零整点.

(ii) 现在设 $\mathscr{S}$ 是列紧的, 并且$V(\mathscr{S})=1$. 取无穷实数列 $\lambda_k>1$, 并且 $\lambda_k\to1$ $(k\to\infty)$. 那么 $V(\lambda_k\mathscr{S})>1$. 由步骤 (i) 所证, 对于每个 k, 存在 $\boldsymbol{x}_k,\boldsymbol{y}_k\in\lambda_k\mathscr{S}$, 使得 $\boldsymbol{x}_k-\boldsymbol{y}_k$ 是非零整点. 于是

$$\begin{aligned}\boldsymbol{x}_k&=\lambda_k\boldsymbol{x}_k'\quad(\boldsymbol{x}_k'\in\mathscr{S}),\\ \boldsymbol{y}_k&=\lambda_k\boldsymbol{y}_k'\quad(\boldsymbol{y}_k'\in\mathscr{S}),\\ \boldsymbol{x}_k-\boldsymbol{y}_k&=\lambda_k(\boldsymbol{x}_k'-\boldsymbol{y}_k').\end{aligned}$$

依 $\mathscr{S}$ 的列紧性, 存在子列 $\boldsymbol{x}_{k_r}'$, 当 $r\to\infty$ 时, $\boldsymbol{x}_{k_r}'$ 趋于点 $\boldsymbol{x}\in\mathscr{S}$. 进而存在子列 $\boldsymbol{y}_{k_{r_j}}'$, 当 $j\to\infty$ 时, $\boldsymbol{y}_{k_{r_j}}'$ 趋于点 $\boldsymbol{y}\in\mathscr{S}$. 于是当 $j\to\infty$ 时,

$$\boldsymbol{x}_{k_{r_j}}'\to\boldsymbol{x}\in\mathscr{S},\quad\boldsymbol{y}_{k_{r_j}}'\to\boldsymbol{y}\in\mathscr{S},$$

从而当 $j\to\infty$ 时,

$$\boldsymbol{x}_{k_{r_j}}-\boldsymbol{y}_{k_{r_j}}=\lambda_{k_{r_j}}(\boldsymbol{x}_{k_{r_j}}'-\boldsymbol{y}_{k_{r_j}}')\to\boldsymbol{x}-\boldsymbol{y}.$$

因为 $\boldsymbol{x}_{k_{r_j}}-\boldsymbol{y}_{k_{r_j}}$ $(j=1,2,\cdots)$ 都是非零整点, 所以 $\boldsymbol{x}-\boldsymbol{y}$ 也是非零整点 (实际上, 存在下标 j_0, 使当 $j\geqslant j_0$ 时, 所有的 $\boldsymbol{x}_{k_{r_j}}-\boldsymbol{y}_{k_{r_j}}$ 都相等). □

推论 设 $\mathscr{R} \subset \mathbb{R}^n$ 满足定理 3.1.1 中的条件, 但不含非零整点, 那么总可将 $\mathscr{R}$ 适当平移, 使它覆盖一个非零整点.

证 设 $\boldsymbol{x},\boldsymbol{y} \in \mathscr{R}$ 如定理 3.1.1 所确定, 那么将 $\mathscr{R}$ 按 $-\boldsymbol{y}$ 平移, 得到集合

$$\mathscr{R}^* = \mathscr{R} - \boldsymbol{y} = \{\boldsymbol{r} - \boldsymbol{y} \,|\, \boldsymbol{r} \in \mathscr{R}\}.$$

因为 $\boldsymbol{x} \in \mathscr{R}$, 所以非零整点 $\boldsymbol{x} - \boldsymbol{y} \in \mathscr{R}^*$. □

Blichfeldt 定理的一般叙述形式是:

定理 3.1.2 设 m 是正整数, Λ 是行列式为 $d(\Lambda)$ 的格, $\mathscr{S}$ 是体积为 $V = V(\mathscr{S})$ 的点集 (可能 $V = \infty$). 那么, 若

$$V(\mathscr{S}) > md(\Lambda), \tag{1}$$

或者 $\mathscr{S}$ 列紧, 并且

$$V(\mathscr{S}) = md(\Lambda), \tag{2}$$

则在 $\mathscr{S}$ 中存在 $m+1$ 个不同的点 $\boldsymbol{x}_1, \cdots, \boldsymbol{x}_{m+1}$, 使得所有的点 $\boldsymbol{x}_i - \boldsymbol{x}_j \in \Lambda$.

注 3.1.1 在定理 3.1.2 中取 $\Lambda = \Lambda_0, m = 1$, 即得定理 3.1.1.

定理 3.1.2 之证 证明的思路同定理 3.1.1 之证.

(i) 设 $\mathscr{P}$ 是 Λ 的基本平行体. 对于任意 $\boldsymbol{u} \in \Lambda$, 定义集合

$$\mathscr{R}(\boldsymbol{u}) = \{\boldsymbol{v} \in \mathscr{P} \,|\, \boldsymbol{v} + \boldsymbol{u} \in \mathscr{S}\} \subset \mathscr{P},$$

即将点集 $\mathscr{S}$ 与 $\mathscr{P} + \boldsymbol{u}$ (表示 $\mathscr{P}$ 按向量 $\boldsymbol{u}$ 平移得到的点集) 的交集按向量 $-\boldsymbol{u}$ 平移就可得到 $\mathscr{R}(\boldsymbol{u})$; 或者说, $\mathscr{R}(\boldsymbol{u})$ 乃是 $\mathscr{S} - \boldsymbol{u}$ (表示 $\mathscr{S}$ 按向量 $-\boldsymbol{u}$ 平移得到的点集) 与 $\mathscr{P}$ 的交集. 因此 $\mathscr{R}(\boldsymbol{u}) + \boldsymbol{u} \subset \mathscr{S}$.

我们断言, 若 $\boldsymbol{u}_1, \boldsymbol{u}_2 \in \Lambda$, 并且 $\boldsymbol{u}_1 \neq \boldsymbol{u}_2$, 则 $(\mathscr{R}(\boldsymbol{u}_1) + \boldsymbol{u}_1) \cap (\mathscr{R}(\boldsymbol{u}_2) + \boldsymbol{u}_2) = \varnothing$. 如若不然, 则存在 $\boldsymbol{x} \in \mathscr{R}(\boldsymbol{u}_1) + \boldsymbol{u}_1$, 同时 $\boldsymbol{x} \in \mathscr{R}(\boldsymbol{u}_2) + \boldsymbol{u}_2$, 于是存在 $\boldsymbol{v}_1 \in \mathscr{R}(\boldsymbol{u}_1) \subset \mathscr{P}, \boldsymbol{v}_2 \in \mathscr{R}(\boldsymbol{u}_2) \subset \mathscr{P}$, 使得 $\boldsymbol{x} = \boldsymbol{v}_1 + \boldsymbol{u}_1, \boldsymbol{x} = \boldsymbol{v}_2 + \boldsymbol{u}_2$. 因为 $\boldsymbol{u}_1 \neq \boldsymbol{u}_2$, 所以与引理 2.1.2(b) 矛盾.

注意平移不改变点集的体积, 所以 $V(\mathscr{R}(\boldsymbol{u})) = V(\mathscr{R}(\boldsymbol{u}) + \boldsymbol{u})$, 于是

$$\sum_{\boldsymbol{u} \in \Lambda} V(\mathscr{R}(\boldsymbol{u})) = V(\mathscr{S}) \tag{3}$$

(注意左边实际是有限和, 因为有无限多个 $\mathscr{R}(\boldsymbol{u})$ 是空集).

(ii) 设式 (1) 成立. 因为所有的 $\mathscr{R}(\boldsymbol{u}) \subset \mathscr{P}$, 并且只有有限个 $\mathscr{R}(\boldsymbol{u})$ 形式的点集非空, 所以它们互相交叠, 使得点集 $\mathscr{P}$ 被划分为有限多个部分 $\mathscr{R}_i$, 每个 $\mathscr{R}_i$ 是 $l_i(\geqslant 0)$ 个 $\mathscr{R}(\boldsymbol{u})$ 形式的点集的交集. 由此及式 (3) 推出

$$\sum_i l_i V(\mathscr{R}_i) = \sum_{\boldsymbol{u} \in \Lambda} V(\mathscr{R}(\boldsymbol{u})) = V(\mathscr{S}).$$

如果所有的 $l_i \leqslant m$, 则由上式以及引理 2.1.2(a) 得到

$$V(\mathscr{S}) \leqslant \sum_i mV(\mathscr{R}_i) = m\sum_i V(\mathscr{R}_i) = mV(\mathscr{P}) = md(\Lambda),$$

这与式 (1) 矛盾. 因此至少存在一个 $\mathscr{R}_i$ 是至少 $m+1$ 个 $\mathscr{R}(\boldsymbol{u})$ 形式的点集的交集. 从而存在一个点 $\boldsymbol{v}_0 \in \mathscr{P}$ 同时落在 $m+1$ 个 $\mathscr{R}(\boldsymbol{u})$ 形式的点集中. 不妨设这些点集是 $\mathscr{R}(\boldsymbol{u}_1), \cdots, \mathscr{R}(\boldsymbol{u}_{m+1})$, 其中 $\boldsymbol{u}_1, \cdots, \boldsymbol{u}_{m+1}$ 是 Λ 中 $m+1$ 个不同的点. 按 $\mathscr{R}(\boldsymbol{u})$ 的定义, 点

$$\boldsymbol{x}_j = \boldsymbol{v}_0 + \boldsymbol{u}_j \in \mathscr{S} \quad (j = 1, \cdots, m+1),$$

于是 $\boldsymbol{x}_i - \boldsymbol{x}_j = \boldsymbol{u}_i - \boldsymbol{u}_j \, (i \neq j)$ 是 Λ 中的非零点.

(iii) 设 $\mathscr{S}$ 列紧, 并且式 (2) 成立. 取无穷正数列 $\varepsilon_k (k \in \mathbb{N})$, 满足 $\varepsilon_k \to 0 \, (k \to \infty, k \in \mathbb{N})$. 对于每个 $k \in \mathbb{N}$, 点集

$$(1+\varepsilon_k)\mathscr{S} = \{(1+\varepsilon_k)\boldsymbol{x} \,|\, \boldsymbol{x} \in \mathscr{S}\}$$

有体积

$$(1+\varepsilon_k)^n V(\mathscr{S}) > V(\mathscr{S}) = md(\Lambda).$$

按步骤 (ii) 所证, 对于每个 $k \in \mathbb{N}$, 存在 $m+1$ 个点

$$\boldsymbol{x}_{jk} \in (1+\varepsilon_k)\mathscr{S} \quad (j = 1, \cdots, m+1), \tag{4}$$

使得当 $i \neq j$ 时,

$$\boldsymbol{u}_k(i,j) = \boldsymbol{x}_{ik} - \boldsymbol{x}_{jk} \in \Lambda \quad (\text{且} \neq \boldsymbol{0}). \tag{5}$$

下面我们借助所谓“对角线程序”选取子列, 得到所要求的 $m+1$ 个点. 由式 (4) 可知, 对于每个 $k \in \mathbb{N}$, 有

$$\boldsymbol{x}_{jk} = (1+\varepsilon_k)\boldsymbol{y}_{jk} \quad (\text{其中 } \boldsymbol{y}_{jk} \in \mathscr{S}) \quad (j = 1, \cdots, m+1).$$

因为 $\mathscr{S}$ 列紧, 所以存在无穷集合 $\mathscr{N}_1 \subseteq \mathbb{N}$, 使得 $\boldsymbol{y}_{1k} \, (k \in \mathbb{N})$ 的子列 $\boldsymbol{y}_{1k} \, (k \in \mathscr{N}_1)$ 收敛:

$$\boldsymbol{y}_{1k} \to \boldsymbol{x}_1 \in \mathscr{S} \quad (k \to \infty, k \in \mathscr{N}_1),$$

从而 $\boldsymbol{x}_{1k} \, (k \in \mathbb{N})$ 的子列 $\boldsymbol{x}_{1k} \, (k \in \mathscr{N}_1)$ 具有性质

$$\boldsymbol{x}_{1k} = (1+\varepsilon_k)\boldsymbol{y}_{1k} \to \boldsymbol{x}_1 \in \mathscr{S} \quad (k \to \infty, k \in \mathscr{N}_1). \tag{6}$$

类似地, 存在无穷集合 $\mathscr{N}_2 \subseteq \mathscr{N}_1$, 使得 $\boldsymbol{y}_{2k} \, (k \in \mathscr{N}_1)$ 的子列 $\boldsymbol{y}_{2k} \, (k \in \mathscr{N}_2)$ 收敛:

$$\boldsymbol{y}_{2k} \to \boldsymbol{x}_2 \in \mathscr{S} \quad (k \to \infty, k \in \mathscr{N}_2),$$

从而 $\boldsymbol{x}_{2k}\,(k\in\mathscr{N}_1)$ 的子列 $\boldsymbol{x}_{2k}\,(k\in\mathscr{N}_2)$ 具有性质

$$\boldsymbol{x}_{2k}=(1+\varepsilon_k)\boldsymbol{y}_{2k}\to\boldsymbol{x}_2\in\mathscr{S}\quad(k\to\infty,k\in\mathscr{N}_2);$$

并且因为 $\mathscr{N}_2\subseteq\mathscr{N}_1$, 所以由式 (6) 可知

$$\boldsymbol{x}_{1k}\to\boldsymbol{x}_1\in\mathscr{S}\quad(k\to\infty,k\in\mathscr{N}_2).$$

一般地, 我们可继续选取 $\mathscr{N}_2$ 的无穷子集 $\mathscr{N}_3$, 等等, 最终得到无穷子集 $\mathscr{N}_{m+1}\subseteq\cdots\subseteq\mathscr{N}_1\subseteq\mathbb{N}$, 使得 $m+1$ 个子列

$$\boldsymbol{x}_{jk}\to\boldsymbol{x}_j\in\mathscr{S}\quad(k\to\infty,k\in\mathscr{N}_{m+1};\ j=1,\cdots,m+1).\tag{7}$$

由式 (5) 和式 (7) 可知

$$\lim_{\substack{k\to\infty\\k\in\mathscr{N}_{m+1}}}\boldsymbol{u}_k(i,j)=\lim_{\substack{k\to\infty\\k\in\mathscr{N}_{m+1}}}(\boldsymbol{x}_{ik}-\boldsymbol{x}_{jk})=\boldsymbol{x}_i-\boldsymbol{x}_j.$$

由式 (5) 可知, 对于 $i\neq j,\boldsymbol{u}_k(i,j)=\boldsymbol{x}_{ik}-\boldsymbol{x}_{jk}\,(k\in\mathscr{N}_{m+1})$ 是格 $\varLambda$ 中的点列. 依据定理 2.7.1, 存在 k_0, 使得

$$\boldsymbol{u}_k(i,j)=\boldsymbol{x}_i-\boldsymbol{x}_j\quad(\forall k\geqslant k_0,k\in\mathscr{N}_{m+1}),$$

因为 $\boldsymbol{u}_k(i,j)\in\varLambda$ 并且非零, 所以 $\boldsymbol{x}_i-\boldsymbol{x}_j\in\varLambda$ 也非零. 于是 $m+1$ 个不同的点 $\boldsymbol{x}_j\in\mathscr{S}\,(j=1,\cdots,m+1)$ 即合要求. □

推论 设 $\mathscr{S}$ 是任意一个点集, 定义格 $\varLambda$ 的基本平行体 $\mathscr{P}$ 的子集

$$\mathscr{S}_1=\{\boldsymbol{v}\in\mathscr{P}\,|\,\boldsymbol{v}=\boldsymbol{x}-\boldsymbol{u},\boldsymbol{x}\in\mathscr{S},\boldsymbol{u}\in\varLambda\}.$$

则体积 $V(\mathscr{S}_1)\leqslant V(\mathscr{S})$; 并且若 $\mathscr{S}$ 中任意两点 $\boldsymbol{x}_1,\boldsymbol{x}_2$ 之差 $\boldsymbol{x}_1-\boldsymbol{x}_2\notin\varLambda$, 则 $V(\mathscr{S}_1)=V(\mathscr{S})$.

证 (i) 由 $\mathscr{S}_1$ 和 $\mathscr{R}(\boldsymbol{u})$ 的定义可知

$$\mathscr{S}_1=\bigcup_{\boldsymbol{u}\in\varLambda}\mathscr{R}(\boldsymbol{u}),$$

因为不同的点集 $\mathscr{R}(\boldsymbol{u})$ 之交可能非空, 并且应用式 (3), 所以

$$V(\mathscr{S}_1)=V\left(\bigcup_{\boldsymbol{u}\in\varLambda}\mathscr{R}(\boldsymbol{u})\right)\leqslant\sum_{\boldsymbol{u}\in\varLambda}V\big(\mathscr{R}(\boldsymbol{u})\big)=V(\mathscr{S}).\tag{8}$$

(ii) 若 $\mathscr{S}$ 中任意两点 $\boldsymbol{x}_1,\boldsymbol{x}_2$ 之差 $\boldsymbol{x}_1-\boldsymbol{x}_2\notin\varLambda$, 则对于任何两个不同的 $\boldsymbol{u}_1,\boldsymbol{u}_2\in\varLambda$, 点集 $\mathscr{R}(\boldsymbol{u}_1),\mathscr{R}(\boldsymbol{u}_2)$ 之交是空集. 事实上, 若 $\boldsymbol{v}\in\mathscr{R}(\boldsymbol{u}_1)\cap\mathscr{R}(\boldsymbol{u}_2)$, 则 $\boldsymbol{x}_1=\boldsymbol{v}+\boldsymbol{u}_1,\boldsymbol{x}_2=\boldsymbol{v}+\boldsymbol{u}_2$ 是 $\mathscr{S}$ 中两个不同的点, 并且

$$\boldsymbol{x}_1-\boldsymbol{x}_2=(\boldsymbol{v}+\boldsymbol{u}_1)-(\boldsymbol{v}+\boldsymbol{u}_2)=\boldsymbol{u}_1-\boldsymbol{u}_2\in\varLambda.$$

这与推论的假设矛盾. 于是式 (8) 中的“$\leqslant$”应换成等号. □

3.2　Minkowski 第一凸体定理

H. Minkowski[84] 证明了下列数的几何的基本结果:

定理 3.2.1　设 $\mathscr{S}$ 是 $\mathbb{R}^n$ 中的对称凸体. 如果它的体积 $V(\mathscr{S})>2^n$(可能为无穷), 或者它是列紧的并且 $V(\mathscr{S})=2^n$, 那么在 $\mathscr{S}$ 中含有非零整点.

证　(i) 设 $V(\mathscr{S})>2^n$, 那么

$$V\left(\frac{1}{2}\mathscr{S}\right)=\frac{1}{2^n}V(\mathscr{S})>1.$$

依定理 3.1.1, 存在两个不同的点 $\boldsymbol{x}',\boldsymbol{x}''\in\frac{1}{2}\mathscr{S}$, 使得 $\boldsymbol{u}=\boldsymbol{x}'-\boldsymbol{x}''$ 是非零整点. 又由引理 1.3.2(c) 可知

$$\frac{1}{2}\boldsymbol{u}=\frac{1}{2}\boldsymbol{x}'-\frac{1}{2}\boldsymbol{x}''\in\frac{1}{2}\mathscr{S},$$

于是非零整点 $\boldsymbol{u}\in\mathscr{S}$.

(ii) 设 $V(\mathscr{S})=2^n$, 并且 $\mathscr{S}$ 是列紧的, 那么对于任何实数 $\varepsilon\in(0,1)$, $(1+\varepsilon)\mathscr{S}$ 是体积为 $(1+\varepsilon)^nV(\mathscr{S})>2^n$ 的对称凸体. 依步骤 (i) 所证, 存在非零整点

$$\boldsymbol{x}^{(\varepsilon)}\in(1+\varepsilon)\mathscr{S}\subset 2\mathscr{S}.$$

因为 $\mathscr{S}$ 列紧, 所以它是有界的, 于是点集 $2\mathscr{S}$ 也有界, 从而对于任何 $\varepsilon\in(0,1)$, 点集 $(1+\varepsilon)\mathscr{S}$ 中只有有限多个非零整点. 于是有无穷多个点 $\boldsymbol{x}^{(\varepsilon)}$(相应的 $\varepsilon>0$ 可以任意小) 是相同的, 将此点记作 $\boldsymbol{x}^{(0)}$. 那么对于上述任意小的 $\varepsilon>0$, 有 $\boldsymbol{x}^{(0)}\in(1+\varepsilon)\mathscr{S}$, 或者

$$(1+\varepsilon)^{-1}\boldsymbol{x}^{(0)}\in\mathscr{S}.$$

因为 $\mathscr{S}$ 列紧 (是闭的), 所以当 $\varepsilon\to 0$ 时, $(1+\varepsilon)^{-1}\boldsymbol{x}^{(\varepsilon)}$ 的极限点 $\boldsymbol{x}^{(0)}\in\mathscr{S}$. 于是在此情形中 $\mathscr{S}$ 也含有非零整点. □

注 3.2.1　若 $\mathscr{S}$ 不是列紧的, 则条件 $V(\mathscr{S})=2^n$ 不能保证 $\mathscr{S}$ 含有非零整点. 例如, 由 $|x_i|<1\,(i=1,\cdots,n)$ 定义的点集是体积为 2^n 的对称凸集, 但不是闭集 (直观地说, 它不含边界), 显然它只含唯一的整点 $\mathbf{0}$.

下面的定理 3.2.2 是 Minkowski 第一凸体定理的一般形式. 当 $m=1$, 并且格 $\varLambda=\varLambda_0$ 时就得到定理 3.2.1. 其中 $m>1$ 的情形见文献 [34].

定理 3.2.2 设 $\mathscr{S}$ 是 $\mathbb{R}^n$ 中体积为 $V(\mathscr{S})$(可能为无穷) 的对称凸体, Λ 为行列式为 $d(\Lambda)$ 的格, m 是正整数. 如果

$$V(\mathscr{S})>m2^n d(\Lambda),$$

或者 $\mathscr{S}$ 是列紧集, 并且

$$V(\mathscr{S})=m2^n d(\Lambda),$$

那么 $\mathscr{S}$ 中至少含有 m 对不同的非零点 $\pm\boldsymbol{u}_j\in\Lambda(j=1,\cdots,m)$.

证 点集

$$\frac{1}{2}\mathscr{S}=\left\{\frac{1}{2}\boldsymbol{x}\,\middle|\,\boldsymbol{x}\in\mathscr{S}\right\}$$

的体积为 $2^{-n}V(\mathscr{S})$, 符合定理 3.1.2 的全部条件, 因此存在 $m+1$ 个不同的点

$$\frac{1}{2}\boldsymbol{x}_j\in\frac{1}{2}\mathscr{S}\quad(j=1,\cdots,m+1),\tag{1}$$

使得当 $i\neq j$ 时,

$$\frac{1}{2}\boldsymbol{x}_i-\frac{1}{2}\boldsymbol{x}_j\in\Lambda\quad(\text{且}\neq\mathbf{0}).$$

将此 $m+1$ 个点按下列规则排序: 若 $\boldsymbol{x}_i-\boldsymbol{x}_j$ 的第一个非零坐标是正的, 则将 $\boldsymbol{x}_i$ 排在 $\boldsymbol{x}_j$ 前, 记作 $\boldsymbol{x}_i\succ\boldsymbol{x}_j$. 于是将此 $m+1$ 个点排序为

$$\boldsymbol{x}^{(1)}\succ\boldsymbol{x}^{(2)}\succ\cdots\succ\boldsymbol{x}^{(m+1)}.$$

令

$$\boldsymbol{u}_j=\frac{1}{2}\boldsymbol{x}^{(j)}-\frac{1}{2}\boldsymbol{x}^{(m+1)}\quad(j=1,\cdots,m),$$

那么 $\pm\boldsymbol{u}_1,\cdots,\pm\boldsymbol{u}_m\in\Lambda$ 非零, 且两两互异. 此外, 由式 (1), 有 $\boldsymbol{x}^{(m+1)}\in\mathscr{S}$; 依 $\mathscr{S}$ 的对称性, 有 $-\boldsymbol{x}^{(m+1)}\in\mathscr{S}$. 最后, 由 $\mathscr{S}$ 的凸性得知

$$\boldsymbol{u}_j=\frac{1}{2}\boldsymbol{x}^{(j)}+\frac{1}{2}(-\boldsymbol{x}^{(m+1)})\in\mathscr{S}$$

以及 $-\boldsymbol{u}_j\in\mathscr{S}$. □

注 3.2.2 设 m 为正整数, 并取格 $\Lambda=\Lambda_0$. 对称凸体

$$|x_1|<m,\quad |x_j|<1\quad(j=2,\cdots,n)$$

的体积等于 $m2^n$, 但只含有 $m-1$ 对非零整点:

$$\pm(u,0,\cdots,0)\quad(u=1,\cdots,m-1).$$

因此定理 3.2.2 中的条件不能减弱.

注 3.2.3 对于 $\mathbb{R}^n$ 上的非负可积 (Lebesgue 意义) 函数 $\psi(\boldsymbol{x})$, 令

$$V(\psi)=\int_{\mathbb{R}^n}\psi(\boldsymbol{x})\mathrm{d}\boldsymbol{x}=\int_{-\infty}^{\infty}\cdots\int_{-\infty}^{\infty}\psi(x_1,\cdots,x_n)\mathrm{d}x_1\cdots\mathrm{d}x_n.$$

特别地, 取 $\psi(\boldsymbol{x})$ 为 $\mathbb{R}^n$ 中点集 $\mathscr{S}$ 的特征函数, 即

$$\psi(\boldsymbol{x})=\begin{cases}1, & \text{当 } \boldsymbol{x}\in\mathscr{S} \text{ 时},\\ 0, & \text{当 } \boldsymbol{x}\notin\mathscr{S} \text{ 时},\end{cases}$$

则有 $V(\psi)=V(\mathscr{S})$. 因此本章给出的 Blichfeldt 定理和 Minkowski 定理可以看作关于点集 $\mathscr{S}$ 的特征函数的命题. 从这种观点出发, C. L. Siegel[117] 和 R. Rado[97] 分别给出这些定理在非负函数 $\psi(\boldsymbol{x})$ 情形下的推广.

3.3 Minkowski 线性型定理

现在将定理 3.2.2 应用于引理 1.3.1 所定义的对称凸体, 得到下列结果, 它被称作 Minkowski 线性型定理, 在丢番图逼近等问题中有重要应用:

定理 3.3.1 设 $\varLambda$ 是行列式为 $d(\varLambda)$ 的格, $a_{ij}\,(1\leqslant i,j\leqslant n)$ 是实数, 数 $c_j>0$ $(j=1,\cdots,n)$ 满足不等式

$$c_1\cdots c_n\geqslant|\det(a_{ij})|d(\varLambda), \tag{1}$$

则存在非零点 $\boldsymbol{u}\in\varLambda$, 使得

$$\left|\sum_{j=1}^n a_{1j}u_j\right|\leqslant c_1,\quad \left|\sum_{j=1}^n a_{ij}u_j\right|<c_i\quad(i=2,\cdots,n). \tag{2}$$

证 (i) 设 $\det(a_{ij})\neq 0$. 那么依定理 2.6.1 可知, 点 $\boldsymbol{X}=(X_1,\cdots,X_n)$, 其中

$$X_i=\sum_{j=1}^n a_{ij}x_j\quad(i=1,\cdots,n;\ \boldsymbol{x}\in\varLambda),$$

形成一个格 M, 其行列式

$$d(M)=|\det(a_{ij})|d(\varLambda). \tag{3}$$

不等式组 (2) 可改写为

$$|X_1|\leqslant c_1,\quad |X_i|<c_i\quad(i=2,\cdots,n). \tag{4}$$

它定义一个由点 $\boldsymbol{X}$ 组成的 n 维空间中的对称凸集 $\mathscr{S}$, 体积 $V(\mathscr{S})=2^n c_1\cdots c_n$.

如果式 (1) 是严格不等式, 那么由此及式 (3) 可知 $V(\mathscr{S})>2^n d(M)$, 于是由定理 3.2.2 (其中 $m=1$) 得到存在非零点 $\boldsymbol{X}\in M$ 满足不等式组 (4). 因为 $\det(a_{ij})\neq 0$, 所以仍然由定理 2.6.1 得到非零点 $\boldsymbol{x}\in\Lambda$ 满足不等式组 (2).

如果式 (1) 不是严格不等式, 则取 $\varepsilon\in(0,1)$, 用不等式组

$$|X_{1\varepsilon}|\leqslant c_1+\varepsilon,\quad |X_{i\varepsilon}|<c_i\quad (i=2,\cdots,n)\tag{5}$$

代替不等式组 (4), 可知对于每个 ε, 存在非零点 $\boldsymbol{X}_\varepsilon=(X_{1\varepsilon},\cdots,X_{n\varepsilon})\in M$ 满足不等式组 (5). 将引理 2.7.1 (其中取 $R=\max\{c_1+1,c_2,\cdots,c_n\}$) 应用于格 M, 可知对于上述 ε, 满足不等式组 (5) 的非零点 $\boldsymbol{X}_\varepsilon$ 只可能有有限多个, 因此其中有一个非零点, 记为 $\boldsymbol{X}^{(0)}=(X_1^{(0)},\cdots,X_n^{(0)})$, 对无穷多个 $\varepsilon\in(0,1)$ 满足不等式组 (5). 在其中令 $\varepsilon\to 0$, 可知点 $\boldsymbol{X}^{(0)}\neq\boldsymbol{0}$ 满足不等式组 (4), 从而存在非零点 $\boldsymbol{x}\in\Lambda$ 满足不等式组 (2).

(ii) 设 $\det(a_{ij})=0$. 则点集 (2) 的体积无穷, 由定理 3.2.2 也可得到所要的结论. □

注 3.3.1 不等式组 (2) 确定的集合不是闭的, 所以定理 3.3.1 不是定理 3.2.1 的直接推论.

在定理 3.3.1 中取 $\Lambda=\Lambda_0$, 得到它的常见形式:

推论 设 $a_{ij}\,(1\leqslant i,j\leqslant n)$ 是实数, 数 $c_j>0(j=1,\cdots,n)$ 满足不等式

$$c_1\cdots c_n\geqslant|\det(a_{ij})|,$$

则存在非零点整点 $\boldsymbol{u}$, 使得

$$\left|\sum_{j=1}^n a_{1j}u_j\right|\leqslant c_1,\quad \left|\sum_{j=1}^n a_{ij}u_j\right|<c_i\quad (i=2,\cdots,n).$$

3.4 例 题

Minkowski 第一凸体定理和线性型定理在丢番图逼近等问题中有重要应用. 下面是几个简单的例子.

例 3.4.1 设 $\alpha\neq 0$ 和 $Q>1$ 是给定实数. 考虑 2 维平面上由直线

$$y-\alpha x=k,\quad y-\alpha x=-k,\quad x=Q,\quad x=-Q$$

所围成的点集 (包括边界). 这是一个关于原点中心对称的闭凸集. 因为它是底边为 $2k$, 高为 $2Q$ 的平行四边形, 所以其面积 $A=2Q\cdot 2k=4kQ$. 取 $k=1/Q$, 则 $A=4$. 依定理 3.2.1, 存在非零整点 (q,p) 满足不等式

$$-Q\leqslant q\leqslant Q,\quad \alpha q-\frac{1}{Q}\leqslant p\leqslant \alpha q+\frac{1}{Q}.$$

于是

$$|p-\alpha q|\leqslant\frac{1}{Q},\quad |q|\leqslant Q.$$

若 $q=0$, 则 $|p|\leqslant 1/Q<1$, 从而 $p=0$, 这不可能. 因此 $q\neq 0$, 并且

$$\left|\frac{p}{q}-\alpha\right|\leqslant\frac{1}{|q|Q},\quad |q|\leqslant Q.$$

若 $q<0$, 则用 $(-q,-p)$ 代替 (q,p), 有

$$\left|\frac{p}{q}-\alpha\right|\leqslant\frac{1}{qQ},\quad 1\leqslant q\leqslant Q. \tag{1}$$

注 3.4.1 **1°** 若 Q 不是整数, 则 $1\leqslant q\leqslant Q$ 等价于 $1\leqslant q<Q$. 应用抽屉原理可以证明: 对于任何实数 $Q>1$(特别地, Q 可以是整数), 总有整数 p,q 满足

$$\left|\frac{p}{q}-\alpha\right|\leqslant\frac{1}{qQ},\quad 1\leqslant q<Q.$$

这就是 Dirichlet 逼近定理 (见文献 [9]; 还可参见例 3.4.2).

2° 在例 3.4.1 中, 若还设 α 是无理数, 则当 $Q\to\infty$ 时, 可得到无穷多个不同的整数对 $(p,q)(q>0)$ 满足不等式 (1). 这是因为, 如若不然, 将有某个有理数 p_0/q_0 对无穷多个不同的 Q 满足不等式

$$\left|\frac{p_0}{q_0}-\alpha\right|\leqslant\frac{1}{q_0Q}.$$

令 $Q\to\infty$, 则得 $\alpha=p_0/q_0$, 这与 α 是无理数的假设矛盾. 因此, 存在无穷多个有理数 p/q 满足不等式

$$\left|\frac{p}{q}-\alpha\right|\leqslant\frac{1}{q^2}. \tag{2}$$

这是关于无理数有理逼近的一个基本结果.

例 3.4.2 设 $\alpha\neq 0$ 和 $Q>1$ 是给定实数. 考虑不等式组

$$|\alpha x_1-x_2|\leqslant\frac{1}{Q},\quad |x_1|<Q,$$

则

$$d=\begin{vmatrix}\alpha & -1\\ 1 & 0\end{vmatrix}=-1,$$

于是 $(1/Q)\cdot Q=1=|d|$. 依定理 3.3.1(或其推论), 存在非零整点 (q,p) 满足

$$|\alpha q-p|\leqslant\frac{1}{Q},\quad |q|<Q.$$

由此可推出 Dirichlet 逼近定理 (参见注 3.4.1 的 1°). 请注意此处推理与例 3.4.1 的差别 (该例直接应用定理 3.2.1).

例 3.4.3 设 Λ 是一个行列式为 d 的平面格 (即 $n=2$). 若 $c>0$ 任意给定, 则存在非零点 $(x,y)\in\Lambda$ 满足

$$c|x|+\frac{1}{c}|y|\leqslant\sqrt{2d}.$$

这是因为上面不等式组确定的点集由下列两对平行线相交而成:

$$cx+\frac{1}{c}y=\pm\sqrt{2d},\quad cx-\frac{1}{c}y=\pm\sqrt{2d},$$

即顶点为 $(\pm\sqrt{2d}/c,0),(0,\pm c\sqrt{2d})$ 的菱形 (带边界), 其面积等于两条对角线长之积的一半, 即 $4d$. 于是由定理 3.2.2 推出上述结论.

注 3.4.2 设 α 是一个实数, 考虑由平面上的点

$$(x,y):x=q,\quad y=-p+\alpha q\quad (p,q\in\mathbb{Z}),$$

组成的集合, 显然它是一个格, 其行列式 $d=1$(即它的空平行四边形的面积). 取这个格作为例 3.4.3 中的 Λ, 可推出: 对于每个 $c>0$, 存在非零点 $(x,y)\in\Lambda$ 满足

$$c|x|+\frac{1}{c}|y|\leqslant\sqrt{2d}.$$

若 $x=0$, 则 $|y|\leqslant c\sqrt{2d}$. 令 $c\to 0$, 得到 $y=0$. 此不可能. 因此 $x\neq 0$. 由算术–几何平均不等式可知: 点 $(x,y)\in\Lambda(x\neq 0)$ 满足

$$|xy|\leqslant\left(\frac{c|x|+c^{-1}|y|}{2}\right)^2\leqslant\left(\frac{\sqrt{2d}}{2}\right)^2=\frac{d}{2}.$$

因为 $d=1$, 所以存在非零整点 $(p,q)\,(q\neq 0)$ 满足

$$|(-p+\alpha q)q|\leqslant\frac{1}{2},$$

于是整数 $p,q(q\neq 0)$ 满足

$$\left|\alpha-\frac{p}{q}\right|\leqslant\frac{1}{2q^2}.$$

现在设 α 是无理数. 取 $c_n>0, c_n\to 0$, 那么对于每个 c_n, 存在 $(x_n,y_n)=(q_n,-p_n+\alpha q_n)\in \varLambda(q_n,p_n\in\mathbb{Z},q_n\neq 0)$ 满足

$$c_n|x_n|+\frac{1}{c_n}|y_n|\leqslant\sqrt{2d}.$$

如果 (x_n,y_n) 中只有有限多个点不相同, 则有某个点 $(x^*,y^*)=(q^*,-p^*+\alpha q^*)(q^*,p^*\in\mathbb{Z},q^*\neq 0)$ 对无穷多个 n (并且 $c_n\to 0$) 满足

$$c_n|x^*|+\frac{1}{c_n}|y^*|\leqslant\sqrt{2d}.$$

令 $c_n\to 0$, 必然 $|y^*|=0$. 这与 α 是无理数的假设矛盾. 因此对于无理数 α, 不等式

$$\left|\alpha-\frac{p}{q}\right|\leqslant\frac{1}{2q^2}$$

有无穷多个有理解 p/q. 这个结果优于不等式 (2).

例 3.4.4 设 $f(x,y)=ax^2+2hxy+by^2$ 是正定二元二次型 (于是 $a>0$, 判别式 $D=ab-h^2>0$), 那么存在不全为零的整数 u,v 满足

$$f(u,v)\leqslant\frac{4}{\pi}\sqrt{D}.$$

证 考虑 2 维点集

$$\mathscr{S}:\ f(x,y)\leqslant s^2,$$

其中常数 $s>0$ 待定, $\mathscr{S}$ 是一个椭圆区域. 我们来计算其“2 维体积”(即面积) $V(\mathscr{S})$. 将曲线方程 $f(x,y)=s^2$ 改写为

$$b\left(y+\frac{h}{b}x\right)^2+\frac{ab-h^2}{b}x^2=s^2,$$

由此解出

$$y_1=\frac{1}{b}\left(-hx-\sqrt{bs^2-Dx^2}\right),$$
$$y_2=\frac{1}{b}\left(-hx+\sqrt{bs^2-Dx^2}\right).$$

因为 y_1,y_2 是实数, 所以 $bs^2-Dx^2\geqslant 0$. 记 $c=s\sqrt{b/D}$, 则 $|x|\leqslant c$. 对于在此范围内的 x,

$$y_2-y_1=\frac{2}{b}\sqrt{bs^2-Dx^2}=\frac{2\sqrt{D}}{b}\cdot\sqrt{c^2-x^2}\geqslant 0.$$

于是

$$V(\mathscr{S})=\int_{-c}^{c}(y_2-y_1)\mathrm{d}x$$

$$= \frac{2\sqrt{D}}{b}\int_{-c}^{c}\sqrt{c^2-x^2}\mathrm{d}x$$
$$= \frac{4\sqrt{D}}{b}\int_{0}^{c}\sqrt{c^2-x^2}\mathrm{d}x.$$

令 $x=c\sin\theta$, 可得

$$S=\frac{4\sqrt{D}}{b}\int_0^{\pi/2}c^2\cos^2\theta\mathrm{d}\theta=\frac{4\sqrt{D}}{b}\cdot c^2\cdot\frac{\pi}{4}$$
$$=\frac{4\sqrt{D}}{b}\cdot\frac{s^2b}{D}\cdot\frac{\pi}{4}=\frac{\pi}{\sqrt{D}}s^2.$$

另一个计算方法 (较简单) 是: 将曲线方程 $f(x,y)=s^2$ 改写为

$$a\left(x+\frac{h}{a}y\right)^2+\frac{D}{a}y^2=s^2,$$

在变换 $X=x+(h/a)y, Y=y$ 之下, 得到标准椭圆方程

$$\frac{X^2}{a^{-1}s^2}+\frac{Y^2}{aD^{-1}s^2}=1.$$

于是推出 $V(\mathscr{S})=\pi\cdot(s\sqrt{a^{-1}})(s\sqrt{aD^{-1}})=(\pi/\sqrt{D})s^2$.

现在选取 $s>0$ 满足条件

$$\frac{\pi}{\sqrt{D}}s^2=2^2,$$

于是 $s^2=(4/\pi)\sqrt{D}$. 依定理 3.2.1 可知, 存在不全为零的整数 u,v, 使得 $f(u,v)\leqslant(4/\pi)\sqrt{D}$.

注 3.4.3 **1°** 应用例 3.4.4 以及下面的引理 3.4.1 可以推出: 若 α 是无理数, 则存在无穷多对整数 $p,q\,(q>0)$ 满足不等式

$$\left|\alpha-\frac{p}{q}\right|\leqslant\frac{2}{\pi q^2}.$$

这个结果稍优于不等式 (2).

引理 3.4.1 若存在常数 $c>0$, 使得对任何判别式为 $D(>0)$ 的正定二元二次型 $f(x,y)$, 存在不全为零的整数 u,v 满足

$$f(u,v)\leqslant c\sqrt{D},$$

则对于任何无理数 α, 存在无穷多对整数 $p,q\,(q>0)$ 满足不等式

$$\left|\alpha-\frac{p}{q}\right|\leqslant\frac{c}{2q^2}.$$

证　设 $\varepsilon \in (0,1]$. 定义二次型

$$f_\varepsilon(x,y)=\left(\frac{\alpha x-y}{\varepsilon}\right)^2+\varepsilon^2x^2$$
$$=\left(\frac{\alpha^2}{\varepsilon^2}+\varepsilon^2\right)x^2-2\cdot\frac{\alpha}{\varepsilon^2}xy+\frac{1}{\varepsilon^2}y^2.$$

其判别式

$$D=\frac{1}{\varepsilon^2}\left(\frac{\alpha^2}{\varepsilon^2}+\varepsilon^2\right)-\frac{\alpha^2}{\varepsilon^4}=1,$$

因此 f_ε 正定. 由假设, 存在不全为零的整数 q,p, 使得

$$\left(\frac{\alpha q-p}{\varepsilon}\right)^2+\varepsilon^2q^2\leqslant c. \tag{3}$$

若 $q=0$, 则 $p^2\leqslant c\varepsilon^2$, 当 $\varepsilon>0$ 足够小时 $p=0$, 这与 q,p 的性质矛盾, 从而可以认为 $q>0$(因为上式左边只出现平方项). 此外, 由不等式 (3), 我们还有

$$\left(\frac{\alpha q-p}{\varepsilon}\right)^2\leqslant c,\quad \varepsilon^2q^2\leqslant c,$$

从而 $p,q(q>0)$ 满足不等式

$$\left|\alpha-\frac{p}{q}\right|\leqslant\frac{\varepsilon}{q}\sqrt{c},\quad q\leqslant\frac{1}{\varepsilon}\sqrt{c}. \tag{4}$$

对于每个 $\varepsilon\in(0,1]$, 得到一组非零整数 $p(\varepsilon),q(\varepsilon)$ 满足不等式 (3), 从而也满足不等式 (4). 如果当 $\varepsilon\to 0$ 时, 在由对应的 $q(\varepsilon)$ 组成的集合中只存在有限多个不同的 q, 那么由不等式 (4) 中的第一式可知

$$-\frac{\varepsilon}{q}\sqrt{c}+\alpha\leqslant\frac{p}{q}\leqslant\frac{\varepsilon}{q}\sqrt{c}+\alpha,$$

从而在由对应的 $p(\varepsilon)$ 组成的集合中也只存在有限多个不同的 p. 于是存在有理数 p_0/q_0 对于无穷多个 ε (并且这些 $\varepsilon\to 0$) 满足不等式 (4), 即

$$\left|\alpha-\frac{p_0}{q_0}\right|\leqslant\frac{\varepsilon}{q_0}\sqrt{c},$$

令 $\varepsilon\to 0$, 得到 $\alpha=p_0/q_0$. 这与 α 是无理数的假设矛盾. 因此, 存在无穷多个不同的有理数 $p/q\,(q>0)$ 满足不等式 (3), 从而有

$$\left|\alpha-\frac{p}{q}\right|=\left|\frac{\alpha q-p}{\varepsilon}\right||\varepsilon q|\cdot\frac{1}{q^2}$$
$$\leqslant\frac{1}{2}\left(\left(\frac{\alpha q-p}{\varepsilon}\right)^2+(\varepsilon q)^2\right)\cdot\frac{1}{q^2}=\frac{c}{2q^2}.$$

□

2° 例 3.4.4 的结果可以改进, 最优结果是: 存在非零整点 (u,v), 使得

$$f(u,v) \leqslant \frac{2}{\sqrt{3}}\sqrt{D}. \tag{5}$$

相应地, 1° 中的不等式也可改进 (见注 7.5.1 的 3°).

3° 还可一般地考虑正定 n 元二次型, 对此可参见第 7 章.

例 3.4.5 设 α 是无理数, β 是实数, 3 维空间中的点集 $H(t)$ 由下列 6 个平面围成:

$$|x-\alpha y+\beta z|+t^2|y|=t, \quad |z|=2.$$

证明:

(a) 设 $t>1$ 是任意实数但不是整数, 那么 $H(t)$ 不可能含有 $(p,q,0)$ 形式的非零整点.

(b) 设 $t<1$ 是任意实数, 那么, 若 $H(t)$ 含有 $(p,q,0)$ 形式的非零整点, 则只可能是一对点 $\pm(p,q,0)$.

证 (i) $H(t)$ 由下列三组平行平面围成:

$$x+(t^2-\alpha)y+\beta z\pm t=0,$$
$$x+(-t^2-\alpha)y+\beta z\pm t=0,$$
$$z\pm 2=0.$$

这是一个斜棱柱. 其水平截面 (平行于坐标面 O-XY) 是平行四边形, 因此容易验证 $H(t)$ 是 3 维对称凸体. 令

$$\xi=x+(t^2-\alpha)y+\beta z,$$
$$\eta=x+(-t^2-\alpha)y+\beta z,$$
$$\zeta=z,$$

则

$$\frac{\partial(\xi,\eta,\zeta)}{\partial(x,y,z)}=\begin{vmatrix}1 & t^2-\alpha & \beta\\ 1 & -t^2-\alpha & \beta\\ 0 & 0 & 1\end{vmatrix}=-2t^2.$$

于是 $H(t)$ 的体积为

$$V\big(H(t)\big)=\frac{1}{|-2t^2|}\int_{-t}^{t}\mathrm{d}\xi\int_{-t}^{t}\mathrm{d}\eta\int_{-2}^{2}\mathrm{d}\zeta=8.$$

因为 $V\big(H(t)\big)=2^3$, 所以由定理 3.2.1 知, $H(t)$ 的内部或界面含有非零整点 $P(p,q,r)$; 依对称性, 还含有非零整点 $P'(-p,-q,-r)$. 由柱体方程可知 $|r|$ 的可能值为 $0,1,2$.

(ii) 对于 $P(p,q,0)$ 形式的非零整点, 可限于 $H(t)$ 的过原点的水平截面上来讨论.

(a) 设 $t>1$ 是任意实数但不是整数. 若 2 维非零整点 $\widehat{P}(p,q)$ 位于下列两组平行线围成的平行四边形 $LML'M'$(记为 $\Pi(t)$, 见图 3.4.1)的内部或边界上:

$$x+(t^2-\alpha)y\pm t=0,$$
$$x+(-t^2-\alpha)y\pm t=0,$$

则由关于 O 的中心对称性知, 点 $\widehat{P}'(-p,-q)$ 也位于 $\Pi(t)$ 的内部或边界上. 因为 α 是无理数, t 不是整数, 所以 $\widehat{P}$ 和 $\widehat{P}'$ 不与 $\Pi(t)$ 的顶点重合. 平行四边形 $L\widehat{P}L'\widehat{P}'$ (它完全含在 $\Pi(t)$ 中) 的面积等于行列式

$$\begin{vmatrix} t & 0 & 1 \\ p & q & 1 \\ -p & -q & 1 \end{vmatrix}$$

的绝对值, 即 $2|q|t>2$. 容易算出 $\Pi(t)$ 的面积等于 2, 于是得到矛盾. 所以 $H(t)$ 不可能含有 $(p,q,0)$ 形式的非零整点.

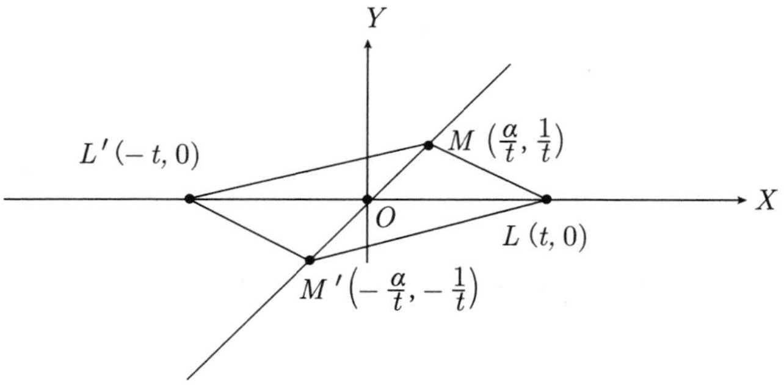

图 3.4.1

(b) 设 $t<1$ 是任意实数. 因为 α 是无理数, MM' 所在的直线方程是 $x-\alpha y=0$, 所以对角线 MM' 上没有非零整点. 又因为 $t<1$, 所以对角线 LL' 上也没有非零整点. 若非零整点 $\widehat{P}$ 和 $\widehat{Q}$ 不关于 O 中心对称, 并且落在 $\Pi(t)$ 的内部或边界上, 则 $\widehat{P},O,\widehat{Q}$ 不在一条直线上, 于是三角形 $O\widehat{P}\widehat{Q}$ 的面积至少为 1/2(见注 2.1.4 的 1°), 从而 $\Pi(t)$ 的面积大于 $4\cdot(1/2)=2$, 这不可能. 因此若 $H(t)$ 含有 $(p,q,0)$ 形式的非零整点, 则只可能是一对点 $\pm(p,q,0)$.

注 3.4.4 在 2 维平面上, 若直线 $y=kx$ 的斜率是无理数, 则对于任何 $\varepsilon>0$, 此直线两边总存在整点与该直线的距离小于 ε(见引理 1.1.2), 因此在例 3.4.5 中

不能排除下列可能情形: 当 $t\to 0$ 时, $\Pi(t)$ 中始终存在 $(p,q,0)$ 形式的非零整点 (比较文献 [95]10.2 节).

例 3.4.6 设 p 是素数, 定义集合

$$\Lambda=\{(\lambda_1,\lambda_2,\lambda_3,\lambda_4)\in\mathbb{Z}^4\,|\,\lambda_3\equiv a\lambda_1+b\lambda_2,\ \lambda_4\equiv b\lambda_1-a\lambda_2\ (\mathrm{mod}\ p)\},$$

那么 4 维球体

$$\mathscr{S}: x_1^2+x_2^2+x_3^2+x_4^2<2p$$

中必含有 Λ 中的一个非零点.

证 通过直接计算可以验证集合 Λ 是 4 维格 $\Lambda_0=\{(x_1,x_2,x_3,x_4)\in\mathbb{Z}^4\}$ 在线性变换

$$\begin{pmatrix}\lambda_1\\ \lambda_2\\ \lambda_3\\ \lambda_4\end{pmatrix}=\begin{pmatrix}1 & 0 & 0 & 0\\ 0 & 1 & 0 & 0\\ a & b & p & 0\\ b & -a & 0 & p\end{pmatrix}\begin{pmatrix}x_1\\ x_2\\ x_3\\ x_4\end{pmatrix}$$

下的像, 因此 Λ 是一个格, 并且 $\det(\Lambda)=p^2$(参见定理 2.6.1). 按 n 维球体体积的一般公式 (参见文献 [3]), 可知 $\mathscr{S}$ 的体积为

$$V(\mathscr{S})=(\sqrt{2p})^4\frac{\pi^{4/2}}{\Gamma\left(\dfrac{4}{2}+1\right)}=2\pi^2p^2$$

($\Gamma(z)$ 是伽马函数). 因为 $\pi^2>8$, 所以 $V(\mathscr{S})>2^4d(\Lambda)$, 从而依定理 3.2.2, 存在非零的

$$\boldsymbol{\lambda}=\lambda_1\boldsymbol{e}_1+\lambda_2\boldsymbol{e}_2+\lambda_3\boldsymbol{e}_3+\lambda_4\boldsymbol{e}_4\in\Lambda$$

(其中 $\lambda_i\in\mathbb{Z}$) 落在 $\mathscr{S}$ 中.

例 3.4.7 设 $a_1,\cdots,a_n$ 是 n 个给定整数, m 是任意给定的正整数, 则存在不全为零的整数 $x_1,\cdots,x_n$ 满足下列条件:

$$|x_k|\leqslant\sqrt[n]{m}\quad(k=1,\cdots,n),$$
$$a_1x_1+\cdots+a_nx_n\equiv 0\ (\mathrm{mod}\ m).$$

证 考虑 $n+1$ 个以 $x_1,\cdots,x_n,y$ 为变量的线性不等式:

$$\left|\frac{a_1}{m}x_1+\cdots+\frac{a_n}{m}x_n-y\right|<X^{-n},$$
$$|x_i|\leqslant X\quad(i=1,\cdots,n),$$

其中 $X=\sqrt[n]{m}$. 那么系数行列式的绝对值 $d=1$, 并且

$$X^{-n}\cdot\underbrace{X\cdots X}_{n}=1.$$

因此依定理 3.3.1(或其推论), 存在不全为零的整数 $x_1,\cdots,x_n,y$ 满足不等式组

$$\left|\frac{a_1x_1+\cdots+a_nx_n}{m}-y\right|<\frac{1}{m},$$
$$|x_i|\leqslant\sqrt[n]{m}\quad(i=1,\cdots,n).$$

由其中第一个不等式可知

$$|(a_1x_1+\cdots+a_nx_n)-my|<1.$$

因为 $(a_1x_1+\cdots+a_nx_n)-my\in\mathbb{Z}$, 所以 $(a_1x_1+\cdots+a_nx_n)-my=0$, 即得 $a_1x_1+\cdots+a_nx_n\equiv 0\,(\mathrm{mod}\ m)$.

注 3.4.5 本题的普通解法如下: 考虑区间 $[0,1]$ 中的点

$$\left\{\frac{a_1}{m}x_1+\frac{a_2}{m}x_2+\cdots+\frac{a_n}{m}x_n\right\},$$

其中 $x_1,x_2,\cdots,x_n$ 独立地取值 $0,1,\cdots,[\sqrt[n]{m}]$. 这些点的总数是 $(1+[\sqrt[n]{m}])^n>m$. 将区间 $[0,1]$ 等分为 m 个小区间:

$$\frac{u}{m}\leqslant x<\frac{u+1}{m}\quad(u=0,1,\cdots,m-1).$$

依抽屉原理, 存在两个数组 $(x_1',x_2',\cdots,x_n')\neq(x_1'',x_2'',\cdots,x_n'')$, 其中每个 $x_i',x_j''\in\{0,1,\cdots,[\sqrt[n]{m}]\}$, 使得

$$\left\{\frac{a_1}{m}x_1'+\frac{a_2}{m}x_2'+\cdots+\frac{a_n}{m}x_n'\right\}$$

和

$$\left\{\frac{a_1}{m}x_1''+\frac{a_2}{m}x_2''+\cdots+\frac{a_n}{m}x_n''\right\}$$

落在同一个小区间中. 于是

$$\left|\left\{\frac{a_1}{m}x_1'+\frac{a_2}{m}x_2'+\cdots+\frac{a_n}{m}x_n'\right\}-\left\{\frac{a_1}{m}x_1''+\frac{a_2}{m}x_2''+\cdots+\frac{a_n}{m}x_n''\right\}\right|<\frac{1}{m},$$

从而存在某个整数 k, 使得

$$\left|\left(\frac{a_1}{m}x_1'+\frac{a_2}{m}x_2'+\cdots+\frac{a_n}{m}x_n'\right)-\left(\frac{a_1}{m}x_1''+\frac{a_2}{m}x_2''+\cdots+\frac{a_n}{m}x_n''\right)-k\right|<\frac{1}{m}.$$

令 $x_1=x_1'-x_1'',x_2=x_2'-x_2'',\cdots,x_n=x_n'-x_n''$, 则它们不全为零, 并且满足

$$|a_1x_1+a_2x_2+\cdots+a_nx_n-mk|<1.$$

因为上式左边是一个非负整数, 所以 $a_1x_1+a_2x_2+\cdots+a_nx_n-mk=0$, 即

$$a_1x_1+\cdots+a_nx_n\equiv 0(\operatorname{mod} m),$$

并且由 $x_i',x_j''\in\{0,1,\cdots,[\sqrt[n]{m}]\}$ 可知 $|x_k|\leqslant\sqrt[n]{m}\ (k=1,\cdots,n)$.

例 3.4.8 在所有 (平面) 整点上 (除一个点上站着一个观测者外), 都生长着半径为 $r(<1/2)$ 的树木. 树林空隙处竖立一根标杆, 与观测者的距离为 d. 证明: 若 $d>1/r$, 则观测者不可能看到标杆.

证 如图 3.4.2 所示, 我们可设观测者位于坐标原点 $O(0,0)$, 标杆位于点 $A(d,0)$, 其中 $d>1/r$, 并记点 $A'(-d,0)$. 如此构造图形 Π : 它由位于直线 $A'A$ 上方和下方、与 $A'A$ 的距离为 r 的两条平行线, 以及两个分别以 A 和 A' 为中心、r 为半径的向外凸的半圆围成.

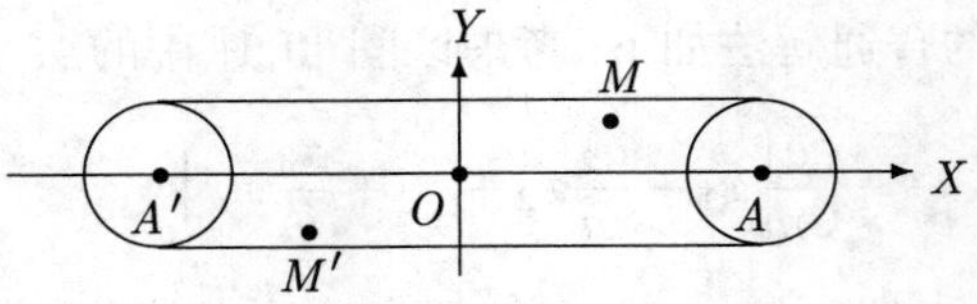

图 3.4.2

Π 是关于坐标原点中心对称的凸图形, 它的面积等于 πr^2+4dr. 因为当 $d>1/r$ 时,

$$\pi r^2+4dr>4,$$

所以在 Π 内部含有一个整点 M; 由于对称性, 还含有一个与 M 中心对称的整点 M'. 又由题设, A 和 A' 都不是整点, 所以不妨认为 M 和 A 都位于点 O 同侧 (如图 3.4.2 所示). 显然以 M 为中心、 r 为半径的圆与直线 OA 相交, 所以位于点 M 的树木成为在点 O 观测点 A 处标杆的障碍物.

3.5 格的特征

现在应用 Minkowski 第一凸体定理给出格的特征性刻画, 这些特征性质中不出现基的概念.

定理 3.5.1 $\mathbb{R}^n$ 中的点集 Λ 是一个格的充分必要条件是它具有下列三个性质:

(a) 对于任何 $\boldsymbol{a},\boldsymbol{b}\in\Lambda$, 总有 $\boldsymbol{a}\pm\boldsymbol{b}\in\Lambda$.

(b) Λ 中含有 n 个线性无关的点 $\boldsymbol{a}_1,\cdots,\boldsymbol{a}_n$.

(c) 存在常数 $\eta>0$, 使得球 $|\boldsymbol{x}|<\eta$ 中不含 Λ 的任何非零点.

证 如果 Λ 是一个格, 那么由格的定义推出它具有性质 (a) 和 (b), 由引理 2.7.1 (b), 取 η 足够小, 使得 $C(\eta^n+1)<2$, 则性质 (c) 成立. 因此必要性得证. 下面证明充分性, 即要证明: 若 Λ 具有性质 (a), (b), (c), 则 Λ 是一个格.

(i) 因为点集 Λ 具有性质 (a), 所以由数学归纳法可知, 若 $\boldsymbol{c}_1,\cdots,\boldsymbol{c}_m$ 是 Λ 中任意有限多个点, $u_1,\cdots,u_m$ 是任意整数, 则 $u_1\boldsymbol{c}_1+\cdots+u_m\boldsymbol{c}_m\in\Lambda$.

(ii) 现在证明: 若

$$\boldsymbol{c}_j=(c_{1j},\cdots,c_{nj})\quad(j=1,\cdots,n+1)$$

是 $\Lambda\subset\mathbb{R}^n$ 中的任意 $n+1$ 个点, 则它们必在 $\mathbb{Q}$ 上线性相关, 即存在不全为零的整数 $u_1,\cdots,u_{n+1}$, 使得

$$\sum_{j=1}^{n+1}u_j\boldsymbol{c}_j=\boldsymbol{0}. \tag{1}$$

事实上, 由下列 n 个不等式定义的 $n+1$ 维对称凸体 $\mathscr{S}$ 的体积为无穷:

$$\left|\sum_{j=1}^{n+1}c_{ij}u_j\right|<\frac{\eta}{n}\quad(i=1,\cdots,n), \tag{2}$$

其中 $\boldsymbol{u}=(u_1,\cdots,u_{n+1})\in\mathbb{R}^{n+1}$. 依定理 3.2.1 可知, 其中存在一个 $n+1$ 维非零整点 (即 $n+1$ 维格 Λ_0 中的非零点) $\boldsymbol{u}^{(0)}=(u_1^{(0)},\cdots,u_{n+1}^{(0)})$. 定义

$$\boldsymbol{d}=\sum_{j=1}^{n+1}u_j^{(0)}\boldsymbol{c}_j,$$

由式 (2) 可知 $\boldsymbol{d}$ 的每个分量的绝对值小于 η/n, 所以 $|\boldsymbol{d}|<\eta$. 于是由性质 (c) 推出 $\boldsymbol{d}=\boldsymbol{0}$, 即 $u_j=u_j^{(0)}\,(j=1,\cdots,n+1)$ 使得式 (1) 成立.

(iii) 设 $\boldsymbol{a}_1,\cdots,\boldsymbol{a}_n$ 如性质 (b) 中给定. 令 M_1 是以 $\boldsymbol{a}_1,\cdots,\boldsymbol{a}_n$ 为基的格. 因为诸 $\boldsymbol{a}_i\in\Lambda$, 所以由步骤 (i) 所证结论推出 $M_1\subseteq\Lambda$. 若 $M_1=\Lambda$, 则 Λ 确实是一个格, 充分性获证. 若 $M_1\neq\Lambda$, 则存在 $\boldsymbol{b}\in\Lambda$, 但 $\notin M_1$. 我们来导出矛盾.

为此注意, 依步骤 (ii) 中所证明的结论, 存在不全为零的整数 $u_1,\cdots,u_n,v$, 使得

$$v\boldsymbol{b}=u_1\boldsymbol{a}_1+\cdots+u_n\boldsymbol{a}_n, \tag{3}$$

因为 $\boldsymbol{a}_1,\cdots,\boldsymbol{a}_n$ 线性无关, 所以 $v\neq 0$. 又因为 $\boldsymbol{b}\notin M_1$, 所以 $v\neq\pm 1$. 现在在点集 $\{\boldsymbol{b}\in\Lambda\setminus M_1\}$ 中选取一个 $\boldsymbol{b}$, 使得在式 (3) 中 $|v|$ 最小. 设 p 是 v 的一个素因子, 则 $v=pv_1$, 令 $\boldsymbol{b}_1=v_1\boldsymbol{b}$. 于是式 (3) 可改写为

$$p\boldsymbol{b}_1=u_1\boldsymbol{a}_1+\cdots+u_n\boldsymbol{a}_n. \tag{4}$$

由此可断言: p 不可能整除 $u_1,\cdots,u_n$ 的最大公因子. 若不然, 则有 $\boldsymbol{b}_1=u_1'\boldsymbol{a}_1+\cdots+u_n'\boldsymbol{a}_n$(其中系数 $u_i'=u_i/p$ 是整数), 即 $v_1\boldsymbol{b}=u_1'\boldsymbol{a}_1+\cdots+u_n'\boldsymbol{a}_n$. 此式与式 (3) 同类型, 但 $|v_1|<|v|$, 与 v 的定义矛盾. 因此上述断言成立. 不失一般性, 可以认为 $p\nmid u_1$. 于是存在整数 l,m, 使得

$$lp-mu_1=1.$$

现在定义

$$\boldsymbol{a}_1'=l\boldsymbol{a}_1-m\boldsymbol{b}_1,\quad \boldsymbol{a}_j'=\boldsymbol{a}_j\quad (j=2,\cdots,n). \tag{5}$$

由式 (4) 和式 (5) 得到

$$\boldsymbol{a}_1=p\boldsymbol{a}_1'+mu_2\boldsymbol{a}_2'+\cdots+mu_n\boldsymbol{a}_n',\quad \boldsymbol{a}_j'=\boldsymbol{a}_j\quad (j=2,\cdots,n). \tag{6}$$

设 M_2 是以 $\boldsymbol{a}_1',\cdots,\boldsymbol{a}_n'$ 为基的格, 那么由式 (6) 可知 $M_1\subseteq M_2$. 因为 M_1 在 M_2 中的指标等于 p(参见 2.2 节中的式 (2)), 所以

$$d(M_2)=\frac{1}{p}d(M_1)\leqslant\frac{1}{2}d(M_1). \tag{7}$$

又由式 (5) 可知 M_2 的基属于点集 Λ, 所以还有

$$M_1\subseteq M_2\subseteq\Lambda. \tag{8}$$

如果 $M_2\neq\Lambda$, 那么可以将刚才对格 M_1 所做的讨论重复应用于格 M_2, 于是存在格 M_3, 具有与式 (7) 和式 (8) 类似的性质, 即得

$$M_1\subseteq M_2\subseteq M_3\subseteq\Lambda,$$
$$d(M_2)\leqslant\frac{1}{2}d(M_1),\quad d(M_3)\leqslant\frac{1}{2}d(M_2).$$

如果 $M_3\neq\Lambda$, 那么可以继续对 M_3 重复上述讨论, 依此类推, 从而存在某个正整数 r, 使得

$$M_1\subseteq M_2\subseteq\cdots\subseteq M_r\subseteq\Lambda,$$
$$d(M_r)\leqslant\frac{1}{2}d(M_{r-1})\leqslant\cdots\leqslant\left(\frac{1}{2}\right)^{r-1}d(M_1).$$

如果这种讨论不能在有限步后终止 (即始终 $M_r \neq \Lambda$), 那么当 r 充分大时,

$$d(M_r) < \left(\frac{\eta}{n}\right)^n,$$

其中 η 是性质 (c) 中的常数. 现在考虑不等式组

$$|x_j| < \frac{\eta}{n} \quad (j = 1, \cdots, n)$$

定义的点集, 其体积 $2^n(\eta/n)^n > 2^n d(M_r)$, 依定理 3.2.1, 上述不等式组有非零整解 $\boldsymbol{x} = (x_1, \cdots, x_n)$, 因此非零整点 $\boldsymbol{x}$ 满足 $|\boldsymbol{x}| < \eta$, 这与性质 (c) 矛盾. 于是存在 r, 使得 $\Lambda = M_r$ 是一个格. □

注 3.5.1　定理 3.5.1 的一个应用见引理 3.6.1.

3.6　用二次型表示整数

本节应用数的几何方法讨论用二次型表示整数的问题. 主要辅助工具是下列的引理:

引理 3.6.1　设 $n, m, k_1, \cdots, k_m$ 是正整数, $a_{ij}(1 \leqslant i \leqslant m, 1 \leqslant j \leqslant n)$ 是整数. Λ 表示满足下列同余式的整点 $\boldsymbol{u} = (u_1, \cdots, u_n)$ 的集合:

$$\sum_{j=1}^{n} a_{ij} u_j \equiv 0 \pmod{k_i} \quad (i = 1, \cdots, m).$$

那么 Λ 是一个格, 并且其行列式 $d(\Lambda) \leqslant k_1 \cdots k_m$.

证　依定理 3.5.1, 集合 Λ 是一个 n 维格. 事实上, 定理的条件 (a) 显然成立. 点

$$\boldsymbol{a}_i = k_1 \cdots k_m \boldsymbol{e}_i \in \mathbb{Z}^n \quad (i = 1, \cdots, n)$$

满足条件 (b), 其中 $\boldsymbol{e}_i$ 的第 i 个坐标为 1, 其余坐标为 0. 因为 Λ 是离散集合, 并且 $\mathbf{0} \in \Lambda$, 所以存在 $\eta > 0$ 满足条件 (c), Λ 是 $\Lambda_0 = \mathbb{Z}^n$ 的子格. 设 $l_i \in \{0, 1, \cdots, k_i - 1\}\,(i = 1, \cdots, m)$. 对于每组数 $(l_1, \cdots, l_m)$, 将 Λ_0 中满足

$$\sum_{j=1}^{n} a_{ij} u_j \equiv l_i \pmod{k_i} \quad (i = 1, \cdots, m)$$

的点 $(u_1, \cdots, u_n)$ 的集合记作 $M(l_1, \cdots, l_m)$. 显然 $M(0, \cdots, 0) = \Lambda$. 易见任一集合 $M(l_1, \cdots, l_m)$ 中任意两点之差属于 Λ, 从而属于同一个同余类. 但若两个集合

$M(l_1,\cdots,l_m)$ 和 $M(l'_1,\cdots,l'_m)$ (其中 $(l_1,\cdots,l_m)\neq(l'_1,\cdots,l'_m)$) 中各有一点, 其差不满足上述同余式, 则此两个集合属于不同的两个同余类; 不然属于同一个同余类. 因此 $\mathbb{Z}^n$ 模 Λ 的同余类的个数不超过集合 $M(l_1,\cdots,l_m)$ 的个数, 即 $\prod\limits_{i=1}^{m}k_i$.

最后, 由定理 2.4.1 可知, Λ 在 Λ_0 中的指标

$$D\leqslant\prod_{i=1}^{m}k_i.$$

注意 $D=d(\Lambda)/d(\Lambda_0)$, 所以

$$d(\Lambda)=Dd(\Lambda_0)\leqslant\prod_{i=1}^{m}k_i.$$ □

注 3.6.1 引理 3.6.1 可看作例 2.6.1 的扩充.

首先证明经典的二平方和及四平方和定理.

定理 3.6.1 (Euler) 每个形如 $4m+1$ 的素数 p 可表示为两个整数的平方和.

证 因为当素数 $p\equiv1\pmod 4$ 时, -1 是模 p 二次剩余, 所以存在整数 $\sigma\in\{1,\cdots,p-1\}$, 使得

$$\sigma^2\equiv-1\pmod p.$$

定义 2 维点集

$$\Lambda=\{(x,y)\in\mathbb{Z}^2\,|\,y\equiv\sigma x\pmod p\},$$

由引理 3.6.1 可知 Λ 是一个格, 其行列式 $d(\Lambda)\leqslant p$(若应用例 2.6.1, 则 $d(\Lambda)=p$).

设 $\mathscr{S}$ 是以坐标原点为圆心、 r 为半径的圆盘, 取 r 使得其面积

$$\pi r^2>4p,$$

从而 $\pi r^2>4p\geqslant2^2d(\Lambda)$. 特别地, 令 $r=\sqrt{3p/2}$. 依定理 3.2.1, 存在非零整点 $(\lambda_1,\lambda_2)\in\Lambda\cap\mathscr{S}$, 因此

$$0<\lambda_1^2+\lambda_2^2\equiv\lambda_1^2+(\sigma\lambda_1)^2=(1+\sigma^2)\lambda_1^2\pmod p.$$

由此及 σ 的定义得到

$$\lambda_1^2+\lambda_2^2\equiv0\pmod p.$$

又由 $(\lambda_1,\lambda_2)\in\mathscr{S}$ 可知

$$0<\lambda_1^2+\lambda_2^2\leqslant\frac{3}{2}p<2p,$$

于是 $\lambda_1^2+\lambda_2^2=p$. □

定理 3.6.2 (Lagrange) 每个正整数都可表示为至多四个整数平方之和的形式, 即对于每个正整数 n, 存在整数 $\lambda_1, \lambda_2, \lambda_3$ 及 λ_4, 使得 $n = \lambda_1^2 + \lambda_2^2 + \lambda_3^2 + \lambda_4^2$.

定理 3.6.2 有两种以数的几何为工具的证明.

证 1 首先给出以下两个引理及其证明:

引理 3.6.2 (Euler 恒等式) 设 $e, f, \cdots, u$ 是整数, 则

$$\begin{aligned}&(e^2+f^2+g^2+h^2)(r^2+s^2+t^2+u^2)\\&\quad=(er+fs+gt+hu)^2+(es-fr-gu+ht)^2\\&\qquad+(et+fu-gr-hs)^2+(eu-ft+gs-hr)^2.\end{aligned}$$

证 将两边展开直接验证. □

引理 3.6.3 对于素数 p, 存在整数 a, b, 使得

$$1+a^2+b^2 \equiv 0 \pmod{p}.$$

证 $(p+1)/2$ 个整数

$$x^2, \quad x = 0, 1, \cdots, \frac{p-1}{2}$$

模 p 互不同余, $(p+1)/2$ 个整数

$$-1-y^2, \quad y = 0, 1, \cdots, \frac{p-1}{2}$$

模 p 也互不同余. 这两组整数总共有 $p+1$ 个, 而模 p 剩余类只含 p 个互不同余的数, 因而其中存在两个数模 p 同余. 这两个数不可能同为上述 x^2, x'^2 形式, 也不可能同为上述 $-1-y^2, -1-y'^2$ 形式. 于是存在一个 x_0 和一个 y_0, 使得

$$x_0^2 \equiv -1-y_0^2 \pmod{p},$$

即对于素数 p, 同余式

$$x^2+y^2 \equiv -1 \pmod{p}$$

有解 x_0, y_0. □

现在证明定理 3.6.2.

(i) 因为 $1 = 1^2+0^2+0^2+0^2$, 所以可设 $n > 1$. 由引理 3.6.2 可知, 如果两个整数可以分别表示为四个整数平方之和的形式, 那么它们的乘积也可表示为四个整数平方之和的形式. 于是依算术基本定理, 我们只需对于素数 n 证明定理.

(ii) 现在设 $n = p$ 是素数. 设 a, b 是两个整数, 如引理 3.6.3 所确定. 那么向量

$$\boldsymbol{e}_1 = (p, 0, 0, 0), \quad \boldsymbol{e}_2 = (0, p, 0, 0),$$

$$e_3 = (a, b, 1, 0), \quad e_4 = (b, -a, 0, 1)$$

线性无关. 事实上, 关系式

$$c_1 e_1 + c_2 e_2 + c_3 e_3 + c_4 e_4 = \mathbf{0}$$

等价于线性方程组

$$\begin{pmatrix} p & 0 & a & b \\ 0 & p & b & -a \\ 0 & 0 & 1 & 0 \\ 0 & 0 & 0 & 1 \end{pmatrix} \begin{pmatrix} c_1 \\ c_2 \\ c_3 \\ c_4 \end{pmatrix} = \begin{pmatrix} 0 \\ 0 \\ 0 \\ 0 \end{pmatrix}.$$

因为系数行列式等于 p^2, 所以 $c_1 = \cdots = c_4 = 0$, 从而 $e_i (i = 1, 2, 3, 4)$ 线性无关. 我们将以 $e_1, \cdots, e_4$ 为基的格记作 Λ, 容易算出行列式 $d(\Lambda) = p^2$. 设

$$\boldsymbol{\lambda} = x e_1 + y e_2 + z e_3 + w e_4 \quad (x, y, z, w \in \mathbb{Z})$$

是格 Λ 中的任意一个非零点. 作为 $\mathbb{R}^4$ 中的一个点, 将它记为

$$\boldsymbol{\lambda} = (\lambda_1, \lambda_2, \lambda_3, \lambda_4),$$

其中

$$\lambda_1 = px + az + bw, \quad \lambda_2 = py + bz - aw, \quad \lambda_3 = z, \quad \lambda_4 = w, \tag{1}$$

于是 $\boldsymbol{\lambda} \in \mathbb{Z}^4$. 我们有

$$\begin{aligned} |\boldsymbol{\lambda}|^2 &= \lambda_1^2 + \lambda_2^2 + \lambda_3^2 + \lambda_4^2 \\ &= (px + az + bw)^2 + (py + bz - aw)^2 + z^2 + w^2 \\ &= p(px^2 + py^2 + 2axz - 2ayw + 2bxw + 2byz) \\ &\quad + (a^2 + b^2 + 1)w^2 + (a^2 + b^2 + 1)z^2. \end{aligned}$$

等式左边 $|\boldsymbol{\lambda}|^2$ 是一个非零整数, 右边各加项也是非负整数. 因为整数 a, b 满足

$$1 + a^2 + b^2 \equiv 0 \pmod{p},$$

所以 p 整除 $|\boldsymbol{\lambda}|^2$, 从而存在某个正整数 $k = k(\boldsymbol{\lambda})$, 使得

$$\lambda_1^2 + \lambda_2^2 + \lambda_3^2 + \lambda_4^2 = kp \quad (\text{当所有} \boldsymbol{\lambda} \in \Lambda \text{时}). \tag{2}$$

我们只需证明: 存在 $x, y, z, w \in \mathbb{Z}$, 使得 $k = 1$, 即知式 (1) 中给定的整数 $\lambda_1, \cdots, \lambda_4$ 即为所求.

(iii) 为此考虑 $\mathbb{R}^4$ 中的对称凸集 (4 维球体)

$$\mathscr{S}:\ x_1^2+x_2^2+x_3^2+x_4^2<2p,$$

其体积

$$V(\mathscr{S})=(\sqrt{2p})^4\frac{\pi^{4/2}}{\Gamma\left(\frac{4}{2}+1\right)}=2\pi^2p^2$$

$\big(\Gamma(z)$ 是伽马函数$\big)$. 因为 $\pi^2>8$, 所以 $V(\mathscr{S})>2^4d(\Lambda)$, 从而依定理 3.2.2, 存在非零的

$$\boldsymbol{\lambda}=x\boldsymbol{e}_1+y\boldsymbol{e}_2+z\boldsymbol{e}_3+w\boldsymbol{e}_4\in\Lambda$$

(其中 $x,y,z,w\in\mathbb{Z}$) 落在 $\mathscr{S}$ 中. 于是此组整数满足

$$\lambda_1^2+\lambda_2^2+\lambda_3^2+\lambda_4^2<2p. \tag{3}$$

由式 (2) 和式 (3) 立得 $k=1$. 于是定理得证. □

注 3.6.2 **1°** 上述定理 3.6.2 的证明也可重新叙述如下: 令

$$\Lambda=\{(\lambda_1,\lambda_2,\lambda_3,\lambda_4)\in\mathbb{Z}^4\,|\,\lambda_3\equiv a\lambda_1+b\lambda_2,\ \lambda_4\equiv b\lambda_1-a\lambda_2\,(\mathrm{mod}\ p)\},$$

那么由例 3.4.6 可推出不等式 (3). 又有

$$\begin{aligned}\lambda_1^2+\lambda_2^2+\lambda_3^2+\lambda_4^2&\equiv\lambda_1^2+\lambda_2^2+(a\lambda_1+b\lambda_2)^2+(b\lambda_1-a\lambda_2)^2\\&\equiv(\lambda_1^2+\lambda_2^2)(a^2+b^2+1)\equiv0\,(\mathrm{mod}\ p),\end{aligned}$$

可知 $\lambda_1^2+\lambda_2^2+\lambda_3^2+\lambda_4^2=p$.

2° 设

$$m=p_1\cdots p_s, \tag{4}$$

其中 $p_1,\cdots,p_s$ 是不同的奇素数. 如果定理 3.6.2 对 $n=m\big(m$ 如式 (4)$\big)$成立, 即存在整数 $\lambda_1,\lambda_2,\lambda_3,\lambda_4$, 使得

$$m=\lambda_1^2+\lambda_2^2+\lambda_3^2+\lambda_4^2,$$

那么当 $n=K^2m$ (即 n 有平方因子) 时,

$$K^2m=(K\lambda_1)^2+(K\lambda_2)^2+(K\lambda_3)^2+(K\lambda_4)^2;$$

以及当 $n=2\cdot K^2m$ 时,

$$2\cdot K^2m=(K\lambda_1+K\lambda_2)^2+(K\lambda_1-K\lambda_2)^2$$

$$+(K\lambda_3+K\lambda_4)^2+(K\lambda_3-K\lambda_4)^2.$$

于是实际上只需对式 (4) 形式的正整数 m 证明定理.

3° 对于 Euler 恒等式可作下列解释: 设

$$\alpha=e+f\mathrm{i}+g\mathrm{j}+h\mathrm{k},\quad \beta=r+s\mathrm{i}+t\mathrm{j}+u\mathrm{k}$$

是两个实四元数 (见文献 [2]), $N(\alpha)=e^2+f^2+g^2+h^2, N(\beta)=r^2+s^2+t^2+u^2$ 分别是 α,β 的范数, 那么 Euler 恒等式正是 $N(\alpha)N(\beta)=N(\alpha\beta)$.

证 2 不需要应用 Euler 恒等式. 如上所述, 可认为 n 有式 (4) 形式. 设 a_k,b_k 是整数, 由引理 3.6.3 确定, 即

$$a_k^2+b_k^2+1\equiv 0\,(\mathrm{mod}\ p_k)\quad (k=1,\cdots,s).\tag{5}$$

令 Λ 是整点 $\boldsymbol{u}=(u_1,u_2,u_3,u_4)$ 的集合, 对于每个 $k=1,\cdots,s$, 其坐标满足同余式

$$u_1\equiv a_ku_3+b_ku_4\,(\mathrm{mod}\ p_k),\quad u_2\equiv b_ku_3-a_ku_4\,(\mathrm{mod}\ p_k).\tag{6}$$

由引理 3.6.1 可知 Λ 是一个格, 其行列式

$$d(\Lambda)\leqslant p_1^2\cdots p_s^2=n^2.$$

考虑 4 维球体

$$x_1^2+x_2^2+x_3^2+x_4^2<2n,$$

其体积

$$\frac{1}{2}\pi^2(2n)^2>2^4n^2\geqslant 2^4d(\Lambda),$$

因此存在非零整点 $(\lambda_1,\lambda_2,\lambda_3,\lambda_4)\in\Lambda$, 满足

$$0<\lambda_1^2+\lambda_2^2+\lambda_3^2+\lambda_4^2<2n.\tag{7}$$

由式 (5) 和式 (6) 可推出对于每个 $k=1,\cdots,s$,

$$\lambda_1^2+\lambda_2^2+\lambda_3^2+\lambda_4^2\equiv(a_k^2+b_k^2+1)\lambda_3^2+(a_k^2+b_k^2+1)\lambda_4^2\equiv 0\,(\mathrm{mod}\ p_k),$$

所以

$$\lambda_1^2+\lambda_2^2+\lambda_3^2+\lambda_4^2\equiv 0\,(\mathrm{mod}\ n).$$

由此及式 (7) 立得 $\lambda_1^2+\lambda_2^2+\lambda_3^2+\lambda_4^2=n$. □

注 3.6.3 定理 3.6.1 和定理 3.6.2 的其他证明可见文献 [1](第十四章), [4] (6.7 节, 8.7 节), [39] 和 [44] 等.

Lagrange 还考虑用某些有理系数的三元二次型表示整数零的问题. 下面是其中一个特殊结果.

定理 3.6.3　记 $\boldsymbol{x}=(x_1,x_2,x_3)$. 设 $f(\boldsymbol{x})=a_1x_1^2+a_2x_2^2+a_3x_3^2$ 满足下列条件:

(i) a_1,a_2,a_3 是两两互素的无平方因子的整数.

(ii) 存在整数 A_1,A_2,A_3, 使得

$$a_1+A_3^2a_2\equiv 0\,(\bmod\ a_3),$$
$$a_2+A_1^2a_3\equiv 0\,(\bmod\ a_1),$$
$$a_3+A_2^2a_1\equiv 0\,(\bmod\ a_2).$$

(iii) 存在不全为偶数的整数 v_1,v_2,v_3, 使得

$$a_1v_1^2+a_2v_2^2+a_3v_3^2\equiv 0\,(\bmod\ 2^{2+\lambda}),$$

其中 $\lambda=1$(若 $a_1a_2a_3$ 是偶数) 或 $\lambda=0$(若 $a_1a_2a_3$ 是奇数).

那么存在 $\boldsymbol{u}=(u_1,u_2,u_3)\neq\boldsymbol{0}$, 使得 $f(\boldsymbol{u})=0$.

证　(i) 由所设条件, 可记

$$|a_1a_2a_3|=2^{\lambda}p_1\cdots p_s, \tag{8}$$

其中 $p_1,\cdots,p_s$ 是不同的奇素数, $\lambda=1$ 或 0. 我们来 (应用引理 3.6.1) 定义格 Λ.

设 p 表示 $p_1,\cdots,p_s$ 中任意一个. 由式 (8) 关于 a_i 的对称性, 不妨认为

$$a_3\equiv 0\,(\bmod\ p).$$

我们要求

$$u_2\equiv A_3u_1\,(\bmod\ p). \tag{9}$$

于是有 $\big($注意 $a_1+A_3^2a_2\equiv 0\,(\bmod\ a_3)$ 及 $a_3\equiv 0\,(\bmod\ p)\big)$

$$a_1u_1^2+a_2u_2^2+a_3u_3^2\equiv a_1u_1^2+a_2u_2^2\equiv (a_1+A_3^2a_2)u_1^2\equiv 0\,(\bmod\ p). \tag{10}$$

如果 $\lambda=0$, 那么条件 (iii) 成为

$$a_1v_1^2+a_2v_2^2+a_3v_3^2\equiv 0\,(\bmod\ 2^2), \tag{11}$$

并且 a_1,a_2,a_3 都是奇数. 因为对于任何整数 v, 都有 $v^2\equiv 0$ 或 $1\,(\bmod\ 2^2)$, 所以条件 (iii) 中, 数 v_1,v_2,v_3 中恰有一个偶数, 由对称性不妨认为 v_3 是偶数. 于是从式 (11) 推出

$$0\equiv a_1v_1^2+a_2v_2^2+a_3v_3^2\equiv a_1+a_2\,(\bmod\ 2^2). \tag{12}$$

我们要求

$$u_1 \equiv u_2 \,(\text{mod } 2), \quad u_3 \equiv 0 \,(\text{mod } 2), \tag{13}$$

于是由式 (12) 和式 (13) 得到

$$a_1u_1^2+a_2u_2^2+a_3u_3^2 \equiv a_1u_1^2+a_2u_2^2 \equiv 0 \,(\text{mod } 2^2). \tag{14}$$

如果 $\lambda=1$, 那么条件 (iii) 成为

$$a_1v_1^2+a_2v_2^2+a_3v_3^2 \equiv 0 \,(\text{mod } 2^3), \tag{15}$$

并且 a_1,a_2,a_3 中恰有一个偶数 (注意它们两两互素), 不妨设 a_3 是偶数, 从而由式 (15) 可知 $a_1v_1^2+a_2v_2^2$ 是偶数, 可见 v_1 和 v_2 或者同为偶数, 或者同为奇数. 若 v_1 和 v_2 同为偶数, 则

$$a_3v_3^2 \equiv -a_1v_1^2-a_2v_2^2 \,(\text{mod } 2^3),$$

从而 $2^2|a_3v_3^2$, 因此 v_3 是偶数, 即 v_1,v_2,v_3 全为偶数, 这与假设 (iii) 矛盾. 因此 v_1,v_2 同为奇数. 由此及式 (15), 并且注意对于奇数 $v, v^2\equiv 1 \,(\text{mod } 2^3)$, 我们推出

$$0 \equiv a_1v_1^2+a_2v_2^2+a_3v_3^2 \equiv a_1+a_2+a_3v_3^2 \,(\text{mod } 2^3). \tag{16}$$

我们要求

$$u_1 \equiv u_2 \,(\text{mod } 2^2), \quad u_3 \equiv v_3u_1 \,(\text{mod } 2), \tag{17}$$

于是由式 (16) 和式 (17) 得到

$$a_1u_1^2+a_2u_2^2+a_3u_3^2 \equiv 0 \,(\text{mod } 2^3). \tag{18}$$

综合上述讨论, 依引理 3.6.1, 由式 (9) 和式 (13)(当 $\lambda=0$ 时) 或式 (9) 和式 (17)(当 $\lambda=1$ 时) (其中 $p=p_1,\cdots,p_s$) 定义一个格 Λ, 其行列式

$$d(\Lambda) \leqslant 2^{2+\lambda}p_1\cdots p_s = 4|a_1a_2a_3|. \tag{19}$$

(ii) 从同余式 (10), (12)(当 $\lambda=0$ 时), (18)(当 $\lambda=1$ 时), 注意 $p_1,\cdots,p_s$ 是不同的奇素数, 我们得到

$$a_1u_1^2+a_2u_2^2+a_3u_3^2 \equiv 0 \,(\text{mod } 2^{2+\lambda}p_1\cdots p_s),$$

即

$$a_1u_1^2+a_2u_2^2+a_3u_3^2 \equiv 0 \,(\text{mod } 4|a_1a_2a_3|). \tag{20}$$

(iii) 考虑椭球

$$\mathscr{S}: |a_1|x_1^2+|a_2|x_2^2+|a_3|x_3^2 < 4|a_1a_2a_3|,$$

其体积

$$V(\mathscr{S})=\frac{\pi}{3}\cdot 2^3\cdot 4|a_1a_2a_3|>2^3d(\Lambda).$$

由定理 3.2.2 得知 $\mathscr{S}$ 中含有 Λ 的非零格点 $\boldsymbol{u}=(u_1,u_2,u_3)$, 即有

$$|a_1|u_1^2+|a_2|u_2^2+|a_3|u_3^2<4|a_1a_2a_3|,$$

于是

$$|a_1u_1^2+a_2u_2^2+a_3u_3^2|<4|a_1a_2a_3|.$$

由此及式 (20) 立得 $f(u_1,u_2,u_3)=0$. □

习 题 3

3.1 设整数 $m>1$, 证明: 对于任何与 m 互素的正整数 a, 存在不大于 $\sqrt{m}$ 的正整数 x 和 y, 使得 $ay\equiv \pm x \pmod{m}$ 之一成立.

3.2 设 $a_1,a_2,\cdots,a_n$ 是正实数, $m=a_1a_2\cdots a_n$ 是整数. 证明: 同余式

$$a_1x_1+a_2x_2+\cdots+a_nx_n\equiv 0 \pmod{m}$$

有一组非零解 $(x_1,x_2,\cdots,x_n)$ 满足 $|x_i|\leqslant a_i(i=1,2,\cdots,n)$.

3.3 (1) 设 Λ 是一个平面格, 其基本平行四边形的面积为 Δ. 若 $\mathscr{S}$ 是一个平面凸域, 关于 Λ 的某个格点 (中心) 对称, 并且面积大于 4Δ, 则 $\mathscr{S}$ 中至少含有两个 Λ 的格点.

(2) 设 Λ 是一个 3 维格, 其基本平行六面体的体积为 Δ. 若 $\mathscr{S}$ 是一个 3 维凸体, 关于 Λ 的某个格点 (中心) 对称, 并且体积大于 8Δ, 则 $\mathscr{S}$ 中至少含有两个 Λ 的格点.

(3) 将上述命题推广到一般 n 维的情形.

3.4 令

$$L=\{(x,y)\,|\,x-7y\equiv 0 \pmod{17}\}.$$

证明: 椭圆

$$x^2+2y^2=\frac{68\sqrt{2}}{3}$$

中含有一个属于 L 的非零点, 进而证明存在整数 x,y, 满足 $x^2+2y^2=17$.

3.5 设

$$y_i = \sum_{j=1}^{n} a_{ij} x_j \quad (i = 1, \cdots, n),$$

其中 $D = \det(a_{ij}) \neq 0$, 则存在非零整点 $(x_1, \cdots, x_n)$, 使得

$$\sum_{i=1}^{n} |y_i| \leqslant (n!|D|)^{1/n}.$$

3.6 (a) 设 $\psi(\boldsymbol{x})$ 是 n 变元 $\boldsymbol{x} = (x_1, \cdots, x_n)$ 的非负可积函数, Λ 是一个行列式为 $d(\Lambda)$ 的 n 维格, 令

$$\begin{aligned} V(\psi) &= \int_{\mathbb{R}^n} \psi(\boldsymbol{x}) \mathrm{d}\boldsymbol{x} \\ &= \int_{-\infty}^{\infty} \cdots \int_{-\infty}^{\infty} \psi(x_1, \cdots, x_n) \mathrm{d}x_1 \cdots \mathrm{d}x_n. \end{aligned}$$

证明: 存在点 $\boldsymbol{v}_0 \in \mathbb{R}^n$, 使得

$$d(\Lambda) \sum_{\boldsymbol{u} \in \Lambda} \psi(\boldsymbol{v}_0 + \boldsymbol{u}) \geqslant V(\psi).$$

(b) 设 $\mathscr{S}$ 是体积为 $V = V(\mathscr{S})$ 的点集. 在本题 (a) 小题中取 $\psi(\boldsymbol{x})$ 为 $\mathscr{S}$ 的特征函数:

$$\psi(\boldsymbol{x}) = \begin{cases} 1, & \text{当 } \boldsymbol{x} \in \mathscr{S} \text{ 时}, \\ 0, & \text{当 } \boldsymbol{x} \notin \mathscr{S} \text{ 时}, \end{cases}$$

由此推出定理 3.1.2 的第一种情形.

第 4 章　Minkowski-Hlawka 定理

本章讨论某些类型的点集何时不含某个格的非零格点的问题. 为此我们首先 (4.1 节) 引进点集的容许格和临界行列式等重要概念, 然后 (4.2 节) 对于某些点集讨论容许格的存在性, 特别证明了关于有界 (中心) 对称星形体的容许格存在性的 Minkowski-Hlawka 定理.

4.1　容许格与临界行列式

设 $\mathscr{S}$ 是 $\mathbb{R}^n$ 中的一个点集, Λ 是一个格. 如果 Λ 的任何非零点都不属于 $\mathscr{S}$(或者说, $\mathscr{S}$ 不含 Λ 的任何非零点), 则称 Λ 对于 $\mathscr{S}$ 是容许的, 或称 Λ 是 $\mathscr{S}$-容许格, 并且将

$$\Delta(\mathscr{S}) = \inf\{d(\Lambda) \,|\, \Lambda \text{ 是 } \mathscr{S}\text{-容许的}\} \tag{1}$$

称作点集 $\mathscr{S}$ 的临界行列式或 $\mathscr{S}$ 的格常数. 如果不存在任何 $\mathscr{S}$-容许格, 则称 $\mathscr{S}$ 是无限型点集, 并令 $\Delta(\mathscr{S}) = \infty$; 不然则称 $\mathscr{S}$ 是有限型点集, 此时 $0 \leqslant \Delta(\mathscr{S}) < \infty$. 如果 Λ 是 $\mathscr{S}$- 容许格, 并且其行列式 $d(\Lambda) = \Delta(\mathscr{S})$, 则将 Λ 称作临界格. 因此, 对于每个行列式 $d(\Lambda) < \Delta(\mathscr{S})$ 的格 Λ, 都有非零点落在 $\mathscr{S}$ 中; 并且存在行列式 $d(\Lambda)$ 与 $\Delta(\mathscr{S})$ 充分接近的格 Λ, 其任何非零点都不落在 $\mathscr{S}$ 中. 我们还可以"反过来"将 $\Delta(\mathscr{S})$ 理解为具有下列性质的数 Δ 中的最大者: 每个行列式 $d(\Lambda) < \Delta$ 的格 Λ 都有非零点落在 $\mathscr{S}$ 中.

由 Minkowski 第一凸体定理 (定理 3.2.2) 立得

引理 4.1.1 若 $\mathscr{S}$ 是 $\mathbb{R}^n$ 中的对称凸集, 其体积为 $V(\mathscr{S})$, 则其格常数

$$\Delta(\mathscr{S}) \geqslant 2^{-n}V(\mathscr{S}).$$

引理 4.1.2 设 $\mathbb{R}^n$ 中的点集 $\mathscr{S}$ 不是对称的或不是凸集. 但它外切于某个对称凸集 $\mathscr{T}$, 则其格常数

$$\Delta(\mathscr{S}) \geqslant \Delta(\mathscr{T}) \geqslant 2^{-n}V(\mathscr{T}).$$

证 依定义, 如果 $\mathscr{T}$ 是 $\mathscr{S}$ 的子集合, 那么每个 $\mathscr{S}$- 容许格也是 $\mathscr{T}$- 容许格, 从而 $\Delta(\mathscr{S}) \geqslant \Delta(\mathscr{T})$. 如果 $\mathscr{T}$ 是对称凸集, 则由引理 4.1.1 得到所要的不等式. □

引理 4.1.3 设 $\mathscr{S}$ 是 $\mathbb{R}^n$ 中的星形集, 存在常数 Δ_0 具有下列性质:

(i) 每个行列式 $d(\Lambda) = \Delta_0$ 的格 Λ 都有非零点在 $\mathscr{S}$ 内部或边界上.

(ii) 存在一个格 $\widetilde{\Lambda}$, 其行列式 $d(\widetilde{\Lambda}) = \Delta_0$, 并且它的任何非零点都不在 $\mathscr{S}$ 内部.

那么 $\Delta(\mathscr{S}) = \Delta_0$, 并且若 $\mathscr{S}$ 是开集, 则 $\Delta(\mathscr{S})$ 就是它的临界格.

证 (i) 设 M 是一个 $\mathscr{S}$- 容许格, 并且 $d(M) < \Delta_0$, 那么 $\mathscr{S}$ 不含格 M 的任何非零点. 显然存在实数 $\gamma > 1$ 满足 $\gamma^n d(M) = \Delta_0$, 也就是 $d(\gamma M) = \Delta_0$. 因为 γM 是由所有点 $\gamma \boldsymbol{x}(\boldsymbol{x} \in M)$ 组成的格, 依 M 的定义和 $\gamma > 1$ 可知, 任何非零点 $\gamma \boldsymbol{x}(\boldsymbol{x} \in M)$ 都不在 $\mathscr{S}$ 的内部或边界上, 这与性质 (i) 矛盾. 因此任何 $\mathscr{S}$- 容许格 Λ 必定满足 $d(M) \geqslant \Delta_0$, 从而由格常数的定义推出

$$\Delta(\mathscr{S}) \geqslant \Delta_0. \tag{2}$$

(ii) 另一方面, 设格 $\widetilde{\Lambda}$ 具有性质 (ii). 那么对于任何 $\varepsilon > 0$, 格 $(1+\varepsilon)\widetilde{\Lambda}$ 的任何非零点都不属于 $\mathscr{S}$(因为 $1+\varepsilon > 1$), 因此 $(1+\varepsilon)\widetilde{\Lambda}$ 是 $\mathscr{S}$- 容许格. 于是依格常数的定义有

$$\Delta(\mathscr{S}) \leqslant d\big((1+\varepsilon)\widetilde{\Lambda}\big).$$

因为 $d\big((1+\varepsilon)\widetilde{\Lambda}\big) = (1+\varepsilon)^n d(\widetilde{\Lambda}) = (1+\varepsilon)^n \Delta_0$, 所以

$$\Delta(\mathscr{S}) \leqslant (1+\varepsilon)^n \Delta_0.$$

令 $\varepsilon \to 0$, 得到

$$\Delta(\mathscr{S}) \leqslant \Delta_0.$$

由此及式 (2) 即得 $\Delta(\mathscr{S}) = \Delta_0$.

(iii) 如果还设 $\mathscr{S}$ 是开集, 那么性质 (ii) 表明 $\widetilde{\Lambda}$ 就是一个 $\mathscr{S}$- 容许格, 并且其行列式等于 $\Delta(\mathscr{S})$, 因而是临界格. □

例 4.1.1 对于圆盘

$$\mathscr{S}_0:\ x_1^2+x_2^2<1,$$

依引理 4.1.1 得到

$$\Delta(\mathscr{S}_0)\geqslant\frac{\pi}{4}=0.785\cdots.$$

在 7.7 节中我们将进一步研究这个点集, 确定它的临界格, 并且证明 $\Delta(\mathscr{S}_0)=\sqrt{3/4}=0.866\cdots$.

例 4.1.2 对于星形集

$$\mathscr{N}_n:\ |x_1\cdots x_n|<1,$$

由算术 - 几何平均不等式可知, 它含有对称凸集

$$\mathscr{T}_n:\ |x_1|+\cdots+|x_n|<n.$$

现在来计算 $\mathscr{T}_n$ 的体积 $V(\mathscr{T}_n)$. 为此我们令

$$I_n(h)=\int\cdots\int_{D_n(h)}\mathrm{d}x_1\cdots\mathrm{d}x_n,$$

其中

$$D_n(h):\ x_1+\cdots+x_n<h, x_1\geqslant 0,\cdots,x_n\geqslant 0.$$

令 $x_i=h\xi_i\,(i=1,\cdots,n)$, 可知积分

$$\begin{aligned}I_n(h)&=\int_0^h\mathrm{d}x_1\int_0^{h-x_1}\mathrm{d}x_2\cdots\int_0^{h-x_1-\cdots-x_{n-1}}\mathrm{d}x_n\\&=h^n\int_0^1\mathrm{d}\xi_1\int_0^{1-\xi_1}\mathrm{d}\xi_2\cdots\int_0^{1-\xi_1-\cdots-\xi_{n-1}}\mathrm{d}\xi_n\\&=h^n\int\cdots\int_{D_n(1)}\mathrm{d}x_1\cdots\mathrm{d}x_n.\end{aligned}$$

于是得到关系式

$$I_n(h)=h^nI_n(1).\tag{3}$$

另一方面, 因为

$$\begin{aligned}I_n(1)&=\int\cdots\int_{D_n(1)}\mathrm{d}x_1\cdots\mathrm{d}x_n\\&=\int_0^1\mathrm{d}x_n\int_0^{1-x_n}\mathrm{d}x_{n-1}\cdots\int_0^{(1-x_n)-x_{n-1}-\cdots-x_2}\mathrm{d}x_1\\&=\int_0^1\left(\int\cdots\int_{D_{n-1}(1-x_n)}\mathrm{d}x_1\cdots\mathrm{d}x_{n-1}\right)\mathrm{d}x_n\end{aligned}$$

$$= \int_0^1 I_{n-1}(1-x_n)\mathrm{d}x_n,$$

所以应用式 (3), 我们得到递推关系

$$I_n(1) = \int_0^1 (1-x_n)^{n-1} I_{n-1}(1)\mathrm{d}x_n = \frac{1}{n} I_{n-1}(1) \quad (n \geqslant 1).$$

注意 $I_1(1) = 1$, 所以

$$I_n(1) = \frac{1}{n!},$$

从而

$$I_n(h) = \frac{h^n}{n!}. \tag{4}$$

因为 $|x_1| + \cdots + |x_n| < n$ 等价于 $\pm x_1 \pm \cdots \pm x_n < n$, 所以由积分区域的对称性可知

$$V(\mathscr{T}_n) = 2^n \int_{D_n(n)} \cdots \int \mathrm{d}x_1 \cdots \mathrm{d}x_n = 2^n I_n(n),$$

由此及式 (4) 得到

$$V(\mathscr{T}_n) = 2^n \cdot \frac{n^n}{n!}.$$

最后, 由引理 4.1.2 得到下界估计:

$$\Delta(\mathscr{N}_n) \geqslant \frac{n^n}{n!}. \tag{5}$$

本例中的点集 $\mathscr{N}_n$ 在代数数域的判别式的估计问题中起着重要作用 (参见文献 [53] 第 4 节). 记

$$\Delta(\mathscr{N}_n) = \nu_n^n.$$

由不等式 (5) 可推出

$$\varliminf_{n\to\infty} \nu_n \geqslant \mathrm{e} = 2.71828\cdots.$$

H. F. Blichfeldt[25](还可参见文献 [29] 第 9 章第 8 节) 证明了

$$\varliminf_{n\to\infty} \nu_n \geqslant \sqrt{2\pi}\mathrm{e}^{3/4} = 5.30653\cdots.$$

C. A. Rogers[101] 将此估计改进为

$$\varliminf_{n\to\infty} \nu_n \geqslant \frac{4}{\pi}\mathrm{e}^{3/2} = 5.70626\cdots.$$

至于 ν_n 的精确值, 由定理 7.8.1 和引理 7.1.1 可推出

$$\nu_2 = \sqrt[4]{5},$$

L. J. Mordell[88,89] 证明了 $\nu_3 = \sqrt[3]{7}$. 此外, P. Noordzij[94] 证明了

$$\sqrt[8]{500} \leqslant \nu_4 \leqslant \sqrt[8]{725}.$$

我们有理由猜测 $\overline{\lim\limits_{n\to\infty}}\, \nu_n = \infty$.

注 4.1.1　**1°** 临界格的概念是 H. Minkowski[85,87] 引进的. K. Mahler[73] 发展了 Minkowski 的思想, 建立了格的列紧性理论 (参见本书第 6 章), 并系统地研究了临界格. 特别地, K. Mahler[77] 还考虑了对于任意集合的容许格.

2° 注意, 在本节中我们给出的临界行列式 (格常数) 概念与 K. Mahler[74] 的原始定义并不完全一致. K. Mahler 的结果通常只涉及闭集 $\mathscr{S}$. 按 Mahler 的定义, 如果 Λ 的任何非零点都不是 $\mathscr{S}$ 的内点 (也就是说, $\mathscr{S}$ 除边界 $\partial\mathscr{S}$ 外不含 Λ 的任何非零点), 则称 Λ 是 $\mathscr{S}$- 容许格; 如果 Λ 的任何非零点都不属于 $\mathscr{S}$(即 $\mathscr{S}$ 不含 Λ 的任何非零点), 则称 Λ 是严格 $\mathscr{S}$- 容许格. 因此, 对于闭集 $\mathscr{S}$, 如果按本节定义 Λ 是 $\mathscr{S}^{(0)}$- 容许格 (此处 $\mathscr{S}^{(0)} = \mathscr{S} \setminus \partial\mathscr{S}$), 则 Λ 就是 Mahler 定义的 $\mathscr{S}$- 容许格; 如果按本节定义 Λ 是 $\mathscr{S}$- 容许格, 则 Λ 就是 Mahler 定义的严格 $\mathscr{S}$- 容许格. 对于格常数 (临界行列式) 的定义, 还可参见文献 [103]. 与格常数有关的进一步结果可参见文献 [49].

4.2　Minkowski-Hlawka 定理

Minkowski 第一凸体定理关注的是 $\mathbb{R}^n$ 中的对称凸集 $\mathscr{S}$ 含有 Λ 的非零格点的情形, 也就是找出数 Δ_0, 使得每个 $d(\Lambda) < \Delta_0$ 的格 Λ 一定有非零格点位于 $\mathscr{S}$ 中. 依格常数的定义, 有 $\Delta(\mathscr{S}) \geqslant \Delta_0$. 这涉及 $\mathscr{S}$ 的格常数 $\Delta(\mathscr{S})$ 的下界估计问题. 由引理 4.1.1, 若 $\mathscr{S}$ 是 $\mathbb{R}^n$ 中体积为 $V(\mathscr{S})$ 的对称凸集, 则

$$\Delta(\mathscr{S}) \geqslant 2^{-n} V(\mathscr{S}), \quad 或 \quad \frac{\Delta(\mathscr{S})}{V(\mathscr{S})} \geqslant 2^{-n}.$$

现在我们考虑 $\Delta(\mathscr{S})$(或比值 $\Delta(\mathscr{S})/V(\mathscr{S})$) 的上界估计问题, 即要求出数 Δ_1, 使得一定存在 $d(\Lambda) = \Delta_1$ 的格 Λ 是 $\mathscr{S}$- 容许的 (即 Λ 任何非零格点都不在 $\mathscr{S}$ 中). 于是依格常数的定义, 有 $\Delta(\mathscr{S}) \leqslant \Delta_1$. H. Minkowski 猜测: 若 $\mathscr{S}$ 是有界星形体, 其体积

$$V(\mathscr{S}) < 2\zeta(n) = 2\sum_{k=1}^{\infty} \frac{1}{k^n}, \quad 或 \quad 1 > \frac{V(\mathscr{S})}{2\zeta(n)},$$

则存在行列式 $d(\Lambda)=1$ 的 $\mathscr{S}$- 容许格 Λ. 1944 年, E. Hlawka[57] 证明了:

定理 4.2.1 设 $\mathscr{S}$ 是任意 n 维有界点集, $V(\mathscr{S})$ 是其 Jordan 体积. 若 $\Delta_1>V(\mathscr{S})$, 则存在行列式 $d(M)=\Delta_1$ 的 $\mathscr{S}$- 容许格 M.

定理 4.2.2 设 $\mathscr{S}$ 是体积为 $V(\mathscr{S})$ 的 n 维有界 (中心) 对称星形体. 若

$$V(\mathscr{S})<2\zeta(n)\Delta_1,$$

则存在 $d(M)=\Delta_1$ 的 $\mathscr{S}$- 容许格 M.

注 4.2.1 **1°** 若 $\mathscr{S}$ 的特征函数是 Riemann 可积的, 则 $\mathscr{S}$ 有 Jordan 意义下的体积 (简称 Jordan 体积), 并且它的特征函数在全空间上的积分就是其 Jordan 体积.

2° 将定理 4.2.2 中的条件 $V(\mathscr{S})<2\zeta(n)\Delta_1$ 改写为

$$\Delta_1>\frac{V(\mathscr{S})}{2\zeta(n)},$$

可见定理 4.2.2 是 Minkowski 的猜想的扩充, 并且证实了 Minkowski 的猜想. 通常称它为 Minkowski-Hlawka 定理. 由此及 $\Delta(\mathscr{S})$ 的定义还可推出: 对于有界 (中心) 对称星形体, 有

$$\Delta(\mathscr{S})\leqslant\frac{V(\mathscr{S})}{2\zeta(n)},\quad \text{或}\quad \frac{\Delta(\mathscr{S})}{V(\mathscr{S})}\leqslant\frac{1}{2\zeta(n)}.$$

可以证明这个估计对于无界 (中心) 对称星形体也成立 (参见文献 [29] 第 6 章第 6 节).

下面是 C. A. Rogers[99,102] 给出的上述两个定理的证明 (而非 Hlawka 的原证). 首先给出:

引理 4.2.1 设 p 是一个素数, Λ 是一个 n 维格. 还设 $k_1,\cdots,k_R$ 是实数, $\boldsymbol{a}_1,\cdots,\boldsymbol{a}_R$ 是 Λ 中的任意点, 它们不可表示为 $p\boldsymbol{a}\,(\boldsymbol{a}\in\Lambda)$ 的形式. 那么存在格 Λ 的指标为 p 的子格 M, 满足不等式

$$\sum_{\boldsymbol{a}_r\in M}k_r\leqslant\frac{p^{n-1}-1}{p^n-1}\sum_{r=1}^{R}k_r. \tag{1}$$

证 (i) 设 $\boldsymbol{b}_1,\cdots,\boldsymbol{b}_n$ 是格 Λ 的基, 取整数 $c_1,\cdots,c_n$ 满足条件

$$0\leqslant c_j<p\quad (j=1,\cdots,n),\quad (c_1,\cdots,c_n)\neq(0,\cdots,0). \tag{2}$$

定义集合

$$M(c_1,\cdots,c_n)=\{u_1\boldsymbol{b}_1+\cdots+u_n\boldsymbol{b}_n\,|\,u_1c_1+\cdots+u_nc_n\equiv 0\ (\mathrm{mod}\ p)\},$$

那么容易验证 $M(c_1,\cdots,c_n)$ 是 Λ 的子格 (应用定理 3.5.1). 我们来证明这个子格在 Λ 中的指标等于 p. 为此我们将 Λ 中满足

$$u_1c_1+\cdots+u_nc_n\equiv l\,(\mathrm{mod}\ p)$$

的点 $u_1\boldsymbol{b}_1+\cdots+u_n\boldsymbol{b}_n$ 归为一个集合, 其中 $l=0,1,\cdots,p-1$. 显然 $l=0$ 给出 $M(c_1,\cdots,c_n)$; 同一集合中任意两点之差属于 $M(c_1,\cdots,c_n)$, 任何两个不同集合中两点之差不属于 $M(c_1,\cdots,c_n)$. 因此这 p 个集合就是 Λ 关于 $M(c_1,\cdots,c_n)$ 的全部同余类, 从而由定理 2.4.1 推出所要的结论.

(ii) 因为满足条件 (2) 的 $(c_1,\cdots,c_n)$ 共有 p^n-1 个, 所以我们得到 Λ 的 p^n-1 个不同的形式为 $M(c_1,\cdots,c_n)$ 的子格. 我们证明: 每个点 $\boldsymbol{a}_r$ 恰属于其中 $p^{n-1}-1$ 个格. 事实上, 我们将 $\boldsymbol{a}_r$ 表示为

$$\boldsymbol{a}_r=v_{r1}\boldsymbol{b}_1+\cdots+v_{rn}\boldsymbol{b}_n,$$

其中 $v_{rk}\in\mathbb{Z}(k=1,\cdots,n)$ 不能全部被 p 整除. 不妨认为 $p\nmid v_{r1}$. $\boldsymbol{a}_r\in M(c_1,\cdots,c_n)$ 等价于

$$v_{r1}c_1+\cdots+v_{rn}c_n\equiv 0\,(\mathrm{mod}\ p). \tag{3}$$

对于每组给定的 $c_2,\cdots,c_n\in\{0,1,\cdots,p-1\}$, 式 (3) 唯一地确定 c_1; 但不能取 $c_2=\cdots=c_n=0$, 因为此时由式 (3) 给出 $c_1=0$, 这与式 (2) 中第二式矛盾. 于是满足 $\boldsymbol{a}_r\in M(c_1,\cdots,c_n)$ 的不同 $(c_1,\cdots,c_n)$ 只有 $p^{n-1}-1$ 组, 从而上述论断得证.

(iii) 将上述 p^n-1 个子格 $M(c_1,\cdots,c_n)$ 编号为

$$M_1,\cdots,M_{p^n-1},$$

那么由步骤 (ii) 推出

$$\sum_{j=1}^{p^n-1}\sum_{r:\boldsymbol{a}_r\in M_j}k_r=(p^{n-1}-1)\sum_{r=1}^{R}k_r.$$

左边对 j 求和, 其中至少有一个加项不超过总和的平均值, 于是对于对应的 M_j (记作 $\widetilde{M}$) 有

$$\begin{aligned}\sum_{r:\boldsymbol{a}_r\in\widetilde{M}}k_r&\leqslant\frac{1}{p^n-1}\left(\sum_{j=1}^{p^n-1}\sum_{r:\boldsymbol{a}_r\in M_j}k_r\right)\\&=\frac{1}{p^n-1}\cdot(p^{n-1}-1)\sum_{r=1}^{R}k_r=\frac{p^{n-1}-1}{p^n-1}\sum_{r=1}^{R}k_r,\end{aligned}$$

并且 $\widetilde{M}$ 在 $\varLambda$ 中的指标为 p, 于是不等式 (1) 得证. □

引理 4.2.2 设 $f(\boldsymbol{x})$ 是变量 $\boldsymbol{x}=(x_1,\cdots,x_n)$ 的 Riemann 可积函数, 并且在某个有界集外等于零. 还设给定 $\varDelta_1>0$ 和 $\varepsilon>0$. 那么存在行列式为 $\varDelta_1$ 的格 M 满足

$$\varDelta_1\sum_{\substack{\boldsymbol{a}\in M\\ \boldsymbol{a}\neq\boldsymbol{0}}}f(\boldsymbol{a})<\int f(\boldsymbol{x})\mathrm{d}\boldsymbol{x}+\varepsilon, \tag{4}$$

其中 $\mathrm{d}\boldsymbol{x}=\mathrm{d}x_1\cdots\mathrm{d}x_n$.

证 (i) 不妨认为 (取 S 足够大) 在 n 维方体

$$G_n(S):\ \max_j|x_j|\leqslant S$$

外 $f(\boldsymbol{x})$ 为零. 设 p 为素数, 由方程

$$p\eta^n=\varDelta_1 \tag{5}$$

确定 $\eta>0$. 于是 $p\eta=p^{1-(1/n)}\varDelta_1^{1/n}$, 从而可取 p 足够大, 使得

$$p\eta>S. \tag{6}$$

定义格 $\varLambda=\eta\varLambda_0=\eta\mathbb{Z}^n$. 那么 $d(\varLambda)=\eta^n$.

(ii) 由 $f(\boldsymbol{x})$ 的性质, 若 $\varLambda$ 的非零格点 $\boldsymbol{a}$ 满足 $f(\boldsymbol{a})\neq0$, 则 $\boldsymbol{a}\in G_n(S)$, 因此这种点个数有限, 从而 $\sum\limits_{\substack{\boldsymbol{a}\in\varLambda\\ \boldsymbol{a}\neq\boldsymbol{0}}}f(\boldsymbol{a})$ 是有限的. 于是由 Riemann 积分的定义, 当 η 足够小(依式 (5), 即素数 p 充分大)时, 有

$$\eta^n\sum_{\substack{\boldsymbol{a}\in\varLambda\\ \boldsymbol{a}\neq\boldsymbol{0}}}f(\boldsymbol{a})<\int f(\boldsymbol{x})\mathrm{d}\boldsymbol{x}+\varepsilon. \tag{7}$$

又由式 (6) 可知:$\varLambda$ 的满足 $f(\boldsymbol{a})\neq0$ 的非零格点不可能表示为 $\boldsymbol{a}=p\boldsymbol{b},\boldsymbol{b}\in\varLambda$. 于是可应用引理 4.2.1, 其中点 $\boldsymbol{a}_1,\cdots,\boldsymbol{a}_R$ 是 $\varLambda$ 的所有满足 $f(\boldsymbol{a})\neq0$ 的非零格点, 并且取 $k_r=f(\boldsymbol{a}_r)$. 因此存在 $\varLambda$ 的指标为 p 的子格 M, 使得

$$\sum_{\substack{\boldsymbol{a}\in M\\ \boldsymbol{a}\neq\boldsymbol{0}}}f(\boldsymbol{a})\leqslant\frac{p^{n-1}-1}{p^n-1}\sum_{r=1}^{R}f(\boldsymbol{a}_r)=\frac{p^{n-1}-1}{p^n-1}\sum_{\substack{\boldsymbol{a}\in\varLambda\\ \boldsymbol{a}\neq\boldsymbol{0}}}f(\boldsymbol{a}). \tag{8}$$

由此及式 (7) 推出

$$p\eta^n\sum_{\substack{\boldsymbol{a}\in M\\ \boldsymbol{a}\neq\boldsymbol{0}}}f(\boldsymbol{a})\leqslant\frac{p^n-p}{p^n-1}\cdot\eta^n\sum_{\substack{\boldsymbol{a}\in\varLambda\\ \boldsymbol{a}\neq\boldsymbol{0}}}f(\boldsymbol{a})$$

$$\leqslant \frac{p^n-p}{p^n-1}\left(\int f(\boldsymbol{x})\mathrm{d}\boldsymbol{x}+\varepsilon\right)$$
$$<\int f(\boldsymbol{x})\mathrm{d}\boldsymbol{x}+\varepsilon.$$

此外, 由指标的定义及式 (5) 可知子格 M 有行列式

$$d(M)=pd(\Lambda)=p\eta^n=\Delta_1.$$

于是不等式 (4) 获证. □

引理 4.2.3 设 $f(\boldsymbol{x}),\Delta_1,\varepsilon$ 如引理 4.2.2 所述, 那么存在格 M, 其行列式 $d(M)=\Delta_1$, 并且

$$\zeta(n)\Delta_1\sum_{\boldsymbol{a}\in M}{}^{*}f(\boldsymbol{a})<\int f(\boldsymbol{x})\mathrm{d}\boldsymbol{x}+\varepsilon,$$

其中 $\sum^*$ 表示只对本原格点求和.

证 证法与引理 4.2.2 类似, 并且保留那里的记号.

(i) 注意, 若格 Γ 的点 $\boldsymbol{a}$ 不能表示为 $\boldsymbol{a}=k\boldsymbol{b}$ 的形式, 其中 $k>1$ 是整数, $\boldsymbol{b}\in\Gamma$, 则 $\boldsymbol{a}$ 称作 Γ 的本原格点. 显然, 在引理 4.2.2 的证明中, $G_n(S)$ 中的点 $\boldsymbol{a}\in M$ 是 M 的本原格点, 当且仅当它是 Λ 的本原格点. 因此我们首先证明

$$\lim_{\eta\to 0}\eta^n\sum_{\boldsymbol{a}\in\Lambda}{}^{*}f(\boldsymbol{a})=(\zeta(n))^{-1}\int f(\boldsymbol{x})\mathrm{d}\boldsymbol{x}.\tag{9}$$

事实上, 我们有

$$\sum_{\substack{\boldsymbol{a}\in\Lambda\\ \boldsymbol{a}\neq\boldsymbol{0}}}f(\boldsymbol{a})=\sum_{r=1}^{\infty}\sum_{\boldsymbol{a}\in\Lambda}{}^{*}f(r\boldsymbol{a}),$$

于是由 Möbius 反演公式 (见文献 [55], Th.270) 推出

$$\sum_{\boldsymbol{a}\in\Lambda}{}^{*}f(\boldsymbol{a})=\sum_{r}\mu(r)\sum_{\substack{\boldsymbol{a}\in\Lambda\\ \boldsymbol{a}\neq\boldsymbol{0}}}f(r\boldsymbol{a}).\tag{10}$$

注意 (记 $\eta_r=r\eta$)

$$\eta^n\sum_{\substack{\boldsymbol{a}\in\Lambda\\ \boldsymbol{a}\neq\boldsymbol{0}}}f(r\boldsymbol{a})=\eta^n\sum_{\substack{\boldsymbol{u}\in\mathbb{Z}^n\\ \boldsymbol{u}\neq\boldsymbol{0}}}f(r\eta\boldsymbol{u})=\frac{\eta_r^n}{r^n}\sum_{\substack{\boldsymbol{u}\in\mathbb{Z}^n\\ \boldsymbol{u}\neq\boldsymbol{0}}}f(\eta_r\boldsymbol{u}),$$

并且对任何 $t>0$, 令

$$H(t)=t^n\sum_{\substack{\boldsymbol{u}\in\mathbb{Z}^n\\ \boldsymbol{u}\neq\boldsymbol{0}}}f(t\boldsymbol{u}),$$

那么由式 (10) 得到

$$\eta^n \sum_{\boldsymbol{a}\in\Lambda}{}^{*} f(\boldsymbol{a}) = \sum_{r=1}^{\infty} \frac{\mu(r)}{r^n} H(\eta_r). \tag{11}$$

由 $f(\boldsymbol{x})$ 的性质可知 $H(\eta_r)$ 对所有 r 有界, 从而推出上式右边级数关于 η_r 一致收敛. 此外, 对每个 r 都有

$$\lim_{\eta\to 0} H(\eta_r) = \int f(\boldsymbol{x})\mathrm{d}\boldsymbol{x}.$$

于是由式 (11) 得到

$$\lim_{\eta\to 0} \eta^n \sum_{\boldsymbol{a}\in\Lambda}{}^{*} f(\boldsymbol{a}) = \left(\sum_{r=1}^{\infty} \frac{\mu(r)}{r^n}\right) \int f(\boldsymbol{x})\mathrm{d}\boldsymbol{x} = (\zeta(n))^{-1} \int f(\boldsymbol{x})\mathrm{d}\boldsymbol{x}.$$

即式 (9) 成立.

由式 (9), 当 η 充分小 (即 p 充分大) 时, 有

$$\eta^n \sum_{\boldsymbol{a}\in\Lambda}{}^{*} f(\boldsymbol{a}) < (\zeta(n))^{-1} \left(\int f(\boldsymbol{x})\mathrm{d}\boldsymbol{x} + \varepsilon\right)$$

(此式类似于式 (7)).

(ii) 应用引理 4.2.1, 其中 $\boldsymbol{a}_j$ 是 Λ 的全部满足 $f(\boldsymbol{a}_j) \neq 0$ 的本原格点, $k_j = f(\boldsymbol{a}_j)$. 则存在行列式为 p 的子格 M 满足

$$\sum_{\boldsymbol{a}\in M}{}^{*} f(\boldsymbol{a}) \leqslant \frac{p^{n-1}-1}{p^n-1} \sum_r f(\boldsymbol{a}_r) = \frac{p^{n-1}-1}{p^n-1} \sum_{\boldsymbol{a}\in\Lambda}{}^{*} f(\boldsymbol{a})$$

(此式类似于式 (8)).

证明的其余部分同引理 4.2.2 之证. □

定理 4.2.1 之证 取 $f(\boldsymbol{x})$ 为 $\mathscr{S}$ 的特征函数. 因为 $\Delta_1 > V(\mathscr{S})$, 所以还可取 $\varepsilon > 0$ 满足

$$\Delta_1 > V(\mathscr{S}) + \varepsilon.$$

于是引理 4.2.2 确定的格 M(其行列式为 Δ_1) 位于 $\mathscr{S}$ 中的非零格点的个数为

$$\sum_{\substack{\boldsymbol{a}\in M\\ \boldsymbol{a}\neq\boldsymbol{0}}} f(\boldsymbol{a}) < \Delta_1^{-1}\left(\int f(\boldsymbol{x})\mathrm{d}\boldsymbol{x} + \varepsilon\right) = \Delta_1^{-1}(V(\mathscr{S}) + \varepsilon) < 1.$$

因为左边是整数, 所以其值等于零, 从而 M 是 $\mathscr{S}$- 容许的. □

定理 4.2.2 之证 类似地, 取 $f(\boldsymbol{x})$ 为 $\mathscr{S}$ 的特征函数, 取 $\varepsilon > 0$ 满足

$$\Delta_1 > (2\zeta(n))^{-1}(V(\mathscr{S}) + \varepsilon).$$

对于引理 4.2.3 确定行列式为 Δ_1 的格 M, 有

$$\sum_{\boldsymbol{a}\in M}{}^{*} f(\boldsymbol{a}) < \zeta(n)^{-1}\Delta_1^{-1}\left(\int f(\boldsymbol{x})\mathrm{d}\boldsymbol{x}+\varepsilon\right)$$
$$= \zeta(n)^{-1}\Delta_1^{-1}(V(\mathscr{S})+\varepsilon) < 2.$$

因为 $\mathscr{S}$ 中心对称, 所以左边求和时格点成对出现, 因此左边的和 (点的个数) 是偶数, 故等于零, 即 $\mathscr{S}$ 不含 M 的本原格点. 若 $\mathscr{S}$ 含 M 的某个非零格点, 则必是非本原格点, 设为 $k\boldsymbol{b}$, 其中 $k>1$ 是整数, $\boldsymbol{b}\in M$. 因为 $\mathscr{S}$ 是星形体, $k^{-1}<1$, 所以 $\boldsymbol{b}=k^{-1}(k\boldsymbol{b})\in\mathscr{S}$. 于是 $\boldsymbol{b}$ 仍然是 M 的非本原格点. 继续上述推理有限次, 将得到 M 的某个本原格点属于 $\mathscr{S}$, 于是得到矛盾. 因此 $\mathscr{S}$ 不含 M 的任何非零格点, 即 M 是 $\mathscr{S}$- 容许的. □

注 4.2.2 W. M. Scmidt[110,111] 等改进了 Minkowski-Hlawka 定理.

习　题　4

4.1 设平面区域 $\mathscr{S}$ 由下列 4 条直线围成:

$$|x|=1,\quad y=-1,\quad y-x=\sqrt{2},$$

则其格常数 $\Delta(\mathscr{S})\geqslant \pi/4$.

4.2 设 2 维点集 $\mathscr{S}$ 由下列不等式组定义:

$$x^2+y^2<3,\quad y<1,$$

则其格常数 $\Delta(\mathscr{S})\geqslant \sqrt{3}\pi/4$.

4.3 设 $\mathscr{S}$ 是 n 维对称凸体, Λ 是一个 n 维格. 证明: 若 $\mathscr{S}$ 不含 Λ 的任何本原格点, 则格 Λ 是 $\mathscr{S}$- 容许的.

4.4 设 p 是一个素数, Λ 是一个 n 维格, 点 $\boldsymbol{a}_1,\cdots,\boldsymbol{a}_p\in\Lambda$, 它们不可表示为 $p\boldsymbol{a}\,(\boldsymbol{a}\in\Lambda)$ 的形式. 那么存在格 Λ 的指标为 p 的子格 M, 使得所有点 $\boldsymbol{a}_1,\cdots,\boldsymbol{a}_p\notin M$, 但 $p\boldsymbol{a}_1,\cdots,p\boldsymbol{a}_p\in M$. 此外, 若点数换成 $p+1$, 则上述结论不成立.

4.5 设 $\mathscr{S}$ 是 n 维对称凸体, Jordan 体积是 $V(\mathscr{S})$, 实数 Δ_1 满足

$$3\zeta(n)\Delta_1>(1+2^{n-1})V(\mathscr{S}).$$

证明: 存在行列式是 Δ_1 的 $\mathscr{S}$- 容许格 Λ.

4.6 设 $\mathscr{S}$ 是 n 维对称凸体, Jordan 体积是 $V(\mathscr{S})$, 实数 Δ_1 满足

$$3\zeta(n)\Delta_1 > (1+2^{1-n})V(\mathscr{S}).$$

证明: 存在行列式是 Δ_1 的 $\mathscr{S}$- 容许格 Λ.

4.7 设 $n>1, \chi(\boldsymbol{x})=\chi(x_1,\cdots,x_n)$ 是在某个有界区域外值为零的连续函数. 对于实数 ρ, 令

$$V(\rho)=\int_{-\infty}^{\infty}\cdots\int_{-\infty}^{\infty}\chi(x_1,\cdots,x_{n-1},\rho)\mathrm{d}x_1\cdots\mathrm{d}x_{n-1}.$$

还设 Λ 是线性子空间 $x_n=0$ 中的一个 $n-1$ 维格, 其行列式为 $d(\Lambda)$. 证明: 对于任意给定的实数 $\alpha>0$, 存在点 $\boldsymbol{z}=(z_1,\cdots,z_{n-1},\alpha)\in\mathbb{R}^n$, 使得由点 $\boldsymbol{z}$ 和 Λ 生成的格 $\Lambda_{\boldsymbol{z}}=\{a\boldsymbol{\lambda}+b\boldsymbol{z}\,|\,a,b\in\mathbb{Z},\boldsymbol{\lambda}\in\Lambda\}$ 满足不等式

$$\sum_{\substack{\boldsymbol{x}\in\Lambda_{\boldsymbol{z}}\\ x_n\neq 0}}\chi(\boldsymbol{x})\leqslant\frac{1}{d(\Lambda)}\sum_{j\neq 0}V(j\alpha).$$

第 5 章　Minkowski 第二凸体定理

Minkowski 凸体定理是数的几何的基本结果. 第 3 章的 Minkowski 第一凸体定理给出了凸体中非零整点 (或一般的格点) 的存在性. 本章主题即 Minkowski 第二凸体定理, 讨论了这些非零整点 (或一般的格点) 间的相互关系, 即它们的线性无关性. 定理的证明比较复杂, 需要一些预备知识. 全章含 9 节. 前 5 节是作为本章中心主题的预备知识而设计的, 但就其本身而言, 也具有一定的独立意义, 其中前 3 节给出距离函数的概念和基本性质, 以及距离函数与星形体、(一般) 凸体和格之间的基本关系, 这些结果未必在后文都会用到. 5.4 节引进商空间 $\mathbb{R}^n/\Lambda$ (其中 Λ 是任意 n 维格) 的概念, 着重讨论了与其上的测度有关的一些基本结果. 5.5 节定义格对于距离函数的相继极小. 5.6, 5.7 两节在前面各项预备知识的基础上叙述并证明 Minkowski 第二凸体定理, 其中包括它的常用形式, 即格 Λ 取作 $\mathbb{Z}^n$ 的情形. 最后两节是相继极小概念到对偶凸集和复合体情形的扩充, 以及 Schmidt 和 Summerer 的"参数数的几何"的简介.

5.1　距离函数

若 $F(\boldsymbol{x})$ 是实变量 $\boldsymbol{x}=(x_1,\cdots,x_n)$ 的函数, 且具有下列性质:

(i) 非负, 即对于所有 $\boldsymbol{x}, F(\boldsymbol{x})\geqslant 0$;

(ii) 在 $\mathbb{R}^n$ 上连续;

(iii) 齐性, 即对于任何 $t\geqslant 0$, 有

$$F(t\boldsymbol{x})=tF(\boldsymbol{x})\quad (\text{对所有 } \boldsymbol{x}),$$

则称 $F(\boldsymbol{x})$ 是 $\boldsymbol{x}$ 的距离函数 (也称度规函数).

对于距离函数 $F(\boldsymbol{x})$, 定义集合

$$\mathscr{S}=\{\boldsymbol{x}\in\mathbb{R}^n\,|\,F(\boldsymbol{x})<1\}.$$

由 $F(\boldsymbol{x})$ 的齐性可知 $F(\mathbf{0})=F(0\boldsymbol{x})=0\cdot F(\boldsymbol{x})=0<1$, 所以坐标原点 O 是 $\mathscr{S}$ 的内点. 若 $\boldsymbol{x}_0$ 是 $\mathscr{S}$ 的内点, 并且 $F(\boldsymbol{x}_0)=0$, 那么对于任何 $t\geqslant 0, F(t\boldsymbol{x}_0)=t\cdot F(\boldsymbol{x}_0)=0<1$, 因而从 O 出发经过点 $\boldsymbol{x}_0$ 的射线 l 整个在 $\mathscr{S}$ 中. 若 $F(\boldsymbol{x}_0)\neq 0$, 令 $t_0=1/F(\boldsymbol{x}_0)$, 那么当 $0\leqslant t<t_0$ 时, $F(t\boldsymbol{x}_0)=tF(\boldsymbol{x}_0)<t_0F(\boldsymbol{x}_0)=1$, 从而 $t\boldsymbol{x}_0$ 是 $\mathscr{S}$ 的内点; 类似地, 当 $t>t_0$ 时, 点 $t\boldsymbol{x}_0$ 在 $\mathscr{S}$ 之外; 而 $t_0\boldsymbol{x}_0$ 则是 $\mathscr{S}$ 的边界点. 换言之, 从坐标原点 O 出发经过点 $\boldsymbol{x}_0$ 的射线 l 与 $\mathscr{S}$ 的边界仅交于一点. 因此 $\mathscr{S}$ 是一个星形体.

注 5.1.1 在下文中也用 $F(\boldsymbol{x})<1$ 简记星形体 $\mathscr{S}$.

例 5.1.1 (a) 对于 $\mathbb{R}^2$,

$$F(x_1,x_2)=\max\{|x_1|,|x_2|\}$$

是一个距离函数.$\mathscr{S}:F(x_1,x_2)<1$ 是顶点在 $(1,1),(-1,1),(-1,-1),(1,-1)$ 处的正方形.

(b) 容易验证函数

$$F(x_1,x_2)=\left(\frac{x^2}{a^2}+\frac{y^2}{b^2}\right)^{1/2}$$

是一个距离函数, $\mathscr{S}:F(x_1,x_2)<1$ 是 2 维平面上两半轴为 a 和 b 的椭圆 (盘).

一般地, 我们有下列定理:

定理 5.1.1 (A) 若 $F(\boldsymbol{x})$ 是距离函数, 则点集 $\mathscr{S}:F(\boldsymbol{x})<1$ 是一个开星形体. $\mathscr{S}$ 的边界由满足 $F(\boldsymbol{x})=1$ 的点 $\boldsymbol{x}$ 组成, 满足 $F(\boldsymbol{x})>1$ 的点是其外点 (即这个点有一个不与 $\mathscr{S}$ 相交的邻域).

(B) 反之, 任何一个星形体 $\mathscr{T}$ 唯一确定一个距离函数 $F(\boldsymbol{x})$, 并且满足 $F(\boldsymbol{x})<1$ 的点 $\boldsymbol{x}$ 组成 $\mathscr{T}$ 的内点集合 $\mathscr{S}$.

证 (A) 的证明几乎是显然的. 如果点 $\boldsymbol{x}_0$ 满足 $F(\boldsymbol{x}_0)<1$, 那么依 $F(\boldsymbol{x})$ 的连续性, 存在 $\boldsymbol{x}_0$ 的一个邻域

$$|\boldsymbol{x}-\boldsymbol{x}_0|<\eta \tag{1}$$

(此处 $|\boldsymbol{x}|$ 表示欧氏距离) 完全位于 $\mathscr{S}$ 中 (即对于满足不等式 (1) 的 $\boldsymbol{x}$, 有 $F(\boldsymbol{x})<1$), 所以 $\boldsymbol{x}_0$ 是 $\mathscr{S}$ 的内点. 类似地, 若 $F(\boldsymbol{x}_0)>1$, 则存在 $\boldsymbol{x}_0$ 的一个邻域 (1) 与 $\mathscr{S}$ 无公共点 (即对于满足不等式 (1) 的 $\boldsymbol{x}$, 有 $F(\boldsymbol{x})>1$), 所以 $\boldsymbol{x}_0$ 是 $\mathscr{S}$ 的外点. 最后, 若 $F(\boldsymbol{x}_0)=1$, 设式 (1) 是 $\boldsymbol{x}_0$ 的任意一个邻域, 则从坐标原点

O 出发经过点 $\boldsymbol{x}_0$ 的射线 l 与它的交是一条线段, 在其上有点 $t_1\boldsymbol{x}_0(t_1<1)$ 及点 $t_2\boldsymbol{x}_0(t_2>1)$, 因此 $\boldsymbol{x}_0$ 的任何一个邻域 (1) 中总含点 $t_1\boldsymbol{x}_0(t_1<1)$ 及点 $t_2\boldsymbol{x}_0(t_2>1)$, 从而 $F(t_1\boldsymbol{x}_0)<1$(即 $t_1\boldsymbol{x}_0$ 是 $\mathscr{S}$ 的内点), $F(t_2\boldsymbol{x}_0)>1$(即 $t_2\boldsymbol{x}_0$ 是 $\mathscr{S}$ 的外点). 于是 $\boldsymbol{x}_0$ 是 $\mathscr{S}$ 的边界点.

(B) 的证明如下:

(i) 首先注意, 两个不同的星形体若有相同的内点集合, 那么它们确定相同的距离函数 $F(\boldsymbol{x})$. 一个距离函数恰定义一个开星形体 (即由 $F(\boldsymbol{x})<1$ 定义) 和一个闭星形体 (即由 $F(\boldsymbol{x})\leqslant 1$ 定义). 不同的距离函数 F_1,F_2 总确定不同的星形体. 这是因为存在某个 $\boldsymbol{x}^*$, 使得 $F_1(\boldsymbol{x}^*)\neq F_2(\boldsymbol{x}^*)$, 比如 $F_1(\boldsymbol{x}^*)<F_2(\boldsymbol{x}^*)$. 特别地, 可知 $F_2(\boldsymbol{x}^*)\neq 0$, 于是存在实数 $t>0$, 使得

$$F_1(\boldsymbol{x}^*)<\frac{1}{t}<F_2(\boldsymbol{x}^*),$$

即

$$F_1(t\boldsymbol{x}^*)<1<F_2(t\boldsymbol{x}^*).$$

由此可见点 $t\boldsymbol{x}^*$ 属于 $\mathscr{S}_1$(由 F_1 确定的星形体), 但不属于 $\mathscr{S}_2$(由 F_2 确定的星形体).

由上面的讨论可得到命题中的“唯一性”.

(ii) 设 $\mathscr{T}$ 是一个星形体, 定义函数 $F(\boldsymbol{x})$ 如下:

(a) 若对于任何 $t>0,t\boldsymbol{x}\in\mathscr{T}$, 则令

$$F(\boldsymbol{x})=0.$$

特别地, $F(\boldsymbol{0})=0$.

(b) 若对于某个 $t>0,t\boldsymbol{x}\notin\mathscr{T}$, 则依星形体的定义, 存在 $t_0=t_0(\boldsymbol{x})$, 使得 $t\boldsymbol{x}$ 是 $\mathscr{T}$ 的内点 $(t<t_0)$ 或外点 $(t>t_0)$, 并且 $t_0\boldsymbol{x}$ 在 $\mathscr{T}$ 的边界上. 我们令

$$F(\boldsymbol{x})=\frac{1}{t_0(\boldsymbol{x})}.$$

对于这样定义的函数 $F(\boldsymbol{x}),\mathscr{T}$ 的内点的集合 $\mathscr{S}$ 由 $F(\boldsymbol{x})<1$ 确定. 事实上, 首先设 $\boldsymbol{x}$ 满足 $F(\boldsymbol{x})<1$. 若 $F(\boldsymbol{x})=0$, 则由定义 (a) 可知 $t\boldsymbol{x}\in\mathscr{T}\ (\forall t>0)$, 因而 $\boldsymbol{x}=1\cdot\boldsymbol{x}$ 的任何邻域中都有 $\mathscr{T}$ 的点, 从而 $\boldsymbol{x}$ 是 $\mathscr{T}$ 的内点. 若 $F(\boldsymbol{x})\neq 0$, 则由定义 (b) 可知 $F(\boldsymbol{x})=1/t_0(\boldsymbol{x})<1$, 从而 $t_0(\boldsymbol{x})>1$, 于是依 $t_0(\boldsymbol{x})$ 的定义可知 $\boldsymbol{x}=1\cdot\boldsymbol{x}$ 是 $\mathscr{T}$ 的内点. 反过来, 对于任意给定的 $\mathscr{T}$ 的内点 $\boldsymbol{x}$, 若对于任何 $t>0,t\boldsymbol{x}\in\mathscr{T}$, 则依定义 (a) 有 $F(\boldsymbol{x})=0$, 所以 $F(\boldsymbol{x})<1$ 成立; 若存在某个 $t>0$, 使得 $t\boldsymbol{x}\notin\mathscr{T}$, 那么因为 $1\cdot\boldsymbol{x}$ 是 $\mathscr{T}$ 的内点, 所以定义 (b) 中的 $t_0(\boldsymbol{x})>1$, 从而也有 $F(\boldsymbol{x})=1/t_0(\boldsymbol{x})<1$.

(iii) 上面定义的函数 $F(\boldsymbol{x})$ 显然满足距离函数定义中的非负性. 现在来验证 $F(\boldsymbol{x})$ 的齐性. 若 $F(\boldsymbol{x})=0$, 则对于所有 $t>0, t\boldsymbol{x}\in\mathscr{T}$, 于是对于所有 $t'>0, t'(t\boldsymbol{x})=(t't)\boldsymbol{x}\in\mathscr{T}$, 可见 $F(t\boldsymbol{x})=0$, 从而对于所有 $t>0, F(t\boldsymbol{x})=tF(\boldsymbol{x})(=0)$. 由此得到

$$F(\boldsymbol{x})=0 \quad\Rightarrow\quad F(t\boldsymbol{x})=tF(\boldsymbol{x}) \quad (\forall t\geqslant 0). \tag{2}$$

若 $F(\boldsymbol{x})\neq 0$, 则 $F(\boldsymbol{x})=1/t_0(\boldsymbol{x})$, 其中 $t_0(\boldsymbol{x})$ 如上述. 对于任意给定的 $t>0$, 必然 $F(t\boldsymbol{x})\neq 0$(若不然, 则依式 (2) 可推出 $F(\boldsymbol{x})=(1/t)F(t\boldsymbol{x})=0$). 于是依 t_0 的定义可知, $t'(t\boldsymbol{x})$ 是 $\mathscr{T}$ 的内点 (当 $t'<t_0/t$ 时) 或外点 (当 $t'>t_0/t$ 时), 或在 $\mathscr{T}$ 的边界上 (当 $t'=t_0/t$ 时), 因此

$$F(t\boldsymbol{x})=\frac{1}{t_0/t}=t\cdot\frac{1}{t_0}=tF(\boldsymbol{x}).$$

当 $t=0$ 时显然有 $F(t\boldsymbol{x})=tF(\boldsymbol{x})$. 由此及式 (2), 我们证明了 $F(\boldsymbol{x})$ 的齐性.

(iv) 最后来证明 $F(\boldsymbol{x})$ 的连续性. 首先证明在点 $\mathbf{0}$ 处的连续性. 由星形体的定义, $\mathbf{0}$ 是 $\mathscr{T}$ 的内点, 所以存在 $\eta>0$, 使得球

$$|\boldsymbol{x}|\leqslant\eta \quad (\text{即 } |\boldsymbol{x}-\mathbf{0}|\leqslant\eta)$$

含在 $\mathscr{T}$ 中. 因此, 若 $\boldsymbol{x}'\neq\mathbf{0}$, 则

$$\left|\frac{\eta}{|\boldsymbol{x}'|}\boldsymbol{x}'\right|=\eta, \quad \text{向量 } \frac{\eta}{|\boldsymbol{x}'|}\boldsymbol{x}'\in\mathscr{T},$$

所以在上述定义 (b) 中与 $\boldsymbol{x}'$ 相关的数 $t_0(\boldsymbol{x}')\geqslant\eta/|\boldsymbol{x}'|$, 从而

$$F(\boldsymbol{x}')=\frac{1}{t_0(\boldsymbol{x}')}\leqslant\frac{|\boldsymbol{x}'|}{\eta}. \tag{3}$$

因为 η 与 $\boldsymbol{x}'$ 无关, 所以对于任何给定的 $\varepsilon\in(0,1)$, 当 $|\boldsymbol{x}'-\mathbf{0}|<\eta\varepsilon(<\eta)$ 时就有 $|F(\boldsymbol{x}')-F(\mathbf{0})|=|F(\boldsymbol{x}')|\leqslant|\boldsymbol{x}'|/\eta<\varepsilon$. 因此 $F(\boldsymbol{x})$ 在点 $\mathbf{0}$ 连续.

下面证明 $F(\boldsymbol{x})$ 在任意点 $\boldsymbol{x}_0\neq\mathbf{0}$ 处的连续性. 设 $\varepsilon>0$ 任意小, 令

$$\boldsymbol{x}_1=\frac{1}{F(\boldsymbol{x}_0)+\varepsilon}\boldsymbol{x}_0.$$

那么, 若 $F(\boldsymbol{x}_0)=0$, 则依定义 (a), $t\boldsymbol{x}_0\in\mathscr{T}$ $(\forall t>0)$, 从而 $\boldsymbol{x}_1=\boldsymbol{x}_0/\varepsilon$ 是 $\mathscr{T}$ 的内点; 若 $F(\boldsymbol{x}_0)\neq 0$, 则依定义 (b), $F(\boldsymbol{x}_0)=1/t_0(\boldsymbol{x}_0)$, 于是

$$\boldsymbol{x}_1=\frac{t_0(\boldsymbol{x}_0)}{\varepsilon t_0(\boldsymbol{x}_0)+1}\boldsymbol{x}_0,$$

注意其中 $t_0(\boldsymbol{x}_0)/(\varepsilon t_0(\boldsymbol{x}_0)+1)<t_0(\boldsymbol{x}_0)$, 所以 $\boldsymbol{x}_1$ 仍然是 $\mathscr{T}$ 的内点. 于是依内点定义, 存在 $\boldsymbol{x}_1$ 的一个邻域

$$|\boldsymbol{x}-\boldsymbol{x}_1|<\eta_1 \tag{4}$$

完全位于 $\mathscr{T}$ 中 (即 $\boldsymbol{x}$ 是内点或边界点). 依 (iii) 中所证, 对于满足式 (4) 的 $\boldsymbol{x}$ 有

$$F(\boldsymbol{x}) \leqslant 1. \tag{5}$$

记

$$\boldsymbol{y} = (F(\boldsymbol{x}_0)+\varepsilon)\boldsymbol{x}, \quad \eta_2 = (F(\boldsymbol{x}_0)+\varepsilon)\eta_1,$$

则不等式 (4) 等价于

$$|\boldsymbol{y}-\boldsymbol{x}_0| < \eta_2. \tag{6}$$

依 $F(\boldsymbol{x})$ 的齐性 (如上面已证), 不等式 (5) 等价于

$$F(\boldsymbol{y}) \leqslant F(\boldsymbol{x}_0)+\varepsilon. \tag{7}$$

于是我们找到 $\boldsymbol{x}_0$ 的一个邻域 (6), 在其中不等式 (7) 成立. 我们还需证明: 当 $\boldsymbol{y}$ 满足某个与式 (6) 类似的不等式时,

$$F(\boldsymbol{y}) \geqslant F(\boldsymbol{x}_0)-\varepsilon. \tag{8}$$

若 $F(\boldsymbol{x}_0) \leqslant \varepsilon$, 则对于满足式 (6) 的点 $\boldsymbol{y}$, 不等式 (8) 显然成立 $\big($因为 $F(\boldsymbol{y}) \geqslant 0\big)$. 不然, 我们考虑点

$$\boldsymbol{x}_2 = \frac{1}{F(\boldsymbol{x}_0)-\varepsilon}\boldsymbol{x}_0.$$

因为 $F(\boldsymbol{x}_0) > \varepsilon > 0$, 所以它是 $\mathscr{T}$ 的外点. 我们可类似地推出: 对于 $\boldsymbol{x}_0$ 的某个邻域 $|\boldsymbol{y}-\boldsymbol{x}_0| < \eta_3$ 中的点 $\boldsymbol{y}$, 不等式 (8) 成立 (请读者完成证明细节). 于是当 $|\boldsymbol{y}-\boldsymbol{x}_0| < \min\{\eta_2,\eta_3\}$ 时, $|F(\boldsymbol{y})-F(\boldsymbol{x}_0)| < \varepsilon$. 因此 $F(\boldsymbol{x})$ 在点 $\boldsymbol{x}_0 \neq \boldsymbol{0}$ 处连续. □

我们将定理 5.1.1(B) 中由星形体 $\mathscr{T}$ 确定的距离函数称作与 $\mathscr{T}$ 相伴的距离函数 (有时也称作 $\mathscr{T}$ 的距离函数).

推论 设 $F_1(\boldsymbol{x})$ 和 $F_2(\boldsymbol{x})$ 是距离函数, 那么当且仅当对所有 $\boldsymbol{x}$,

$$F_2(\boldsymbol{x}) \leqslant F_1(\boldsymbol{x}), \tag{9}$$

星形体 $F_1(\boldsymbol{x}) < 1$ 是星形体 $F_2(\boldsymbol{x}) < 1$ 的子集.

证 若不等式 (9) 成立, 则满足 $F_1(\boldsymbol{x}) < 1$ 的 $\boldsymbol{x}$ 也满足 $F_2(\boldsymbol{x}) < 1$, 所以星形体 $\mathscr{S}_1 : F_1(\boldsymbol{x}) < 1$ 是星形体 $\mathscr{S}_2 : F_2(\boldsymbol{x}) < 1$ 的子集.

反之, 若星形体 $\mathscr{S}_1 \subseteq \mathscr{S}_2$, 则 $\mathscr{S}_1$ 和 $\mathscr{S}_2$ 分别确定一个距离函数, 依定理 5.1.1(B), 它们就是 $F_1(\boldsymbol{x})$ 和 $F_2(\boldsymbol{x})$. 若对于某个 $\boldsymbol{x}, F_2(\boldsymbol{x}) = 0$, 则因 $F_1(\boldsymbol{x}) \geqslant 0$, 我们得到 $F_2(\boldsymbol{x}) \leqslant F_1(\boldsymbol{x})$. 若 $F_2(\boldsymbol{x}) > 0$, 则由定理 5.1.1(B) 证明中的定义 (b), 我们有

$$F_2(\boldsymbol{x}) = \frac{1}{t_0^{(2)}(\boldsymbol{x})},$$

其中 $t_0^{(2)}(\boldsymbol{x})>0$ 由星形体 $\mathscr{S}_2$ 确定. 考虑由 $\mathbf{0}$ 出发经过 $\boldsymbol{x}$ 的射线. 因为 $\mathscr{S}_1\subseteq\mathscr{S}_2$, 所以由星形体 $\mathscr{S}_1$ 相应确定的 $t_0^{(1)}(\boldsymbol{x})\leqslant t_0^{(2)}(\boldsymbol{x})$, 于是

$$F_1(\boldsymbol{x})=\frac{1}{t_0^{(1)}(\boldsymbol{x})}\geqslant\frac{1}{t_0^{(2)}(\boldsymbol{x})}=F_2(\boldsymbol{x}).$$

因此不等式 (9) 成立. □

下面是距离函数的其他性质:

引理 5.1.1 对于任何距离函数 $F(\boldsymbol{x})$, 存在常数 C, 使得对于所有 $\boldsymbol{x}$,

$$F(\boldsymbol{x})\leqslant C|\boldsymbol{x}|. \tag{10}$$

证 当 $\boldsymbol{x}=\mathbf{0}$ 时, 式 (10) 显然成立. 若 $\boldsymbol{x}\neq\mathbf{0}$, 则由定理 5.1.1 证明步骤 (iv) 中的式 (3), 可取常数 $C=1/\eta$. □

引理 5.1.2 星形体 $\mathscr{S}:F(\boldsymbol{x})<1$ 有界的充分必要条件是

$$F(\boldsymbol{x})\neq 0\quad(\text{当 }\boldsymbol{x}\neq\mathbf{0}\text{ 时}), \tag{11}$$

并且若 $\mathscr{S}$ 有界, 则存在常数 $c>0$, 使得对于所有 $\boldsymbol{x}$,

$$F(\boldsymbol{x})\geqslant c|\boldsymbol{x}|. \tag{12}$$

证 如果存在某个 $\boldsymbol{x}_0\neq\mathbf{0}$, 使得 $F(\boldsymbol{x}_0)=0$, 那么依 F 的定义 (见定理 5.1.1 的证明), 对于任何 $t>0, t\boldsymbol{x}_0\in\mathscr{S}$, 从而 $\mathscr{S}$ 无界. 于是星形体 $\mathscr{S}:F(\boldsymbol{x})<1$ 的有界性蕴涵条件 (11).

反之, 设条件 (11) 成立. 因为在球面 $|\boldsymbol{x}|=1$ 上函数 $F(\boldsymbol{x})$ 连续, 所以在其上某点 $\boldsymbol{x}^*$ 达到极小 (设为 c). 依条件 (11), $F(\boldsymbol{x}^*)=c>0$. 于是

$$F(\boldsymbol{x})\geqslant c\quad(\text{当 }|\boldsymbol{x}|=1\text{ 时}).$$

由此可知: 对于任何非零的 $\boldsymbol{x}\in\mathscr{S}$,

$$F\left(\frac{\boldsymbol{x}}{|\boldsymbol{x}|}\right)\geqslant c,$$

或

$$F(\boldsymbol{x})\geqslant c|\boldsymbol{x}|\quad(\boldsymbol{x}\in\mathscr{S},\boldsymbol{x}\neq\mathbf{0}).$$

当 $\boldsymbol{x}=\mathbf{0}$ 时上式显然成立. 因此条件 (11) 蕴涵不等式 (12). 特别地, 对于任何 $\boldsymbol{x}\in\mathscr{S}$, 我们有

$$1>F(\boldsymbol{x})\geqslant c|\boldsymbol{x}|,$$

或 $|\boldsymbol{x}| < 1/c$, 即 $\mathscr{S}$ 含在球体 $|\boldsymbol{x}| < 1/c$ 中, 所以 $\mathscr{S}$ 有界. □

注 5.1.2　由引理 5.1.2 可知: 星形体 $F(\boldsymbol{x}) < 1$ 有界的充分必要条件是 $F(\boldsymbol{x}) = 0 \Rightarrow \boldsymbol{x} = \boldsymbol{0}$.

推论　设 $F_1(\boldsymbol{x})$ 和 $F_2(\boldsymbol{x})$ 是两个距离函数.

(A) 若集合 $F_1(\boldsymbol{x}) < 1$ 有界, 则存在常数 $\alpha > 0$, 使得

$$F_2(\boldsymbol{x}) \leqslant \alpha F_1(\boldsymbol{x}).$$

(B) 若集合 $F_1(\boldsymbol{x}) < 1$ 和 $F_2(\boldsymbol{x}) < 1$ 都有界, 则存在常数 $\alpha > 0$ 和 $\beta > 0$, 使得对于所有 $\boldsymbol{x}$,

$$\beta F_1(\boldsymbol{x}) \leqslant F_2(\boldsymbol{x}) \leqslant \alpha F_1(\boldsymbol{x}).$$

证　(A) 因为 $F_1(\boldsymbol{x}) < 1$ 有界, 所以依引理 5.1.2, 对于所有 $\boldsymbol{x}$,

$$F_1(\boldsymbol{x}) \geqslant c|\boldsymbol{x}|,$$

又由引理 5.1.1, 有

$$C|\boldsymbol{x}| \geqslant F_2(\boldsymbol{x}).$$

因此取 $\alpha = C/c$, 即得结论.

(B) 依 (A) 所证, 存在常数 $\alpha_1, \alpha_2 > 0$, 使得对于所有 $\boldsymbol{x}$,

$$F_2(\boldsymbol{x}) \leqslant \alpha_1 F_1(\boldsymbol{x}), \quad F_1(\boldsymbol{x}) \leqslant \alpha_2 F_2(\boldsymbol{x}).$$

因此取 $\alpha = \alpha_1, \beta = \alpha_2^{-1}$, 即得结论. □

注 5.1.3　**1°** 上述推论从形式上看, 乃是引理 5.1.1 和引理 5.1.2 的一般化. 例如, 在 (A) 中取 $F_1(\boldsymbol{x}) = |\boldsymbol{x}|$, 即得引理 5.1.1.

2° 从“定性”的角度看, 推论 (B) 表明只有“一个”有界星形体.

5.2　距离函数与凸体

在一些数的几何问题中, 我们面对的是特殊的星形体, 特别是 (中心) 对称的凸体. 下面我们着重考虑距离函数与凸体的关系.

定理 5.2.1　(A) 以 $\boldsymbol{0}$ 为内点的凸体 $\mathscr{S}$ 是一个星形体, 并且与它相伴的距离函数 $F(\boldsymbol{x})$ 有下列性质: 对于任何点 $\boldsymbol{x}, \boldsymbol{y} \in \mathscr{S}$,

$$F(\boldsymbol{x} + \boldsymbol{y}) \leqslant F(\boldsymbol{x}) + F(\boldsymbol{y}). \tag{1}$$

(B) 反之, 若距离函数 $F(\boldsymbol{x})$ 满足不等式 (1), 则星形体 $F(\boldsymbol{x})<1$ 是凸体.

证明 首先证明 (A).

(i) 设凸体 $\mathscr{S}$ 以 $\mathbf{0}$ 为内点. 依定理 5.1.1(B) 的证明, 定义函数

$$F(\boldsymbol{x})=\inf_{t>0,t\boldsymbol{x}\in\mathscr{S}} t^{-1}. \tag{2}$$

因为 $\mathbf{0}\in\mathscr{S}$, 所以存在 $t>0$, 使得 $t\boldsymbol{x}\in\mathscr{S}$. 由定义 (2) 可推出 $F(\boldsymbol{x})\geqslant 0, F(\mathbf{0})=0$, 并且 $F(s\boldsymbol{x})=sF(\boldsymbol{x})$ (对所有 $s\geqslant 0$). 于是若函数 (2) 连续, 那么它就是一个距离函数.

(ii) 我们先来证明函数 (2) 满足不等式 (1). 设 $\boldsymbol{x},\boldsymbol{y}$ 是任意向量, $t,s>0$, 使得

$$s\boldsymbol{x},\ t\boldsymbol{y}\in\mathscr{S}. \tag{3}$$

那么当 $0<r<1$ 时,

$$rs\boldsymbol{x}+(1-r)t\boldsymbol{y}\in\mathscr{S}.$$

选取 r, 使得此点是点 $\boldsymbol{x}+\boldsymbol{y}$ 的倍数, 即设

$$rs=(1-r)t, \quad 或 \quad r=\frac{t}{s+t},$$

那么

$$\frac{st}{s+t}(\boldsymbol{x}+\boldsymbol{y})=rs\boldsymbol{x}+(1-r)t\boldsymbol{y}\in\mathscr{S},$$

从而依 F 的定义可知

$$F(\boldsymbol{x}+\boldsymbol{y})\leqslant\left(\frac{st}{s+t}\right)^{-1}=\frac{s+t}{st}=s^{-1}+t^{-1}.$$

此不等式对于任何满足式 (3) 的 s^{-1},t^{-1} 成立, 所以对于它们的下确界也成立, 即得

$$F(\boldsymbol{x}+\boldsymbol{y})\leqslant F(\boldsymbol{x})+F(\boldsymbol{y}).$$

(iii) 现在证明式 (2) 定义的函数 $F(\boldsymbol{x})$ 的连续性.

在点 $\mathbf{0}$ 处的连续性的证法与定理 5.1.1 中的方法类似. 因为 $\mathbf{0}$ 是内点, 所以存在点 $\mathbf{0}$ 的某个含在 $\mathscr{S}$ 中的邻域

$$\mathscr{V}:\ |\boldsymbol{x}|\leqslant\eta \quad (\eta>0).$$

对于任何 $\boldsymbol{x}'\neq\mathbf{0}$ 有

$$\left|\frac{\eta}{|\boldsymbol{x}'|}\boldsymbol{x}'\right|=\eta,$$

从而 $(\eta/|\boldsymbol{x}'|)\boldsymbol{x}' \in \mathscr{V} \subset \mathscr{S}$. 依 F 的定义可知

$$F(\boldsymbol{x}') \leqslant \left(\frac{\eta}{|\boldsymbol{x}'|}\right)^{-1} = \frac{1}{\eta}|\boldsymbol{x}'|,$$

由此推出 F 在点 $\mathbf{0}$ 处的连续性 (注意 η 与 $\boldsymbol{x}'$ 无关).

对于任意非零点 $\boldsymbol{x}_0$, 依 (已经证明了的) 不等式 (1), 我们有

$$F(\boldsymbol{x}_0)+F(\boldsymbol{y}) \geqslant F(\boldsymbol{x}_0+\boldsymbol{y}),$$

以及

$$F(\boldsymbol{x}_0) \leqslant F(\boldsymbol{x}_0+\boldsymbol{y})+F(-\boldsymbol{y}),$$

因此对于任何 $\varepsilon>0$ 和满足 $|\boldsymbol{y}|<\eta\varepsilon$ 的 $\boldsymbol{y}$, 有

$$|F(\boldsymbol{x}_0+\boldsymbol{y})-F(\boldsymbol{x}_0)| \leqslant \max F(\pm\boldsymbol{y}).$$

又因为 $|\varepsilon^{-1}(\pm\boldsymbol{y})|<\eta$, 所以 $\varepsilon^{-1}(\pm\boldsymbol{y}) \in \mathscr{V} \subset \mathscr{S}$, 从而由 F 的定义可知

$$F(\pm\boldsymbol{y}) \leqslant (\varepsilon^{-1})^{-1} = \varepsilon.$$

于是

$$|F(\boldsymbol{x}_0+\boldsymbol{y})-F(\boldsymbol{x}_0)| < \varepsilon,$$

即 F 在点 $\boldsymbol{x}_0 \neq \mathbf{0}$ 处连续.

总之, 函数 (2) 是一个满足式 (1) 的距离函数. 剩下还要证明: 集合 (星形体)

$$F(\boldsymbol{x})<1 \tag{4}$$

确实是凸体 $\mathscr{S}$ 的内点的集合. 为此首先设点 $\boldsymbol{x}$ 满足不等式 (4). 那么由 F 的定义知, 存在 $t>1$, 使得 $t\boldsymbol{x} \in \mathscr{S}$, 因而点

$$\boldsymbol{x} = t^{-1}(t\boldsymbol{x})+(1-t^{-1})\cdot\mathbf{0} \in \mathscr{S}.$$

因为 F 是连续函数, 集合 (4) 是开的, 所以它的所有点都是 $\mathscr{S}$ 的内点. 反之, 设 $\boldsymbol{y}$ 是凸体 $\mathscr{S}$ 的内点, 那么存在它的一个含在 $\mathscr{S}$ 中的邻域, 从而存在 $t>1$, 使得 $t\boldsymbol{y} \in \mathscr{S}$(为此注意 $\mathbf{0} \in \mathscr{S}$, 并考虑经过 $\mathbf{0}$ 与 $\boldsymbol{y}$ 的射线). 于是依 F 的定义可知 $F(\boldsymbol{y}) \leqslant t^{-1}<1$, 即 $\boldsymbol{y}$ 是星形体 (4) 的内点. 此外, 依 F 的定义可知, 任何使得 $F(\boldsymbol{x})>1$ 的点 $\boldsymbol{x}$ 都不可能属于 $\mathscr{S}$(不然将有 $F(\boldsymbol{x}) \leqslant 1$). 而对于满足 $F(\boldsymbol{x})=1$ 的点 $\boldsymbol{x}, 1\cdot\boldsymbol{x} \in$ 或 $\notin \mathscr{S}$ 都有可能. 但因为距离函数 F 连续, 所以在 $\boldsymbol{x}$ 的任何邻域内同时含有 $\mathscr{S}$ 的内点和外点, 从而 $\boldsymbol{x}$ 是凸体 $\mathscr{S}$ 的边界点.

(B) 的证明比较简单. 事实上, 若点 $\boldsymbol{x}$ 和 $\boldsymbol{y}$ 分别满足 $F(\boldsymbol{x})<1$ 和 $F(\boldsymbol{y})<1$, 则对于点 $t\boldsymbol{x}$ 和 $(1-t)\boldsymbol{y}$(其中 $0<t<1$), 依不等式 (1), 有

$$\begin{aligned}F(t\boldsymbol{x}+(1-t)\boldsymbol{y})&\leqslant F(t\boldsymbol{x})+F((1-t)\boldsymbol{y})\\&=tF(\boldsymbol{x})+(1-t)F(\boldsymbol{y})<t\cdot 1+(1-t)\cdot 1=1,\end{aligned}$$

因此集合 $F(\boldsymbol{x})<1$ 是凸的. □

从上面的证明立得下列推论:

推论 若 $F(\boldsymbol{x})$ 是 $\boldsymbol{x}$ 的非负函数, 在点 $\mathbf{0}$ 处连续, 并且满足条件

$$\begin{aligned}&F(t\boldsymbol{x})=tF(\boldsymbol{x})\quad (\text{当 } t>0 \text{ 时}),\\&F(\boldsymbol{x}+\boldsymbol{y})\leqslant F(\boldsymbol{x})+F(\boldsymbol{y}),\end{aligned}$$

则 $F(\boldsymbol{x})$ 对所有 $\boldsymbol{x}$ 连续, 因而是一个距离函数.

注 5.2.1 一般地, 满足条件 $F(\boldsymbol{x}+\boldsymbol{y})\leqslant F(\boldsymbol{x})+F(\boldsymbol{y})$ (对所有 $\boldsymbol{x},\boldsymbol{y}\in\mathbb{R}^n$) 的距离函数称作凸距离函数.

例 5.2.1 设 $a_{ij}(i,j=1,\cdots,n)$ 是实数, $c_1,\cdots,c_n>0$.$\mathscr{S}_0$ 是由不等式组

$$|a_{i1}x_1+\cdots+a_{in}x_n|<c_i\quad (i=1,\cdots,n)$$

的解 $\boldsymbol{x}=(x_1,\cdots,x_n)$ 组成的点集. 那么与 $\mathscr{S}_0$ 相伴的距离函数是

$$F(\boldsymbol{x})=\max_{1\leqslant i\leqslant n}c_i^{-1}\left|\sum_{j=1}^{n}a_{ij}x_j\right|. \tag{5}$$

证 记 $l_i(\boldsymbol{x})=c_i^{-1}\sum\limits_{j=1}^{n}a_{ij}x_j\,(i=1,\cdots,n)$, 那么 $\mathscr{S}_0$ 由下列不等式组的解组成:

$$|l_i(\boldsymbol{x})|<1\quad (i=1,\cdots,n).$$

(i) 设 $\boldsymbol{x}=(x_1,\cdots,x_n)\in\mathbb{R}^n$, 对于所有 $i=1,\cdots,n$, 都有 $l_i(\boldsymbol{x})=0$, 那么对于任何 $t>0,t\boldsymbol{x}\in\mathscr{S}_0$. 在此情形中, 我们令 $F(\boldsymbol{x})=0$(自然 $F(\mathbf{0})=0$).

(ii) 设 $\boldsymbol{x}=(x_1,\cdots,x_n)\in\mathbb{R}^n$ 使得

$$a=a(\boldsymbol{x})=\max_{1\leqslant i\leqslant n}|l_i(\boldsymbol{x})|\neq 0.$$

不妨认为 $a(\boldsymbol{x})=|l_1(\boldsymbol{x})|$(一般地, 此处 l 的下标与 $\boldsymbol{x}$ 有关). 令

$$t_0=t_0(\boldsymbol{x})=a(\boldsymbol{x})^{-1}.$$

那么当 $0<t<t_0$ 时, 对于每个 $i=1,\cdots,n$,

$$|l_i(t\boldsymbol{x})|=t|l_i(\boldsymbol{x})|<t_0|l_i(\boldsymbol{x})|=\frac{|l_i(\boldsymbol{x})|}{a(\boldsymbol{x})}\leqslant 1,$$

所以 $t\boldsymbol{x}\in\mathscr{S}_0$. 当 $t>t_0$ 时,

$$|l_1(t\boldsymbol{x})|=t|l_1(\boldsymbol{x})|>t_0|l_1(\boldsymbol{x})|=\frac{|l_1(\boldsymbol{x})|}{a(\boldsymbol{x})}=1,$$

所以 $t\boldsymbol{x}\notin\mathscr{S}_0$. 最后, 因为

$$|l_1(t_0\boldsymbol{x})|=t_0|l_1(\boldsymbol{x})|=\frac{|l_1(\boldsymbol{x})|}{a(\boldsymbol{x})}=1,$$

所以 $t_0\boldsymbol{x}\in\overline{\mathscr{S}_0}$(即 $\mathscr{S}_0$ 的边界). 于是我们定义

$$F(\boldsymbol{x})=t_0(\boldsymbol{x})^{-1}=a(\boldsymbol{x})=\max_{1\leqslant i\leqslant n}|l_i(\boldsymbol{x})|.$$

若对于所有 $i=1,\cdots,n$, 都有 $l_i(\boldsymbol{x})=0$, 则上式等于零, 因此它包含了情形 (i) 中的定义. 于是得到式 (5). □

例 5.2.2　设 $\mathscr{S}$ 是 n 维 (中心) 对称闭凸集, 其体积有限. 那么它的距离函数是

$$F(\boldsymbol{x})=\inf\{t\geqslant 0\,|\,\boldsymbol{x}\in t\mathscr{S}\},$$

并且 $\boldsymbol{x}\in\lambda\mathscr{S}\,(\lambda\geqslant 0)\Leftrightarrow F(\boldsymbol{x})\leqslant\lambda$. 特别地, 有

$$\lambda\mathscr{S}=\{\boldsymbol{x}\,|\,F(\boldsymbol{x})\leqslant\lambda\}\quad(\lambda\geqslant 0).$$

证　$F(\boldsymbol{x})$ 的定义是显然的 (参见定理 5.1.1(B) 的证明). 由此定义, 显然 $\boldsymbol{x}\in\lambda\mathscr{S}\,(\lambda\geqslant 0)\Rightarrow F(\boldsymbol{x})\leqslant\lambda$.

现在设 $F(\boldsymbol{x})\leqslant\lambda$. 因为 $\mathscr{S}$ 有界, 所以 $F(\boldsymbol{x})=0\Leftrightarrow\boldsymbol{x}=\boldsymbol{0}$. 因此不妨只考虑非零点 $\boldsymbol{x}$, 从而 $F(\boldsymbol{x})>0$. 由 $F(\boldsymbol{x})$ 的定义, 有 $\boldsymbol{x}\in(F(\boldsymbol{x})+\varepsilon)\mathscr{S}$(其中 $\varepsilon>0$). 令 $\varepsilon\to 0$, 注意 $\mathscr{S}$ 是闭集, 得到 $\boldsymbol{x}\in(F(\boldsymbol{x}))\mathscr{S}$, 于是 $(F(\boldsymbol{x}))^{-1}\boldsymbol{x}\in\mathscr{S}$. 因为 $\lambda^{-1}F(\boldsymbol{x})\leqslant 1$, 所以由引理 1.3.2(b) 推出

$$\lambda^{-1}F(\boldsymbol{x})\cdot(F(\boldsymbol{x}))^{-1}\boldsymbol{x}\in\lambda^{-1}F(\boldsymbol{x})\mathscr{S}\subseteq\mathscr{S},$$

即 $\lambda^{-1}\boldsymbol{x}\in\mathscr{S}$, 于是 $\boldsymbol{x}\in\lambda\mathscr{S}$. □

下列定理将引进另外一类与凸集相关的距离函数.

定理 5.2.2　设 $F(\boldsymbol{x})$ 是与一个 n 维有界凸集 ($\boldsymbol{0}$ 是内点) 相伴的距离函数. 对于所有 $\boldsymbol{y}\in\mathbb{R}^n$, 令

$$F^*(\boldsymbol{y})=\sup_{\boldsymbol{x}\neq\boldsymbol{0}}\frac{\boldsymbol{x}\cdot\boldsymbol{y}}{F(\boldsymbol{x})}\tag{6}$$

(此处 $\boldsymbol{x}\cdot\boldsymbol{y}$ 表示向量内积), 那么 $F^*(\boldsymbol{y})$ 是与某个有界凸集相伴的距离函数, 并且有

$$F(\boldsymbol{x})=\sup_{\boldsymbol{y}\neq\boldsymbol{0}}\frac{\boldsymbol{x}\cdot\boldsymbol{y}}{F^*(\boldsymbol{y})}. \tag{7}$$

证 (i) 依假设条件, 由定理 5.2.1 和引理 5.1.2 可知集合 $F(\boldsymbol{x})<1$ 有界, 所以当 $\boldsymbol{x}\neq\boldsymbol{0}$ 时, $F(\boldsymbol{x})\neq 0$, 并且存在常数 $c>0$, 使得 $F(\boldsymbol{x})\geqslant c|\boldsymbol{x}|$. 由此并应用不等式 $\boldsymbol{x}\cdot\boldsymbol{y}\leqslant|\boldsymbol{x}||\boldsymbol{y}|$, 可推出

$$F^*(\boldsymbol{y})\leqslant c^{-1}|\boldsymbol{y}|,$$

即对于所有 $\boldsymbol{y},F^*(\boldsymbol{y})\neq\infty$, 从而 F^* 的定义是有意义的.

(ii) 由定义式 (6) 立得

$$F^*(t\boldsymbol{y})=tF^*(\boldsymbol{y})\quad(\text{当 } t>0 \text{ 时}),$$

以及

$$F^*(\boldsymbol{y})>0\quad(\text{当 } \boldsymbol{y}\neq\boldsymbol{0} \text{ 时}). \tag{8}$$

如果 $\boldsymbol{y}_1,\boldsymbol{y}_2$ 是任意向量, 那么

$$\begin{aligned}F^*(\boldsymbol{y}_1+\boldsymbol{y}_2)&=\sup_{\boldsymbol{x}\neq\boldsymbol{0}}\frac{\boldsymbol{x}\cdot(\boldsymbol{y}_1+\boldsymbol{y}_2)}{F(\boldsymbol{x})}\leqslant\sup_{\boldsymbol{x}\neq\boldsymbol{0}}\frac{\boldsymbol{x}\cdot\boldsymbol{y}_1}{F(\boldsymbol{x})}+\sup_{\boldsymbol{x}\neq\boldsymbol{0}}\frac{\boldsymbol{x}\cdot\boldsymbol{y}_2}{F(\boldsymbol{x})}\\&=F^*(\boldsymbol{y}_1)+F^*(\boldsymbol{y}_2).\end{aligned}$$

于是根据定理 5.2.1 的推论可推出 $F^*(\boldsymbol{y})$ 是一个距离函数, 并且由定理 5.2.1(B) 可知相关的星形体 $F^*(\boldsymbol{y})<1$ 是凸的, 进而由式 (8) 和引理 5.1.2 可知这个凸体有界.

(iii) 为下文需要, 我们证明: 当 $\boldsymbol{y}\neq\boldsymbol{0}$ 时,

$$F^*(\boldsymbol{y})=\sup_{\boldsymbol{x}\boldsymbol{y}=1}\frac{1}{F(\boldsymbol{x})}. \tag{9}$$

一方面, 显然有

$$\sup_{\boldsymbol{x}\neq\boldsymbol{0}}\frac{\boldsymbol{x}\cdot\boldsymbol{y}}{F(\boldsymbol{x})}\geqslant\sup_{\boldsymbol{x}\boldsymbol{y}=1}\frac{1}{F(\boldsymbol{x})}. \tag{10}$$

另一方面, 对于 $\boldsymbol{x}\neq 0$, 由式 (6) 右边的齐性 (记 $\boldsymbol{x}\cdot\boldsymbol{y}=a>0$) 可知

$$\frac{\boldsymbol{x}\cdot\boldsymbol{y}}{F(\boldsymbol{x})}=\frac{1}{F(a^{-1}\boldsymbol{x})},\quad\sup_{\boldsymbol{x}\neq\boldsymbol{0}}\frac{\boldsymbol{x}\cdot\boldsymbol{y}}{F(\boldsymbol{x})}=\sup_{\boldsymbol{x}\neq 0}\frac{1}{F(a^{-1}\boldsymbol{x})}.$$

注意 $(a^{-1}\boldsymbol{x})\cdot\boldsymbol{y}=1$, 所以

$$\sup_{\boldsymbol{x}\neq\boldsymbol{0}}\frac{\boldsymbol{x}\cdot\boldsymbol{y}}{F(\boldsymbol{x})}\leqslant\sup_{\boldsymbol{x}\boldsymbol{y}=1}\frac{1}{F(\boldsymbol{x})}.$$

由此及式 (10) 立得式 (9).

(iv) 现在证明式 (7). 如果 $\boldsymbol{x}=\boldsymbol{0}$, 那么式 (7) 显然成立. 下面设 $\boldsymbol{x}_0\neq\boldsymbol{0}$ 并且固定. 由式 (6) 可知

$$F^*(\boldsymbol{y})F(\boldsymbol{x})\geqslant\boldsymbol{x}\cdot\boldsymbol{y}\quad(\boldsymbol{x}\neq\boldsymbol{0}),$$

因此对于所有 $\boldsymbol{x},\boldsymbol{y}$, 有

$$F(\boldsymbol{x})F^*(\boldsymbol{y})\geqslant\boldsymbol{x}\cdot\boldsymbol{y},$$

特别地, 有

$$F(\boldsymbol{x}_0)\geqslant\frac{\boldsymbol{x}_0\cdot\boldsymbol{y}}{F^*(\boldsymbol{y})}\quad(\boldsymbol{y}\neq\boldsymbol{0}),$$

从而

$$F(\boldsymbol{x}_0)\geqslant\sup_{\boldsymbol{y}\neq\boldsymbol{0}}\frac{\boldsymbol{x}_0\cdot\boldsymbol{y}}{F^*(\boldsymbol{y})}.\tag{11}$$

设 $\varepsilon>0$, 那么存在超平面 π 将点 $\boldsymbol{x}_0$ 与满足

$$F(\boldsymbol{x})\leqslant(1-\varepsilon)F(\boldsymbol{x}_0)\tag{12}$$

的点 $\boldsymbol{x}$ 的集合 (这是闭凸集) 分隔开 (见 1.3 节的凸集性质 4°). 因为 π 不经过原点, 所以存在 $\boldsymbol{y}_0\in\mathbb{R}^n$, 可将它表示为

$$\pi:\ \boldsymbol{x}\cdot\boldsymbol{y}_0=1.$$

于是, 注意平面 π 与集合 (12) 不相交, 可知对于所有 $\boldsymbol{x}\in\pi$,

$$F(\boldsymbol{x})\geqslant(1-\varepsilon)F(\boldsymbol{x}_0).\tag{13}$$

由此并注意 $\boldsymbol{x}\cdot\boldsymbol{y}_0=1$, 我们由式 (13) 推出

$$F^*(\boldsymbol{y}_0)\leqslant\frac{1}{(1-\varepsilon)F(\boldsymbol{x}_0)}.\tag{14}$$

此外, 因为坐标原点满足式 (12), 所以它与点 $\boldsymbol{x}_0$ 分处超平面 $\pi:\boldsymbol{x}\cdot\boldsymbol{y}_0=1$ 的两侧, 所以

$$\boldsymbol{x}_0\cdot\boldsymbol{y}_0>1.\tag{15}$$

由式 (14) 和式 (15) 推出

$$\sup_{\boldsymbol{y}\neq\boldsymbol{0}}\frac{\boldsymbol{x}_0\cdot\boldsymbol{y}}{F^*(\boldsymbol{y})}\geqslant\frac{\boldsymbol{x}_0\cdot\boldsymbol{y}_0}{F^*(\boldsymbol{y})}>(1-\varepsilon)F(\boldsymbol{x}_0).\tag{16}$$

注意 $\varepsilon>0$ 可以任意小, 所以由式 (11) 和式 (16) 得到

$$F(\boldsymbol{x}_0)=\sup_{\boldsymbol{y}\neq\boldsymbol{0}}\frac{\boldsymbol{x}_0\cdot\boldsymbol{y}}{F^*(\boldsymbol{y})}.$$

因为 $\boldsymbol{x}_0$ 是任意固定的, 所以式 (7) 得证. □

我们将定理 5.2.2 中的函数 F 和 F^* 以及与它们相伴的凸集分别称作是互相对偶的 (或配极的). 只要给定其中一个, 就可用同样的方式确定另一个.

推论 1 在定理 5.2.2 的假设下,

(a) 对于所有 $\boldsymbol{x},\boldsymbol{y}$, 有

$$F(\boldsymbol{x})F^*(\boldsymbol{y}) \geqslant \boldsymbol{x}\cdot\boldsymbol{y}. \tag{17}$$

(b) 对于任何点 $\boldsymbol{y}_0 \neq \boldsymbol{0}$, 存在点 $\boldsymbol{x}_0 \neq \boldsymbol{0}$ 满足

$$F(\boldsymbol{x}_0)F^*(\boldsymbol{y}_0) = \boldsymbol{x}_0\cdot\boldsymbol{y}_0; \tag{18}$$

反之, 对于任何点 $\boldsymbol{x}_0 \neq \boldsymbol{0}$, 存在点 $\boldsymbol{y}_0 \neq \boldsymbol{0}$ 满足式 (18).

证 (a) 若 $\boldsymbol{x},\boldsymbol{y}$ 中有一个等于 $\boldsymbol{0}$, 则式 (17) 显然成立. 设给定非零点 $\widetilde{\boldsymbol{x}},\widetilde{\boldsymbol{y}}$, 那么由定义 (6) 可知

$$F^*(\widetilde{\boldsymbol{y}}) = \sup_{\boldsymbol{x}\neq\boldsymbol{0}} \frac{\boldsymbol{x}\cdot\widetilde{\boldsymbol{y}}}{F(\boldsymbol{x})} \geqslant \frac{\widetilde{\boldsymbol{x}}\cdot\widetilde{\boldsymbol{y}}}{F(\widetilde{\boldsymbol{x}})},$$

类似地, 由定义 (7) 可知

$$F(\widetilde{\boldsymbol{x}}) \geqslant \frac{\widetilde{\boldsymbol{x}}\cdot\widetilde{\boldsymbol{y}}}{F^*(\widetilde{\boldsymbol{y}})},$$

两式相乘得到

$$F(\widetilde{\boldsymbol{x}})F^*(\widetilde{\boldsymbol{y}}) \geqslant \frac{(\widetilde{\boldsymbol{x}}\cdot\widetilde{\boldsymbol{y}})^2}{F(\widetilde{\boldsymbol{x}})F^*(\widetilde{\boldsymbol{y}})},$$

于是

$$\big(F(\widetilde{\boldsymbol{x}})F^*(\widetilde{\boldsymbol{y}})\big)^2 \geqslant (\widetilde{\boldsymbol{x}}\cdot\widetilde{\boldsymbol{y}})^2,$$

因此式 (17) 成立.

(b) 由关于 $\boldsymbol{x},\boldsymbol{y}$ 的对称性, 只需对给定的 $\boldsymbol{y}_0 \neq \boldsymbol{0}$ 证明 $\boldsymbol{x}_0$ 的存在性. 依式 (6) 右边关于 $\boldsymbol{x}$ 的齐性, 我们有

$$F^*(\boldsymbol{y}_0) = \sup_{F(\boldsymbol{x})=1} \frac{\boldsymbol{x}\cdot\boldsymbol{y}_0}{F(\boldsymbol{x})} = \sup_{F(\boldsymbol{x})=1} \boldsymbol{x}\cdot\boldsymbol{y}_0. \tag{19}$$

由定理的假设, 集合 $F(\boldsymbol{x})<1$ 有界, 所以其边界 $F(\boldsymbol{x})=1$ 有界; 又因为 F 连续, 所以 $F(\boldsymbol{x})=1$ 是有界闭集. 于是函数 $\boldsymbol{x}\cdot\boldsymbol{y}_0$ 在集合的某点 (显然非零) 取得最大值, 可见此点就是所要的点 $\boldsymbol{x}_0$. □

推论 2 设 $\mathscr{K}_1,\mathscr{K}_2$ 是两个体积非零并且以原点为内点的凸体, ${\mathscr{K}_1}^*,{\mathscr{K}_2}^*$ 分别是其对偶凸体. 那么, 若 $\mathscr{K}_1 \supseteq \mathscr{K}_2$, 则 ${\mathscr{K}_2}^* \supseteq {\mathscr{K}_1}^*$.

证 设 $F_1(\boldsymbol{x}),F_2(\boldsymbol{x}),F_1^*(\boldsymbol{x}),F_2^*(\boldsymbol{x})$ 分别是与 $\mathscr{K}_1,\mathscr{K}_2,{\mathscr{K}_1}^*,{\mathscr{K}_2}^*$ 相伴的距离函数. 若 $\mathscr{K}_1 \supseteq \mathscr{K}_2$, 则由定理 5.1.1 的推论可知

$$F_1(\boldsymbol{x}) \leqslant F_2(\boldsymbol{x}).$$

由此以及对偶距离函数定义 (6), 立得对于所有 $\boldsymbol{y}$, 有

$$F_2^*(\boldsymbol{y}) \leqslant F_1^*(\boldsymbol{y}).$$

再应用定理 5.1.1 的推论, 即知 $\mathscr{K}_2^* \supseteq \mathscr{K}_1^*$. □

推论 3 设 $F(\boldsymbol{x})$ 和 $F^*(\boldsymbol{y})$ 是互相对偶的距离函数, $\boldsymbol{\tau}$ 是非奇异齐次线性变换, $\boldsymbol{\tau}^*$ 是其对偶变换. 那么 $F(\boldsymbol{\tau x})$ 与 $F^*(\boldsymbol{\tau}^*\boldsymbol{y})$ 是互相对偶的距离函数.

证 我们记 $\varphi(\boldsymbol{x}) = F(\boldsymbol{\tau x}), \varphi^*(\boldsymbol{y}) = F^*(\boldsymbol{\tau}^*\boldsymbol{y})$. 由 $\boldsymbol{\tau}^*$ 的定义 (见 2.9 节), 对于所有 $\boldsymbol{x}$ 和 $\boldsymbol{y}$, 有

$$(\boldsymbol{\tau x}) \cdot (\boldsymbol{\tau}^*\boldsymbol{y}) = \boldsymbol{x} \cdot \boldsymbol{y}. \tag{20}$$

当 $\boldsymbol{x}$ 遍历 $\mathbb{R}^n$ 时, $\boldsymbol{\tau x}$ 也遍历 $\mathbb{R}^n$, 并且 $\boldsymbol{x} \neq \boldsymbol{0} \Leftrightarrow \boldsymbol{\tau x} \neq \boldsymbol{0}$. 于是由定义 (6) 可知

$$F^*(\boldsymbol{y}) = \sup_{\boldsymbol{x} \neq \boldsymbol{0}} \frac{\boldsymbol{x} \cdot \boldsymbol{y}}{F(\boldsymbol{x})} = \sup_{\boldsymbol{\tau x} \neq \boldsymbol{0}} \frac{(\boldsymbol{\tau x}) \cdot \boldsymbol{y}}{F(\boldsymbol{\tau x})} = \sup_{\boldsymbol{x} \neq \boldsymbol{0}} \frac{(\boldsymbol{\tau x}) \cdot \boldsymbol{y}}{F(\boldsymbol{\tau x})},$$

从而由式 (20) 得到

$$\begin{aligned} \varphi^*(\boldsymbol{y}) = F^*(\boldsymbol{\tau}^*\boldsymbol{y}) &= \sup_{\boldsymbol{x} \neq \boldsymbol{0}} \frac{(\boldsymbol{\tau x}) \cdot (\boldsymbol{\tau}^*\boldsymbol{y})}{F(\boldsymbol{\tau x})} \\ &= \sup_{\boldsymbol{x} \neq \boldsymbol{0}} \frac{\boldsymbol{x} \cdot \boldsymbol{y}}{F(\boldsymbol{\tau x})} = \sup_{\boldsymbol{x} \neq \boldsymbol{0}} \frac{\boldsymbol{x} \cdot \boldsymbol{y}}{\varphi(\boldsymbol{x})}. \end{aligned}$$

类似地由定义 (7) 可知

$$F(\boldsymbol{x}) = \sup_{\boldsymbol{y} \neq \boldsymbol{0}} \frac{\boldsymbol{x} \cdot \boldsymbol{y}}{F^*(\boldsymbol{y})} = \sup_{\boldsymbol{\tau}^*\boldsymbol{y} \neq \boldsymbol{0}} \frac{\boldsymbol{x} \cdot (\boldsymbol{\tau}^*\boldsymbol{y})}{F^*(\boldsymbol{\tau}^*\boldsymbol{y})} = \sup_{\boldsymbol{y} \neq \boldsymbol{0}} \frac{\boldsymbol{x} \cdot (\boldsymbol{\tau}^*\boldsymbol{y})}{F^*(\boldsymbol{\tau}^*\boldsymbol{y})},$$

于是

$$\varphi(\boldsymbol{x}) = F(\boldsymbol{\tau x}) = \sup_{\boldsymbol{y} \neq \boldsymbol{0}} \frac{(\boldsymbol{\tau x}) \cdot (\boldsymbol{\tau}^*\boldsymbol{y})}{F^*(\boldsymbol{\tau}^*\boldsymbol{y})} = \sup_{\boldsymbol{y} \neq \boldsymbol{0}} \frac{\boldsymbol{x} \cdot \boldsymbol{y}}{\varphi^*(\boldsymbol{y})}.$$

因此 $\varphi(\boldsymbol{x})$ 和 $\varphi^*(\boldsymbol{y})$ 互相对偶。 □

例 5.2.3 我们证明距离函数

$$F_1(\boldsymbol{x}) = \max_i |x_i|$$

和

$$F_2(\boldsymbol{y}) = \sum_j |y_j|$$

互相对偶.

首先, 令函数

$$\varphi(\boldsymbol{x}) = \sup_{\boldsymbol{y} \neq \boldsymbol{0}} \frac{\boldsymbol{x} \cdot \boldsymbol{y}}{F_2(\boldsymbol{y})}.$$

类似于式 (19) 可知

$$\varphi(\boldsymbol{x})=\sup_{F_2(\boldsymbol{y})=1}\boldsymbol{x}\cdot\boldsymbol{y}.$$

在条件 $\sum\limits_j|y_j|=1$ 之下,

$$x_1y_1+\cdots+x_ny_n\leqslant\max_i|x_i|\sum_j|y_j|=\max_i|x_i|,$$

不妨认为 $\max\limits_i|x_i|=|x_1|$, 当

$$\boldsymbol{y}=(\pm1,0,\cdots,0)$$

(其中双重号的选取与 x_1 的符号一致) 时等式成立, 因此

$$\varphi(\boldsymbol{x})=\max_i|x_i|,$$

从而 $F_1(\boldsymbol{x})=\varphi(\boldsymbol{x})$, 即

$$F_1(\boldsymbol{x})=\sup_{\boldsymbol{y}\neq\boldsymbol{0}}\frac{\boldsymbol{x}\cdot\boldsymbol{y}}{F_2(\boldsymbol{y})}.\tag{21}$$

其次，类似地, 令函数

$$\psi(\boldsymbol{y})=\sup_{\boldsymbol{x}\neq\boldsymbol{0}}\frac{\boldsymbol{x}\cdot\boldsymbol{y}}{F_1(\boldsymbol{x})},$$

则

$$\psi(\boldsymbol{y})=\sup_{F_1(\boldsymbol{x})=1}\boldsymbol{x}\cdot\boldsymbol{y}.$$

在条件 $\max\limits_i|x_i|=1$ 之下,

$$x_1y_1+\cdots+x_ny_n\leqslant\max_i|x_i|\sum_j|y_j|=\sum_j|y_j|,$$

当

$$x_i=\pm1\quad(i=1,\cdots,n)$$

(其中双重号的选取与 y_i 的符号一致) 时等式成立, 因此

$$\psi(\boldsymbol{y})=\sum_j|y_j|,$$

从而 $F_2(\boldsymbol{x})=\psi(\boldsymbol{y})$, 即

$$F_2(\boldsymbol{x})=\sup_{\boldsymbol{x}\neq\boldsymbol{0}}\frac{\boldsymbol{x}\cdot\boldsymbol{y}}{F_1(\boldsymbol{x})}.\tag{22}$$

由式 (21) 和式 (22) 可知 F_1 与 F_2 互相对偶. 由此可知点集

$$\mathscr{S}_1:\ \max_i |x_i| < 1$$

和

$$\mathscr{S}_2:\ \sum_j |y_j| < 1$$

也互相对偶.

5.3 距离函数与格

下面讨论欧氏空间 $\mathbb{R}^n$ 中任意距离函数 $F(\boldsymbol{x})$ 和格 Λ 间的关系. 令

$$F(\Lambda) = \inf_{\substack{\boldsymbol{a}\in\Lambda \\ \boldsymbol{a}\neq\boldsymbol{0}}} F(\boldsymbol{a}). \tag{1}$$

因此, 若 $k \leqslant F(\Lambda)$, 则 Λ 对于星形体 $\mathscr{S}: F(\boldsymbol{x}) < k$ 是容许的 (即 $\mathscr{S}$ 不含 Λ 的非零格点), 但若 $k > F(\Lambda)$, 则 Λ 不是 $\mathscr{S}$- 容许的 (参见 4.1 节). 此外, 对于距离函数 $F_0(\boldsymbol{x}) = |\boldsymbol{x}|$ 和格 Λ, 我们记

$$|\Lambda| = F_0(\Lambda) = \inf_{\substack{\boldsymbol{a}\in\Lambda \\ \boldsymbol{a}\neq\boldsymbol{0}}} |\boldsymbol{a}|. \tag{2}$$

引理 5.3.1 对于任何实数 $t \neq 0$,

$$F(t\Lambda) = |t|F(\Lambda),$$

其中 $t\Lambda$ 表示所有向量 $t\boldsymbol{a}\,(\boldsymbol{a}\in\Lambda)$ 形成的格 (见 2.6 节).

证 若 $t > 0$, 则由 $F(t\boldsymbol{a}) = tF(\boldsymbol{a})$ 可知

$$\begin{aligned} F(t\Lambda) &= \inf_{\substack{\boldsymbol{b}\in t\Lambda \\ \boldsymbol{b}\neq\boldsymbol{0}}} F(\boldsymbol{b}) = \inf_{\substack{\boldsymbol{a}\in\Lambda \\ \boldsymbol{a}\neq\boldsymbol{0}}} F(t\boldsymbol{a}) \\ &= \inf_{\substack{\boldsymbol{a}\in\Lambda \\ \boldsymbol{a}\neq\boldsymbol{0}}} \big(tF(\boldsymbol{a})\big) = t\inf_{\substack{\boldsymbol{a}\in\Lambda \\ \boldsymbol{a}\neq\boldsymbol{0}}} F(\boldsymbol{a}) = tF(\Lambda). \end{aligned}$$

若 $t < 0$, 则 $-t > 0$, 并且注意 $t\Lambda = (-t)(-\Lambda) = (-t)\Lambda$, 于是依刚才所证, 我们有

$$F(t\Lambda) = F((-t)\Lambda) = (-t)F(\Lambda) = |t|F(\Lambda). \qquad \square$$

推论 我们有

$$\frac{\big(F(t\Lambda)\big)^n}{d(t\Lambda)}=\frac{\big(F(\Lambda)\big)^n}{d(\Lambda)}, \tag{3}$$

其中 $d(\Lambda)$ 表示格 Λ 的行列式.

定理 5.3.1 对于距离函数 $F(\boldsymbol{x})$, 定义

$$\delta(F)=\sup_{\Lambda\in\mathcal{L}_n}\frac{\big(F(\Lambda)\big)^n}{d(\Lambda)}, \tag{4}$$

其中 $\mathcal{L}_n$ 表示所有 n 维格组成的集合. 那么 $\delta(F)<\infty$, 并且

$$\delta(F)=\Delta(\mathscr{S})^{-1}, \tag{5}$$

其中 $\Delta(\mathscr{S})$ 是星形体

$$\mathscr{S}:\ F(\boldsymbol{x})<1$$

的临界行列式. 当 $\Delta(\mathscr{S})=\infty$ 时, 等式 (5) 理解为 $\delta(F)=0$.

证 (i) 如果 $\delta(F)\neq 0$, 那么式 (4) 中的上确界可以只取自所有满足 $F(\Lambda)>0$ 的格 Λ. 而依据等式 (3)(关于 Λ 的齐性), 可以只取自所有满足 $F(\Lambda)=1$ 的格 Λ, 即

$$\delta(F)=\sup_{\substack{\Lambda\\ F(\Lambda)=1}}\frac{1}{d(\Lambda)}.$$

按 $F(\Lambda)$ 的定义, 这样的格是 $\mathscr{S}$- 容许的, 因而对于这些格有 $d(\Lambda)\geqslant\Delta(\mathscr{S})$. 由此推出

$$\delta(F)\leqslant\frac{1}{\Delta(\mathscr{S})}. \tag{6}$$

另一方面, 如果格 Λ 是 $\mathscr{S}$- 容许的, 那么 $F(\Lambda)\geqslant 1$, 并且因为 (依 $\Delta(\mathscr{S})$ 的定义) 存在行列式 $d(\Lambda)$ 与 $\Delta(\mathscr{S})$ 充分接近的 $\mathscr{S}$- 容许格 Λ(即 $d(\Lambda)=\Delta(\mathscr{S})+\varepsilon$, 其中 $\varepsilon>0$ 任意小), 所以我们有

$$\delta(F)\geqslant\sup_{\substack{\Lambda\\ \Lambda\text{是}\mathscr{S}\text{-容许的}}}\frac{1}{d(\Lambda)}\geqslant\frac{1}{\Delta(\mathscr{S})+\varepsilon},$$

令 $\varepsilon\to 0$, 则有

$$\delta(F)\geqslant\frac{1}{\Delta(\mathscr{S})}. \tag{7}$$

由式 (6) 和式 (7) 即得式 (5).

(ii) 如果 $\delta(F)=0$, 那么对于每个 $\Lambda, F(\Lambda)=0$. 由式 (7) 可知这仅当不存在 $\mathscr{S}$- 容许格即 $\Delta(\mathscr{S})=\infty$ 时成立. 反之, 如果 $\Delta(\mathscr{S})=\infty$, 并且 Λ 是任意格, 那么对于任何 $t>0, t\Lambda$ 不是 $\mathscr{S}$- 容许的, 从而

$$F(t\Lambda)=tF(\Lambda)<1.$$

于是 $F(\Lambda)=0$. □

引理 5.3.2 设距离函数 $F(\boldsymbol{x})$ 仅当 $\boldsymbol{x}=\boldsymbol{0}$ 时为零. 那么每个格 Λ 中存在一个点 $\boldsymbol{a}\neq\boldsymbol{0}$, 使得 $F(\boldsymbol{a})=F(\Lambda)$; 特别地, $F(\Lambda)>0$.

下面给出两个本质一样但略有差别的证明.

证 1 (i) 取 $\varepsilon_0>0$, 那么依 $F(\Lambda)$ 的定义可知, 存在非零的 $\boldsymbol{a}\in\Lambda$ 满足不等式

$$F(\boldsymbol{a})<F(\Lambda)+\varepsilon_0.$$

由引理 5.1.2, 存在常数 $c>0$, 使得

$$F(\boldsymbol{x})\geqslant c|\boldsymbol{x}|.$$

因此不等式

$$F(\boldsymbol{x})<F(\Lambda)+\varepsilon_0 \tag{8}$$

蕴涵

$$|\boldsymbol{x}|<c^{-1}(F(\Lambda)+\varepsilon_0). \tag{9}$$

但由引理 2.7.1 可知满足不等式 (9) 的 Λ 的格点个数有限, 其中包含上述非零格点 $\boldsymbol{a}$. 因此, 不等式 (8) 的解集 (指满足它的 Λ 的非零格点的集合) 有限但非空. 于是由 $F(\Lambda)$ 的定义及式 (8) 可知, 恰有有限个 (至少 1 个) 非零的 $\boldsymbol{a}\in\Lambda$ 满足

$$F(\Lambda)\leqslant F(\boldsymbol{a})<F(\Lambda)+\varepsilon. \tag{10}$$

(ii) 取无限点列 $\varepsilon_0>\varepsilon_1>\varepsilon_2>\cdots>\varepsilon_n>\cdots>0$, 那么 (同理可证) 对于每个 ε_j, 恰有有限个 (至少 1 个) 非零的 $\boldsymbol{a}\in\Lambda$ 满足

$$F(\Lambda)\leqslant F(\boldsymbol{a})<F(\Lambda)+\varepsilon_j.$$

注意, 若 $\varepsilon>\varepsilon'>0$, 则满足

$$F(\Lambda)\leqslant F(\boldsymbol{a})<F(\Lambda)+\varepsilon'$$

的 $\boldsymbol{a}$ 必满足

$$F(\Lambda)\leqslant F(\boldsymbol{a})<F(\Lambda)+\varepsilon,$$

因此存在一个非零的 $\boldsymbol{a}_0\in\Lambda$, 满足所有不等式

$$F(\Lambda)\leqslant F(\boldsymbol{a}_0)<F(\Lambda)+\varepsilon_j \quad (j=1,2,\cdots).$$

令 $j\to\infty$, 即得 $F(\boldsymbol{a}_0)=F(\Lambda)$. 最后, 因为 $\boldsymbol{a}_0\neq\boldsymbol{0}$, 所以依假设 $F(\boldsymbol{a}_0)\neq 0$, 从而 $F(\Lambda)>0$.

证 2 (i) 由引理 5.1.2, 存在常数 $c>0$, 使得

$$F(\boldsymbol{x}) \geqslant c|\boldsymbol{x}|.$$

因此不等式

$$F(\boldsymbol{x}) < F(\Lambda)+1 \tag{11}$$

蕴涵

$$|\boldsymbol{x}| < c^{-1}(F(\Lambda)+1). \tag{12}$$

但由引理 2.7.1 可知满足不等式 (12) 的 Λ 的格点个数有限. 又依 $F(\Lambda)$ 的定义可知, 存在非零的 $\boldsymbol{a}\in\Lambda$ 满足不等式 $F(\boldsymbol{a})<F(\Lambda)+1$. 因此, 不等式 (11) 的解集 $\mathscr{V}$(指满足它的 Λ 的非零格点的集合) 有限但非空. 从而恰有有限个 (至少 1 个) 非零的 $\boldsymbol{x}\in\Lambda$ 满足

$$F(\Lambda) \leqslant F(\boldsymbol{x}) < F(\Lambda)+1. \tag{13}$$

设 $\boldsymbol{a}_0\in\Lambda$ 使得 $F(\boldsymbol{a}_0)=\min\limits_{\boldsymbol{x}\in\mathscr{V}}F(\boldsymbol{x})$, 那么

$$F(\Lambda) \leqslant F(\boldsymbol{a}_0) < F(\Lambda)+1. \tag{14}$$

(ii) 我们证明

$$F(\Lambda) = F(\boldsymbol{a}_0). \tag{15}$$

用反证法. 若

$$F(\Lambda) < F(\boldsymbol{a}_0),$$

则用 $F(\boldsymbol{a}_0)$ 代替步骤 (i) 中的 $F(\Lambda)+1$, 可以推出存在非零的 $\boldsymbol{a}_0'\in\Lambda$ 满足

$$F(\Lambda) \leqslant F(\boldsymbol{a}_0') < F(\boldsymbol{a}_0).$$

由此及式 (14) 可知 $\boldsymbol{a}_0$ 和 $\boldsymbol{a}_0'$ 都满足不等式 (13), 但 $F(\boldsymbol{a}_0')<F(\boldsymbol{a}_0)$, 这与 $\boldsymbol{a}_0$ 的定义矛盾. 于是等式 (15) 得证. □

5.4 商 空 间

设 Λ 是 n 维欧氏空间 $\mathscr{R}=\mathbb{R}^n$ 中的一个格. 对于空间中任意两个点 $\boldsymbol{y}_1,\boldsymbol{y}_2$, 若 $\boldsymbol{y}_1-\boldsymbol{y}_2\in\Lambda$, 则称它们模 Λ 同余, 并记作

$$\boldsymbol{y}_1 \equiv \boldsymbol{y}_2 \pmod{\Lambda}.$$

容易验证模 Λ 同余具有自反、对称和传递性, 所以是一个等价关系. 空间中的点被划分为一些类 $\mathfrak{Y}$, 使得两个点 $\boldsymbol{y},\boldsymbol{y}'$ 模 Λ 同余, 当且仅当它们属于同一个类. 类 $\mathfrak{Y}$ 由所有形为 $\boldsymbol{y}_0+\boldsymbol{a}$ 的点组成, 这里 $\boldsymbol{y}_0$ 是这个类中某个固定的点 (代表元), 而 $\boldsymbol{a}$ 遍取 Λ 中的所有点. 容易验证类 $\mathfrak{Y}$ 与代表元的选取无关. 我们用 $\mathfrak{O}$ 表示含点 $\mathbf{0}$ 的类.

如果

$$\boldsymbol{y}' \equiv \boldsymbol{y} \pmod{\Lambda}, \quad \boldsymbol{z}' \equiv \boldsymbol{z} \pmod{\Lambda},$$

那么由定义可知

$$\boldsymbol{y}'+\boldsymbol{z}' \equiv \boldsymbol{y}+\boldsymbol{z} \pmod{\Lambda}.$$

因此定义两个类 $\mathfrak{Y}+\mathfrak{Z}$ 的和为由所有点 $\boldsymbol{y}+\boldsymbol{z}$(其中 $\boldsymbol{y}\in\mathfrak{Y},\boldsymbol{z}\in\mathfrak{Z}$) 组成的类.

类似地, 对于任何整数 t, 定义 $t\mathfrak{Y}$ 是所有的点 $t\boldsymbol{y}$(其中 $\boldsymbol{y}\in\mathfrak{Y}$) 组成的类. 注意若 t 不是整数, 则不能由 $\boldsymbol{y}' \equiv \boldsymbol{y} \pmod{\Lambda}$ 推出 $t\boldsymbol{y}' \equiv t\boldsymbol{y} \pmod{\Lambda}$, 因此对于非整数 $t,t\mathfrak{Y}$ 无定义.

按照 Abel 群 (在此是所有向量的加群) 对于它的子群 (在此是 Λ 中向量的加群) 的商群的一般概念, 我们称类 $\mathfrak{Y}$ 是商空间 $\mathscr{R}/\Lambda$ 的一个点 (元素), 其中 $\mathscr{R}$ 是 n 维欧氏空间 $\mathbb{R}^n$.

设 $F(\boldsymbol{x})$ 是定义在 $\mathscr{R}$ 上的距离函数, 对于任何 $\mathfrak{Y}\in\mathscr{R}/\Lambda$, 令

$$F(\mathfrak{Y}) = \inf_{\boldsymbol{y}\in\mathfrak{Y}} F(\boldsymbol{y}). \tag{1}$$

特别地, $F(\mathfrak{O})=0$.

引理 5.4.1 上面定义的函数 $F(\mathfrak{X})(\mathfrak{X}\in\mathscr{R}/\Lambda)$ 有下列性质:

(a) $F(t\mathfrak{X}) \leqslant tF(\mathfrak{X})$ ($t\geqslant 0$ 为整数).

(b) 若函数 $F(\boldsymbol{x})$ 是凸的, 则 $F(\mathfrak{X})$ 也是凸的, 即

$$F(\mathfrak{X}+\mathfrak{Y}) \leqslant F(\mathfrak{X})+F(\mathfrak{Y}).$$

(c) 若仅当 $\boldsymbol{x}=\mathbf{0}$ 时 $F(\boldsymbol{x})=0$, 则对于每个 $\mathfrak{Y}\in\mathscr{R}/\Lambda$, 存在 $\boldsymbol{y}^*\in\mathfrak{Y}$, 使得 $F(\mathfrak{Y})=F(\boldsymbol{y}^*)$, 并且仅当 $\mathfrak{X}=\mathfrak{O}$ 时 $F(\mathfrak{X})=0$.

(d) 若 $F_1(\boldsymbol{x})$ 和 $F_2(\boldsymbol{x})$ 是两个距离函数, 并且存在常数 c, 使得对于所有 $\boldsymbol{x}\in\mathscr{R}$, 有 $F_1(\boldsymbol{x})\leqslant cF_2(\boldsymbol{x})$, 则对于所有 $\mathfrak{X}\in\mathscr{R}/\Lambda$, 有 $F_1(\mathfrak{X})\leqslant cF_2(\mathfrak{X})$.

证 性质 (a) 的证明: $t=0$ 时显然等式成立. 由距离函数的性质, 对于任何实数 $t>0,F(t\boldsymbol{x})=tF(\boldsymbol{x})$, 于是对于任意正整数 t,

$$F(t\mathfrak{X}) = \inf_{\boldsymbol{y}\in t\mathfrak{X}} F(\boldsymbol{y}) \leqslant \inf_{\boldsymbol{x}\in\mathfrak{X}} F(t\boldsymbol{x}) = t\inf_{\boldsymbol{x}\in\mathfrak{X}} F(\boldsymbol{x}) = tF(\mathfrak{X}).$$

性质 (b) 的证明:

$$\begin{aligned}F(\mathfrak{X}+\mathfrak{Y}) &= \inf_{\boldsymbol{z}\in\mathfrak{X}+\mathfrak{Y}} F(\boldsymbol{z}) = \inf_{\boldsymbol{x}\in\mathfrak{X},\boldsymbol{y}\in\mathfrak{Y}} F(\boldsymbol{x}+\boldsymbol{y})\\ &\leqslant \inf_{\boldsymbol{x}\in\mathfrak{X},\boldsymbol{y}\in\mathfrak{Y}}\big(F(\boldsymbol{x})+F(\boldsymbol{y})\big) \leqslant \inf_{\boldsymbol{x}\in\mathfrak{X},\boldsymbol{y}\in\mathfrak{Y}} F(\boldsymbol{x}) + \inf_{\boldsymbol{x}\in\mathfrak{X},\boldsymbol{y}\in\mathfrak{Y}} F(\boldsymbol{y})\\ &= \inf_{\boldsymbol{x}\in\mathfrak{X}} F(\boldsymbol{x}) + \inf_{\boldsymbol{y}\in\mathfrak{Y}} F(\boldsymbol{y}) = F(\mathfrak{X})+F(\mathfrak{Y}).\end{aligned}$$

性质 (c) 的证明: 设 $\mathfrak{Y}\in\mathscr{R}/\Lambda, \boldsymbol{y}_0\in\mathfrak{Y}$, 则类 $\mathfrak{Y}$ 中任意元素可表示为 $\boldsymbol{y}_0+\boldsymbol{a}$, 其中 $\boldsymbol{a}\in\Lambda$. 我们将 $\mathfrak{Y}$ 中的元素划分为两个不相交的集合, 其一由 $\boldsymbol{y}_0+\boldsymbol{a}'$ 形式的元素组成, 其中 $\boldsymbol{a}'\in\Lambda$, 并且 $F(\boldsymbol{y}_0+\boldsymbol{a}')>F(\boldsymbol{y}_0)$; 另一是

$$\mathscr{A}=\{\boldsymbol{y}_0+\boldsymbol{a}\,|\,\boldsymbol{a}\in\Lambda,\ \text{并且}\ F(\boldsymbol{y}_0+\boldsymbol{a})\leqslant F(\boldsymbol{y}_0)\}.$$

显然前一集合中的元素不可能成为所要的 $\boldsymbol{y}^*$. 对于后者, 我们有 $F(\boldsymbol{y}_0+\boldsymbol{a})\leqslant F(\boldsymbol{y}_0)$, 并且由假设条件和引理 5.1.2 可知存在常数 $c>0$, 使得对于所有 $\boldsymbol{x}$, 有 $F(\boldsymbol{x})\geqslant c|\boldsymbol{x}|$. 于是

$$F(\boldsymbol{y}_0+\boldsymbol{a})\geqslant c|\boldsymbol{y}_0+\boldsymbol{a}|\geqslant c\big||\boldsymbol{a}|-|\boldsymbol{y}_0|\big|,$$

从而

$$|\boldsymbol{a}|\leqslant|\boldsymbol{y}_0|+c^{-1}F(\boldsymbol{y}_0+\boldsymbol{a})\leqslant|\boldsymbol{y}_0|+c^{-1}F(\boldsymbol{y}_0).$$

可见只有有限个 $\boldsymbol{a}\in\Lambda$ 满足定义集合 $\mathscr{A}$ 的不等式 (即 $\mathscr{A}$ 是有限集). 因此存在 $\boldsymbol{a}_0\in\Lambda$, 使得

$$F(\boldsymbol{y}_0+\boldsymbol{a}_0)=\inf_{\boldsymbol{a}\in\Lambda}F(\boldsymbol{y}_0+\boldsymbol{a}).$$

按定义, $F(\mathfrak{Y})=\inf\limits_{\boldsymbol{y}\in\mathfrak{Y}}F(\boldsymbol{y})=\inf\limits_{\boldsymbol{a}\in\Lambda}F(\boldsymbol{y}_0+\boldsymbol{a})=F(\boldsymbol{y}_0+\boldsymbol{a}_0)$, 从而 $\boldsymbol{y}^*=\boldsymbol{y}_0+\boldsymbol{a}_0\in\mathfrak{Y}$ 使得 $F(\mathfrak{Y})=F(\boldsymbol{y}^*)$.

如果 $F(\mathfrak{Y})=0$, 那么 $F(\boldsymbol{y}^*)=0$, 由假设条件可知 $\boldsymbol{y}^*=\boldsymbol{0}$, 因而 $\mathfrak{Y}=\mathfrak{O}$.

性质 (d) 可由 $F(\mathfrak{X})$ 的定义直接推出. □

在定义 (1) 中取 $F(\boldsymbol{x})=|\boldsymbol{x}|$, 对于任何 $\mathfrak{Y}\in\mathscr{R}/\Lambda$, 令

$$|\mathfrak{Y}|=\inf_{\boldsymbol{x}\in\mathfrak{Y}}|\boldsymbol{x}|. \tag{2}$$

设 $\mathfrak{Y}_r\,(r=1,2,\cdots,\infty)$ 是 $\mathscr{R}/\Lambda$ 中的元素的无穷序列. 若存在 $\mathfrak{Y}'\in\mathscr{R}/\Lambda$, 使得

$$\lim_{r\to\infty}|\mathfrak{Y}_r-\mathfrak{Y}'|=0, \tag{3}$$

则称序列 $\mathfrak{Y}_r$ 趋于极限 $\mathfrak{Y}'$, 记作

$$\lim_{r\to\infty}\mathfrak{Y}_r=\mathfrak{Y}' \quad \text{或} \quad \mathfrak{Y}_r\to\mathfrak{Y}' \quad (r\to\infty).$$

引理 5.4.2　$\mathscr{R}/\Lambda$ 中的序列 $\mathfrak{Y}_r$ 趋于极限 $\mathfrak{Y}'$, 当且仅当存在元素 $\boldsymbol{y}_r \in \mathfrak{Y}_r (r = 1, 2, \cdots), \boldsymbol{y}' \in \mathfrak{Y}'$, 使得

$$\boldsymbol{y}_r \to \boldsymbol{y}' \quad (r \to \infty). \tag{4}$$

证　首先设存在满足等式 (4) 的元素 $\boldsymbol{y}_r \in \mathfrak{Y}_r (r = 1, 2, \cdots), \boldsymbol{y}' \in \mathfrak{Y}'$. 那么由定义 (2) 可知

$$|\mathfrak{Y}_r - \mathfrak{Y}_r'| \leqslant |\boldsymbol{y}_r - \boldsymbol{y}'|,$$

于是由式 (4) 推出式 (3).

反之, 设式 (3) 成立. 按引理 5.4.1(c), 存在点列 $\boldsymbol{z}_r \in \mathfrak{Y}_r - \mathfrak{Y}'$, 使得

$$|\boldsymbol{z}_r| = |\mathfrak{Y}_r - \mathfrak{Y}'|.$$

设 $\boldsymbol{y}'$ 是类 $\mathfrak{Y}'$ 中的任意点, 令 $\boldsymbol{y}_r = \boldsymbol{y}' + \boldsymbol{z}_r$, 那么容易验证点列 $\boldsymbol{y}_r$ 具有性质 (4). □

现在设 $\boldsymbol{b}_1, \cdots, \boldsymbol{b}_n$ 是格 Λ 的一组基, 那么 $\mathscr{R}$ 中每个点 $\boldsymbol{x}$ 可唯一地表示为

$$\boldsymbol{x} = \xi_1 \boldsymbol{b}_1 + \cdots + \xi_n \boldsymbol{b}_n \quad (\xi_i \in \mathbb{R}),$$

并且当且仅当 $\xi_i \in \mathbb{Z}$ 时 $\boldsymbol{x} \in \Lambda$. 因此对于每个点 $\boldsymbol{x}$, 存在唯一的点 $\boldsymbol{a} \in \Lambda$, 使得

$$\boldsymbol{y} = \boldsymbol{x} - \boldsymbol{a} = \eta_1 \boldsymbol{b}_1 + \cdots + \eta_n \boldsymbol{b}_n, \tag{5}$$

其中

$$0 \leqslant \eta_j < 1 \quad (j = 1, \cdots, n). \tag{6}$$

换言之, 每个类 $\mathfrak{X} \in \mathscr{R}/\Lambda$ 恰有一个代表元 $\boldsymbol{y} \in \mathfrak{X}$ 位于由式 (5) 和式 (6) 定义的半开平行体 $\mathscr{P}$ 中. $\mathscr{P}$ 就是 Λ 的基本平行体 (见 2.1 节).

引理 5.4.3　商空间 $\mathscr{R}/\Lambda$ 是列紧的, 即每个由 $\mathscr{R}/\Lambda$ 中的元素组成的无穷序列 $\mathfrak{Y}_r (r = 1, 2, \cdots)$ 都含有一个收敛子列

$$\mathfrak{Y}_{r_s} \to \mathfrak{Y}' (\in \mathscr{R}/\Lambda) \quad (s \to \infty). \tag{7}$$

证　基本平行体虽然有界, 但不是闭的, 所以并不列紧. 令 $\overline{\mathscr{P}}$ 是其闭包, 即用 $0 \leqslant \eta_j \leqslant 1$ 代替式 (6). 设 $\boldsymbol{y}_r$ 是类 $\mathfrak{Y}_r$ 的位于 $\mathscr{P}$ 中的代表元. 依 Weierstrass 列紧性定理, 存在收敛子列

$$\boldsymbol{y}_{r_s} \to \boldsymbol{y}' \ (\in \overline{\mathscr{P}}),$$

于是由引理 5.4.2 推出式 (7), 其中 $\boldsymbol{y}' \in \mathfrak{Y}'$. □

现在我们引进商空间 $\mathscr{R}/\Lambda$ 上的测度. 设 $\mathcal{S} \subseteq \mathscr{R}/\Lambda$(即商空间中的一些类组成的集合), $\mathscr{S} \subseteq \mathscr{R}$ (即 $\mathbb{R}^n$ 中的一些点组成的集合). 如果:

(a) 对于每个 $\mathfrak{X}\in\mathcal{S}$, 恰存在一个点 $\boldsymbol{x}\in\mathfrak{X}$ 属于集合 $\mathscr{S}$;

(b) 每个点 $\boldsymbol{x}\in\mathscr{S}$ 属于某个 $\mathfrak{X}\in\mathcal{S}$.

那么称 $\mathscr{S}$ 是 $\mathcal{S}$ 的代表元集. 若 $\mathcal{S}$ 至少有一个代表元集 $\mathscr{S}$ 是可测的, 则称集合 $\mathcal{S}$ 可测.

设 $\widetilde{\mathscr{S}}$ 是 $\mathcal{S}$ 的任意一个可测的代表元集, $\mathscr{P}$ 是格 Λ 的基本平行体, 令

$$\mathscr{S}_1=\{\boldsymbol{x}=\boldsymbol{y}+\boldsymbol{u}\in\mathscr{P}\,|\,\boldsymbol{y}\in\widetilde{\mathscr{S}},\boldsymbol{u}\in\Lambda\},$$

那么由 $\widetilde{\mathscr{S}}$ 的定义可知其中任何两个不同点之差不属于 Λ, 于是由定理 3.1.2 的推论可知集合 $\mathscr{S}_1$ 可测, 并且体积

$$V(\mathscr{S}_1)=V(\widetilde{\mathscr{S}}).$$

特别地, 如果 $\mathscr{S}$ 和 $\mathscr{S}'$ 是 $\mathcal{S}$ 的任意两个可测代表元集, 那么 $V(\mathscr{S})=V(\mathscr{S}')$. 我们将这个公共值记作 $m(\mathcal{S})$, 并称作集合 $\mathcal{S}$ 的测度.

考虑 $\mathscr{R}=\mathbb{R}^n$ 到自身的非奇异线性变换

$$\boldsymbol{y}=\boldsymbol{\tau}\boldsymbol{x},$$

其中 (列向量)$\boldsymbol{x}=(x_1,\cdots,x_n)^{\mathrm{T}}$ 和 $\boldsymbol{y}=(y_1,\cdots,y_n)^{\mathrm{T}}\in\mathbb{R}^n,\boldsymbol{\tau}=(\tau_{ij})_{1\leqslant i,j\leqslant n}$ 是 n 阶非奇异实矩阵, 即 $\det(\boldsymbol{\tau})\neq 0$. 于是它用自然的方式诱导一个 $\mathscr{R}/\Lambda$ 到 $\mathscr{R}/\boldsymbol{\tau}\Lambda$ 的映射 (仍然记作 $\boldsymbol{\tau}$). 用 $m(\cdot)$ 和 $m'(\cdot)$ 分别表示定义在空间 $\mathscr{R}/\Lambda$ 和 $\mathscr{R}/\boldsymbol{\tau}\Lambda$ 上的测度.

引理 5.4.4 (a) 整个商空间 $\mathscr{R}/\Lambda$ 的测度等于 $V(\mathscr{P})=d(\Lambda)$.

(b) 设 $\boldsymbol{\tau}$ 是 $\mathscr{R}$ 到自身的非奇异线性变换, 那么对于任何 $\mathcal{S}\subseteq\mathscr{R}/\Lambda$,

$$m'(\boldsymbol{\tau}\mathcal{S})=|\det\boldsymbol{\tau}|m(\mathcal{S}).$$

证 (a) 由引理 2.1.2 可知 Λ 的基本平行体 $\mathscr{P}$ 是集合 $\mathcal{S}=\mathscr{R}/\Lambda$ 的可测代表元集, 因而整个商空间 $\mathscr{R}/\Lambda$ 的测度等于 $V(\mathscr{P})=d(\Lambda)$.

(b) 因为 $\boldsymbol{\tau}$ 是 $\mathscr{R}$ 到自身的非奇异线性变换, 所以若 $\widetilde{\mathscr{S}}$ 是 $\mathcal{S}$ 的可测代表元集, 则 $\boldsymbol{\tau}\widetilde{\mathscr{S}}$ 是 $\boldsymbol{\tau}\mathcal{S}\subseteq\mathscr{R}/\boldsymbol{\tau}\Lambda$ 的代表元集, 并且

$$V(\widetilde{\mathscr{S}})=\int\limits_{\widetilde{\mathscr{S}}}\mathrm{d}\boldsymbol{\sigma}=\int\limits_{\boldsymbol{\tau}^{-1}(\boldsymbol{\tau}\widetilde{\mathscr{S}})}\mathrm{d}\boldsymbol{\sigma}=\int\limits_{\boldsymbol{\tau}\widetilde{\mathscr{S}}}|\det\boldsymbol{\tau}^{-1}|\mathrm{d}\boldsymbol{\sigma}'=|\det\boldsymbol{\tau}|^{-1}\int\limits_{\boldsymbol{\tau}\widetilde{\mathscr{S}}}\mathrm{d}\boldsymbol{\sigma}',$$

其中 $\mathrm{d}\boldsymbol{\sigma}=\mathrm{d}x_1\cdots\mathrm{d}x_n,\mathrm{d}\boldsymbol{\sigma}'=\mathrm{d}y_1\cdots\mathrm{d}y_n$. 于是 $\boldsymbol{\tau}\widetilde{\mathscr{S}}$ 可测, 并且

$$V(\boldsymbol{\tau}\widetilde{\mathscr{S}})=\int\limits_{\boldsymbol{\tau}\widetilde{\mathscr{S}}}\mathrm{d}\boldsymbol{\sigma}'=|\det\boldsymbol{\tau}|V(\widetilde{\mathscr{S}}),$$

从而

$$m'(\boldsymbol{\tau}\mathcal{S}) = V(\boldsymbol{\tau}\widetilde{\mathscr{S}}) = |\det\boldsymbol{\tau}|V(\widetilde{\mathscr{S}}) = |\det\boldsymbol{\tau}|m(\mathcal{S}). \qquad \square$$

注 5.4.1 关于 $\mathscr{R}/\Lambda$ 上的测度的更深入讨论, 可参见文献 [29]7.3 节, 还可参见文献 [81].

5.5 相继极小

设给定 n 维距离函数 $F(\boldsymbol{x})$ 和 n 维格 Λ. 如果对于某个整数 $k\,(1\leqslant k\leqslant n)$, 以及某个数 $\lambda>0$, 星形体

$$\lambda\mathscr{S}:\ F(\boldsymbol{x})<\lambda \tag{1}$$

含有 k 个线性无关的点

$$\boldsymbol{a}_1,\cdots,\boldsymbol{a}_k\in\Lambda, \tag{2}$$

那么对于任何 $\mu>\lambda$, 星形体 $\mu\mathscr{S}$ 也含有式 (2) 中的 k 个点. 我们将

$$\begin{aligned}\lambda_k &= \lambda_k(F,\Lambda)\\ &= \inf\{\lambda>0\,|\,\lambda\mathscr{S}\ \text{含有}\ \Lambda\ \text{的}\ k\ \text{个线性无关的格点}\}\end{aligned}$$

称为距离函数 F 对于格 Λ (或者格 Λ 对于 F) 的第 k 个相继极小. 如果 F 与 $\mathscr{S}$ 相伴, 有时也将 λ_k 称作星形体 $\mathscr{S}$ 对于格 Λ (或者格 Λ 对于 $\mathscr{S}$) 的第 k 个相继极小; 特别地, 若 $\Lambda=\Lambda_0$, 在不引起混淆时, 可将 λ_k 简称为 $\mathscr{S}$(或 F) 的第 k 个相继极小.

数 $\lambda_1,\cdots,\lambda_n$ 总是存在的, 并且显然有

$$0<\lambda_1\leqslant\lambda_2\leqslant\cdots\leqslant\lambda_n. \tag{3}$$

如果 $\boldsymbol{a}_1,\cdots,\boldsymbol{a}_n$ 是 Λ 中任意 n 个线性无关的格点, 那么

$$\lambda_k\leqslant\lambda_n\leqslant\max_{1\leqslant k\leqslant n}F(\boldsymbol{a}_j)\quad(k\leqslant n).$$

又由 $F(\Lambda)$ 的定义可知

$$\lambda_1=F(\Lambda)=\inf_{\substack{\boldsymbol{a}\in\Lambda\\ \boldsymbol{a}\neq\boldsymbol{0}}}F(\boldsymbol{a}). \tag{4}$$

而由 $\delta(F)$ 的定义

$$\delta(F)=\sup_{\Lambda}\frac{\left(F(\Lambda)\right)^n}{d(\Lambda)} \tag{5}$$

(其中上确界取自所有 n 维格) 可知

$$\lambda_1^n \leqslant \delta(F)d(\Lambda). \tag{6}$$

注 5.5.1 对于点集 (1), 令 $\lambda_k\overline{\mathscr{S}}: F(\boldsymbol{x})\leqslant\lambda_k$. 依相继极小的定义, 开集 $\lambda_k\mathscr{S}$ 中至多含 $k-1$ 个线性无关的格点, 并且 $\lambda_k\mathscr{S}$ 的边界上有若干格点与这些格点形成元素个数至少为 k 的线性无关点集, 因而闭集 $\lambda_k\overline{\mathscr{S}}$ 中至少包含 k 个线性无关的格点. 于是得到相继极小的等价定义如下:

$$\lambda_1=\inf\{\lambda>0\,|\,\lambda\overline{\mathscr{S}}\ \text{含有}\ \Lambda\ \text{的非零格点}\ \boldsymbol{a}_1\},$$

对于 $k=2,\cdots,n$,

$$\lambda_k=\inf\{\lambda>0\,|\,\lambda\overline{\mathscr{S}}\ \text{含有}\ \boldsymbol{a}_k\in\Lambda,\ \text{使得}\ \boldsymbol{a}_1,\cdots,\boldsymbol{a}_{k-1},\boldsymbol{a}_k\ \text{线性无关}\}.$$

特别地, 相继极小的概念也可用于 $\mathscr{S}$ 是闭集的情形. 但要注意, 除非有特别说明 (如下面的例 5.5.3), 本书中的相继极小总是按开集 (1) 定义的.

例 5.5.1 设 $0<r_n\leqslant r_{n-1}\leqslant\cdots\leqslant r_1\leqslant 1, \Lambda=\Lambda_0$(即 $\mathbb{Z}^n$), 以及

$$\mathscr{S}=\{\boldsymbol{x}=(x_1,\cdots,x_n)\,|\,|x_i|<r_i(i=1,\cdots,n)\}.$$

那么

$$\left(\frac{1}{r_1}\mathscr{S}\right)\cap\Lambda_0=\{\boldsymbol{0}\},$$

并且对于所有 $\lambda>1/r_1$,

$$\pm(1,0,\cdots,0)\in(\lambda\mathscr{S})\cap\Lambda_0,$$

所以 $\lambda_1=1/r_1$. 类似地得到 $\lambda_k=1/r_k(k=2,\cdots,n)$.

例 5.5.2 设 $\lambda_1,\cdots,\lambda_n$ 是 n 个正数, 满足

$$\lambda_1\leqslant\lambda_2\leqslant\cdots\leqslant\lambda_n,\quad \lambda_1\cdots\lambda_n=1.$$

还设 Λ 是由点

$$(\lambda_1u_1,\lambda_2u_2,\cdots,\lambda_nu_n)\quad(u_1,\cdots,u_n\in\mathbb{Z})$$

组成的格, 那么 $d(\Lambda)=1$, 并且它对于距离函数

$$F(\boldsymbol{x})=\max_{1\leqslant j\leqslant n}|x_j|$$

的相继极小是 $\lambda_1, \cdots, \lambda_n$.

例 5.5.3 设 $\Lambda = \Lambda_0$, 并且 $\mathscr{S}$ 是 n 维 (中心) 对称闭凸集, $0 < V(\mathscr{S}) < \infty$. 令 $F(\boldsymbol{x})$ 是相应于点集 $\mathscr{S}$ 的距离函数 (见例 5.2.2). 那么当 λ 足够大时, $\lambda\mathscr{S}$ 可以包含任何指定的点. 特别地, 可以包含 $k(\leqslant n)$ 个线性无关的整点. 对于每个 $k(\leqslant n)$, 存在最小的 $\lambda = \lambda_k = \lambda_k(\mathscr{S})$, 使得 $\lambda\mathscr{S}$ 中含有 k 个线性无关的整点, 此 λ_k 就是 F 对于 $\mathbb{Z}^n$ 的第 k 个相继极小 (有时也简称为点集 $\mathscr{S}$ 的第 k 个相继极小). 显然, 我们也可将此表述为

$$\lambda_k = \inf\{\lambda > 0 \,|\, \dim(\lambda\mathscr{S} \cap \mathbb{Z}^n) \geqslant k\} \quad (k = 1, \cdots, n),$$

并且自然有

$$0 < \lambda_1 \leqslant \lambda_2 \leqslant \cdots \leqslant \lambda_n.$$

因为 $\mathscr{S}$ 是闭集, 所以存在整点 $\boldsymbol{x}^{(1)}, \boldsymbol{x}^{(2)}, \cdots, \boldsymbol{x}^{(n)}$, 使得

$$\begin{aligned}
\lambda_1 &= F(\boldsymbol{x}^{(1)}) = \min\{F(\boldsymbol{x}) \,|\, \boldsymbol{x} \text{ 是非零整点}\},\\
\lambda_k &= F(\boldsymbol{x}^{(k)})\\
&= \min\{F(\boldsymbol{x}) \,|\, \boldsymbol{x} \text{ 是与 } \boldsymbol{x}^{(1)}, \cdots, \boldsymbol{x}^{(k-1)} \text{ 线性无关的整点}\} \quad (k = 2, \cdots, n)
\end{aligned}$$

(参见注 5.5.1).

下面是几个 (中心) 对称闭凸集情形的例子:

(a) 在 $\mathbb{R}^2$ 中, 若 $\mathscr{S}$ 是以 (0,0) 为中心、边平行于坐标轴, 并且边长分别为 1 和 4 的闭长方形, 则 $\lambda_1 = 1/2, \lambda_2 = 2$.

(b) 在 $\mathbb{R}^2$ 中, 若 $\mathscr{S}$ 是以 (0,0) 为中心、半径为 1/2 的闭圆盘, 则 $\lambda_1 = \lambda_2 = 2$.

(c) 在 $\mathbb{R}^n$ 中, 若 $\mathscr{S}$ 由不等式

$$|x_1| \leqslant M, \quad |x_i| \leqslant 1 \quad (i = 2, \cdots, n)$$

(其中 $M \geqslant 1$) 的解 $\boldsymbol{x} = (x_1, \cdots, x_n)$ 组成, 则 $\lambda_1 = 1/M, \lambda_k = 1\,(k = 2, \cdots, n)$.

5.6　$\lambda_1 \cdots \lambda_n$ 的估计

5.5 节的式 (6) 给出了 λ_1 的一个上界估计. 现在设 F 是与有界星形体 $F(\boldsymbol{x}) < 1$ 相伴的距离函数, $V(F)$ 是 $F(\boldsymbol{x}) < 1$ 的体积, $\lambda_1, \cdots, \lambda_n$ 是格 Λ 对于

$F(\boldsymbol{x})$ 的相继极小. 那么 $F(\boldsymbol{x})<\lambda_1$ 不含非零格点. 因为 $F(\boldsymbol{x})<\lambda_1$ 的体积等于 $\lambda_1^n V(F)$, 所以由 Minkowski 第一凸体定理 (定理 3.2.2) 推出

$$\lambda_1^n V(F) \leqslant 2^n d(\Lambda).$$

这个不等式通过 $V(F)$ 给出第一个相继极小 λ_1 的上界估计. 一般地, 这种方法不能给出 $\lambda_j\,(j\geqslant 2)$ 的上界估计. 例如对于例 5.5.3(c) 中的点集

$$\mathscr{S}:\ |x_1|<M,\quad |x_j|<1\quad (j=2,\cdots,n)$$

以及格 $\Lambda_0=\mathbb{Z}^n$, 我们有 $\lambda_1=M^{-1},\lambda_j=1(j\geqslant 2)$. 体积 $V(\mathscr{S})=2^nM$ 可取任意大的值, 但始终 $\lambda_j=1(j\geqslant 2)$. 因此, 通常考虑 n 个相继极小之积 $\lambda_1\cdots\lambda_n$ 的上界估计.

定理 5.6.1 设

$$F_0(\boldsymbol{x})=|\boldsymbol{x}| \tag{1}$$

(欧氏距离), $\lambda_1,\cdots,\lambda_n$ 是格 Λ 对于 F_0 的相继极小, 则

$$d(\Lambda)\leqslant \lambda_1\cdots\lambda_n\leqslant \delta(F_0)d(\Lambda). \tag{2}$$

我们首先给出两个辅助结果.

引理 5.6.1 设 F 是与有界星形体 $F(\boldsymbol{x})<1$ 相伴的距离函数, $\lambda_1,\cdots,\lambda_n$ 是格 Λ 对于 F 的相继极小, 那么存在线性无关的点 $\boldsymbol{a}_1,\cdots,\boldsymbol{a}_n\in\Lambda$, 使得

$$F(\boldsymbol{a}_j)=\lambda_j\quad (j=1,\cdots,n).$$

并且若 $\boldsymbol{a}\in\Lambda,F(\boldsymbol{a})<\lambda_j$, 则点 $\boldsymbol{a}$ 与点 $\boldsymbol{a}_1,\cdots,\boldsymbol{a}_{j-1}$ 线性相关 (此处 $\boldsymbol{a}_0$ 理解为 $\mathbf{0}$).

证 (i) 依 λ_n 的定义, 存在 n 个线性无关的格点满足不等式

$$F(\boldsymbol{x})<\lambda_n+1. \tag{3}$$

由引理 5.1.2 可知: 星形体 $F(\boldsymbol{x})<1$ 有界 $\Rightarrow$ $F(\boldsymbol{x})\neq 0$(对所有 $\boldsymbol{x}\neq\mathbf{0}$) $\Rightarrow$ 星形体 (3) 有界, 因此星形体 (3) 中只含有有限多个格点. 在 λ_j 的定义中只需要考虑这有限多个格点. 因此引理的结论自然成立. 例如, 按定义,

$$\lambda_1=\inf\{\lambda>0\,|\,\text{存在非零的 }\boldsymbol{a}\in\Lambda,\text{ 使得 }F(\boldsymbol{a})<\lambda\},$$

从而 $\boldsymbol{a}_1$ 位于 $F(\boldsymbol{x})<\lambda$ 的边界上, 即有 $F(\boldsymbol{a}_1)=\lambda_1$. 类似地可从有限多个格点中找到 $\boldsymbol{a}_j$ 满足 $F(\boldsymbol{a}_j)=\lambda_j$.

最后, 设 $\boldsymbol{a}\in\Lambda,F(\boldsymbol{a})<\lambda_j$. 若 $j=1$, 则显然 $\boldsymbol{a}=\mathbf{0}$. 若 $j>1$, 则当 $\boldsymbol{a}=\mathbf{0}$ 时点 $\boldsymbol{a}$ 显然与 $\boldsymbol{a}_1,\cdots,\boldsymbol{a}_{j-1}$ 线性相关; 若 $\boldsymbol{a}\neq\mathbf{0}$, 并且点 $\boldsymbol{a}$ 与点 $\boldsymbol{a}_1,\cdots,\boldsymbol{a}_{j-1}$ 线性无关, 则第 j 个极小 λ_j 由点组 $\boldsymbol{a}_1,\cdots,\boldsymbol{a}_{j-1},\boldsymbol{a}$ 确定, 与 $\lambda_j=F(\boldsymbol{a}_j)$ 矛盾. □

引理 5.6.2 设 $\lambda_1,\cdots,\lambda_n$ 是格 Λ 对于距离函数 F 的相继极小, 那么存在 Λ 的一组基 $\boldsymbol{b}_1,\cdots,\boldsymbol{b}_n$, 使得对于每个 $j=1,2,\cdots,n$, 以及点 $\boldsymbol{x}\in\Lambda$, 由不等式

$$F(\boldsymbol{x})<\lambda_j$$

可推出

$$\boldsymbol{x}=u_1\boldsymbol{b}_1+\cdots+u_{j-1}\boldsymbol{b}_{j-1}, \tag{4}$$

其中系数 $u_1,\cdots,u_{j-1}$ 是整数 (此处 $\boldsymbol{b}_0$ 理解为 $\boldsymbol{0}$).

证 (i) 如果仅当 $\boldsymbol{x}=\boldsymbol{0}$ 时 $F(\boldsymbol{x})=0$, 那么由引理 5.1.2 可知星形体 $F(\boldsymbol{x})<1$ 有界. 由引理 5.6.1 确定的线性无关的向量 $\boldsymbol{a}_1,\cdots,\boldsymbol{a}_n\in\Lambda$ 形成 Λ 的一个子格的基, 并且

$$F(\boldsymbol{x})<\lambda_j,\boldsymbol{x}\in\Lambda \quad\Rightarrow\quad \boldsymbol{x}=\sum_{k=1}^{j-1}v_k\boldsymbol{a}_k\,(v_k\in\mathbb{Z}). \tag{5}$$

由定理 2.2.1(b), 存在 Λ 的一组基 $\boldsymbol{b}_1,\cdots,\boldsymbol{b}_n$, 使得

$$\begin{aligned}
&\boldsymbol{a}_1=v_{11}\boldsymbol{b}_1,\\
&\boldsymbol{a}_2=v_{21}\boldsymbol{b}_1+v_{22}\boldsymbol{b}_2,\\
&\cdots,\\
&\boldsymbol{a}_n=v_{n1}\boldsymbol{b}_1+v_{n2}\boldsymbol{b}_2+\cdots+v_{nn}\boldsymbol{b}_n,
\end{aligned}$$

其中所有 $v_{ij}\in\mathbb{Z}$, 并且 $v_{ii}\neq 0$. 由此及式 (5) 即得式 (4).

(ii) 设 $F(\boldsymbol{x})=0$ 不蕴涵 $\boldsymbol{x}=\boldsymbol{0}$. 此时 λ_j 未必两两互异. 我们可设

$$\begin{aligned}
&\underbrace{\lambda_1=\cdots=\lambda_{k_1}}_{(=\mu_1)}<\underbrace{\lambda_{k_1+1}=\cdots=\lambda_{k_2}}_{(=\mu_2)}\\
&\qquad<\cdots<\underbrace{\lambda_{k_{s-1}+1}=\cdots=\lambda_{k_s}}_{(=\mu_s)}\ (=\lambda_n),
\end{aligned}$$

其中 $(\lambda_1=)\mu_1<\mu_2<\cdots<\mu_s(=\lambda_n),s\in\{1,2,\cdots,n\}$.

由相继极小的定义, 不存在非零的 $\boldsymbol{a}\in\Lambda$ 满足 $F(\boldsymbol{a})<\mu_1$. 因为 $\mu_2=\lambda_{k_1+1}>\lambda_{k_1}$, 所以存在 k_1 个线性无关的点

$$\boldsymbol{a}_1,\cdots,\boldsymbol{a}_{k_1}\in\Lambda$$

满足 $F(\boldsymbol{x})<\mu_2$, 并且在集合 $F(\boldsymbol{x})<\mu_2$ 中任何其他属于 Λ 的点都与这 k_1 个点线性相关. 类似地, 存在 k_2 个线性无关的 Λ 的格点满足 $F(\boldsymbol{x})<\mu_3$, 并且集合 $F(\boldsymbol{x})<\mu_3$ 中任何其他属于 Λ 的点都与这 k_2 个点线性相关. 因为 $\mu_2<\mu_3$, 星形

体 $F(\boldsymbol{x})<\mu_2$ 是星形体 $F(\boldsymbol{x})<\mu_3$ 的子集, 所以不妨认为这 k_2 个格点中有 k_1 个就是前面已经确定的格点 $\boldsymbol{a}_1,\cdots,\boldsymbol{a}_{k_1}$, 从而可将这 k_2 个线性无关的 Λ 的格点记作

$$\boldsymbol{a}_1,\cdots,\boldsymbol{a}_{k_1},\boldsymbol{a}_{k_1+1},\cdots,\boldsymbol{a}_{k_2}.$$

它们形成星形体 $F(\boldsymbol{x})<\mu_3$ 中极大线性无关点组. 继续这个过程有限步, 最终得到 $k_{s-1}<n$ 个线性无关的点

$$\boldsymbol{a}_1,\cdots,\boldsymbol{a}_{k_{s-1}}\in\Lambda, \tag{6}$$

对于每个 $t(2\leqslant t\leqslant s)$ 满足

$$F(\boldsymbol{a}_l)<\mu_t \quad (\text{当 } l\leqslant k_{t-1} \text{ 时}),$$

并且 $\boldsymbol{a}_l(l=1,\cdots,k_{t-1})$ 形成星形体 $F(\boldsymbol{x})<\mu_t$ 中极大线性无关点组.

将点集 (6) 补充为线性无关的 n 格点组 $\{\boldsymbol{a}_1,\cdots,\boldsymbol{a}_n\}$, 它们生成 Λ 的一个子格. 应用定理 2.2.1(b), 存在 Λ 的一组基 $\boldsymbol{b}_1,\cdots,\boldsymbol{b}_n$, 使得每个向量 $\boldsymbol{a}_j$ 仅与 $\boldsymbol{b}_1,\cdots,\boldsymbol{b}_j$ 线性相关. 特别地, 式 (6) 中每个向量 $\boldsymbol{a}_l(l=1,\cdots,k_{s-1})$ 分别是 $\boldsymbol{b}_1,\cdots,\boldsymbol{b}_l$ 的整系数线性组合. 若 $\boldsymbol{x}\in\Lambda$ 满足 $F(\boldsymbol{x})<\lambda_j$, 则有某个 t 使得 $\lambda_j=\mu_t$. 如果 $t=1$, 那么 $\boldsymbol{x}=\boldsymbol{0}$, 显然式 (4) 成立 (其中取所有系数 $u_k=0$). 如果 $t>1$, 那么 $\boldsymbol{x}$ 是 $\boldsymbol{a}_l(l=1,\cdots,k_{t-1})$ 的整系数线性组合, 从而是 $\boldsymbol{b}_l(l=1,\cdots,k_{t-1})$ 的整系数线性组合. 注意 $k_{t-1}+1\leqslant j$, 因此式 (4) 也成立 (当 $k_{t-1}+1<j$ 时, 其中取系数 $u_{k_{t-1}+1}=\cdots=u_{j-1}=0$). □

定理 5.6.1 之证 (i) 首先证不等式 (2) 的左半式. 显然星形体 (n 维开球)

$$\mathscr{D}_n:\ |\boldsymbol{x}|<1$$

有界. 设 $\boldsymbol{a}_1,\cdots,\boldsymbol{a}_n\in\Lambda$ 线性无关, 满足 $F(\boldsymbol{a}_j)=\lambda_j$(如引理 5.6.1 确定). 因为点 $\boldsymbol{a}_1,\cdots,\boldsymbol{a}_n$ 在 Λ 中的指标

$$I=\frac{|\det(\boldsymbol{a}_1\quad\cdots\quad\boldsymbol{a}_n)|}{d(\Lambda)}\geqslant 1,$$

所以

$$|\det(\boldsymbol{a}_1\quad\cdots\quad\boldsymbol{a}_n)|=Id(\Lambda)\geqslant d(\Lambda).$$

另一方面, 由 Hadamard 不等式可得

$$|\det(\boldsymbol{a}_1\quad\cdots\quad\boldsymbol{a}_n)|\leqslant|\boldsymbol{a}_1|\cdots|\boldsymbol{a}_n|=\lambda_1\cdots\lambda_n.$$

于是推出所要结果.

(ii) 现在证明不等式 (2) 的右半式. 用 $\boldsymbol{b}_1,\cdots,\boldsymbol{b}_n$ 表示引理 5.6.2 所确定的 Λ 的一组基. 依 Schimidt 正交化方法, 存在两两正交的向量 $\boldsymbol{c}_1,\cdots,\boldsymbol{c}_n$, 并且 $|\boldsymbol{c}_j|=1$, 使得

$$\boldsymbol{c}_j=p_{j1}\boldsymbol{b}_1+\cdots+p_{jj}\boldsymbol{b}_j\quad(j=1,\cdots,n),$$

其中系数 $p_{ij}\in\mathbb{R},p_{jj}\neq 0$. 于是

$$\boldsymbol{b}_j=t_{j1}\boldsymbol{c}_1+\cdots+t_{jj}\boldsymbol{c}_j\quad(j=1,\cdots,n),$$

其中系数 $t_{ji}\in\mathbb{R}$. 因此对于任意实数 r_j 有

$$\sum_{j=1}^{n}r_j\boldsymbol{b}_j=\sum_{j=1}^{n}r_j\left(\sum_{i=1}^{j}t_{ji}\boldsymbol{c}_i\right)=\sum_{i=1}^{n}\left(\sum_{j=i}^{n}r_jt_{ji}\right)\boldsymbol{c}_i,$$

因而由单位向量 $\boldsymbol{c}_i$ 的正交性推出

$$\left|\sum_{j=1}^{n}r_j\boldsymbol{b}_j\right|^2=\sum_{i=1}^{n}\left(\sum_{j=i}^{n}r_jt_{ji}\right)^2. \tag{7}$$

现在证明: 对于任何非零的 $\boldsymbol{u}=(u_1,\cdots,u_n)\in\mathbb{Z}^n$, 有

$$\sum_{i=1}^{n}\lambda_i^{-2}\left(\sum_{j=i}^{n}u_jt_{ji}\right)^2\geqslant 1. \tag{8}$$

事实上, 存在某个下标 $J\leqslant n$, 使得

$$u_J\neq 0,\quad u_j=0\quad(j>J), \tag{9}$$

那么 $\boldsymbol{x}=u_1\boldsymbol{b}_1+\cdots+u_n\boldsymbol{b}_n$ 不与 $\boldsymbol{b}_1,\cdots,\boldsymbol{b}_{J-1}$ 线性相关. 因此由引理 5.6.2 可知 $F_0(\boldsymbol{x})\geqslant\lambda_J$. 依式 (1) 得到

$$|\boldsymbol{x}|^2=\left|\sum_{j=1}^{n}u_j\boldsymbol{b}_j\right|^2\geqslant\lambda_J^2. \tag{10}$$

又由式 (9) 可知当 $i>J$ 时

$$\sum_{j=i}^{n}u_jt_{ji}=0.$$

由此及式 (7) 和式 (10), 并且注意 $\lambda_i\leqslant\lambda_J(i\leqslant J)$, 我们有

$$\sum_{i=1}^{n}\lambda_i^{-2}\left(\sum_{j=i}^{n}u_jt_{ji}\right)^2=\sum_{i=1}^{J}\lambda_i^{-2}\left(\sum_{j=i}^{n}u_jt_{ji}\right)^2$$

$$
\begin{aligned}
&\geqslant \sum_{i=1}^{J} \lambda_J^{-2} \left(\sum_{j=i}^{n} u_j t_{ji} \right)^2 = \lambda_J^{-2} \sum_{i=1}^{J} \left(\sum_{j=i}^{n} u_j t_{ji} \right)^2 \\
&= \lambda_J^{-2} \sum_{i=1}^{n} \left(\sum_{j=i}^{n} u_j t_{ji} \right)^2 = \lambda_J^{-2} \left| \sum_{j=1}^{n} u_j \boldsymbol{b}_j \right|^2 \geqslant 1.
\end{aligned}
$$

于是式 (8) 得证.

现在设 Λ' 是以

$$
\boldsymbol{b}'_j = t_{j1}\lambda_1^{-1}\boldsymbol{c}_1 + \cdots + t_{jj}\lambda_j^{-1}\boldsymbol{c}_j \quad (j = 1, \cdots, n)
$$

为基的格, 那么由式 (7) 和式 (8) 推出: 对于任何非零的 $\sum\limits_{j=1}^{n} u_j \boldsymbol{b}'_j \in \Lambda'$, 有

$$
\left| \sum_{j=1}^{n} u_j \boldsymbol{b}'_j \right|^2 = \sum_{i=1}^{n} \left(\sum_{j=i}^{n} u_j t_{ji} \lambda_i^{-1} \right)^2 = \sum_{i=1}^{n} \lambda_i^{-2} \left(\sum_{j=i}^{n} u_j t_{ji} \right)^2 \geqslant 1,
$$

于是

$$
F_0(\Lambda') = \inf_{\substack{\boldsymbol{x} \in \Lambda' \\ \boldsymbol{x} \neq \boldsymbol{0}}} F_0(\boldsymbol{x}) \geqslant 1,
$$

从而

$$
\delta(F_0) = \sup_{M} \frac{(F_0(M))^n}{d(M)} \geqslant \frac{(F_0(\Lambda'))^n}{d(\Lambda')} \geqslant \frac{1}{d(\Lambda')}
$$

(其中 M 遍历所有 n 维格). 最后注意 $d(\Lambda') = \lambda_1^{-1} \cdots \lambda_n^{-1} d(\Lambda)$, 即由上式推出不等式 (2) 的右半式. □

对于一般的距离函数, 我们有:

定理 5.6.2 设 $F(\boldsymbol{x})$ 是一个距离函数, $\lambda_1, \cdots, \lambda_n$ 是它对于格 Λ 的相继极小, 那么

$$
\lambda_1 \cdots \lambda_n \leqslant 2^{(n-1)/2} \delta(F) d(\Lambda). \tag{11}
$$

首先给出两个辅助结果.

引理 5.6.3 若 $\eta_1, \cdots, \eta_n$ 是任意 n 个实数, 则存在实数 η, 使得

$$
\sum_{j=1}^{n} \{\eta_j - \eta\} \leqslant \frac{n-1}{2}, \tag{12}
$$

其中 $\{a\}$ 表示实数 a 的小数部分.

证 容易验证: 对于任何实数 ξ,

$$
\{\xi\} + \{-\xi\} = \begin{cases} 0, & 若\ \{\xi\} = 0, \\ 1, & 若\ \{\xi\} \neq 0, \end{cases}
$$

因此

$$\begin{aligned}\sum_{k=1}^{n}\sum_{j=1}^{n}\{\eta_j-\eta_k\}&=\sum_{1\leqslant k<j\leqslant n}\{\eta_j-\eta_k\}+\sum_{1\leqslant j<k\leqslant n}\{\eta_j-\eta_k\}\\&=\sum_{1\leqslant k<j\leqslant n}\{\eta_j-\eta_k\}+\sum_{1\leqslant j<k\leqslant n}\{-(\eta_k-\eta_j)\}\\&=\sum_{1\leqslant s<t\leqslant n}(\{\eta_t-\eta_s\}+\{-(\eta_t-\eta_s)\})\\&\leqslant\sum_{1\leqslant s<t\leqslant n}1=\frac{n(n-1)}{2}.\end{aligned}$$

记

$$\sigma_k=\sum_{j=1}^{n}\{\eta_j-\eta_k\}\quad(k=1,\cdots,n),$$

于是

$$\sum_{k=1}^{n}\sigma_k\leqslant\frac{n(n-1)}{2},$$

注意 $\{a\}\geqslant 0$, 可见至少存在一个下标 k, 使得

$$\sigma_k\leqslant\frac{n-1}{2},$$

从而式 (12) 当 $\eta=\eta_k$ 时成立. □

引理 5.6.4 若 $\mu_1,\cdots,\mu_n$ 是任意实数, 满足不等式

$$0<\mu_1\leqslant\mu_2\leqslant\cdots\leqslant\mu_n,\tag{13}$$

那么存在实数 $\mu>0$ 及正整数 $m_1,\cdots,m_n$, 具有下列性质:

(a) m_{j+1}/m_j 是一个整数 $(j=1,\cdots,n-1)$;

(b) $\mu m_j\leqslant\mu_j\,(j=1,\cdots,n)$;

(c) $\mu_1\cdots\mu_n\leqslant 2^{(n-1)/2}(\mu m_1)\cdots(\mu m_n)$.

证　我们取 2 的整数幂作为 m_j:

$$m_j=2^{l_j}\quad(j=1,\cdots,n),$$

其中整数 l_j 待定, 并令

$$\mu_j=2^{\eta_j}\quad(j=1,\cdots,n),$$

其中 $\eta_j=\log_2\mu_j$, 由此按引理 5.6.3 确定实数 η. 由不等式 (13) 可知 $\eta_1\leqslant\eta_2\leqslant\cdots\leqslant\eta_n$. 又因为 $\{a\}$ 以整数为周期, 所以如有必要, 从 η 中减去一个适当的整数(不影响式 (12)), 可以认为

$$\eta\leqslant\eta_1\leqslant\eta_2\leqslant\cdots\leqslant\eta_n.$$

最后取 $\mu=2^\eta$, 以及整数 l_j :

$$l_j=[\eta_j-\eta], \quad 即 \quad \eta_j-\eta=l_j+\{\eta_j-\eta\},$$

那么容易验证 (a) 和 (b) 成立, 并且应用式 (12) 可知

$$\prod_j\left(\frac{\mu_j}{\mu m_j}\right)=2^{\sum(\eta_j-\eta)}\leqslant 2^{(n-1)/2},$$

于是 (c) 成立. □

定理 5.6.2 之证 (i) 设 $\boldsymbol{b}_1,\cdots,\boldsymbol{b}_n$ 是引理 5.6.2 所确定的格 Λ 的基, 实数 μ 和整数 m_j 如引理 5.6.4(其中 μ_j 取作相继极小 λ_j) 所确定. 再令 Λ' 是以

$$\boldsymbol{b}_j'=(\mu m_j)^{-1}\boldsymbol{b}_j \quad (j=1,\cdots,n)$$

为基的格. 那么容易算出

$$d(\Lambda')=\prod_{j=1}^n(\mu m_j)^{-1}d(\Lambda). \tag{14}$$

(ii) 现在证明

$$F(\Lambda')\geqslant 1. \tag{15}$$

类似于定理 5.6.1 的证明, Λ' 的任何非零格点 $\boldsymbol{a}$ 可表示为

$$\boldsymbol{a}=u_1\boldsymbol{b}_1'+\cdots+u_J\boldsymbol{b}_J', \quad u_J\neq 0 \quad (J\leqslant n),$$

其中系数 u_j 是整数. 那么

$$(\mu m_J)\boldsymbol{a}=v_1\boldsymbol{b}_1+\cdots+v_J\boldsymbol{b}_J,$$

其中系数

$$v_j=\frac{m_J}{m_j}u_j \quad (j=1,\cdots,J-1), \quad v_J=u_J\neq 0,$$

因为 u_j 和 m_J/m_j 是整数, 所以上述系数都是整数. 因为 $v_J\neq 0$, 所以由引理 5.6.2 推出

$$F((\mu m_J)\boldsymbol{a})\geqslant \lambda_J,$$

由此及引理 5.6.4(b) 得到

$$F(\boldsymbol{a})\geqslant\frac{\lambda_J}{\mu m_J}\geqslant 1.$$

于是不等式 (15) 得证.

(iii) 最后, 由 $\delta(F)$ 的定义可知

$$\frac{\left(F(\Lambda')\right)^n}{d(\Lambda')} \leqslant \delta(F),$$

由此以及式 (14) 和式 (15) 推出

$$\prod_j (\mu m_j) \leqslant \delta(F)d(\Lambda),$$

注意由引理 5.6.4(c)(其中取 $\mu_j = \lambda_j$) 蕴涵

$$\prod_j \lambda_j \leqslant 2^{(n-1)/2}\prod_j (\mu m_j),$$

于是得到不等式 (11). □

注 5.6.1　**1**° 定理 5.6.1 是 H. Minkowski (见文献 [84] 51 节) 给出的.

2° 定理 5.6.2 是 C. A. Rogers[100] 和 C. Chabauty[30] 分别独立地证明的. C. A. Rogers 还证明了: 当 $F(\boldsymbol{x}) < 1$ 是有界星形体时, 式 (11) 是严格的不等式. C. Chabauty[30] 和 K.Mahler[76] 分别独立地证明了定理 5.6.2 中的常数 $2^{(n-1)/2}$ 是最优的 ($n = 2$ 的情形还可参见文献 [29] 第 8 章 3.3 节).

3° R. A. Rankin[98] 证明了: 若 $F(\boldsymbol{x})$ 是与有界体 $F(\boldsymbol{x}) < 1$ 相关的对称凸距离函数, $\lambda_1, \cdots, \lambda_n$ 是它对于格 Λ 的相继极小, 那么

$$\lambda_1 \cdots \lambda_n \leqslant 2^{(n-1)/2-1/n}\delta(F)d(\Lambda),$$

并且 $\lambda_1^{n-1}\lambda_n \leqslant \delta(F)d(\Lambda)$.

5.7　Minkowski 第二凸体定理

H. Minkowski(见文献 [84] 51 节) 猜测对于所有对称凸距离函数, 定理 5.6.1 都成立. J. H. Chalk 和 C. A. Rogers[32] 及 Chabauty[30] 分别独立地证明了: 对于对称凸距离函数 F 有

$$\lambda_1^{n-1}\lambda_n \leqslant \delta(F)d(\Lambda),$$

因此 H. Minkowski 的这个猜想对 $n = 2$ 的情形成立 (还可见注 5.6.1 的 3°). A. C. Woods[120,121] 证明了当 $n = 3$ 时 Minkowski 的猜想成立, 而当 $n = 2$ 并且

$F(\boldsymbol{x})$ 是非对称凸函数时, 也有 $\lambda_1\lambda_2 \leqslant \delta(F)d(\Lambda)$. 对于一般情形这个猜想尚未解决. H. Minkowski[87] 给出下列重要定理, 称为 Minkowski 第二凸体定理, 通常被视作上述猜想的替代结果.

定理 5.7.1 设 F 是与体积为 $V(F)$ 的有界集 $F(\boldsymbol{x})<1$ 相伴的对称凸距离函数, $\lambda_1,\cdots,\lambda_n$ 是格 Λ 对于 F 的相继极小. 那么

$$\frac{2^n}{n!}d(\Lambda) \leqslant \lambda_1\cdots\lambda_n V(F) \leqslant 2^n d(\Lambda). \tag{1}$$

定理的证明依赖于下列引理:

引理 5.7.1 设 F 是与体积为 $V(F)$ 的有界凸集

$$\mathscr{S}:\ F(\boldsymbol{x})<1 \tag{2}$$

相伴的对称凸距离函数, Λ 是一个格, 它对于 F 的相继极小是 $\lambda_1,\cdots,\lambda_n$. 对于实数 $t>0$, 令

$$\mathcal{S}(t)=\{\mathfrak{Y}\in\mathscr{R}/\Lambda\,|\,\mathfrak{Y}\text{ 至少有一个代表元 }\boldsymbol{y}\in t\mathscr{S}\},$$

此处 $\mathscr{R}=\mathbb{R}^n, t\mathscr{S}$ 表示点集 $F(\boldsymbol{y})<t$. 那么 $\mathcal{S}(t)$ 的测度

$$m(\mathcal{S}(t))\begin{cases}=t^nV(F), & \text{若 } t\leqslant \dfrac{1}{2}\lambda_1,\\ \geqslant \left(\dfrac{1}{2}\lambda_1\right)\cdots\left(\dfrac{1}{2}\lambda_J\right)t^{n-J}V(F), & \text{若 } \dfrac{1}{2}\lambda_J\leqslant t\leqslant \dfrac{1}{2}\lambda_{J+1}(1\leqslant J\leqslant n-1),\\ \geqslant \left(\dfrac{1}{2}\lambda_1\right)\cdots\left(\dfrac{1}{2}\lambda_n\right)V(F), & \text{若 } t\geqslant \dfrac{1}{2}\lambda_n.\end{cases} \tag{3}$$

证 (i) 首先注意, 设 $\boldsymbol{\tau}$ 是 $\mathscr{R}$ 到自身的非奇异线性变换, 令 $\widetilde{\Lambda}=\boldsymbol{\tau}\Lambda, \widetilde{F}(\boldsymbol{x})=F(\boldsymbol{\tau}^{-1}\boldsymbol{x})$, 那么 $\widetilde{\Lambda}$ 对于 $\widetilde{F}$ 的相继极小与 Λ 对于 F 的相继极小相同, 并且

$$V(\widetilde{F})=|\det\boldsymbol{\tau}|V(F),$$

而依引理 5.4.4,

$$m'(\boldsymbol{\tau}\mathcal{S}(t))=|\det\boldsymbol{\tau}|m(\mathcal{S}(t)),$$

这里保留了引理 5.4.4 中的记号, 特别地, 有

$$\boldsymbol{\tau}\mathcal{S}(t)=\widetilde{\mathcal{S}}(t)=\{\widetilde{\mathfrak{Y}}\in\mathscr{R}/\boldsymbol{\tau}\Lambda\,|\,\widetilde{\mathfrak{Y}}\text{ 至少有一个代表元 }\widetilde{\boldsymbol{y}}\in t\widetilde{\mathscr{S}}\},$$

其中 $t\widetilde{\mathscr{S}}$ 表示点集 $\widetilde{F}(\boldsymbol{y})<t$. 因此, 实施变换 $\boldsymbol{\tau}$ 的结果是在式 (3) 两边都出现一个相同的因子 $|\det\boldsymbol{\tau}|$.

据此, 不失一般性, 可以认为引理 5.6.2 给出的 Λ 的基恰为

$$\boldsymbol{b}_j=\boldsymbol{e}_j=(0,\cdots,0,1,0,\cdots,0)\quad(j=1,\cdots,n)\tag{4}$$

(即第 j 个坐标为 1, 其余坐标为 0), 并且 $\Lambda=\Lambda_0$(即 $\mathbb{Z}^n$).

(ii) 现在设

$$t\leqslant\frac{1}{2}\lambda_{J+1}\quad(J=1,\cdots,n-1).\tag{5}$$

令

$$\boldsymbol{x}_1=(x_{11},\cdots,x_{n1}),\quad \boldsymbol{x}_2=(x_{12},\cdots,x_{n2})$$

是点集

$$F(\boldsymbol{x})<t\left(\leqslant\frac{1}{2}\lambda_{J+1}\right)$$

中的两个点, 并且

$$\boldsymbol{x}_1\equiv\boldsymbol{x}_2\,(\mathrm{mod}\ \Lambda_0),\tag{6}$$

那么

$$F(\boldsymbol{x}_1-\boldsymbol{x}_2)\leqslant F(\boldsymbol{x}_1)+F(\boldsymbol{x}_2)<\lambda_{J+1}.$$

因为 $\boldsymbol{x}_1-\boldsymbol{x}_2\in\Lambda_0$, 所以依式 (4) 有

$$x_{j1}=x_{j2}\quad(j>J),\tag{7}$$

以及

$$(x_{11},\cdots,x_{J1})\equiv(x_{12},\cdots,x_{J2})\,(\mathrm{mod}\ \Lambda_0^{(J)}),\tag{8}$$

其中 $\Lambda_0^{(J)}$ 表示 J 维整点形成的格 (即 $\mathbb{Z}^J$). 显然式 (7) 和式 (8) 蕴涵式 (6), 因此条件 (7) 和 (8) 与条件 (6) 等价. 我们还用 $\mathscr{R}_J$ 表示 J 维欧氏空间 (即 $\mathbb{R}^J$), 用 $V_J(\cdot)$ 表示 J 维体积, 以及用 $m_J(\cdot)$ 表示 $\mathscr{R}_J/\Lambda_0^{(J)}$ 上的测度. 对于给定的 $n-J$ 维向量 $\boldsymbol{z}=(z_{J+1},\cdots,z_n)$, 定义集合 $\mathcal{S}_J(t,\boldsymbol{z})\subseteq\mathscr{R}_J/\Lambda_0^{(J)}$, 它的每个元素具有代表元 $\widetilde{\boldsymbol{x}}=(x_1,\cdots,x_J)\in\mathscr{R}_J$, 使得

$$F(x_1,\cdots,x_J,z_{J+1},\cdots,z_n)<t.\tag{9}$$

我们断言: 条件 (5) 蕴涵

$$m(\mathcal{S}(t))=\int m_J(\mathcal{S}_J(t,\boldsymbol{z}))\mathrm{d}\boldsymbol{z},\tag{10}$$

其中 $\mathrm{d}\boldsymbol{z}=\mathrm{d}z_{J+1}\cdots\mathrm{d}z_n$. 事实上, 由距离函数 $F(\boldsymbol{x})$ 的连续性以及 $\mathcal{S}_J(t,\boldsymbol{z})$ 的代表元集满足不等式 (9) 可知, 对于每个给定的 $\boldsymbol{z}$, 集合 $\mathcal{S}_J(t,\boldsymbol{z})$ 有 J 维测度. 若点

$\boldsymbol{z}=(z_{J+1},\cdots,z_n)$ 遍历整个 $n-J$ 维空间, 并且对于每个 $\boldsymbol{z}$, 点 $\widetilde{\boldsymbol{x}}=(x_1,\cdots,x_J)$ 遍历集合 $\mathcal{S}_J(t,\boldsymbol{z})$ 的整个代表元集 $\mathscr{S}_J(t,\boldsymbol{z})$, 那么依条件 (6) 与条件 (7) 和 (8) 的等价性可推出点 $\boldsymbol{x}=(\widetilde{\boldsymbol{x}},\boldsymbol{z})=(x_1,\cdots,x_J,z_{J+1},\cdots,z_n)$ 遍历集合 $\mathcal{S}(t)$ 的整个代表元集 $\mathscr{S}(t)$. 于是

$$m(\mathcal{S}(t))=V(\mathscr{S}(t))=\int\limits_{\mathscr{S}(t)}\mathrm{d}\widetilde{\boldsymbol{x}}\mathrm{d}\boldsymbol{z}=\int\left(\int\limits_{\mathscr{S}_J(t,\boldsymbol{z})}\mathrm{d}\widetilde{\boldsymbol{x}}\right)\mathrm{d}\boldsymbol{z}. \tag{11}$$

注意

$$\int\limits_{\mathscr{S}_J(t,\boldsymbol{z})}\mathrm{d}\widetilde{\boldsymbol{x}}=V_J(\mathscr{S}_J(t,\boldsymbol{z}))=m_J(\mathcal{S}_J(t,\boldsymbol{z})),$$

由此及式 (11) 推出式 (10).

(iii) 现在证明: 如果 $s\geqslant 1$ 是任意实数 (于是 $0<t\leqslant st$), 那么对于任何 $n-J$ 维向量 $\boldsymbol{z}$ 有

$$m_J(\mathcal{S}_J(st,s\boldsymbol{z}))\geqslant m_J(\mathcal{S}_J(t,\boldsymbol{z})). \tag{12}$$

若式 (12) 右边为零, 则结论显然成立. 下面设 $m_J(\mathcal{S}_J(t,\boldsymbol{z}))>0$, 从而代表元集 $\mathscr{S}_J(t,\boldsymbol{z})$ 非空, 于是存在某个 J 维向量 $\widetilde{\boldsymbol{x}}_0=(x_{10},\cdots,x_{J0})$ 满足

$$F(\widetilde{\boldsymbol{x}}_0,\boldsymbol{z})<t,$$

这里 $\boldsymbol{x}=(\widetilde{\boldsymbol{x}}_0,\boldsymbol{z})=(x_{10},\cdots,x_{J0},z_{J+1},\cdots,z_n)$. 依 $F(\boldsymbol{x})$ 的凸性和齐性, 我们有

$$\begin{aligned}F\big(\widetilde{\boldsymbol{x}}+(s-1)\widetilde{\boldsymbol{x}}_0,s\boldsymbol{z}\big)&=F\big((\widetilde{\boldsymbol{x}},\boldsymbol{z})+(s-1)(\widetilde{\boldsymbol{x}}_0,\boldsymbol{z})\big)\\&\leqslant F(\widetilde{\boldsymbol{x}}+\boldsymbol{z})+(s-1)F(\widetilde{\boldsymbol{x}}_0,\boldsymbol{z})\leqslant t+(s-1)t=st.\end{aligned}$$

因此, 若点 $\widetilde{\boldsymbol{x}}=(x_1,\cdots,x_J)$ 遍历 $\mathcal{S}_J(t,\boldsymbol{z})$ 的整个代表元集 $\mathscr{S}_J(t,\boldsymbol{z})$, 则当 $\widetilde{\boldsymbol{x}}_0$ 固定时, 点 $\widetilde{\boldsymbol{x}}+(s-1)\widetilde{\boldsymbol{x}}_0$ 遍历 $\mathcal{S}_J(st,s\boldsymbol{z})$ 的不同元素的代表元 (注意: $\mathcal{S}_J(st,s\boldsymbol{z})$ 的每个元素的代表元未必都有 $\widetilde{\boldsymbol{x}}+(s-1)\widetilde{\boldsymbol{x}}_0$ 形式, 但重要的是对于模 $\Lambda_0^{(J)}$ 不同的元素 $\widetilde{\boldsymbol{x}}$, 给出模 $\Lambda_0^{(J)}$ 不同的 $\widetilde{\boldsymbol{x}}+(s-1)\widetilde{\boldsymbol{x}}_0$). 这些元素形成 $\mathscr{S}_J(st,s\boldsymbol{z})$ 的一个子集. 由此得到不等式 (12).

(iv) 现在设

$$0<t\leqslant st\leqslant\frac{1}{2}\lambda_{J+1}, \tag{13}$$

那么由式 (10) 可知

$$\begin{aligned}m(\mathcal{S}(st))&=\int m_J\big(\mathcal{S}_J(st,\boldsymbol{z})\big)\mathrm{d}\boldsymbol{z}\\&=s^{n-J}\int m_J\big(\mathcal{S}_J(st,s\boldsymbol{z}')\big)\mathrm{d}\boldsymbol{z}'=s^{n-J}\int m_J\big(\mathcal{S}_J(st,s\boldsymbol{z})\big)\mathrm{d}\boldsymbol{z},\end{aligned}$$

其中 (第 2 步) 已令 $\boldsymbol{z}=s\boldsymbol{z}'$. 由此及不等式 (12) 推出

$$m(\mathcal{S}(st))\geqslant s^{n-J}\int m_J\big(\mathcal{S}_J(t,\boldsymbol{z})\big)\mathrm{d}\boldsymbol{z}=s^{n-J}m(\mathcal{S}(t)). \tag{14}$$

(v) 我们还需证明: 若

$$t\leqslant\frac{1}{2}\lambda_1, \tag{15}$$

则

$$m(\mathcal{S}(t))=V(t\mathscr{S})=t^nV(F), \tag{16}$$

其中 $t\mathscr{S}:F(\boldsymbol{x})<t$.

事实上, 设 $\boldsymbol{x}_1$ 和 $\boldsymbol{x}_2$ 是集合 $t\mathscr{S}$ 中任意两点, 且满足 $\boldsymbol{x}_1\equiv\boldsymbol{x}_2\,(\mathrm{mod}\ \Lambda_0)$, 那么由式 (15) 得到

$$F(\boldsymbol{x}_1-\boldsymbol{x}_2)\leqslant F(\boldsymbol{x}_1)+F(\boldsymbol{x}_2)<2t\leqslant\lambda_1,$$

依 λ_1 的定义可知 $\boldsymbol{x}_1-\boldsymbol{x}_2=\boldsymbol{0}$ 或 $\boldsymbol{x}_1=\boldsymbol{x}_2$. 这表明 $\mathscr{S}(t)=t\mathscr{S}$, 并且式 (16) 成立.

(vi) 现在我们不难证明式 (3).

当 $t\leqslant\lambda_1/2$ 时, 由式 (16) 得到 $m(\mathcal{S}(t))=t^nV(F)$, 即式 (3) 中的第一式成立.

设当 $t\leqslant\lambda_J/2\,(J\in\{1,\cdots,n-1\})$ 时有

$$m(\mathcal{S}(t))\geqslant\left(\frac{1}{2}\lambda_1\right)\cdots\left(\frac{1}{2}\lambda_{J-1}\right)t^{n-(J-1)}V(F). \tag{17}$$

(已证 $J=1$ 时式 (17) 成立) 我们来证明当 $\lambda_J/2\leqslant t\leqslant\lambda_{J+1}/2$ 时,

$$m(\mathcal{S}(t))\geqslant\left(\frac{1}{2}\lambda_1\right)\cdots\left(\frac{1}{2}\lambda_J\right)t^{n-J}V(F). \tag{18}$$

为此在式 (13) 中用 $\lambda_J/2$ 代替 t, 用 t 代替 $st=\lambda_Js/2$ (于是 $1\leqslant s\leqslant\lambda_{J+1}/\lambda_J$ 等价于 $\lambda_J/2\leqslant t\leqslant\lambda_{J+1}/2$), 那么由不等式 (14) 推出

$$m(\mathcal{S}(t))\geqslant s^{n-J}m\left(\mathcal{S}\left(\frac{1}{2}\lambda_J\right)\right).$$

由不等式 (17)(其中 $t=\lambda_J/2$), 可知

$$\begin{aligned}m(\mathcal{S}(t))&\geqslant s^{n-J}\cdot\left(\frac{1}{2}\lambda_1\right)\cdots\left(\frac{1}{2}\lambda_{J-1}\right)\left(\frac{1}{2}\lambda_J\right)^{n-(J-1)}V(F)\\&=\left(\frac{1}{2}\lambda_1\right)\cdots\left(\frac{1}{2}\lambda_{J-1}\right)\left(\frac{1}{2}\lambda_J\right)\cdot\left(\frac{1}{2}\lambda_Js\right)^{n-J}V(F)\\&=\left(\frac{1}{2}\lambda_1\right)\cdots\left(\frac{1}{2}\lambda_{J-1}\right)\left(\frac{1}{2}\lambda_J\right)\cdot t^{n-J}V(F),\end{aligned}$$

此即式 (18). 因此式 (3) 中的第二式得证.

最后, 当 $t \geqslant \lambda_n/2$ 时, 由于 $t_1 \geqslant t_2 \Rightarrow \mathscr{S}(t_2) \subseteq \mathscr{S}(t_1)$, 因而测度 $m(\mathcal{S}(t))$ 是 t 的增函数, 从而由式 (3) 中的第二式, 取 $J = n-1, t = \lambda_{J+1}/2$, 得到

$$\begin{aligned} m(\mathcal{S}(t)) &\geqslant m\left(\mathcal{S}\left(\frac{1}{2}\lambda_n\right)\right) \geqslant \left(\frac{1}{2}\lambda_1\right)\cdots\left(\frac{1}{2}\lambda_{n-1}\right)t^{n-(n-1)}V(F) \\ &= \left(\frac{1}{2}\lambda_1\right)\cdots\left(\frac{1}{2}\lambda_n\right)V(F). \end{aligned}$$

于是式 (3) 中的第三式得证. □

定理 5.7.1 之证 (i) 对于任何 $t > 0, m(\mathcal{S}(t))$ 不超过整个空间 $\mathscr{R}/\Lambda$ 的测度, 即 $d(\Lambda)$(见引理 5.4.4(a)). 因此由不等式 (3) 中的第三式推出不等式 (1) 的右半式.

(ii) 现在证明此不等式的左半式. 为此设 $\boldsymbol{a}_1, \cdots, \boldsymbol{a}_n \in \Lambda$ 是引理 5.6.1 确定的线性无关的点, 并且

$$F(\boldsymbol{a}_j) = \lambda_j \quad (j = 1, \cdots, n).$$

由 $F(\boldsymbol{x})$ 的齐性和凸性可以验证集合

$$\mathscr{A} = \left\{\boldsymbol{x} = t_1\boldsymbol{a}_1 + t_2\boldsymbol{a}_2 + \cdots + t_n\boldsymbol{a}_n \,\middle|\, \sum_{j=1}^{n}\lambda_j|t_j| < 1\right\} \tag{19}$$

是集合 $F(\boldsymbol{x}) < 1$ 的子集. 记 $\boldsymbol{x} = (x_1, \cdots, x_n), \boldsymbol{a}_j = (a_{1j}, a_{2j}, \cdots, a_{nj})$, 那么式 (19) 中的点 $\boldsymbol{x}$ 的坐标

$$x_i = \sum_{k=1}^{n} a_{ik}t_k \quad (i = 1, 2, \cdots, n). \tag{20}$$

因此 $\mathscr{A}$ 有体积

$$V' = \underset{\sum\limits_{j=1}^{n}\lambda_j|t_j|<1}{\int\cdots\int} \mathrm{d}x_1\cdots\mathrm{d}x_n.$$

作变换 (20), 得到

$$V' = |\det(a_{ik})| \underset{\sum\limits_{j=1}^{n}\lambda_j|t_j|<1}{\int\cdots\int} \mathrm{d}t_1\cdots\mathrm{d}t_n,$$

令 $\lambda_j|t_j| = u_i (j = 1, \cdots, n)$, 则

$$\begin{aligned} V' &= |\det(a_{ik})|\frac{2^n}{\lambda_1\cdots\lambda_n} \underset{\substack{\sum\limits_{j=1}^{n}u_j<1 \\ u_j\geqslant 0(1\leqslant j\leqslant n)}}{\int\cdots\int} \mathrm{d}u_1\cdots\mathrm{d}u_n \\ &= \frac{2^n|\det(a_{ik})|}{\lambda_1\cdots\lambda_n}\cdot\frac{1}{n!} = \frac{2^n|\det\Lambda|}{n!\lambda_1\cdots\lambda_n}I, \end{aligned}$$

其中

$$I = \frac{|\det(a_{ik})|}{d(\Lambda)}$$

是点组 $\boldsymbol{a}_1, \cdots, \boldsymbol{a}_n$ 在格 Λ 中的指标. 因为这个点组线性无关, 所以 $I \geqslant 1$. 于是

$$V' \geqslant \frac{2^n |\det \Lambda|}{n! \lambda_1 \cdots \lambda_n}.$$

最后注意集合 $\mathscr{A}$ 是 $F(\boldsymbol{x}) < 1$ 的子集, 所以 $V' \leqslant V(F)$, 从而

$$V(F) \geqslant \frac{2^n |\det \Lambda|}{n! \lambda_1 \cdots \lambda_n}.$$

即得不等式 (1) 的左半式. □

注 5.7.1　**1°** 在上面证明的步骤 (ii) 中我们得到

$$V' = \frac{2^n |\det \Lambda|}{n! \lambda_1 \cdots \lambda_n} I \leqslant V(F),$$

又依步骤 (i) 所证, 有

$$V(F) \leqslant \frac{2^n d(\Lambda)}{\lambda_1 \cdots \lambda_n}.$$

因此

$$\frac{2^n |\det \Lambda|}{n! \lambda_1 \cdots \lambda_n} I \leqslant \frac{2^n d(\Lambda)}{\lambda_1 \cdots \lambda_n}.$$

于是指标 $I \leqslant n!$.

2° 例 5.5.2 给出使不等式 (1) 右边等式成立的例子.

3° 定理 5.7.1 的 H. Minkowski 原始证明 (见文献 [87]) 比较复杂, H. Davenport[36] 和 H. Weyl[122] 的证明较原证简单些, 上面的证明是 H. Weyl 的证法. 其他证明可参见文献 [15, 35, 53, 118], 还可参见文献 [93] 6.4 节 (这里考虑了特殊的距离函数).

4° Minkowski 第二凸体定理及它的变体应用于各种数的几何及丢番图逼近问题中. 它的一个简单应用例子可见文献 [93](定理 6.12 和定理 8.7). K. Mahler 应用它给出 Kronecker 逼近定理的一个新证明 (见文献 [79]), 以及超越数与代数数的一些不同的逼近性质 (见文献 [80]). 文献 [60, 61, 66] 在相继极小满足某些限制条件的情形下给出 Minkowski 第二凸体定理的某些补充结果, 并应用于丢番图逼近问题. 在定理 5.7.1 的实际应用中经常考虑 $\Lambda = \Lambda_0 (= \mathbb{Z}^n)$ 的情形, 此时定理 5.7.1 取下列形式:

定理 5.7.2　设 $\mathscr{S}$ 是 $\mathbb{R}^n$ 中 (中心) 对称的有界凸集, 其体积为 $V = V(\mathscr{S})$, 则它的相继极小 $\lambda_J = \lambda_J(\mathscr{S}) (J = 1, \cdots, n)$ 满足不等式

$$\frac{2^n}{n!} \leqslant \lambda_1 \cdots \lambda_n V \leqslant 2^n.$$

这个定理中的相继极小按例 5.5.3 理解, 因此 $\mathscr{S}$ 在一些具体问题中认为是闭的. 特别地, 如果 $V > 2^n$, 则依定理 5.7.2, $\lambda_1^n \leqslant \lambda_1 \cdots \lambda_n \leqslant 2^n V^{-1} < 1$, 于是 $\lambda_1 < 1$, 从而 $\mathscr{S} \supset \lambda_1 \mathscr{S}$ 含有一个非零整点. 如果 $V = 2^n$, 并且闭有界, 则 $\lambda_1 \leqslant 1$, 从而 $\mathscr{S} = 1 \cdot \mathscr{S}$ 也含有一个非零整点. 这就是定理 3.2.1.

定理 5.7.2 的一个独立证明可参见文献 [9] 或 [28], 还可参见文献 [112](第Ⅳ章第 1 节). 这个定理的一个重要应用是代数数联立逼近的 Schimidt 定理以及 Schimidt 子空间定理的证明 (参见文献 [112], 对于前者还可参见文献 [9]).

5.8 对偶情形的相继极小

K. Mahler[72] 将相继极小的概念扩充到对偶格和对偶距离函数的情形, 建立了互相对偶的格 (Λ 和 Λ^*) 对于相应的 (互相对偶的) 距离函数 (F 和 F^*) 的相继极小间的关系. 基本结果如下:

定理 5.8.1 设 $\lambda_1, \cdots, \lambda_n$ 是格 Λ 对于对称凸距离函数 F 的相继极小, $\lambda_1^*, \cdots, \lambda_n^*$ 是对偶格 Λ^* 对于与 F 对偶的距离函数 F^* 的相继极小, 那么

$$1 \leqslant \lambda_j \lambda_{n+1-j}^* \leqslant n! \quad (j = 1, \cdots, n). \tag{1}$$

证 不等式 (1) 的左半式之证. 由引理 5.6.1, 分别存在 n 个线性无关的向量 $\boldsymbol{a}_j \in \Lambda$ 和 $\boldsymbol{a}_j^* \in \Lambda^*$ 满足

$$F(\boldsymbol{a}_j) = \lambda_j, \quad F^*(\boldsymbol{a}_j^*) = \lambda_j^* \quad (j = 1, \cdots, n). \tag{2}$$

由定理 5.2.2 的推论 1 可知, 对于任何向量 $\boldsymbol{x}$ 和 $\boldsymbol{x}^*$,

$$F(\boldsymbol{x}) F^*(\boldsymbol{x}^*) \geqslant \boldsymbol{x} \cdot \boldsymbol{x}^*.$$

在其中取 $\boldsymbol{x} = \pm \boldsymbol{a}_i, \boldsymbol{x}^* = \pm \boldsymbol{a}_j^*$(此处 i, j 是任意一对下标), 可得

$$\lambda_i \lambda_j^* \geqslant |\boldsymbol{a}_i \cdot \boldsymbol{a}_j^*|, \tag{3}$$

这里双重号的选取使得 $\boldsymbol{a}_i \cdot \boldsymbol{a}_j^* = |\boldsymbol{a}_i \cdot \boldsymbol{a}_j^*|$ (此时因为 F 和 F^* 的对称性, 不等式的左边不受影响). 又由定理 2.8.1 可知 $\boldsymbol{a}_i \cdot \boldsymbol{a}_j^*$ 是一个整数, 所以

$$\text{或者 } \lambda_i \lambda_j^* \geqslant 1, \quad \text{或者 } \boldsymbol{a}_i \cdot \boldsymbol{a}_j^* = 0. \tag{4}$$

设 I 是一个固定的下标, 那么满足

$$\boldsymbol{x}\cdot\boldsymbol{a}_i^*=0\quad(i=1,\cdots,I)$$

的向量 $\boldsymbol{x}$ 形成一个 $n-I$ 维子空间. 于是由 $\boldsymbol{a}_j$ 的线性无关性可知存在某个 $\boldsymbol{a}_j$ (其中 $j\leqslant n+1-I$) 不属于这个子空间, 即对于某对下标 i,j (其中 $i\leqslant I,j\leqslant n+1-I$), 有

$$\boldsymbol{a}_j\cdot\boldsymbol{a}_i^*\neq 0,$$

并且 (依相继极小的性质)

$$\lambda_i^*\leqslant\lambda_I^*,\quad \lambda_j\leqslant\lambda_{n+1-I},$$

进而可知式 (4)(其中 j 代替 i, 同时 i 代替 j) 的第一种情形成立, 于是

$$\lambda_{n+1-I}\lambda_I^*\geqslant\lambda_j\lambda_i^*\geqslant 1.$$

因为 I 是任意下标, 所以不等式 (1) 的左半式得证.

不等式 (1) 的右半式之证. (i) 设 $\boldsymbol{a}_j$ 同上, 那么由线性方程组的性质可知 Λ^* 的 n 个本原格点 $\boldsymbol{b}_j^*$ 满足

$$\boldsymbol{a}_i\cdot\boldsymbol{b}_j^*=0\quad(i\neq j).\tag{5}$$

此外, 因为 $\boldsymbol{a}_i$ 线性无关, 所以 n 个方程

$$\boldsymbol{a}_i\cdot\boldsymbol{x}^*=0\quad(n=1,\cdots,n)$$

只有零解 $\boldsymbol{x}^*=\boldsymbol{0}$, 从而

$$\boldsymbol{a}_i\cdot\boldsymbol{b}_i^*\neq 0\quad(i=1,\cdots,n).\tag{6}$$

由式 (5) 和式 (6) 容易推出 $\boldsymbol{b}_j^*(j=1,\cdots,n)$ 线性无关.

(ii) 由定理 5.2.2 的推论 1 可知存在向量 $\boldsymbol{x}_j\neq\boldsymbol{0}$, 使得

$$F(\boldsymbol{x}_j)F^*(\boldsymbol{b}_j^*)=\boldsymbol{x}_j\cdot\boldsymbol{b}_j^*.\tag{7}$$

依 F 关于 $\boldsymbol{x}_j$ 的齐性及 $\boldsymbol{b}_j^*$ 是本原格点, 不失一般性, 可以认为

$$\boldsymbol{x}_j\cdot\boldsymbol{b}_j^*=1\quad(j=1,\cdots,n).\tag{8}$$

对于固定的 J, 存在 Λ^* 的一组基 $\boldsymbol{c}_1^*,\cdots,\boldsymbol{c}_n^*$, 其中

$$\boldsymbol{c}_n^*=\boldsymbol{b}_J^*.\tag{9}$$

令 $\boldsymbol{c}_i(i=1,\cdots,n)$ 是 $\boldsymbol{c}_j^*(j=1,\cdots,n)$ 的对偶基, 即 $(\Lambda^*)^*=\Lambda$ 的基, 那么

$$\boldsymbol{c}_i\cdot\boldsymbol{c}_j^*=\delta_{ij}\quad(i,j=1,\cdots,n),$$

其中 δ_{ij} 是 Kronecker 符号 (参见 2.8 节). 若 $i\neq J$, 并且 $\boldsymbol{a}_i=\sum\limits_j v_{ij}\boldsymbol{c}_j$, 那么由式 (5) 和式 (9) 及上式得到

$$0=v_{in}\boldsymbol{c}_n^*\cdot\boldsymbol{b}_J^*=v_{in}|\boldsymbol{b}_J^*|^2,$$

所以 $v_{in}=0$, 从而

$$\boldsymbol{a}_i=\sum_{j=1}^{n-1}v_{ij}\boldsymbol{c}_j\quad(i\neq J),\tag{10}$$

其中 $v_{ij}\in\mathbb{Z}$. 类似地, 由式 (8) 和式 (9) 可知

$$\boldsymbol{x}_J=\pm\boldsymbol{c}_n+\sum_{j=1}^{n-1}t_j\boldsymbol{c}_j,$$

其中 $t_j\in\mathbb{R}$. 于是我们得到

$$\begin{pmatrix}\boldsymbol{a}_1\\ \vdots\\ \boldsymbol{a}_{J-1}\\ \boldsymbol{x}_J\\ \boldsymbol{a}_{J+1}\\ \vdots\\ \boldsymbol{a}_n\end{pmatrix}=\begin{pmatrix}v_{11}&\cdots&v_{1,n-1}&0\\ \vdots&&\vdots&\vdots\\ v_{J-1,1}&\cdots&v_{J-1,n-1}&0\\ t_J&\cdots&t_{n-1}&\pm1\\ v_{J+1,1}&\cdots&v_{J+1,n-1}&0\\ \vdots&&\vdots&\vdots\\ v_{n1}&\cdots&v_{n,n-1}&0\end{pmatrix}\begin{pmatrix}\boldsymbol{c}_1\\ \vdots\\ \boldsymbol{c}_{J-1}\\ \boldsymbol{c}_J\\ \boldsymbol{c}_{J+1}\\ \vdots\\ \boldsymbol{c}_n\end{pmatrix}.\tag{11}$$

(iii) 记 $\boldsymbol{\xi}=(\xi_1,\cdots,\xi_n)$. 考虑点集

$$\mathscr{S}:\ \boldsymbol{\xi}=(\xi_1,\cdots,\xi_n)=t_J\boldsymbol{x}_J+\sum_{i\neq J}t_i\boldsymbol{a}_i,$$

其中 $\boldsymbol{\xi}$ 满足条件

$$T:\ |t_J|F(\boldsymbol{x}_J)+\sum_{i\neq J}|t_i|F(\boldsymbol{a}_i)<1.$$

因为 F 是对称凸距离函数, 所以 $F(\boldsymbol{\xi})<1$, 因而 $\mathscr{S}$ 的体积

$$V(\mathscr{S})\leqslant V_F\quad(\text{点集 }F(\boldsymbol{x})<1\text{ 的体积}).\tag{12}$$

现在计算 $\mathscr{S}$ 的体积 $V(\mathscr{S})$:

$$\begin{aligned} V(\mathscr{S}) &= \int \cdots \int_{\mathscr{S}} \mathrm{d}\xi_1 \cdots \mathrm{d}\xi_n \\ &= 2^n \int \cdots \int_{T_0} \left| \frac{\partial(\xi_1, \cdots, \xi_n)}{\partial(t_1, \cdots, t_n)} \right| \mathrm{d}t_1 \cdots \mathrm{d}t_n, \end{aligned} \tag{13}$$

其中

$$\begin{pmatrix} \xi_1 \\ \xi_2 \\ \vdots \\ \xi_n \end{pmatrix} = t_J \begin{pmatrix} x_{J1} \\ x_{J2} \\ \vdots \\ x_{Jn} \end{pmatrix} + \sum_{i \neq J} t_i \begin{pmatrix} a_{i1} \\ a_{i2} \\ \vdots \\ a_{in} \end{pmatrix},$$

行列式

$$D_J = \left| \frac{\partial(\xi_1, \cdots, \xi_n)}{\partial(t_1, \cdots, t_n)} \right| = \left| \det(\boldsymbol{a}_1^{\mathrm{T}} \quad \cdots \quad \boldsymbol{a}_{J-1}^{\mathrm{T}} \quad \boldsymbol{x}_J^{\mathrm{T}} \quad \boldsymbol{a}_{J+1}^{\mathrm{T}} \quad \cdots \quad \boldsymbol{a}_n^{\mathrm{T}}) \right|,$$

并且变量 $t_1, \cdots, t_n$ 满足条件

$$T_0: \; t_J F(\boldsymbol{x}_J) + \sum_{i \neq J} t_i F(\boldsymbol{a}_i) < 1, \quad t_i \geqslant 0.$$

作变换

$$\eta_i = t_i F(\boldsymbol{a}_i) \quad (i \neq J), \quad \eta_J = t_J F(\boldsymbol{x}_J),$$

可得

$$V(\mathscr{S}) = \frac{2^n D_J}{F(\boldsymbol{x}_J) \prod\limits_{i \neq J} F(\boldsymbol{a}_i)} \int \cdots \int_H \mathrm{d}\eta_1 \cdots \mathrm{d}\eta_n,$$

其中

$$H: \; \sum_{i=1}^{n} \eta_i < 1, \eta_i \geqslant 0,$$

于是我们最终得到 (参见例 4.1.2)

$$V(\mathscr{S}) = \frac{2^n D_J}{n! F(\boldsymbol{x}_J) \prod\limits_{i \neq J} F(\boldsymbol{a}_i)}. \tag{14}$$

(iv) 在等式 (11) 两边取行列式得到

$$D_J = \det \boldsymbol{V} \det(\boldsymbol{c}_1^{\mathrm{T}} \quad \cdots \quad \boldsymbol{c}_n^{\mathrm{T}}),$$

其中 $\boldsymbol{V}$ 表示等式 (11) 右边第一个矩阵. 因为 $\boldsymbol{a}_i$ 线性无关, 所以由式 (10) 推出 $\det\boldsymbol{V}$ 是非零整数, 而右边第二个行列式正是 $d(\Lambda)$, 因此我们得到

$$D_J \geqslant d(\Lambda). \tag{15}$$

由式 (12)、式 (14) 和式 (15) 可知

$$V_F F(\boldsymbol{x}_J)\prod_{i\neq J} F(\boldsymbol{a}_i) \geqslant \frac{2^n}{n!}d(\Lambda). \tag{16}$$

又由定理 5.7.1 有

$$V_F\prod_{i=1}^{n}\lambda_i \leqslant 2^n d(\Lambda). \tag{17}$$

因为 $F(\boldsymbol{a}_i)=\lambda_i$, 所以由式 (16) 和式 (17) 推出

$$F(\boldsymbol{x}_J) \geqslant \frac{\lambda_J}{n!}.$$

由此及式 (7) 和式 (8), 我们得到

$$F^*(\boldsymbol{b}_J^*) \leqslant \frac{n!}{\lambda_J}. \tag{18}$$

(v) 在上面的推理中, 在式 (9) 中用 $\boldsymbol{b}_{J+1}^*$ 代替 $\boldsymbol{b}_J^*$, 那么式 (18) 将被下式代替:

$$F^*(\boldsymbol{b}_{J+1}^*) \leqslant \frac{n!}{\lambda_{J+1}},$$

注意 $\lambda_n \geqslant \lambda_{n-1} \geqslant \lambda_{J+1} \geqslant \lambda_J$, 所以

$$F^*(\boldsymbol{b}_{J+1}^*) \leqslant \frac{n!}{\lambda_J},$$

一般地, 用 $\boldsymbol{b}_j^*(j=J+1,\cdots,n)$ 代替 $\boldsymbol{b}_J^*$, 连同式 (18), 我们有

$$F^*(\boldsymbol{b}_j^*) \leqslant \frac{n!}{\lambda_J} \quad (j=J,J+1,\cdots,n). \tag{19}$$

如步骤 (i) 中所证明, $\boldsymbol{b}_j^*(j=J,\cdots,n)$ 是 Λ^* 中 $n+1-J$ 个线性无关的点, 并且依 λ_j^* 的定义有

$$\lambda_{n+1-J}^* \leqslant \max\{F^*(\boldsymbol{b}_J^*),F^*(\boldsymbol{b}_{J+1}^*),\cdots,F^*(\boldsymbol{b}_n^*)\},$$

所以由式 (19) 得到

$$\lambda_{n+1-J}^* \leqslant \frac{n!}{\lambda_J},$$

即

$$\lambda_J\lambda^*_{n+1-J} \leqslant n!.$$

因为 J 是任意固定的一个下标, 所以不等式 (1) 的右半式得证. □

注 5.8.1　K. Mahler[72] 的原始结果稍弱: 不等式 (1) 右边的常数是 $(n!)^2$. 他首先证明不等式

$$\frac{4^n}{(n!)^2} \leqslant V_F V_{F^*} \leqslant 4^n, \tag{20}$$

其中 V_F 和 V_{F^*} 分别是 $F(\boldsymbol{x})<1$ 和 $F^*(\boldsymbol{x})<1$ 的体积. 由定理 5.7.1 可知

$$V_F\lambda_1\cdots\lambda_n \leqslant 2^n d(\Lambda),$$
$$V_{F^*}\lambda^*_1\cdots\lambda^*_n \leqslant 2^n d(\Lambda^*).$$

于是

$$V_F V_{F^*}\prod_j(\lambda_j\lambda^*_{n+1-j}) \leqslant 2^{2n}d(\Lambda)d(\Lambda^*).$$

注意 $d(\Lambda)d(\Lambda^*)=1$(见定理 2.8.1), 由此及不等式 (20) 的左半式可推出

$$\prod_j(\lambda_j\lambda^*_{n+1-j}) \leqslant (n!)^2.$$

最后由不等式 (1) 的左半式可知, 对于任何 J 有

$$\lambda_J\lambda^*_{n+1-J} \leqslant \prod_j(\lambda_j\lambda^*_{n+1-j}) \leqslant (n!)^2.$$

显然这种证法比较简单.

由上面给出的定理 5.8.1 的证明容易得到下述结果:

定理 5.8.2　设 $F(\boldsymbol{x})$ 和 $F^*(\boldsymbol{x})$ 是互相对偶的对称凸距离函数. 还设 $\boldsymbol{b}_1,\cdots,\boldsymbol{b}_n$ 及 $\boldsymbol{b}^*_1,\cdots,\boldsymbol{b}^*_n$ 分别是格 Λ 及其对偶格 Λ^* 的任意一组基, V_F 是点集 $F(\boldsymbol{x})<1$ 的体积. 那么对于每个 $J=1,2,\cdots,n$,

$$2^n d(\Lambda)F^*(\boldsymbol{b}^*_J) \leqslant n!V_F\prod_{j\neq J}F(\boldsymbol{b}_j). \tag{21}$$

证　在定理 5.8.1 的证明中, 由式 (5) 和式 (6) 推导出不等式 (16) 的整个过程中, 并没有用到式 (2) 中的第一式, 实际只需要 $\boldsymbol{a}_j$ 的线性无关性. 因此在此如果我们用基 $\boldsymbol{b}_j$ 代替那里的 $\boldsymbol{a}_j$(不要求 $F(\boldsymbol{b}_j)=\lambda_j$), 并且 $\boldsymbol{x}_j$ 仍然由式 (7) 和式 (8) 定义, 那么式 (16) 仍然成立, 但在此实际上是

$$V_F F(\boldsymbol{x}_J)\prod_{i\neq J}F(\boldsymbol{b}_i) \geqslant \frac{2^n}{n!}d(\Lambda). \tag{22}$$

用 $F^*(\boldsymbol{b}_J^*)(\neq 0)$ 乘不等式 (22) 的两边, 并且注意由式 (7) 和式 (8) 可知

$$F(\boldsymbol{x}_J)F^*(\boldsymbol{b}_J^*)=1,$$

立得式 (21). □

推论 1 设 $F(\boldsymbol{x})$ 是对称凸距离函数, $\lambda_1,\cdots,\lambda_n$ 是 F 对于格 Λ 的相继极小. 那么存在 Λ 的基 $\boldsymbol{b}_j(j=1,\cdots,n)$, 满足下列条件:

$$F(\boldsymbol{b}_1)=\lambda_1,\quad F(\boldsymbol{b}_j)=\frac{j}{2}\lambda_j\quad(j=2,\cdots,n),\tag{23}$$

并且

$$F(\boldsymbol{b}_j)F^*(\boldsymbol{b}_j^*)\leqslant\frac{1}{2^{n-1}}(n!)^2.\tag{24}$$

证 设 $\boldsymbol{a}_j\in\Lambda(j=1,\cdots,n)$ 是 n 个线性无关的点, 满足

$$F(\boldsymbol{a}_j)=\lambda_j\quad(j=1,\cdots,n),$$

那么由引理 6.3.2 立知存在 Λ 的基 $\boldsymbol{b}_j$ 满足式 (23).

用 $F(\boldsymbol{b}_J)$ 乘不等式 (21) 的两边, 得到

$$2^n d(\Lambda)F(\boldsymbol{b}_J)F^*(\boldsymbol{b}_J^*)\leqslant n!V_F\prod_{j=1}^{n}F(\boldsymbol{b}_j),$$

将式 (23) 代入不等式右边, 可知它不超过

$$\left(\frac{1}{2}\right)^{n-1}(n!)^2V_F\prod_{j=1}^{n}\lambda_j.$$

最后, 依定理 5.7.1, 有

$$V_F\prod_{j=1}^{n}\lambda_j\leqslant 2^n d(\Lambda),$$

所以

$$2^n d(\Lambda)F(\boldsymbol{b}_J)F^*(\boldsymbol{b}_J^*)\leqslant 2(n!)^2d(\Lambda),$$

由此立得不等式 (24). □

考虑特殊情形 $\Lambda=\Lambda_0(=\mathbb{Z}^n)$, 则有:

推论 2 设 $\mathscr{S}$ 是 n 维 (中心) 对称闭凸集, 其体积有限, 距离函数是 $F(\boldsymbol{x})$. 那么存在 n 个整点 $\boldsymbol{y}_j(j=1,\cdots,n)$ 满足

$$V(\mathscr{S})\prod_{j=1}^{n}F(\boldsymbol{y}_j)\leqslant 2n!,\quad \det(\boldsymbol{y}_1^{\mathrm{T}}\ \ \cdots\ \ \boldsymbol{y}_n^{\mathrm{T}})=\pm 1.$$

证　$F(\boldsymbol{x})$ 是对称凸距离函数. 取 (上述) 推论 1 中 $\Lambda=\Lambda_0$ 的基 $\boldsymbol{b}_j$ 作为 $\boldsymbol{y}_j$, 则

$$\det(\boldsymbol{y}_1^{\mathrm{T}} \quad \cdots \quad \boldsymbol{y}_n^{\mathrm{T}})=\det(\Lambda_0)=1,$$

并且由式 (23) 得到

$$V(\mathscr{S})\prod_{j=1}^{n}F(\boldsymbol{y}_j)\leqslant V(\mathscr{S})\left(\frac{1}{2}\right)^{n-1}n!\lambda_1\cdots\lambda_n,$$

由此及定理 5.7.2 即得

$$V(\mathscr{S})\prod_{j=1}^{n}F(\boldsymbol{y}_j)\leqslant 2^n\cdot\left(\frac{1}{2}\right)^{n-1}n!=2n!.$$

□

5.9　复合体与参数数的几何

本节简单介绍相继极小概念的其他一些扩充, 包括复合平行体和与参数有关的凸体两种情形.

1° Mahler 复合平行体. 考虑格 $\Lambda=\Lambda_0$. 设整数 $n>1,\boldsymbol{x}=(x_1,\cdots,x_n)$,

$$L_i(\boldsymbol{x})=\sum_{j=1}^{n}a_{ij}x_j \quad (i=1,\cdots,n)$$

是给定的实系数线性形系, 定义 $\mathbb{R}^n$ 中的平行体

$$\mathscr{K}=\{\boldsymbol{x}\,|\,|L_i(\boldsymbol{x})|\leqslant c_i\,(i=1,\cdots,n)\},$$

其中 $c_i\geqslant 0$.

设 p 是一个整数, $1\leqslant p\leqslant n$. 用 σ,τ 等表示 $\{1,2,\cdots,n\}$ 的子集, 记有限集 $C(n,p)=\{\sigma\,|\,\sigma\subseteq\{1,2,\cdots,n\},|\sigma|=p\}$, 且其元素个数 $N=|C(n,p)|=\binom{n}{p}$.

设 $A=\det(\alpha_{ij})\neq 0$. 用 $A_{\sigma\tau}^{(p)}$ 表示 A 的一个 p 阶子式, 它由 A 的所有行标号 $i\in\sigma$、列标号 $j\in\tau$ 的元素按原来的位置排列形成的行列式. 定义 N 维向量 $\boldsymbol{X}=\boldsymbol{X}^{(p)}$, 其分量是 $X_\tau\,(\tau\in C(n,p))$. 如果将 $C(n,p)$ 中所有元素 τ 按某种方式 (例如字典排列方式) 编号为 $\tau_1,\tau_2,\cdots,\tau_N$, 并且将 X_{τ_1} 直接记作 X_1, 等等, 那么

$$\boldsymbol{X}=(X_1,X_2,\cdots,X_N).$$

对于每个 $\sigma\in C(n,p)$, 定义以 $\boldsymbol{X}$ 为变量的线性形

$$L_{\sigma}^{(p)}(\boldsymbol{X})=\sum_{\tau\in C(n,p)}A_{\sigma\tau}^{(p)}X_{\tau}\quad\big(\sigma\in C(n,p)\big),$$

它们称作 $L_1,\cdots,L_n$ 的 p 复合线性形系. 定义 $\mathbb{R}^N$ 中的平行体

$$\mathscr{K}^{(p)}=\{\boldsymbol{X}\,|\,|L_{\sigma}^{(p)}(\boldsymbol{X})|\leqslant C_{\sigma}\,\big(\sigma\in C(n,p)\big)\},$$

其中 $C_{\sigma}=\prod\limits_{i\in\sigma}c_i$. N 维点集 $\mathscr{K}^{(p)}$ 称作 $\mathscr{K}$ 的 p 复合平行体.

K. Mahler[78] 建立了复合平行体的基本理论, 其中关于相继极小的一个基本结果是:

定理 5.9.1 设 $\lambda_1,\cdots,\lambda_n$ 和 $\eta_1,\cdots,\eta_N$ 分别是 $\mathscr{K}$ 和 $\mathscr{K}^{(p)}$ 的相继极小, 令

$$\nu_{\sigma}=\prod_{i\in\sigma}\lambda_i\quad\big(\sigma\in C(n,p)\big),$$

并且将它们按大小排列为

$$\nu_1\leqslant\nu_2\leqslant\cdots\leqslant\nu_N,$$

则

$$\frac{\nu_i}{N!(p!)^{N-1}}\leqslant\eta_i\leqslant p!\,\nu_i\quad(i=1,2,\cdots,N).$$

关于复合体理论, 还可参见文献 [53] 第 15 节, 以及文献 [9, 112].

2° Schmidt-Summerer 参数数的几何. 设 $\mathscr{S}\subseteq\mathbb{R}^n$ 是一个中心对称的闭凸体, 体积为 $V(\mathscr{S})$, $\varLambda$ 是一个 n 维格, $\lambda_1,\cdots,\lambda_n$ 是 $\mathscr{S}$ 对于 $\varLambda$ 的相继极小. 设给定实数 $Q>1$, $\mu_1,\cdots,\mu_n$ 满足

$$\mu_1+\cdots+\mu_n=0. \tag{1}$$

定义线性变换 $\boldsymbol{T}_Q:\mathbb{R}^n\to\mathbb{R}^n$:

$$\boldsymbol{x}=(x_1,\cdots,x_n)\mapsto(Q^{\mu_1}x_1,\cdots,Q^{\mu_n}x_n),$$

那么在此变换下, 由凸体 $\mathscr{S}$ 得到凸体 $\boldsymbol{T}_Q(\mathscr{S})$(参见习题 1.7). 它以 Q 为参数, 记作 $\mathscr{S}(Q)$. 由式 (1) 可知其体积 $V\big(\mathscr{S}(Q)\big)=V(\mathscr{S})$. 显然, $\mathscr{S}(Q)$ 对于 $\varLambda$ 的相继极小也以 Q 为参数, 记作 $\lambda_1(Q),\cdots,\lambda_n(Q)$. 由定理 5.7.1 推出

$$c_1\leqslant\lambda_1(Q)\cdots\lambda_n(Q)\leqslant c_2,$$

其中 c_1,c_2 (及后文中的 c_i) 是至多仅与 $\mathscr{S},\varLambda$ 有关的常数.

设 $n>1$, 给定实数 $\xi_1,\cdots,\xi_{n-1}$. 取

$$\mathscr{S}^{(0)}=\{\boldsymbol{x}=(x_1,\cdots,x_n)\,|\,|x_i|\leqslant 1\,(i=1,\cdots,n)\},$$

那么

$$\mathscr{S}^{(0)}(Q)=\{\boldsymbol{x}=(x_1,\cdots,x_n)\,|\,|x_i|\leqslant Q^{\mu_i}\,(i=1,\cdots,n)\}.$$

定义 n 维格

$$\Lambda=\{(x,\xi_1 x-y_1,\cdots,\xi_{n-1}x-y_{n-1})\,|\,x,y_1,\cdots,y_{n-1}\in\mathbb{Z}\}.$$

若 $\lambda_i^{(0)}(Q)(i=1,\cdots,n)$ 是 $\mathscr{S}^{(0)}(Q)$ 对于 Λ 的相继极小, 则

$$\lambda_1^{(0)}(Q)\leqslant 1$$

等价于 $\mathscr{S}^{(0)}(Q)$ 含有 Λ 的一个非零格点, 即对于任何 $Q>1$, 不等式组 (A)

$$\begin{aligned}&|x|\leqslant Q^{\mu_1},\\&|\xi_1 x-y_1|\leqslant Q^{\mu_2},\\&\cdots,\\&|\xi_{n-1}x-y_{n-1}|\leqslant Q^{\mu_{n-1}}\end{aligned}$$

有非零解 $\boldsymbol{x}=(x_1,y_1,\cdots,y_{n-1})$. 作为特殊情形, 取参数

$$\mu_1=1,\quad \mu_2=\cdots=\mu_n=-\frac{1}{n-1},\tag{2}$$

由 Dirichlet 联立逼近定理 (见文献 [9], 2.1 节, 定理 3, 在其中分别用 1 代替 n, 用 $n-1$ 代替 m, 用 $Q^{1/(n-1)}$ 代替 Q) 也可推出对于参数 (2) 不等式组 (A) 有非零解.

类似地, 设 Λ^* 是 Λ 的对偶格, 即

$$\Lambda^*=\{(x-\xi_1 y_1-\cdots-\xi_{n-1}y_{n-1},y_1,\cdots,y_{n-1})\,|\,x,y_1,\cdots,y_{n-1}\in\mathbb{Z}\}$$

(参见例 2.8.1). 若 $\lambda_i^{*(0)}(Q)(i=1,\cdots,n)$ 是 $\mathscr{S}^{(0)}(Q)$ 对于 Λ^* 的相继极小, 则

$$\lambda_i^{*(0)}(Q)\leqslant 1$$

等价于 $\mathscr{S}^{(0)}(Q)$ 含有 Λ^* 的一个非零格点, 即对于任何 $Q>1$, 不等式组 (A*)

$$\begin{aligned}&|x-\xi_1 y_1-\cdots-\xi_{n-1}y_{n-1}|\leqslant Q^{\mu_1},\\&|y_j|\leqslant Q^{\mu_j}\quad (j=1,\cdots,n-1)\end{aligned}$$

有非零解 $\boldsymbol{x}=(x,y_1,\cdots,y_{n-1})$. 作为特殊情形, 取参数

$$\mu_1=-1,\quad \mu_2=\cdots=\mu_n=\frac{1}{n-1}.$$

此时不等式组 (A*) 有非零解的结论也可由 Dirichlet 联立逼近定理推出.

上面两个例子表明, 对于"参数相继极小"的研究可以得到某些 Diophantine 逼近的结果, 当然可以期望得出某些新的结果.

一般地, 存在非零格点 $\boldsymbol{x} \in \lambda_1(Q)\mathscr{S}(Q)$ 满足

$$|\boldsymbol{x}| \geqslant c_3 > 0, \quad |\boldsymbol{x}| \leqslant c_4\lambda_1(Q)Q^{\mu},$$

其中 $\mu = \max\{\mu_1, \cdots, \mu_n\}$, 于是

$$\lambda_1(Q) \geqslant c_5 Q^{-\mu} > 0, \tag{3}$$

并且由此及定理 5.7.1 推出

$$\lambda_n(Q) \leqslant c_6 Q^{\mu(n-1)}. \tag{4}$$

我们用下式定义 $\psi_j(Q)$:

$$\lambda_j(Q) = Q^{\psi_j(Q)}\,(Q > 1) \quad (j = 1, \cdots, n).$$

那么 $\psi_j(Q)$ 是连续的, 并且

$$0 < \psi_1(Q) \leqslant \cdots \leqslant \psi_n(Q).$$

应用定理 5.7.1 还可推出

$$|\psi_1(Q) + \cdots + \psi_n(Q)| \leqslant \frac{c_7(\mathscr{S}, \Lambda)}{\log Q}.$$

最后, 令

$$\overline{\psi}_i = \varlimsup_{Q\to\infty} \psi_i(Q), \quad \underline{\psi}_i = \varliminf_{Q\to\infty} \psi_i(Q).$$

由式 (3) 和式 (4) 可知

$$\overline{\psi}_1 \leqslant \cdots \leqslant \overline{\psi}_n, \quad \underline{\psi}_1 \leqslant \cdots \leqslant \underline{\psi}_n,$$

于是 $\overline{\psi}_i \geqslant \underline{\psi}_i$ $(i = 1, \cdots, n)$.

函数 $\overline{\psi}_i$ 和 $\underline{\psi}_i$ 的性质蕴涵一些重要的 Diophantine 逼近的经典结果 (例如 Khinchin 转换原理等), 并且产生一些新的 Diophantine 逼近课题. 这个研究方向在文献中称为 Schmidt-Summerer 参数数的几何. 基本文献可参见文献 [114, 115, 109](还可参见文献 [92, 113] 等).

习 题 5

5.1 确定平面点集

$$\mathscr{S}=\{(x,y)\in\mathbb{R}^2\,|\,4x^2+y^2<12\}$$

的距离函数 F, 并且计算 F 对于 Λ_0 的相继极小.

5.2 设 $n\geqslant 2,\boldsymbol{x}=(x_1,\cdots,x_n)\in\mathbb{R}^n$. 给定实数 $a\neq 0$ 和 $s\geqslant 2$. 令

$$U(\boldsymbol{x})=|x_1+ax_2+a^2x_3+\cdots+a^{n-1}x_n|,$$
$$V(\boldsymbol{x})=\max\{|x_2|,\cdots,|x_n|\},$$

以及 $F(\boldsymbol{x})=\max\{s^{n-1}U(\boldsymbol{x}),s^{-1}V(\boldsymbol{x})\}$. 证明:

(a) F 是一个凸距离函数.

(b) 若 $\lambda_1,\cdots,\lambda_n$ 是 F 的 n 个相继极小, 则存在 n 个线性无关的本原点 (即坐标的最大公因子为 1 的整点)

$$\boldsymbol{x}_i=(x_{i1},\cdots,x_{in})\in\mathbb{Z}^n\quad(i=1,\cdots,n),$$

使得

$$F(\boldsymbol{x}_i)=\lambda_i\quad(i=1,\cdots,n),\quad 1\leqslant|\det(x_{jk})|\leqslant n!,$$

并且

$$\frac{1}{n!}\leqslant\lambda_1\cdots\lambda_n\leqslant 1.$$

(c) 至少存在一个 $i\in\{1,\cdots,n\}$, 满足

$$|x_{i1}+ax_{i2}+\cdots+a^{n-1}x_{in}|\leqslant\lambda_i^n\max\{|x_{i2}|,\cdots,|x_{in}|\}^{-(n-1)}.$$

5.3 设 $L_i(x_1,\cdots,x_n)=\sum\limits_{j=1}^{n}a_{ij}x_j\,(i=1,\cdots,n)$ 是 n 个实系数线性形, $A=\det(a_{ij})\neq 0$. 还设

$$\mathscr{S}_0=\{(x_1,\cdots,x_n)\in\mathbb{R}^n\,|\,|L_i(x_1,\cdots,x_n)|<1\,(i=1,\cdots,n)\}$$

的相继极小是 $\lambda_1,\cdots,\lambda_n$,

$$\mathscr{S}=\{(x_1,\cdots,x_n)\in\mathbb{R}^n\,|\,|L_i(x_1,\cdots,x_n)|<\lambda_i\,(i=1,\cdots,n)\}$$

的相继极小是 $\Lambda_1,\cdots,\Lambda_n$. 证明:

$$\frac{1}{n!}\leqslant \Lambda_1\cdots\Lambda_n\leqslant n!.$$

5.4 设 $L_i(x_1,\cdots,x_n)$ 及 $\lambda_1,\cdots,\lambda_n$ 同习题 5.3, $\rho_1,\cdots,\rho_n$ 是 n 个正实数, $\rho_1\cdots\rho_n=1$. 还设 $\lambda_1',\cdots,\lambda_n'$ 是

$$\mathscr{S}'=\{(x_1,\cdots,x_n)\in\mathbb{R}^n\,|\,|L_i(x_1,\cdots,x_n)|<\rho_i\,(i=1,\cdots,n)\}$$

的相继极小. 证明:

$$\frac{1}{n!}\leqslant\frac{\lambda_1\cdots\lambda_n}{\lambda_1'\cdots\lambda_n'}\leqslant n!.$$

5.5 设格 Λ 如引理 3.6.1 所定义. 证明: 存在实数 $\lambda_1,\cdots,\lambda_n>0$, 以及 n 个线性无关的点 $\boldsymbol{u}_i=(u_{i1},\cdots,u_{in})\in\Lambda(i=1,\cdots,n)$, 使得

$$\lambda_1\cdots\lambda_n\leqslant 1,$$

并且

$$|u_{ij}|\leqslant\lambda_i\sqrt[n]{k_1\cdots k_m}\quad(i,j=1,\cdots,n).$$

5.6 设 $\mathbb{R}^n=U\oplus W$, 其中 U,W 是 $\mathbb{R}^n$ 的两个子空间, $W=U^{\perp},\dim(W)=k\geqslant 1$. 还设 Λ 是一个 n 维格, $d(\Lambda)=1$. 对于给定的实数 $Q=\mathrm{e}^q\geqslant 1$, 令

$$\mathscr{C}(Q)=\{\boldsymbol{x}\in\mathbb{R}^n\,|\,|\boldsymbol{x}|\leqslant 1,|\mathrm{Proj}_W(\boldsymbol{x})|\leqslant Q^{-1}\},$$

其中 $\mathrm{Proj}_W(\boldsymbol{x})$ 表示 $\boldsymbol{x}$ 在 W 上的正交投影. 设 $\lambda_j(q)(j=1,\cdots,n)$ 是 $\mathscr{C}(Q)$ 对于 Λ 的相继极小, 令

$$L_j(q)=\log\lambda_j(q)\quad(j=1,\cdots,n).$$

证明:

$$|L_1(q)+\cdots+L_n(q)-kq|\leqslant n\log n.$$

第 6 章　Mahler 列紧性定理

H. Minkowski 在临界格的研究中引进了格的连续变换的思想, 这个思想被 K. Mahler 进一步完善和发展, 成为格的列紧性理论, 并且被用于临界格的系统研究, 以及某些 Diophantine 逼近问题 (参见注 4.1.1 的 1°).

在本章中, 我们在较一般的框架下考虑格序列的收敛性问题, 给出 Mahler 列紧性理论的一些基本结果. 在 6.1 节中, 作为辅助工具, 我们给出关于 $\mathbb{R}^n$ 到自身的线性变换的一些性质. 在 6.2 节中, 借助格的线性变换定义格序列的收敛性概念, 并给出一些关于格序列收敛性的充分必要条件. 6.3 节证明 Mahler 关于格序列的列紧性定理 (选择定理), 给出它们的一些常用叙述形式. 限于篇幅, 在此不涉及理论的应用.

6.1　线性变换

我们在 2.6 节的基础上继续讨论 $\mathbb{R}^n$ 到自身的线性变换.

设 τ_{ij} 是 n^2 个实数. 我们用 $\boldsymbol{X}=\boldsymbol{\tau x}$ 表示由方程

$$X_i=\sum_{j=1}^{n}\tau_{ij}x_j \quad (i=1,\cdots,n)$$

给出的 $\mathbb{R}^n$ 到自身的 (齐次) 线性变换, 其中 $\boldsymbol{x}=(x_1,\cdots,x_n)^{\mathrm{T}}$ 和 $\boldsymbol{X}=(X_1,\cdots,X_n)^{\mathrm{T}}=\boldsymbol{\tau x}\in\mathbb{R}^n,\boldsymbol{\tau}=(\tau_{ij})_{1\leqslant i,j\leqslant n}$.

定义 $\det(\boldsymbol{\tau})=\det(\tau_{ij})$(即 n 阶方阵 (τ_{ij}) 的行列式). 依 2.6 节, 若 $\det(\tau_{ij})=0$, 则线性变换 $\boldsymbol{\tau}$ 是奇异的; 不然, 即若 $\det(\tau_{ij})\neq 0$, 则 $\boldsymbol{\tau}$ 是非奇异的, 因而可逆, 我

们用 $\boldsymbol{\tau}^{-1}$ 表示它的逆变换. 此外, 若 $\boldsymbol{\sigma}$ 和 $\boldsymbol{\tau}$ 是两个变换, 那么用 $\boldsymbol{\sigma}+\boldsymbol{\tau}$ 表示变换

$$(\boldsymbol{\sigma}+\boldsymbol{\tau})\boldsymbol{x}=\boldsymbol{\sigma}\boldsymbol{x}+\boldsymbol{\tau}\boldsymbol{x},$$

用 $\boldsymbol{\sigma}\boldsymbol{\tau}$ 表示变换

$$(\boldsymbol{\sigma}\boldsymbol{\tau})\boldsymbol{x}=\boldsymbol{\sigma}(\boldsymbol{\tau}\boldsymbol{x}).$$

显然, 如果 $\boldsymbol{\sigma}$ 和 $\boldsymbol{\tau}$ 分别对应于系数矩阵 (σ_{ij}) 和 (τ_{ij}), 那么变换 $\boldsymbol{\sigma}+\boldsymbol{\tau}$ 和 $\boldsymbol{\sigma}\boldsymbol{\tau}$ 分别对应于矩阵

$$(\sigma_{ij}+\tau_{ij})$$

和

$$\left(\sum_{k=1}^{n}\sigma_{ik}\tau_{kj}\right). \tag{1}$$

此外, 我们用 $\boldsymbol{\iota}$ 表示恒等变换

$$X_i=x_i \quad (i=1,\cdots,n).$$

若变换 $\boldsymbol{\tau}$ 对应的系数矩阵是 (τ_{ij}), 则令

$$\|\boldsymbol{\tau}\|=n\max_{1\leqslant i,j\leqslant n}|\tau_{ij}|,$$

称作变换 $\boldsymbol{\tau}$ 的范数 (模).

引理 6.1.1 设 $\boldsymbol{\tau},\boldsymbol{\sigma}$ 是任意线性变换, 则

$$\|-\boldsymbol{\tau}\|=\|\boldsymbol{\tau}\|, \quad \|\boldsymbol{\sigma}+\boldsymbol{\tau}\|\leqslant\|\boldsymbol{\sigma}\|+\|\boldsymbol{\tau}\|, \tag{2}$$

$$\|\boldsymbol{\sigma}\boldsymbol{\tau}\|\leqslant\|\boldsymbol{\sigma}\|\|\boldsymbol{\tau}\|, \tag{3}$$

并且对于任意 $\boldsymbol{x}\in\mathbb{R}^n$,

$$|\boldsymbol{\tau}\boldsymbol{x}|\leqslant\sqrt{n}\|\boldsymbol{\tau}\||\boldsymbol{x}|. \tag{4}$$

证 按定义, 式 (2) 是显然的. 因为 $\boldsymbol{\sigma}\boldsymbol{\tau}$ 的系数矩阵由式 (1) 给出, 所以容易推出式 (3). 最后, $\boldsymbol{X}=\boldsymbol{\tau}\boldsymbol{x}$ 蕴涵

$$\max_{1\leqslant i\leqslant n}|X_i|\leqslant\|\boldsymbol{\tau}\|\max_{1\leqslant i\leqslant n}|x_i|,$$

由此并且注意对于任何 $\boldsymbol{a}=(a_1,\cdots,a_n)^{\mathrm{T}}\in\mathbb{R}^n$, 有

$$\max_{1\leqslant i\leqslant n}|a_i|\leqslant|\boldsymbol{a}|\leqslant\sqrt{n}\max_{1\leqslant i\leqslant n}|a_i|,$$

即可得到

$$|\boldsymbol{\tau}\boldsymbol{x}|\leqslant\sqrt{n}\max_{1\leqslant i\leqslant n}|X_i|\leqslant\sqrt{n}\|\boldsymbol{\tau}\|\max_{1\leqslant i\leqslant n}|x_i|\leqslant\sqrt{n}\|\boldsymbol{\tau}\||\boldsymbol{x}|,$$

此即不等式 (4). □

引理 6.1.2　设 $\boldsymbol{\tau}$ 是 $\mathbb{R}^n$ 到自身的齐次线性变换. 对于 $\boldsymbol{x}=(x_1,\cdots,x_n)^{\mathrm{T}}\in\mathbb{R}^n$, 令

$$F_1(\boldsymbol{x})=\frac{1}{n}\sum_{j=1}^{n}|x_j|,\quad F_2(\boldsymbol{x})=\max_{1\leqslant j\leqslant n}|x_j|,\tag{5}$$

则

$$\|\boldsymbol{\tau}\|=\sup_{\boldsymbol{x}\neq\boldsymbol{0}}\frac{F_2(\boldsymbol{\tau x})}{F_1(\boldsymbol{x})}.\tag{6}$$

证　设 $\boldsymbol{\tau}$ 对应的矩阵是 (τ_{ij}), 那么对于 $\boldsymbol{X}=\boldsymbol{\tau x}$ 的分量 X_i 有

$$|X_i|=\left|\sum_{j=1}^{n}\tau_{ij}x_j\right|\leqslant\max_{i,j}|\tau_{ij}|\sum_{j=1}^{n}|x_j|,$$

于是

$$\frac{F_2(\boldsymbol{\tau x})}{F_1(\boldsymbol{x})}\leqslant\frac{\max\limits_{i,j}|\tau_{ij}|\sum\limits_{j}|x_j|}{n^{-1}\sum\limits_{j}|x_j|}=n\max_{i,j}|\tau_{ij}|=\|\boldsymbol{\tau}\|.$$

可见

$$\sup_{\boldsymbol{x}\neq\boldsymbol{0}}\frac{F_2(\boldsymbol{\tau x})}{F_1(\boldsymbol{x})}\leqslant\|\boldsymbol{\tau}\|.$$

设 $\max\limits_{i,j}|\tau_{ij}|=|\tau_{i_0j_0}|$, 取

$$\boldsymbol{x}_0=(0,\cdots,0,\pm1,0,\cdots,0)^{\mathrm{T}},$$

其中只有第 j_0 个分量不为零, 绝对值为 1, 并且与 $\tau_{i_0j_0}$ 同号. 那么

$$F_2(\boldsymbol{\tau x}_0)=|\tau_{i_0j_0}|,\quad F_1(\boldsymbol{x}_0)=\frac{1}{n},$$

所以

$$\frac{F_2(\boldsymbol{\tau x}_0)}{F_1(\boldsymbol{x}_0)}=\|\boldsymbol{\tau}\|.$$

于是得到式 (6). □

引理 6.1.3　设 $\boldsymbol{\tau}=\boldsymbol{\iota}+\boldsymbol{\sigma}$ 是齐次线性变换, 并且

$$\|\boldsymbol{\sigma}\|<1,\tag{7}$$

那么变换 $\boldsymbol{\tau}$ 是非奇异的, 并且变换

$$\boldsymbol{\rho}=\boldsymbol{\iota}-\boldsymbol{\tau}^{-1}$$

满足不等式

$$\|\boldsymbol{\rho}\| \leqslant \frac{\|\boldsymbol{\sigma}\|}{1-\|\boldsymbol{\sigma}\|}. \tag{8}$$

证 (i) 设 $F_1(\boldsymbol{x}), F_2(\boldsymbol{x})$ 如式 (5), 显然它们都是对称的凸距离函数, 仅在点 $\mathbf{0}$ 处为零, 并且对于所有 $\boldsymbol{x} \in \mathbb{R}^n$,

$$F_1(\boldsymbol{x}) \leqslant F_2(\boldsymbol{x}).$$

于是

$$F_1(\boldsymbol{x}) = F_1(\boldsymbol{\tau x} - \boldsymbol{\sigma x}) \leqslant F_1(\boldsymbol{\tau x}) + F_1(\boldsymbol{\sigma x}) \leqslant F_1(\boldsymbol{\tau x}) + F_2(\boldsymbol{\sigma x}),$$

由式 (6)(其中用 $\boldsymbol{\sigma}$ 代替 $\boldsymbol{\tau}$) 及式 (7) 可知当 $\boldsymbol{x} \neq \mathbf{0}$ 时,

$$F_2(\boldsymbol{\sigma x}) \leqslant \|\boldsymbol{\sigma}\| F_1(\boldsymbol{x}) < F_1(\boldsymbol{x}),$$

于是当 $\boldsymbol{x} \neq \mathbf{0}$ 时,

$$F_1(\boldsymbol{x}) < F_1(\boldsymbol{\tau x}) + F_1(\boldsymbol{x}),$$

即 $F_1(\boldsymbol{\tau x}) > 0$(当 $\boldsymbol{x} \neq \mathbf{0}$ 时). 注意由 F_1 的定义可知 F_1 是非负的, 并且

$$F_1(\boldsymbol{\tau x}) = 0 \quad \Leftrightarrow \quad \boldsymbol{\tau x} = \mathbf{0},$$

因此仅当 $\boldsymbol{x} = \mathbf{0}$ 时 $\boldsymbol{\tau x} = \mathbf{0}$. 这表明 $\boldsymbol{\tau}$ 是非奇异的.

(ii) 由步骤 (i) 所证, $\boldsymbol{\rho}$ 存在. 于是

$$\boldsymbol{\rho} = \boldsymbol{\iota} - \boldsymbol{\tau}^{-1} = \boldsymbol{\tau}^{-1}(\boldsymbol{\tau} - \boldsymbol{\iota}) = \boldsymbol{\tau}^{-1}\boldsymbol{\sigma} = (\boldsymbol{\iota} - \boldsymbol{\rho})\boldsymbol{\sigma} = \boldsymbol{\sigma} - \boldsymbol{\rho\sigma},$$

从而由式 (2) 和式 (3) 得到

$$\|\boldsymbol{\rho}\| \leqslant \|\boldsymbol{\sigma}\| + \|\boldsymbol{\rho\sigma}\| \leqslant \|\boldsymbol{\sigma}\| + \|\boldsymbol{\rho}\|\|\boldsymbol{\sigma}\|,$$

由此即可推出不等式 (8). □

注 6.1.1 引理 6.1.3 表明: 若变换 $\boldsymbol{\tau}$ 接近于恒等变换 $\boldsymbol{\iota}$, 则 $\boldsymbol{\tau}^{-1}$ 存在, 并且也接近于 $\boldsymbol{\iota}$.

下面讨论线性变换与距离函数的关系.

引理 6.1.4 设 $F(\boldsymbol{x})$ 是距离函数, 仅当 $\boldsymbol{x} = \mathbf{0}$ 时 $F(\boldsymbol{x}) = 0$. 还设 $\boldsymbol{\tau}$ 是线性变换, 那么存在常数 c_1(仅与 F 和 $\boldsymbol{\tau}$ 有关), 使得对于所有 $\boldsymbol{x} \in \mathbb{R}^n$,

$$F(\boldsymbol{\tau x}) \leqslant c_1 F(\boldsymbol{x}).$$

证　容易验证函数

$$F_0(\boldsymbol{x}) = F(\boldsymbol{\tau x})$$

是一个距离函数. 因为仅当 $\boldsymbol{x} = \boldsymbol{0}$ 时 $F_0(\boldsymbol{x}) = 0$, 所以集合 $F_0(\boldsymbol{x}) < 1$ 有界 (见引理 5.1.2). 于是依引理 5.1.2 的推论, 存在常数 c_1, 使得对于所有 $\boldsymbol{x} \in \mathbb{R}^n$,

$$F_0(\boldsymbol{x}) \leqslant c_1 F(\boldsymbol{x}).$$

从而引理得证. □

推论　如果 $F(\boldsymbol{x})$ 是距离函数, 仅当 $\boldsymbol{x} = \boldsymbol{0}$ 时 $F(\boldsymbol{x}) = 0$. 还设 $\boldsymbol{\tau}$ 是非退化线性变换, 那么存在常数 c_2, 使得对于所有 $\boldsymbol{x} \in \mathbb{R}^n$,

$$F(\boldsymbol{x}) \leqslant c_2 F(\boldsymbol{\tau x}).$$

证　因为 $\boldsymbol{\tau}$ 非退化, 所以 $\boldsymbol{\tau}^{-1}$ 存在. 令

$$\widetilde{F}(\boldsymbol{x}) = F(\boldsymbol{\tau x}),$$

那么 $\widetilde{F}$ 是一个距离函数, 并且仅当 $\boldsymbol{\tau x} = \boldsymbol{0}$ 即 $\boldsymbol{x} = \boldsymbol{0}$ 时 $\widetilde{F}(\boldsymbol{x}) = 0$. 将引理 6.1.4 应用于距离函数 $\widetilde{F}(\boldsymbol{x})$ 和线性变换 $\boldsymbol{\tau}^{-1}$, 可知存在常数 c_2, 使得对于所有 $\boldsymbol{x} \in \mathbb{R}^n$,

$$\widetilde{F}(\boldsymbol{\tau}^{-1}\boldsymbol{x}) \leqslant c_2 \widetilde{F}(\boldsymbol{x}),$$

即

$$F(\boldsymbol{x}) \leqslant c_2 F(\boldsymbol{\tau x}).$$

□

注 6.1.2　在上述推论的假设下, 存在常数 c', c'', 使得对于所有 $\boldsymbol{x} \in \mathbb{R}^n$,

$$c' F(\boldsymbol{x}) \leqslant F(\boldsymbol{\tau x}) \leqslant c'' F(\boldsymbol{x}).$$

引理 6.1.5　设 $F(\boldsymbol{x})$ 是距离函数, 仅当 $\boldsymbol{x} = \boldsymbol{0}$ 时 $F(\boldsymbol{x}) = 0$. 那么对于每个 $\varepsilon \in (0,1)$, 存在常数 $\eta = \eta(\varepsilon) > 0$(仅与 F, ε 有关), 使得对于任何满足条件

$$\|\boldsymbol{\tau} - \boldsymbol{\iota}\| < \eta \tag{9}$$

(其中 $\boldsymbol{\iota}$ 是恒等变换) 的齐次线性变换 $\boldsymbol{\tau}$, 有

$$1 - \varepsilon \leqslant \frac{F(\boldsymbol{\tau x})}{F(\boldsymbol{x})} \leqslant 1 + \varepsilon \quad (\text{对所有 } \boldsymbol{x} \in \mathbb{R}^n). \tag{10}$$

证　(i) 依引理 5.1.2, 存在常数 $c > 0$, 使得对于所有 $\boldsymbol{x} \in \mathbb{R}^n$,

$$F(\boldsymbol{x}) \geqslant c|\boldsymbol{x}|. \tag{11}$$

(ii) 因为函数 $F(\boldsymbol{x})$ 在球 $|\boldsymbol{x}|\leqslant 2$ 中连续, 所以存在 $\eta_1\in(0,1)$ 具有下列性质: 只要

$$|\boldsymbol{x}_1-\boldsymbol{x}_2|<\eta_1,\quad |\boldsymbol{x}_1|\leqslant 2,\quad |\boldsymbol{x}_2|\leqslant 2,$$

就有

$$|F(\boldsymbol{x}_1)-F(\boldsymbol{x}_2)|<c\varepsilon.$$

(iii) 我们来证明: 对于任何 $\boldsymbol{x}_1,\boldsymbol{x}_2\in\mathbb{R}^n$,

$$|\boldsymbol{x}_1-\boldsymbol{x}_2|<\eta_1|\boldsymbol{x}_2|\quad\Rightarrow\quad |F(\boldsymbol{x}_1)-F(\boldsymbol{x}_2)|<c\varepsilon|\boldsymbol{x}_2|. \tag{12}$$

事实上, 令

$$\boldsymbol{x}_1'=\frac{\boldsymbol{x}_1}{|\boldsymbol{x}_2|},\quad \boldsymbol{x}_2'=\frac{\boldsymbol{x}_2}{|\boldsymbol{x}_2|}.$$

因为

$$|\boldsymbol{x}_1|\leqslant|\boldsymbol{x}_1-\boldsymbol{x}_2|+|\boldsymbol{x}_2|<\eta_1|\boldsymbol{x}_2|+|\boldsymbol{x}_2|=(\eta_1+1)|\boldsymbol{x}_2|<2|\boldsymbol{x}_2|,$$

所以

$$|\boldsymbol{x}_1'|<2,\ |\boldsymbol{x}_2'|=1<2,\quad |\boldsymbol{x}_1'-\boldsymbol{x}_2'|<\eta_1.$$

于是依步骤 (ii) 中的命题, 有

$$|F(\boldsymbol{x}_1')-F(\boldsymbol{x}_2')|<c\varepsilon.$$

由距离函数 F 的齐性, 立得命题 (12) 的结论.

(iv) 由不等式 (4) 可知, 对于 $\boldsymbol{x}\in\mathbb{R}^n$,

$$|\boldsymbol{\tau x}-\boldsymbol{x}|=|(\boldsymbol{\tau}-\boldsymbol{\iota})\boldsymbol{x}|\leqslant\sqrt{n}\|\boldsymbol{\tau}-\boldsymbol{\iota}\||\boldsymbol{x}|.$$

取 $\eta<\eta_1/\sqrt{n}$, 那么由此及不等式 (9) 得到

$$|\boldsymbol{\tau x}-\boldsymbol{x}|\leqslant\eta_1|\boldsymbol{x}|.$$

于是由命题 (12) 可知

$$|F(\boldsymbol{\tau x})-F(\boldsymbol{x})|<c\varepsilon|\boldsymbol{x}|.$$

由此及不等式 (11) 可得

$$|F(\boldsymbol{\tau x})-F(\boldsymbol{x})|<\varepsilon|F(\boldsymbol{x})|,$$

此式等价于不等式 (10). □

6.2　格序列的收敛

设 Λ 是一个格. 如 2.5 节所证明, 若 $\boldsymbol{\tau}$ 是非奇异齐次线性变换, 那么点集

$$\boldsymbol{\tau}\Lambda=\{\boldsymbol{\tau}\boldsymbol{a}\,|\,\boldsymbol{a}\in\Lambda\}$$

是一个格, 其行列式

$$d(\boldsymbol{\tau}\Lambda)=|\det(\boldsymbol{\tau})|d(\Lambda). \tag{1}$$

另一方面, 若 M 是任意一个格, 则总可表示为

$$M=\boldsymbol{\tau}\Lambda$$

的形式, 其中 $\boldsymbol{\tau}$ 是某个非奇异齐次线性变换, 并且实际上有无穷多种这样的表示方法. 设 $\boldsymbol{a}_1,\cdots,\boldsymbol{a}_n$ 和 $\boldsymbol{b}_1,\cdots,\boldsymbol{b}_n$ 分别是 Λ 和 M 的基, 那么存在唯一确定的齐次线性变换 $\boldsymbol{\tau}$, 使得

$$\boldsymbol{b}_i=\boldsymbol{\tau}\boldsymbol{a}_i\quad(i=1,\cdots,n),$$

从而 $M=\boldsymbol{\tau}\Lambda$. 而格的基的选取并不唯一, 所以上述断言成立.

设 $\Lambda_r(r=1,2,\cdots)$ 是一个格的无穷序列, Λ' 是某个格. 如果对于每个 r, 存在齐次线性变换 $\boldsymbol{\tau}_r$, 使得

$$\Lambda_r=\boldsymbol{\tau}_r\Lambda', \tag{2}$$

并且

$$\|\boldsymbol{\tau}_r-\boldsymbol{\iota}\|\to 0\quad(r\to\infty) \tag{3}$$

(其中 $\boldsymbol{\iota}$ 是恒等变换), 那么我们称格序列 Λ_r 收敛于 (或趋于) 格 Λ', 并且记作

$$\Lambda_r\to\Lambda'\quad(r\to\infty).$$

引理 6.2.1　若当 $r\to\infty$ 时格序列 Λ_r 收敛于格 Λ', 则

$$d(\Lambda_r)\to d(\Lambda')\quad(r\to\infty),$$

并且对于任何非奇异齐次线性变换 $\boldsymbol{\alpha}$,

$$\boldsymbol{\alpha}\Lambda_r\to\boldsymbol{\alpha}\Lambda'\quad(r\to\infty).$$

证 (i) 设 $\boldsymbol{\tau}_r$ 和 $\boldsymbol{\iota}$ 对应的矩阵分别是 $(\tau_{ij}^{(r)})$ 和 (ι_{ij}), 那么 $\iota_{ii}=1,\iota_{ij}=0(i\neq j)$. 由式 (3) 可知当 $r\to\infty$ 时,

$$\tau_{ii}\to 1,\quad \tau_{ij}\to 0\quad (i\neq j),$$

于是当 $r\to\infty$ 时,

$$\det(\boldsymbol{\tau}_r)\to\det(\boldsymbol{\iota}).$$

由此及式 (1) 推出: 当 $r\to\infty$ 时,

$$d(\Lambda_r)=d(\boldsymbol{\tau}_r\Lambda')=|\det(\boldsymbol{\tau}_r)|d(\Lambda')\to|\det(\boldsymbol{\iota})|d(\Lambda')=d(\boldsymbol{\iota}\Lambda')=d(\Lambda').$$

(ii) 对于非奇异齐次线性变换 $\boldsymbol{\alpha}$, 我们有

$$\boldsymbol{\alpha}\Lambda_r=\boldsymbol{\alpha}\boldsymbol{\tau}_r\boldsymbol{\alpha}^{-1}(\boldsymbol{\alpha}\Lambda'),$$

以及

$$\boldsymbol{\alpha}\boldsymbol{\tau}_r\boldsymbol{\alpha}^{-1}-\boldsymbol{\iota}=\boldsymbol{\alpha}(\boldsymbol{\tau}_r-\boldsymbol{\iota})\boldsymbol{\alpha}^{-1}.$$

因为 $\Lambda_r\to\Lambda'$ 蕴涵 $\|\boldsymbol{\tau}_r-\boldsymbol{\iota}\|\to 0$, 所以

$$\begin{aligned}\|\boldsymbol{\alpha}\boldsymbol{\tau}_r\boldsymbol{\alpha}^{-1}-\boldsymbol{\iota}\|&=\|\boldsymbol{\alpha}(\boldsymbol{\tau}_r-\boldsymbol{\iota})\boldsymbol{\alpha}^{-1}\|\\&\leqslant\|\boldsymbol{\alpha}\|\|\boldsymbol{\tau}_r-\boldsymbol{\iota}\|\|\boldsymbol{\alpha}^{-1}\|\to 0\quad(r\to\infty).\end{aligned}$$

于是 $\boldsymbol{\alpha}\Lambda_r\to\boldsymbol{\alpha}\Lambda'\,(r\to\infty)$. □

引理 6.2.2 格序列 $\Lambda_r(r=1,2,\cdots)$ 收敛于格 Λ' 的充分必要条件是分别存在 Λ_r 和 Λ' 的基

$$\{\boldsymbol{b}_1^{(r)},\cdots,\boldsymbol{b}_n^{(r)}\}\quad 和\quad\{\boldsymbol{b}_1',\cdots,\boldsymbol{b}_n'\},$$

使得

$$\boldsymbol{b}_j^{(r)}\to\boldsymbol{b}_j'\quad(r\to\infty)\quad(j=1,\cdots,n),\tag{4}$$

此处的收敛性按 $|\boldsymbol{b}_j^{(r)}-\boldsymbol{b}_j'|\to 0\,(r\to\infty)$ 理解.

证 (i) 首先设 $\Lambda_r\to\Lambda'\,(r\to\infty)$, 并且 $\boldsymbol{\tau}_r$ 是满足条件 (2) 和 (3) 的线性变换. 取格 Λ' 的任何一组基 $\boldsymbol{b}_j'$, 并令

$$\boldsymbol{b}_j^{(r)}=\boldsymbol{\tau}_r\boldsymbol{b}_j'\quad(j=1,\cdots,n;r=1,2,\cdots),\tag{5}$$

那么由式 (3) 及引理 6.1.1 的式 (4), 有

$$|\boldsymbol{b}_j^{(r)}-\boldsymbol{b}_j'|=|(\boldsymbol{\tau}_r-\boldsymbol{\iota})\boldsymbol{b}_j'|\leqslant\sqrt{n}\|\boldsymbol{\tau}_r-\boldsymbol{\iota}\||\boldsymbol{b}_j'|\to 0\quad(r\to\infty).$$

(ii) 反之, 设 Λ_r 和 Λ' 的基 $\boldsymbol{b}_j^{(r)}$ 和 $\boldsymbol{b}'_j$ 满足条件 (4), 那么由式 (5) 可单值地确定变换 $\boldsymbol{\tau}_r$. 于是由基的定义推出

$$\Lambda_r = \boldsymbol{\tau}_r \Lambda'.$$

若 $(\tau_{ij}^{(r)})$ 和 (ι_{ij}) 分别是 $\boldsymbol{\tau}_r$ 和 $\boldsymbol{\iota}$ 的矩阵, $(\boldsymbol{\tau}_r - \boldsymbol{\iota})\boldsymbol{b}'_j = (X_1, \cdots, X_n)$, 则

$$|\boldsymbol{b}_j^{(r)} - \boldsymbol{b}'_j| = |(\boldsymbol{\tau}_r - \boldsymbol{\iota})\boldsymbol{b}'_j| \geqslant \max_j |X_j| \geqslant c \max_{i,j} |\tau_{ij}^{(r)} - \iota_{ij}| = \frac{c}{n}\|\boldsymbol{\tau}_r - \boldsymbol{\iota}\|,$$

其中 $c > 0$ 是仅与 $\boldsymbol{b}'_j$ 有关的常数, 由此及条件 (4) 推出

$$\|\boldsymbol{\tau}_r - \boldsymbol{\iota}\| \to 0 \quad (r \to \infty).$$

于是 $\Lambda_r \to \Lambda' \, (r \to \infty)$. □

引理 6.2.2 是比较显然的, 我们将给出一个并不显然的格序列收敛的充分必要条件 (定理 6.2.1), 为此首先给出下列辅助结果:

引理 6.2.3　设 Λ 是一个格, $\boldsymbol{c}_1, \cdots, \boldsymbol{c}_n \in \Lambda$ 线性无关, 但不组成格的一组基, 那么 Λ 含有一个下列形式的点:

$$\boldsymbol{d} = \vartheta_1 \boldsymbol{c}_1 + \cdots + \vartheta_n \boldsymbol{c}_n,$$

其中系数 $\vartheta_j \in (1/4, 1/2]$.

证　因为 $\boldsymbol{c}_1, \cdots, \boldsymbol{c}_n$ 不组成格的一组基, 所以 (依基的定义) 存在点

$$\boldsymbol{a} = \alpha_1 \boldsymbol{c}_1 + \cdots + \alpha_n \boldsymbol{c}_n \in \Lambda,$$

其中系数 α_j 不全为整数. 不失一般性, 可以认为

$$|\alpha_j| \leqslant \frac{1}{2} \quad (j = 1, \cdots, n).$$

这是因为, 若 (例如) α_1 不满足上述不等式, 则可取整数 β_1, 使得 $|\alpha_1 - \beta_1| \leqslant 1/2$, 于是

$$\boldsymbol{a} - \beta_1 \boldsymbol{c}_1 = (\alpha_1 - \beta_1)\boldsymbol{c}_1 + \cdots \in \Lambda,$$

其中 $|\alpha_1 - \beta_1| \leqslant 1/2$. 从而可用 $\boldsymbol{a} - \beta_1 \boldsymbol{c}_1$ 代替 $\boldsymbol{a}$.

因为点 $0, 1/2^k (k = 0, 1, 2, \cdots)$ 分划区间 $[0, 1]$, 所以存在正整数 k, 使得

$$\frac{1}{2^{k+1}} < \max_j |\alpha_j| \leqslant \frac{1}{2^k},$$

并且由 $1/2^k \leqslant 1/2$ 可知 $k \geqslant 1$. 设 t 是使得

$$2^t \max_j |\alpha_j| > \frac{1}{4}$$

的最小非负整数 t, 那么

$$2^{t-1}\max_j|\alpha_j|\leqslant\frac{1}{4},$$

从而

$$2^t\max_j|\alpha_j|\leqslant\frac{1}{2}.$$

于是点 $\boldsymbol{d}=2^t\boldsymbol{a}$ 符合要求. □

注 6.2.1 在引理 6.2.3 中可以不假定 $\boldsymbol{c}_1,\cdots,\boldsymbol{c}_n\in\Lambda$ 线性无关, 因为在证明中可用其中的极大线性无关点组代替这个点组.

定理 6.2.1 格序列 $\Lambda_r(r=1,2,\cdots)$ 收敛于格 Λ' 的充分必要条件是:

(a) 对于每个 $\boldsymbol{a}'\in\Lambda'$, 存在点列 $\boldsymbol{a}_r\in\Lambda_r\,(r=1,2,\cdots)$, 使得

$$\boldsymbol{a}_r\to\boldsymbol{a}'\quad(r\to\infty),\tag{6}$$

并且:

(b) 若 $\boldsymbol{c}\notin\Lambda'$, 则存在数 $\eta>0$ 和正整数 r_0(均与 $\boldsymbol{c}$ 有关), 使得对于所有 $\boldsymbol{a}_r\in\Lambda_r(r\geqslant r_0)$,

$$|\boldsymbol{a}_r-\boldsymbol{c}|>\eta.\tag{7}$$

证 (i) 必要性. 设 $\Lambda_r\to\Lambda'$, 那么存在线性变换 $\boldsymbol{\tau}_r\,(r=1,2,\cdots)$ 满足式 (2) 和式 (3).

(a) 若 $\boldsymbol{a}'\in\Lambda'$, 我们取

$$\boldsymbol{a}_r=\boldsymbol{\tau}_r\boldsymbol{a}'\quad(r=1,2,\cdots),$$

那么由引理 6.1.1 中的式 (4) 可知

$$|\boldsymbol{a}_r-\boldsymbol{a}'|=|\boldsymbol{\tau}_r\boldsymbol{a}'-\boldsymbol{\iota}\boldsymbol{a}'|=|(\boldsymbol{\tau}_r-\boldsymbol{\iota})\boldsymbol{a}'|\leqslant\sqrt{n}\|\boldsymbol{\tau}_r-\boldsymbol{\iota}\||\boldsymbol{a}'|\to 0\quad(r\to\infty).$$

(b) 若 $\boldsymbol{c}\notin\Lambda'$, 则 (注意 Λ' 是离散点集) 存在 $\eta_1>0$, 使得对于所有 $\boldsymbol{a}'\in\Lambda'$,

$$|\boldsymbol{a}'-\boldsymbol{c}|>\eta_1.\tag{8}$$

取

$$\eta=\frac{1}{2}\eta_1,\tag{9}$$

我们来证明存在 r_0 使得式 (7) 成立. 用反证法. 设对于每个 r, 都可找到点 $\boldsymbol{a}_r\in\Lambda_r$, 使得

$$|\boldsymbol{a}_r-\boldsymbol{c}|\leqslant\eta,\tag{10}$$

于是

$$|\boldsymbol{a}_r|\leqslant|\boldsymbol{c}|+\eta.\tag{11}$$

依变换 $\boldsymbol{\tau}_r$ 的定义, 点 $\boldsymbol{a}_r \in \Lambda_r$ 可表示为

$$\boldsymbol{a}_r = \boldsymbol{\tau}_r \boldsymbol{a}', \tag{12}$$

其中 $\boldsymbol{a}' \in \Lambda'$. 因为 $\boldsymbol{\tau}_r = \boldsymbol{\iota} + (\boldsymbol{\tau}_r - \boldsymbol{\iota})$, 由式 (3) 可知当 $r \geqslant r_0'$ 时 $\|\boldsymbol{\tau}_r - \boldsymbol{\iota}\| < 1$, 所以由引理 6.1.3 可知 $\boldsymbol{\tau}_r^{-1}(r \geqslant r_0')$ 存在, 并且

$$\|\boldsymbol{\iota} - \boldsymbol{\tau}_r^{-1}\| \leqslant \frac{\|\boldsymbol{\tau}_r - \boldsymbol{\iota}\|}{1 - \|\boldsymbol{\tau}_r - \boldsymbol{\iota}\|} \to 0 \quad (r \to \infty). \tag{13}$$

又由式 (12) 可知当 $r \geqslant r_0'$ 时 $\boldsymbol{a}' = \boldsymbol{\tau}_r^{-1}\boldsymbol{a}_r$, 所以由式 (11) 推出

$$\begin{aligned} |\boldsymbol{a}_r - \boldsymbol{a}'| &= |(\boldsymbol{\iota} - \boldsymbol{\tau}_r^{-1})\boldsymbol{a}_r| \leqslant \sqrt{n}\|\boldsymbol{\iota} - \boldsymbol{\tau}_r^{-1}\||\boldsymbol{a}_r| \\ &\leqslant \sqrt{n}\|\boldsymbol{\iota} - \boldsymbol{\tau}_r^{-1}\|(|\boldsymbol{c}| + \eta) \quad (r \geqslant r_0'), \end{aligned}$$

由此及式 (13) 可知, 当 $r \geqslant r_0 (\geqslant r_0')$ 时

$$|\boldsymbol{a}_r - \boldsymbol{a}'| < \eta.$$

最后结合式 (9) 和式 (10), 得到

$$|\boldsymbol{a}' - \boldsymbol{c}| \leqslant 2\eta = \eta_1,$$

这与不等式 (8) 矛盾.

(ii) 充分性. 现在设格 Λ_r 和 Λ 满足条件 (a) 和 (b). 设 $\boldsymbol{b}_1', \cdots, \boldsymbol{b}_n'$ 是 Λ' 的任意一组基. 由条件 (a), 存在点列

$$\boldsymbol{b}_j^{(r)} \to \boldsymbol{b}_j' \quad (r \to \infty) \quad (\boldsymbol{b}_1^{(r)} \in \Lambda_r; j = 1, \cdots, n). \tag{14}$$

因为 $\boldsymbol{b}_1', \cdots, \boldsymbol{b}_n'$ 是一组基, 所以 $|\det(\boldsymbol{b}_1'^{\mathrm{T}} \quad \cdots \quad \boldsymbol{b}_n'^{\mathrm{T}})| \neq 0$, 从而

$$\lim_{r \to \infty} |\det(\boldsymbol{b}_1^{(r)\mathrm{T}} \quad \cdots \quad \boldsymbol{b}_n^{(r)\mathrm{T}})| = |\det(\boldsymbol{b}_1'^{\mathrm{T}} \quad \cdots \quad \boldsymbol{b}_n'^{\mathrm{T}})| \neq 0.$$

可见当 $r \geqslant r'$ 时 $\det(\boldsymbol{b}_1^{(r)\mathrm{T}} \quad \cdots \quad \boldsymbol{b}_n^{(r)\mathrm{T}}) \neq 0$, 即 $\boldsymbol{b}_j^{(r)} (j = 1, \cdots, n)$ 线性无关. 我们来证明: 除去有限多个 r 值外, $\boldsymbol{b}_1^{(r)}, \cdots, \boldsymbol{b}_n^{(r)}$ 确实构成 Λ_r 的一组基.

用反证法. 设 $\boldsymbol{b}_j^{(r)} (j = 1, \cdots, n)$ 不是 Λ_r 的一组基, 那么 Λ_r 中存在一个非零点

$$\boldsymbol{d}_r = \vartheta_{1r}\boldsymbol{b}_1^{(r)} + \cdots + \vartheta_{nr}\boldsymbol{b}_n^{(r)}, \tag{15}$$

其中系数满足

$$\frac{1}{4} < \max_{1 \leqslant j \leqslant n} |\vartheta_{jr}| \leqslant \frac{1}{2} \tag{16}$$

(见引理 6.2.3). 因为数集 ϑ_{jr} 有界, 依 Weierstrass 列紧性定理, 存在它的一个收敛子列 ϑ_{jr_t}, 其中下标 $r_1 < r_2 < \cdots < r_t < \cdots$. 设

$$\lim_{t\to\infty} \vartheta_{jr_t} = \vartheta'_j, \tag{17}$$

那么由式 (14)、式 (15) 及式 (17) 可知存在点列极限

$$\boldsymbol{d}' = \sum_{j=1}^{n} \vartheta'_j \boldsymbol{b}'_j = \lim_{t\to\infty} \boldsymbol{d}_{r_t}. \tag{18}$$

因为 $|\boldsymbol{d}' - \boldsymbol{d}_{r_t}|$ 可以任意小, 所以当 $r \geqslant r''(\geqslant r')$ 时条件 (b) 中的式 (7) 在此不可能成立, 从而 $\boldsymbol{d}' \in \Lambda'$. 但由式 (16) 和式 (17) 可知

$$\frac{1}{4} \leqslant \max_{1\leqslant j\leqslant n} |\vartheta'_j| \leqslant \frac{1}{2},$$

注意 $\boldsymbol{b}'_j (j = 1, \cdots, n)$ 是 Λ' 的基, 由式 (18) 的左半式可知 ϑ'_j 都是整数, 于是我们得到矛盾. 因此对于每个 $r \geqslant r'', \boldsymbol{b}_j^{(r)} (j = 1, \cdots, n)$ 构成 Λ_r 的一组基. 适当改变有限多组例外的向量组 $\boldsymbol{b}_j^{(r)} (1 \leqslant r < r'')$, 可以认为对于所有 $r \geqslant 1, \boldsymbol{b}_j^{(r)}$ 构成 Λ_r 的一组基, 这不影响极限 (14). 由引理 6.2.2 可知 $\Lambda_r \to \Lambda' (r \to \infty)$. 于是条件 (a) 和 (b) 是充分的. □

最后, 我们借助格的邻域的概念刻画格序列收敛性. 设 M 是一个给定的格, $\mathfrak{G}$ 是格的集合, 如果它含有所有下列形式的格 Λ:

$$\Lambda = \boldsymbol{\tau} M, \tag{19}$$

其中 $\boldsymbol{\tau}$ 是某个满足不等式

$$\|\boldsymbol{\tau} - \boldsymbol{\iota}\| < \eta \tag{20}$$

的齐次线性变换 (此处 $\eta > 0$ 仅与 $\mathfrak{G}$ 有关), 那么称 $\mathfrak{G}$ 是格 M 的一个邻域. 当然, $\mathfrak{G}$ 也可能含有不是由条件 (19) 和 (20) 定义的格, 但总可适当选取 η, 使得 M 的邻域含有所有上述形式的格.

引理 6.2.4 如果 $\boldsymbol{\alpha}$ 是任意非奇异齐次线性变换, $\mathfrak{G}$ 是格 M 的一个邻域, 那么集合

$$\boldsymbol{\alpha}\mathfrak{G} = \{\boldsymbol{\alpha}\Lambda \mid \Lambda \in \mathfrak{G}\}$$

是格 $\boldsymbol{\alpha} M$ 的一个邻域.

证 按定义, 格 $\boldsymbol{\alpha} M$ 的一个邻域 $\mathfrak{U}$ 含有所有下列形式的格:

$$N = \boldsymbol{\sigma}(\boldsymbol{\alpha} M), \quad \|\boldsymbol{\sigma} - \boldsymbol{\iota}\| < \frac{\eta}{\|\boldsymbol{\alpha}\| \|\boldsymbol{\alpha}^{-1}\|}. \tag{21}$$

而集合 $\boldsymbol{\alpha}\mathfrak{G}$ 含有所有下列形式的格:

$$N' = \boldsymbol{\alpha}\Lambda, \quad \Lambda \in \mathfrak{G}.$$

于是 Λ 可表示为

$$\Lambda = \boldsymbol{\tau}M, \quad \|\boldsymbol{\tau} - \boldsymbol{\iota}\| < \eta.$$

因为由式 (21) 可知

$$N = \boldsymbol{\alpha}(\boldsymbol{\alpha}^{-1}\boldsymbol{\sigma}\boldsymbol{\alpha}M),$$

并且

$$\|\boldsymbol{\alpha}^{-1}\boldsymbol{\sigma}\boldsymbol{\alpha} - \boldsymbol{\iota}\| = \|\boldsymbol{\alpha}^{-1}(\boldsymbol{\sigma} - \boldsymbol{\iota})\boldsymbol{\alpha}\| \leqslant \|\boldsymbol{\alpha}\|\|\boldsymbol{\sigma} - \boldsymbol{\iota}\|\|\boldsymbol{\alpha}^{-1}\| < \eta.$$

所以 $N \in \boldsymbol{\alpha}\mathfrak{G}, \mathfrak{U} \subseteq \boldsymbol{\alpha}\mathfrak{G}, \boldsymbol{\alpha}\mathfrak{G}$ 确实是格 $\boldsymbol{\alpha}M$ 的一个邻域. □

我们易见下列结果成立 (证明留给读者完成):

定理 6.2.2　无穷格序列 $\Lambda_r(r = 1, 2, \cdots)$ 趋于格 M 的充分必要条件是: M 的每个邻域含有无穷多个格 Λ_r (只有有限多个 Λ_r 不在其中).

6.3　Mahler 列紧性定理

现在考虑一个无穷格序列 $\Lambda_r(r = 1, 2, \cdots)$ 何时含有一个收敛的格子列 $M_t = \Lambda_{r_t}$ 的问题. 当然, 无穷格子列 M_t 的极限 M' 未必仍然属于格序列 Λ_r.

最简单的情形如下:

引理 6.3.1　如果格序列 $\Lambda_r(r = 1, 2, \cdots)$ 中的每个格都具有一组基, 它们全属于同一个球

$$|\boldsymbol{x}| \leqslant R, \tag{1}$$

并且 $d(\Lambda_r)$ 是下有界的:

$$d(\Lambda_r) \geqslant c > 0 \quad (r = 1, 2, \cdots), \tag{2}$$

此处 R, c 与 r 无关, 那么序列 $\Lambda_r(r \geqslant 1)$ 含有一个收敛的无穷子列 M_t, 即存在格

$$M' = \lim_{t \to \infty} M_t.$$

证 设 $\boldsymbol{b}_1^{(r)},\cdots,\boldsymbol{b}_n^{(r)}$ 是 Λ_r 的完全落在球体 (1) 中的基, 那么 $\boldsymbol{b}_1^{(r)}$ 有界, 依 Weierstrass 列紧性定理, 存在无穷子列 $\{s_1,s_2,\cdots\}\subseteq\mathbb{N}$, 使得点列 $\boldsymbol{b}_1^{(s_t)}(t=1,2,\cdots)$ 收敛, 即存在极限

$$\lim_{t\to\infty}\boldsymbol{b}_1^{(s_t)}=\boldsymbol{b}_1'.$$

类似地, 因为 $\boldsymbol{b}_2^{(s_t)}$ 有界, 所以存在无穷子列 $\{u_1,u_2,\cdots\}\subseteq\{s_1,s_2,\cdots\}\subseteq\mathbb{N}$, 使得点列 $\boldsymbol{b}_2^{(u_t)}(t=1,2,\cdots)$ 收敛, 即存在极限

$$\lim_{t\to\infty}\boldsymbol{b}_2^{(u_t)}=\boldsymbol{b}_2'.$$

特别地, 可知

$$\lim_{t\to\infty}\boldsymbol{b}_1^{(u_t)}=\boldsymbol{b}_1',$$
$$\lim_{t\to\infty}\boldsymbol{b}_2^{(u_t)}=\boldsymbol{b}_2'.$$

类似地考虑 $\boldsymbol{b}_3^{(u_t)}$, 依此类推, 总共进行 n 次这样的推理, 可知存在子列 $\{w_1,w_2,\cdots\}\subseteq\mathbb{N}$, 使得对于每个 $j=1,2,\cdots,n$, 点列 $\boldsymbol{b}_j^{(w_t)}(t=1,2,\cdots)$ 都收敛, 即存在极限

$$\lim_{t\to\infty}\boldsymbol{b}_1^{(w_t)}=\boldsymbol{b}_1',$$
$$\lim_{t\to\infty}\boldsymbol{b}_2^{(w_t)}=\boldsymbol{b}_2',$$
$$\cdots,$$
$$\lim_{t\to\infty}\boldsymbol{b}_n^{(w_t)}=\boldsymbol{b}_n'.$$

因为 $\boldsymbol{b}_1^{(w_t)},\cdots,\boldsymbol{b}_n^{(w_t)}$ 是格 Λ_{w_t} 的基, 所以由不等式 (2) 得到

$$|\det(\boldsymbol{b}_1',\cdots,\boldsymbol{b}_n')|=\lim_{t\to\infty}|\det(\boldsymbol{b}_1^{(w_t)},\cdots,\boldsymbol{b}_n^{(w_t)})|=\lim_{t\to\infty}d(\Lambda_{w_t})\geqslant c>0,$$

从而 $\boldsymbol{b}_1',\cdots,\boldsymbol{b}_n'$ 线性无关. 令 M' 是以 $\boldsymbol{b}_1',\cdots,\boldsymbol{b}_n'$ 为基的格, 那么依引理 6.2.2, 有

$$\Lambda_{w_t}\to M'\quad(t\to\infty).$$

于是 Λ_{w_t} 就是所要的无穷格子列 M_t. □

上述引理是相当显然的, 稍作推广则得下列的定理:

定理 6.3.1 设 $\Lambda_r(r=1,2,\cdots)$ 是 $\mathbb{R}^n$ 中的一个无穷格序列, 具有下列两个性质:

(a) 存在 $R>0$, 使得每个 Λ_r 都有 n 个线性无关的点属于球 $|\boldsymbol{x}|\leqslant R$.

(b) 存在常数 $c>0$, 使得对于所有 r, $d(\Lambda_r)\geqslant c>0$.

那么序列 $\Lambda_r(r \geqslant 1)$ 含有一个收敛的无穷子列 M_t, 即存在格

$$M' = \lim_{t\to\infty} M_t.$$

这个定理的证明需要应用下列辅助结果:

引理 6.3.2 设 $F(\boldsymbol{x})$ 是任意一个对称凸距离函数, $\boldsymbol{a}_1,\cdots,\boldsymbol{a}_n$ 是格 Λ 的 n 个线性无关的点. 那么存在 Λ 的一组基 $\boldsymbol{b}_1,\cdots,\boldsymbol{b}_n$, 使得

$$F(\boldsymbol{b}_j) \leqslant \max\left\{F(\boldsymbol{a}_j), \frac{1}{2}\big(F(\boldsymbol{a}_1)+\cdots+F(\boldsymbol{a}_j)\big)\right\}. \tag{3}$$

证 考虑 Λ 的以 $\boldsymbol{a}_1,\cdots,\boldsymbol{a}_n$ 为基的子格, 依定理 2.2.1(b), 存在 Λ 的一组基 $\boldsymbol{c}_1,\cdots,\boldsymbol{c}_n$, 使得

$$\begin{aligned}
&\boldsymbol{a}_1 = v_{11}\boldsymbol{c}_1,\\
&\boldsymbol{a}_2 = v_{21}\boldsymbol{c}_1 + v_{22}\boldsymbol{c}_2,\\
&\cdots,\\
&\boldsymbol{a}_n = v_{n1}\boldsymbol{c}_1 + v_{n2}\boldsymbol{c}_2 + \cdots + v_{nn}\boldsymbol{c}_n,
\end{aligned}$$

其中所有 $v_{ij}\in\mathbb{Z}$, 并且 $v_{ii}\neq 0$. 我们将 $\boldsymbol{b}_j$ 定义为下列形式的点:

$$\boldsymbol{b}_j = \boldsymbol{c}_j + t_{j,j-1}\boldsymbol{a}_{j-1} + \cdots + t_{j1}\boldsymbol{a}_1 \quad (j=1,\cdots,n), \tag{4}$$

其中 $t_{ji}\in\mathbb{Q}(1\leqslant i<j\leqslant n)$ 待定 (并且 $\boldsymbol{a}_0$ 理解为 $\boldsymbol{0}$), 使得 $\boldsymbol{b}_j\in\Lambda$. 因为向量组 $\boldsymbol{b}_1,\cdots,\boldsymbol{b}_n$ 与向量组 $\boldsymbol{c}_1,\cdots,\boldsymbol{c}_n$ 之间由一个幺模矩阵相联系 (参见引理 2.1.1), 所以这样定义的 $\boldsymbol{b}_1,\cdots,\boldsymbol{b}_n$ 形成 Λ 的一组基.

对于每个 j, 我们区分两种情形. 若 $v_{jj}=\pm 1$, 则取

$$\boldsymbol{b}_j = \pm\boldsymbol{a}_j$$

(正负号取法一致), 显然它具有式 (4) 的形式. 此时

$$F(\boldsymbol{b}_j) = F(\boldsymbol{a}_j). \tag{5}$$

若 $|v_{jj}|\geqslant 2$, 则由上述 $\boldsymbol{a}_j$ 与 $\boldsymbol{c}_j$ 间的关系式可知

$$\boldsymbol{c}_j = v_{jj}^{-1}\boldsymbol{a}_j + k_{j,j-1}\boldsymbol{a}_{j-1} + \cdots + k_{j1}\boldsymbol{a}_1,$$

其中 $k_{ji}\in\mathbb{Q}$. 将此代入式 (4), 得到

$$\begin{aligned}
\boldsymbol{b}_j &= v_{jj}^{-1}\boldsymbol{a}_j + (k_{j,j-1}+t_{j,j-1})\boldsymbol{a}_{j-1} + \cdots + (k_{j1}+t_{j1})\boldsymbol{a}_1\\
&= l_{jj}\boldsymbol{a}_j + l_{j,j-1}\boldsymbol{a}_{j-1} + \cdots + l_{j1}\boldsymbol{a}_1.
\end{aligned}$$

取 t_{ji} 为满足

$$|k_{ji}+t_{ji}|\leqslant\frac{1}{2}\quad(i<j)$$

的整数 (它们显然存在), 那么 $\boldsymbol{b}_j\in\Lambda$, 并且

$$|l_{jj}|=|v_{jj}^{-1}|\leqslant\frac{1}{2},$$

以及

$$|l_{ji}|=|k_{ji}+t_{ji}|\leqslant\frac{1}{2}\quad(i<j).$$

由 F 的性质, 我们有

$$\begin{aligned}F(\boldsymbol{b}_j)&\leqslant F(l_{jj}\boldsymbol{a}_j)+\cdots+F(l_{j1}\boldsymbol{a}_1)=|l_{jj}|F(\boldsymbol{a}_j)+\cdots+|l_{j1}|F(\boldsymbol{a}_1)\\&\leqslant\frac{1}{2}\big(F(\boldsymbol{a}_j)+\cdots+F(\boldsymbol{a}_1)\big).\end{aligned}$$

由此及式 (5) 立得式 (3). □

定理 6.3.1 之证 将引理 6.3.2 应用于距离函数 $F(\boldsymbol{x})=|\boldsymbol{x}|$ 以及定理条件 (a) 中给出的格 Λ_r 的 n 个线性无关点 $\boldsymbol{a}_1^{(r)},\cdots,\boldsymbol{a}_n^{(r)}$, 可知格 Λ_r 具有一组基 $\boldsymbol{b}_1^{(r)},\cdots,\boldsymbol{b}_n^{(r)}$ 满足不等式

$$|\boldsymbol{b}_j^{(r)}|\leqslant\max\left\{|\boldsymbol{a}_j^{(r)}|,\frac{1}{2}\big(|\boldsymbol{a}_1^{(r)}|+\cdots+|\boldsymbol{a}_j^{(r)}|\big)\right\}\leqslant\frac{n}{2}R.$$

于是引理 6.3.1 中的条件在此成立, 其中式 (1) 中的 R 代之以 $nR/2$. 因此定理的结论成立. □

与定理 6.3.1 相比, 下面的定理更广泛地应用在实际问题中.

定理 6.3.2 设 $\Lambda_r(r=1,2,\cdots)$ 是一个无穷格序列, 满足下列两个条件: 对于所有 r,

(a) $d(\Lambda_r)\leqslant K$,

(b) $|\Lambda_r|\geqslant c>0$,

其中 K 和 c 是与 r 无关的常数, 并且对于格 Λ,

$$|\Lambda|=\inf_{\substack{\boldsymbol{a}\in\Lambda\\\boldsymbol{a}\neq\boldsymbol{0}}}|\boldsymbol{a}|,$$

那么 $\Lambda_r(r\geqslant1)$ 含有一个子列 $M_t=\Lambda_{r_t}(t\geqslant1)$ 收敛于极限 (格) M'.

C. Chabauty[31] 应用数学归纳法给出这个定理的一个证明. 我们在此依据 Mahler[74,75], 通过下列引理, 证明定理 6.3.1 与定理 6.3.2 中的两组假设条件的等价性, 从而推出这两个定理等价.

引理 6.3.3　设 $\mathscr{L} \subseteq \mathcal{L}_n$ 是某个元素为 n 维格的集合, 实数 Δ_1, Δ_0, c, K 只与集合 $\mathscr{L}$ 有关, 但与 $\Lambda \in \mathscr{L}$ 无关, 那么下列两个关于 $\mathscr{L}$ 的命题 (A) 和 (B) 等价:

(A) 存在实数 $\Delta_1 < \infty$ 和 $c > 0$, 使得对于所有 $\Lambda \in \mathscr{L}$,

$$d(\Lambda) \leqslant \Delta_1, \quad \text{且} \quad |\Lambda| \geqslant c.$$

(B) 存在实数 $\Delta_0 > 0$ 和 $K < \infty$, 使得对于所有 $\Lambda \in \mathscr{L}$,

$$d(\Lambda) \geqslant \Delta_0,$$

并且球 $|\boldsymbol{x}| \leqslant K$ 中含有 Λ 的 n 个线性无关的点.

证　(i) 设 $\lambda_1, \cdots, \lambda_n$ 是 $F_0(\boldsymbol{x}) = |\boldsymbol{x}|$ 关于 Λ 的相继极小, 那么命题 (A) 和命题 (B) 分别等价于:

(A) $d(\Lambda) \leqslant \Delta_1$, $\lambda_1 \geqslant c > 0$.

(B) $d(\Lambda) \geqslant \Delta_0 > 0$, $\lambda_n \leqslant K$.

由定理 5.6.1, 我们有

$$d(\Lambda) \leqslant \lambda_1 \cdots \lambda_n \leqslant \delta(F_0) d(\Lambda), \tag{6}$$

其中

$$\delta(F_0) = \sup_{\Lambda \in \mathcal{L}_n} \frac{\big(F_0(\Lambda)\big)^n}{d(\Lambda)},$$

并且

$$F_0(\Lambda) = \inf_{\substack{\boldsymbol{a} \in \Lambda \\ \boldsymbol{a} \neq \boldsymbol{0}}} F_0(\boldsymbol{a}) = |\Lambda|$$

(见 5.3 节的式 (1) 和式 (2)).

(ii) (A)$\Rightarrow$(B). 由命题 (A) 中的两个条件及不等式 (6) 得到

$$d(\Lambda) \geqslant \frac{\lambda_1 \cdots \lambda_n}{\delta(F_0)} \geqslant \frac{c^n}{\delta(F_0)} \quad (\text{作为 } \Delta_0),$$

以及

$$\lambda_n \leqslant \frac{\delta(F_0) d(\Lambda)}{\lambda_1 \cdots \lambda_{n-1}} \leqslant c^{-n+1} \delta(F_0) \Delta_1 \quad (\text{作为 } K).$$

这正是命题 (B) 中的两个条件.

(B)$\Rightarrow$(A). 类似地由不等式 (6) 得到

$$\lambda_1 \geqslant \frac{d(\Lambda)}{\lambda_n \cdots \lambda_2} \geqslant K^{-n+1} \Delta_0 \quad (\text{作为 } c),$$

以及

$$d(\Lambda) \leqslant \lambda_1 \cdots \lambda_n \leqslant K^n \quad (\text{作为 } \Delta_1).$$

这正是命题 (A) 中的两个条件. □

定理 6.3.2 的一个变体如下:

定理 6.3.2A 设 $\Lambda_r(r=1,2,\cdots)$ 是一个无穷格序列, 存在常数 $\alpha,\beta>0$, 使得对于任意的 r,

(a) Λ_r 对于球体 $|\boldsymbol{x}| \leqslant \alpha$ 是容许的,

(b) $d(\Lambda_r) \leqslant \beta$,

那么 $\Lambda_r(r \geqslant 1)$ 含有一个收敛子列 $M_t = \Lambda_{r_t}(t \geqslant 1)$.

证 条件 (a) 表明对于所有 r,

$$|\Lambda_r| \geqslant \alpha > 0,$$

于是由定理 6.3.2 得到结论. □

注 这个变体就是文献 [5] 的引理 7.3, 原书未给证明.

习题 6

6.1 设 $\Lambda_r(r=1,2,\cdots)$ 是一个无穷格序列, 实数 $a \neq 0$. 证明: 当且仅当格序列 $\Lambda_r(r=1,2,\cdots)$ 收敛时, 格序列 $a\Lambda_r(r=1,2,\cdots)$ 收敛.

6.2 设 $a_r(r=1,2,\cdots)$ 是一个无穷实数列, L 是一个格. 令 $\Lambda_r = a_r L(r=1,2,\cdots)$. 证明: 若数列 a_r 收敛, 则格序列 Λ_r 也收敛. 逆命题是否成立?

6.3 设 $a_r(r=1,2,\cdots)$ 是一个无穷实数列, L 是一个格. 令 $\Lambda_r = a_r L(r=1,2,\cdots)$. 证明: 若数列 a_r 有界, 则格序列 Λ_r 含收敛子列.

6.4 设当 $r \to \infty$ 时, 实数列 $a_r(r=1,2,\cdots)$ 收敛于 $\alpha \neq 0$. 还设 $\Lambda_r(r=1,2,\cdots)$ 是一个格序列, 当 $r \to \infty$ 时, $a_r\Lambda_r$ 收敛. 证明数列 $d(\Lambda_r)$ 收敛.

6.5 对于格 Λ 和距离函数 $F(\boldsymbol{x})$, 令

$$F(\Lambda) = \inf_{\substack{\boldsymbol{a} \in \Lambda \\ \boldsymbol{a} \neq \boldsymbol{0}}} F(\boldsymbol{a}).$$

若格序列 $\Lambda_r \to \widetilde{\Lambda}(r \to \infty)$, 距离函数的无穷序列 $F_r(\boldsymbol{x})\,(r=1,2,\cdots)$ 在单位圆 $|\boldsymbol{x}|<1$ 中一致收敛于距离函数 $\widetilde{F}(\boldsymbol{x})$, 则

$$\widetilde{F}(\widetilde{\Lambda}) \geqslant \overline{\lim_{r \to \infty}}\, F_r(\Lambda_r).$$

第 7 章　二次型绝对值的极小值

数的几何中的一个经典问题是：对于实变量 $x_1,\cdots,x_n$ 的实值函数 $f(x_1,\cdots,x_n)$，当 $(x_1,\cdots,x_n)$ 取整数值 $(u_1,\cdots,u_n)$ 时，$|f(u_1,\cdots,u_n)|$ 可以小到什么程度？在此我们只涉及“齐次问题”，即 $f(x_1,\cdots,x_n)$ 是齐次型. 将二次型 (或一般的齐次型) 化归标准型后，整自变量将在一个格 Λ 上取值，这使得我们可以用几何方法研究二次型的算术极小问题. 本章的主题就是对某些 n 元二次型 f，用几何方法给出 $|f(x_1,\cdots,x_n)|$(其中 $x_1,\cdots,x_n$ 取不全为零的整数值) 的下界估计. 全章含 8 节. 前 3 节研究二次型与格的一般性关系，特别地，通过模变换给出二次型的等价概念. 7.4 节给出正定二次型的约化理论的一些基本知识. 通过适当的约化程序可以选取特殊的等价型，从而简化某些问题. 此节只涉及 Minkowski 意义下的约化. 7.5 节和 7.6 节讨论某些正定二次型在整点上的极小值问题. 7.7 节继续 4.1 节的讨论，给出一个例子说明正定二次型与临界格的关系. 7.8 节讨论不定二次型，给出某些特殊技巧 (它们部分保留了正定情形的“约化”程序)，证明不定二元二次型的绝对值在整点上的极小值定理，并且用它来证明著名的 Hurwitz 逼近定理.

7.1　定义在格上的二次型

设给定 n 元非奇异二次型

$$f(x_1,\cdots,x_n)=\sum_{i,j=1}^{n} f_{ij}x_ix_j \quad (f_{ij}=f_{ji}), \tag{1}$$

并设其 (正负) 惯性指数组是 $(r,n-r)$. 于是存在线性无关的实线性型

$$X_i=\sum_{j=1}^{n} d_{ij}x_j \quad (i=1,\cdots,n), \tag{2}$$

使得

$$f(x_1,\cdots,x_n)=\varphi(X_1,\cdots,X_n), \tag{3}$$

其中

$$\varphi(X_1,\cdots,X_n)=X_1^2+\cdots+X_r^2-X_{r+1}^2-\cdots-X_n^2 \tag{4}$$

(当 $r=0$ 或 $r=n$ 时, 正项和负项分别消失).

记列向量 $\boldsymbol{x}=(x_1,\cdots,x_n)^{\mathrm{T}},\boldsymbol{X}=(X_1,\cdots,X_n)^{\mathrm{T}}$, 以及 n 阶矩阵 $\boldsymbol{F}=(f_{ij}),\boldsymbol{\delta}=(d_{ij})$, 并且**约定**: 在列向量表示 $\boldsymbol{x}=(x_1,\cdots,x_n)^{\mathrm{T}}$ 的情形中, 将符号 $\Phi(\boldsymbol{x})$ 理解为变量 $x_1,\cdots,x_n$ 的二次型 $\Phi(x_1,\cdots,x_n)$. 则可将式 (1) 和式 (2) 分别改写为

$$f(\boldsymbol{x})=\boldsymbol{x}^{\mathrm{T}}\boldsymbol{F}\boldsymbol{x}$$

和

$$\boldsymbol{X}=\boldsymbol{\delta}\boldsymbol{x}.$$

于是

$$f(\boldsymbol{x})=(\boldsymbol{\delta}^{-1}\boldsymbol{X})^{\mathrm{T}}\boldsymbol{F}(\boldsymbol{\delta}^{-1}\boldsymbol{X})=\varphi(\boldsymbol{X}).$$

因为

$$\varphi(\boldsymbol{X})=\boldsymbol{X}^{\mathrm{T}}\mathrm{diag}(1,\cdots,1,-1,\cdots,-1)\boldsymbol{X},$$

所以

$$(\boldsymbol{\delta}^{-1})^{\mathrm{T}}\boldsymbol{F}\boldsymbol{\delta}^{-1}=\mathrm{diag}(1,\cdots,1,-1,\cdots,-1),$$

从而

$$\det\boldsymbol{F}=(-1)^{n-r}(\det\boldsymbol{\delta})^2. \tag{5}$$

反之, 若 d_{ij} 是任何 n^2 个实数, 使得 $\det\boldsymbol{\delta}=|(d_{ij})|\neq 0$, 则式 (2)~式 (4) 定义惯性指数组为 $(n,n-r)$ 的二次型 (1), 并且等式 (5) 成立 (将式 (2) 代入式 (4), 即得式 (1) 和式 (5)).

多数情形只涉及 $x_1,\cdots,x_n$ 取整数值时 $f(x_1,\cdots,x_n)$ 的值. 由等式 (2) 可知,

$$\boldsymbol{X}=x_1\boldsymbol{d}_1+\cdots+x_n\boldsymbol{d}_n, \tag{6}$$

这个等式也可写成

$$\boldsymbol{X}=(x_1,\cdots,x_n)(\boldsymbol{d}_1,\cdots,\boldsymbol{d}_n)^{\mathrm{T}}=(\boldsymbol{d}_1,\cdots,\boldsymbol{d}_n)(x_1,\cdots,x_n)^{\mathrm{T}},$$

其中

$$\boldsymbol{d}_j=(d_{1j},\cdots,d_{nj})^{\mathrm{T}}\quad (j=1,\cdots,n),$$

所以当 $\boldsymbol{x}$ 取整值时 $f(\boldsymbol{x})$ 的值与当 $\boldsymbol{X}$ 取以 $\boldsymbol{d}_j\,(j=1,\cdots,n)$ 为基的格 Λ 中的点时 $\varphi(\boldsymbol{X})$ 的值, 二者的值集是相同的. 此时, 等式 (5) 给出

$$d(\Lambda)^2=|\det\boldsymbol{F}|.$$

总之, 关于不同的具有惯性指数组 $(r,n-r)$ 的二次型 $f(\boldsymbol{x})$ 在整点上的值的命题等价于单一的二次型 $\varphi(\boldsymbol{X})$ 在相应的不同的格 Λ 上的值的命题.

引理 7.1.1　设

$$\varphi(\boldsymbol{X})=X_1^2+\cdots+X_r^2-X_{r+1}^2-\cdots-X_n^2,$$

那么下列 4 个关于数 ω 的命题等价:

(a) 在每个格 Λ 中, 存在点 $\boldsymbol{A}\neq\boldsymbol{0}$, 使得

$$|\varphi(\boldsymbol{A})|\leqslant\omega d(\Lambda)^{2/n}.$$

(b) 在每个行列式为 1 的格 Λ 中, 存在点 $\boldsymbol{A}\neq\boldsymbol{0}$, 使得

$$|\varphi(\boldsymbol{A})|\leqslant\omega.$$

(c) 在每个行列式为 $d(\Lambda)\leqslant\omega^{-n/2}$ 的格 Λ 中, 存在点 $\boldsymbol{A}\neq\boldsymbol{0}$, 使得

$$|\varphi(\boldsymbol{A})|\leqslant 1.$$

(d) 对于任何惯性指数组为 $(r,n-r)$ 的二次型 (1), 存在整点 $\boldsymbol{a}\neq\boldsymbol{0}$, 使得

$$|f(\boldsymbol{a})|\leqslant\omega|\det\boldsymbol{F}|^{1/n}.$$

证　(i) (a)⇒(b) 显然. 为证明 (b)⇒(a), 设 Λ 是一个给定的格, 令 $t=|d(\Lambda)|^{-1/n}$, 则格 $t\Lambda$ 的行列式等于 1, 所以依命题 (b), 格 $t\Lambda$ 中存在一点 $t\boldsymbol{A}\neq\boldsymbol{0}$ (其中 $\boldsymbol{A}\in\Lambda$), 使得

$$|\varphi(t\boldsymbol{A})|\leqslant\omega,$$

即得 $t^2|\varphi(\boldsymbol{A})|\leqslant\omega$, 于是存在非零点 $\boldsymbol{A}\in\Lambda$, 使得

$$|\varphi(\boldsymbol{A})|\leqslant\omega d(\Lambda)^{2/n},$$

即得命题 (a).

(ii) (a)⇒(c) 显然. 为证明 (c)⇒(a), 设 Λ 是一个给定的格, 令 $t=\omega^{-1/2}|d(\Lambda)|^{-1/n}$, 则格 $t\Lambda$ 的行列式等于 $\omega^{-1/2}$, 所以依命题 (c), $t\Lambda$ 中存在一点 $t\boldsymbol{A}\neq\boldsymbol{0}$ (其中 $\boldsymbol{A}\in\Lambda$), 使得

$$|\varphi(t\boldsymbol{A})|\leqslant 1,$$

即得 $t^2|\varphi(\boldsymbol{A})|\leqslant\omega$, 于是存在非零点 $\boldsymbol{A}\in\Lambda$, 使得

$$|\varphi(\boldsymbol{A})|\leqslant\omega d(\Lambda)^{2/n},$$

即得命题 (a).

(iii) 命题 (a) 和 (d) 等价是显然的. 因为前面已证, 若 $\boldsymbol{X}$ 和 $\boldsymbol{a}$ 满足 $\boldsymbol{X}=\boldsymbol{\delta a}$, 则 $\varphi(\boldsymbol{X})=f(\boldsymbol{a})$, 并且 $d(\Lambda)^2=|\det\boldsymbol{F}|$. □

注 7.1.1 上面的讨论具有一般性. 例如, 给定 n 次型

$$f(\boldsymbol{x})=\prod_{j=1}^{n}(d_{j1}x_1+\cdots+d_{jn}x_n)$$

(n 个线性型之积). 若令 $X_j=d_{j1}x_1+\cdots+d_{jn}x_n\,(j=1,\cdots,n)$, 以及

$$\varphi(\boldsymbol{X})=X_1\cdots X_n,$$

那么讨论不同的上述形式的 n 次型 $f(\boldsymbol{x})$ 在整点上的值的性质等价于讨论单个函数 $\varphi(\boldsymbol{X})$ 在某个适当的格 Λ 上的值的性质.

7.2 二次型的等价

由上节可知, 给定惯性指数组为 $(r,n-r)$ 的二次型 f, 存在 (可逆) 线性变换 $\boldsymbol{X}=\boldsymbol{\delta x}$ 唯一确定二次型 φ 和格 Λ. 但反过来, 给定型 φ 和格 Λ, 并不能唯一确定型 f, 因为线性变换 $\boldsymbol{X}=\boldsymbol{\delta x}$ 与格 Λ 的基的选取有关. 下面我们来考察这种"不唯一性".

对于给定的二次型 $\varphi(\boldsymbol{X})$ 和格 Λ(其中 $\boldsymbol{X}\in\Lambda$), 设二次型 $f(\boldsymbol{x})$ 对应于 Λ 的基 $\boldsymbol{d}_j\,(j=1,\cdots,n)$, 即在线性变换 $\boldsymbol{X}=\boldsymbol{\delta x}$(见 7.1 节式 (2))下, 我们得到二次型 $\varphi(\boldsymbol{X})$:

$$f(\boldsymbol{x})=\varphi(\boldsymbol{X}),\quad \boldsymbol{X}=x_1\boldsymbol{d}_1+\cdots+x_n\boldsymbol{d}_n=\boldsymbol{\delta x}\quad(\boldsymbol{x}\in\Lambda_0).$$

记 $\widetilde{\boldsymbol{x}}=(\widetilde{x}_1,\cdots,\widetilde{x}_n)^{\mathrm{T}}$. 类似地, 设 $\widetilde{f}(\widetilde{\boldsymbol{x}})$ 对应于 Λ 的另一组基 $\widetilde{\boldsymbol{d}}_j\,(j=1,\cdots,n)$:

$$\widetilde{f}(\widetilde{\boldsymbol{x}})=\varphi(\widetilde{x}_1\widetilde{\boldsymbol{d}}_1+\cdots+\widetilde{x}_n\widetilde{\boldsymbol{d}}_n)\quad(\widetilde{\boldsymbol{x}}\in\Lambda_0).\tag{1}$$

由变换 $\boldsymbol{X}=\boldsymbol{\delta x}$ 可知

$$\Lambda=\boldsymbol{\delta}\Lambda_0.\tag{2}$$

于是

$$\boldsymbol{d}_j=\boldsymbol{\delta e}_j\quad(j=1,\cdots,n),\tag{3}$$

其中

$$\boldsymbol{e}_j=(0,\cdots,0,1,0,\cdots,0)^{\mathrm{T}}\quad(j=1,\cdots,n).\tag{4}$$

对于 Λ 的另一组基 $\widetilde{\boldsymbol{d}}_j\,(j=1,\cdots,n)$, 由式 (2) 可知, 存在 $\widetilde{\boldsymbol{e}}_j\in\Lambda_0\,(j=1,\cdots,n)$, 使得

$$\widetilde{\boldsymbol{d}}_j=\boldsymbol{\delta}\widetilde{\boldsymbol{e}}_j\quad(j=1,\cdots,n).\tag{5}$$

我们断言: $\widetilde{\boldsymbol{e}}_j\in\Lambda_0\,(j=1,\cdots,n)$ 组成 Λ_0 的一组基. 事实上, 如果存在整数 $c_1,\cdots,c_n$, 使得

$$c_1\widetilde{\boldsymbol{e}}_1+\cdots+c_n\widetilde{\boldsymbol{e}}_n=\boldsymbol{0},$$

则有

$$\begin{aligned}c_1\widetilde{\boldsymbol{d}}_1+\cdots+c_n\widetilde{\boldsymbol{d}}_n&=c_1\boldsymbol{\delta}\widetilde{\boldsymbol{e}}_1+\cdots+c_n\boldsymbol{\delta}\widetilde{\boldsymbol{e}}_n\\&=\boldsymbol{\delta}(c_1\widetilde{\boldsymbol{e}}_1+\cdots+c_n\widetilde{\boldsymbol{e}}_n)=\boldsymbol{0}.\end{aligned}$$

因为 $\widetilde{\boldsymbol{d}}_j\,(j=1,\cdots,n)$ 线性无关, 所以 $c_1=\cdots=c_n=0$, 从而 $\widetilde{\boldsymbol{e}}_j\in\Lambda_0\,(j=1,\cdots,n)$ 线性无关, 即它们确实组成 Λ_0 的一组基.

应用式 (5), 可将式 (1) 改写成

$$\begin{aligned}\widetilde{f}(\widetilde{\boldsymbol{x}})&=\varphi(\widetilde{x}_1\widetilde{\boldsymbol{d}}_1+\cdots+\widetilde{x}_n\widetilde{\boldsymbol{d}}_n)=\varphi(\widetilde{x}_1\boldsymbol{\delta}\widetilde{\boldsymbol{e}}_1+\cdots+\widetilde{x}_n\boldsymbol{\delta}\widetilde{\boldsymbol{e}}_n)\\&=\varphi\big(\boldsymbol{\delta}(\widetilde{x}_1\widetilde{\boldsymbol{e}}_1+\cdots+x_n\widetilde{\boldsymbol{e}}_n)\big)=f(\widetilde{x}_1\widetilde{\boldsymbol{e}}_1+\cdots+\widetilde{x}_n\widetilde{\boldsymbol{e}}_n).\end{aligned}\tag{6}$$

因为 $\widetilde{\boldsymbol{e}}_j$ 和 $\boldsymbol{e}_j\,(j=1,\cdots,n)$ 都是 Λ_0 的基, 所以存在 $\boldsymbol{V}=(v_{ij})\in\mathbb{Z}^{n\times n}$, 使得

$$\widetilde{\boldsymbol{e}}_j=\sum_{i=1}^{n}v_{ij}\boldsymbol{e}_i=(v_{1j},\cdots,v_{nj})^{\mathrm{T}}\quad(j=1,\cdots,n),$$

并且

$$\det\boldsymbol{V}=\pm1.\tag{7}$$

从而

$$\widetilde{x}_1\widetilde{\boldsymbol{e}}_1+\cdots+\widetilde{x}_n\widetilde{\boldsymbol{e}}_n=\sum_{j=1}^{n}\widetilde{x}_j(v_{1j},\cdots,v_{nj})^{\mathrm{T}}$$
$$=\left(\sum_{j=1}^{n}v_{1j}\widetilde{x}_j,\cdots,\sum_{j=1}^{n}v_{nj}\widetilde{x}_j\right).$$

若由下式定义变量 $\boldsymbol{x}=(x_1,\cdots,x_n)^{\mathrm{T}}$:

$$\boldsymbol{x}=\boldsymbol{V}\widetilde{\boldsymbol{x}}, \tag{8}$$

即

$$x_i=\sum_{j=1}^{n}v_{ij}\widetilde{x}_j\quad(i=1,\cdots,n),$$

则得 $\widetilde{x}_1\widetilde{\boldsymbol{e}}_1+\cdots+\widetilde{x}_n\widetilde{\boldsymbol{e}}_n=\boldsymbol{x}$. 于是由式 (6) 知

$$\widetilde{f}(\widetilde{\boldsymbol{x}})=f(\boldsymbol{x}), \tag{9}$$

并且 $\widetilde{f}(\widetilde{\boldsymbol{x}})=f(\boldsymbol{V}\widetilde{\boldsymbol{x}})$.

于是我们证明了: 若二次型 f 和 $\widetilde{f}$ 对应于格 Λ 的不同的两组基 $\boldsymbol{d}_j$ 和 $\widetilde{\boldsymbol{d}}_j\,(j=1,\cdots,n)$, 则存在 $\boldsymbol{V}=(v_{ij})\in\mathbb{Z}^{n\times n}$ 满足式 (7)~式 (9).

反之, 设对于二次型 f 和 $\widetilde{f}$, 存在 $\boldsymbol{V}=(v_{ij})\in\mathbb{Z}^{n\times n}$ 满足式 (7)~式 (9), 则 f 和 $\widetilde{f}$ 对应于同一个格 Λ 的不同的两组基. 事实上, 若 f 对应于某个格 Λ 的基 $\boldsymbol{d}_j\,(j=1,\cdots,n)$, 则有

$$f(\boldsymbol{x})=\varphi(x_1\boldsymbol{d}_1+\cdots+x_n\boldsymbol{d}_n),\quad\boldsymbol{x}=(x_1,\cdots,x_n)\in\Lambda_0.$$

令

$$(\widetilde{\boldsymbol{d}}_1,\cdots,\widetilde{\boldsymbol{d}}_n)^{\mathrm{T}}=\boldsymbol{V}^{\mathrm{T}}(\boldsymbol{d}_1,\cdots,\boldsymbol{d}_n)^{\mathrm{T}},$$

那么 $\widetilde{\boldsymbol{d}}_j\,(j=1,\cdots,n)$ 也是格 Λ 的一组基. 由此及式 (8) 可知

$$\begin{aligned}x_1\boldsymbol{d}_1+\cdots+x_n\boldsymbol{d}_n&=(\boldsymbol{d}_1,\cdots,\boldsymbol{d}_n)(x_1,\cdots,x_n)^{\mathrm{T}}\\&=(\boldsymbol{d}_1,\cdots,\boldsymbol{d}_n)\boldsymbol{V}(\widetilde{x}_1,\cdots,\widetilde{x}_n)^{\mathrm{T}}\\&=(\widetilde{\boldsymbol{d}}_1,\cdots,\widetilde{\boldsymbol{d}}_n)(\widetilde{x}_1,\cdots,\widetilde{x}_n)^{\mathrm{T}}\\&=\widetilde{x}_1\widetilde{\boldsymbol{d}}_1+\cdots+\widetilde{x}_n\widetilde{\boldsymbol{d}}_n,\end{aligned}$$

于是

$$\varphi(x_1\boldsymbol{d}_1+\cdots+x_n\boldsymbol{d}_n)=\varphi(\widetilde{x}_1\widetilde{\boldsymbol{d}}_1+\cdots+\widetilde{x}_n\widetilde{\boldsymbol{d}}_n),$$

由此及式 (9) 立得

$$\widetilde{f}(\widetilde{\boldsymbol{x}})=\varphi(\widetilde{x}_1\widetilde{\boldsymbol{d}}_1+\cdots+\widetilde{x}_n\widetilde{\boldsymbol{d}}_n),\quad \widetilde{\boldsymbol{x}}=(\widetilde{x}_1,\cdots,\widetilde{x}_n)\in\Lambda_0.$$

可见 $\widetilde{f}$ 对应于格 Λ 的基 $\widetilde{\boldsymbol{d}}_j\,(j=1,\cdots,n)$.

对于二次型 f 和 $\widetilde{f}$, 如果存在 $\boldsymbol{V}=(v_{ij})\in\mathbb{Z}^{n\times n}$ 满足式 (7)~式 (9), 则称 f 和 $\widetilde{f}$ 等价或相似. 换言之, 如果存在满足条件 (7) 的整系数线性变换 (8)(幺模变换), 将二次型 $f(x_1,\cdots,x_n)$ 化为 $\widetilde{f}(\widetilde{x}_1,\cdots,\widetilde{x}_n)$, 则称 f 和 $\widetilde{f}$ 等价 (有时还区分 $\det\boldsymbol{V}=1$ 和 $\det\boldsymbol{V}=-1$ 两种情形, 分别称为真等价和拟等价). 容易验证这确实是一个等价关系. 因为 $\boldsymbol{x}\in\Lambda_0\Leftrightarrow\widetilde{\boldsymbol{x}}\in\Lambda_0$, 所以等价的两个二次型在 Λ_0 上有相同的值集.

依据上面的讨论可知: 对于给定的定义在格 Λ 上的二次型 $\varphi(\boldsymbol{X})$, 对应于 Λ 的不同的基 $\boldsymbol{d}_j\,(j=1,\cdots,n)$ 可以确定不同但互相等价的二次型 $f(\boldsymbol{x})$; 在适当的线性变换 (由 Λ 的不同的基确定) 下, 它们都化为型 $\varphi(\boldsymbol{X})$.

例 7.2.1　设给定二次型 $f(x_1,\cdots,x_n),\boldsymbol{x}=(x_1,\cdots,x_n)^{\mathrm{T}}\in\Lambda_0$. 还设 $\boldsymbol{e}_j^{(0)}=(0,\cdots,0,1,0,\cdots,0)^{\mathrm{T}}\,(j=1,\cdots,n)$ 是 Λ_0 的标准基, $\boldsymbol{\varepsilon}_j\,(j=1,\cdots,n)$ 是 Λ_0 的任意一组基. 那么存在 $\boldsymbol{\alpha}\in\mathbb{Z}^{n\times n}$, 使得

$$(\boldsymbol{\varepsilon}_1,\cdots,\boldsymbol{\varepsilon}_n)=(\boldsymbol{e}_1^{(0)},\cdots,\boldsymbol{e}_n^{(0)})\boldsymbol{\alpha},$$

并且

$$\det\boldsymbol{\alpha}=\pm1.$$

于是

$$\begin{aligned}\boldsymbol{x}&=\sum_{j=1}^{n}x_j\boldsymbol{e}_j^{(0)}=(x_1,\cdots,x_n)(\boldsymbol{e}_1^{(0)},\cdots,\boldsymbol{e}_n^{(0)})^{\mathrm{T}}\\&=(x_1,\cdots,x_n)(\boldsymbol{\alpha}^{\mathrm{T}})^{-1}(\boldsymbol{\varepsilon}_1,\cdots,\boldsymbol{\varepsilon}_n)^{\mathrm{T}}.\end{aligned}$$

令

$$(\widetilde{x}_1,\cdots,\widetilde{x}_n)=(x_1,\cdots,x_n)(\boldsymbol{\alpha}^{\mathrm{T}})^{-1},$$

记 $\widetilde{\boldsymbol{x}}=(\widetilde{x}_1,\cdots,\widetilde{x}_n)^{\mathrm{T}}$, 即得

$$\boldsymbol{x}=\boldsymbol{\alpha}\widetilde{\boldsymbol{x}},$$

并且

$$f(\boldsymbol{x})=f(\boldsymbol{\alpha}\widetilde{\boldsymbol{x}}).$$

将 $f(\boldsymbol{\alpha}\widetilde{\boldsymbol{x}})$ 记作 $\widetilde{f}(\widetilde{\boldsymbol{x}})$, 即得 $f(\boldsymbol{x})=\widetilde{f}(\widetilde{\boldsymbol{x}})$. 因此二次型 f 和 $\widetilde{f}$ 等价. 特别地, 有 $\widetilde{f}(\boldsymbol{y})=f(\boldsymbol{\alpha}\boldsymbol{y})$. □

设二次型

$$f(x_1,\cdots,x_n)=\sum_{i,j=1}^{n} f_{ij}x_ix_j,$$

其中 $f_{ij}=f_{ji}$. 记 n 阶方阵 $\boldsymbol{F}=(f_{ij})$, 则

$$f(\boldsymbol{x})=\boldsymbol{x}^{\mathrm{T}}\boldsymbol{F}\boldsymbol{x}.$$

将 $D=D(f)=\det\boldsymbol{F}$ 称作型 f 的判别式或行列式.

引理 7.2.1 等价的二次型具有相等的判别式.

证 设 f 和 $\widetilde{f}$ 等价, 则有式 (7)~式 (9) 成立, 并且

$$\widetilde{f}(\widetilde{\boldsymbol{x}})=\widetilde{\boldsymbol{x}}^{\mathrm{T}}\boldsymbol{V}^{\mathrm{T}}\boldsymbol{F}\boldsymbol{V}\widetilde{\boldsymbol{x}}=\widetilde{\boldsymbol{x}}^{\mathrm{T}}\widetilde{\boldsymbol{F}}\widetilde{\boldsymbol{x}},$$

其中 $\widetilde{\boldsymbol{F}}=\boldsymbol{V}^{\mathrm{T}}\boldsymbol{F}\boldsymbol{V}$. 于是

$$\det\boldsymbol{F}=\det\widetilde{\boldsymbol{F}},$$

即得结论. □

注 7.2.1 本节的讨论具有一般性, 适用于任意次数、任意个变元的齐次多项式.

7.3 二次型的自同构

我们继续 7.1 节中进行的讨论. 一般地说, 二次型 $f(\boldsymbol{x})$ 和 $\varphi(\boldsymbol{X})$ 并不单值地确定格 Λ. 例如, 因为惯性指数组是 $(r,s)\,(r+s=n)$ 的二次型 $f(\boldsymbol{x})$ 可以用不同的方法表示为

$$\varphi(\boldsymbol{X})=X_1^2+\cdots+X_r^2-X_{r+1}^2-\cdots-X_{r+s}^2,$$

所以变换 $X_i=\sum\limits_{j=1}^{n}d_{ij}x_j$ 不唯一, 从而由 $\boldsymbol{d}_j=(d_{1j},\cdots,d_{nj})^{\mathrm{T}}$ 确定的格也不唯一.

现设 $f(\boldsymbol{x})$ 和 $\varphi(\boldsymbol{X})$ 确定了格 Λ 和 M, $\boldsymbol{a}_j=(a_{j1},\cdots,a_{jn})^{\mathrm{T}}$ 和 $\boldsymbol{b}_j=(b_{j1},\cdots,b_{jn})^{\mathrm{T}}\,(j=1,\cdots,n)$ 分别是格 Λ 和 M 的基. 还设对于所有整点 $\boldsymbol{u}=(u_1,\cdots,u_n)$ 有

$$\varphi\left(\sum_{j=1}^{n}u_j\boldsymbol{a}_j\right)=\varphi\left(\sum_{j=1}^{n}u_j\boldsymbol{b}_j\right). \tag{1}$$

因为 $\varphi(\boldsymbol{X})$ 是二次型 (作为多元多项式), 所以上式是关于变量 $u_1,\cdots,u_n$ 的恒等式.

设 n 阶矩阵 $\boldsymbol{\omega}=(\omega_{ij})$ 满足条件

$$\boldsymbol{\omega}\boldsymbol{a}_j=\boldsymbol{b}_j\quad(j=1,\cdots,n),\tag{2}$$

那么 $\boldsymbol{\omega}$ 定义一个从 $\varLambda$ 到 M 的齐次变换, 并且是唯一确定的. 事实上, 上述条件等价于对每个 $i=1,\cdots,n$, 解方程组

$$(\omega_{i1},\omega_{i2},\cdots,\omega_{in})\begin{pmatrix}a_{j1}\\a_{j2}\\\vdots\\a_{jn}\end{pmatrix}=\begin{pmatrix}b_{j1}\\b_{j2}\\\vdots\\b_{jn}\end{pmatrix}\quad(j=1,2,\cdots,n).$$

因为 $\boldsymbol{a}_j\,(j=1,\cdots,n)$ 线性无关, 所以 $\det(\boldsymbol{a}_1,\cdots,\boldsymbol{a}_n)\neq 0$, 从而有唯一解 $(\omega_{i1},\omega_{i2},\cdots,\omega_{in})$.

由式 (2) 可知, 对于任何 $\boldsymbol{u}=(u_1,\cdots,u_n)$, 有

$$\boldsymbol{\omega}\left(\sum_{j=1}^n u_j\boldsymbol{a}_j\right)=\sum_{j=1}^n u_j\boldsymbol{b}_j.$$

依 $\boldsymbol{a}_1,\cdots,\boldsymbol{a}_n$ 的线性无关性可知, 当 $u_1,\cdots,u_n$ 取遍所有整数时, $\boldsymbol{X}=\sum\limits_{j=1}^n u_j\boldsymbol{a}_j$ 取遍 $\varLambda$ 中所有点, 并且 $\sum\limits_{j=1}^n u_j\boldsymbol{b}_j=\boldsymbol{\omega}\boldsymbol{X}$. 于是依多元多项式 (1) 关于变量 $u_1,\cdots,u_n$ 的恒等性推出

$$\varphi(\boldsymbol{X})=\varphi(\boldsymbol{\omega}\boldsymbol{X})\quad(\forall\boldsymbol{X}\in\varLambda_0).\tag{3}$$

一般地, 如果齐次变换 $\boldsymbol{\omega}$ 满足等式 (3), 则称它是型 φ 的一个自同构. 上面我们证明了: 如果恒等式 (1) 成立, 那么存在型 φ 的自同构 $\boldsymbol{\omega}$ 满足条件 (2). 反之, 我们易见: 如果 $\boldsymbol{\omega}$ 是型 φ 的自同构, 并且满足条件 (2), 那么等式 (1) 成立.

7.4　正定二次型的约化

我们首先一般地考虑正定 $r(\geqslant 2)$ 次型 $f(\boldsymbol{x})$, 即它是齐 r 次的, 并且对于一切实向量 $\boldsymbol{x}\neq\boldsymbol{0}, f(\boldsymbol{x})>0$.

引理 7.4.1 设 $f(\boldsymbol{x})$ 是正定 r 次型, 则存在常数 $\omega>0$, 使得对于任何 $\boldsymbol{x}=(x_1,\cdots,x_n)$,

$$f(\boldsymbol{x})\geqslant\omega|\boldsymbol{x}|^r, \tag{1}$$

其中 $|\boldsymbol{x}|=(x_1^2+\cdots+x_n^2)^{1/2}$.

证 (i) 当 $\boldsymbol{x}=\boldsymbol{0}$ 时式 (1) 显然成立.

(ii) 在单位球面 $|\boldsymbol{x}|=1$ 上, 函数 $f(\boldsymbol{x})$ 连续, 所以达到极小值 ω, 并且由正定性可知 $\omega>0$.

(iii) 设 $\boldsymbol{x}\neq\boldsymbol{0}$, 那么因为 $f(\boldsymbol{x})$ 是齐 r 次的, 所以

$$f(\boldsymbol{x})=f\left(|\boldsymbol{x}|\cdot\frac{\boldsymbol{x}}{|\boldsymbol{x}|}\right)=|\boldsymbol{x}|^rf(\widetilde{\boldsymbol{x}}),$$

其中 $\widetilde{\boldsymbol{x}}=\boldsymbol{x}/|\boldsymbol{x}|$ 在单位球面上, 于是依步骤 (ii) 的结果得到不等式 (1). □

对于任何给定的实数 λ, 只有有限多个整点 $\boldsymbol{u}$ 满足 $\omega|\boldsymbol{u}|^r\leqslant\lambda$, 所以由式 (1) 得到:

推论 对于任何实数 λ, 只有有限多个整点 $\boldsymbol{u}$ 满足不等式 $f(\boldsymbol{x})\leqslant\lambda$.

设给定正定 $r(\geqslant 2)$ 次型 $f(\boldsymbol{x})$. 我们用下列方法选取格 Λ_0 的一组与型 f 相关的基 $\boldsymbol{e}_j\,(j=1,\cdots,n)$.

依上述推论, 使得 $f(\boldsymbol{u})\leqslant\lambda$ 成立的整点 $\boldsymbol{u}$ 个数有限, 所以存在实数 $\lambda_0>0$, 使得存在有限多个非零整点 $\boldsymbol{u}$ 满足 $f(\boldsymbol{u})\leqslant\lambda_0$, 并且对于任何 $\lambda'<\lambda_0$, 不存在非零整点 $\boldsymbol{u}$ 满足 $f(\boldsymbol{u})\leqslant\lambda'$. 设 $\boldsymbol{e}_1\neq\boldsymbol{0}$ 是使 $f(\boldsymbol{u})$ 取最小可能值的整点 $\boldsymbol{u}$ 中的一个. 这种整点 $\boldsymbol{e}_1\neq\boldsymbol{0}$ 不但存在、个数有限, 而且是本原的, 即其所有坐标的最大公因子都等于 1. 如若不然, 则有 $\boldsymbol{e}_1=k\boldsymbol{a}$, 其中 $\boldsymbol{a}\in\Lambda_0,k>1$. 于是

$$0<f(\boldsymbol{a})=k^{-r}f(\boldsymbol{e}_1)<f(\boldsymbol{e}_1),$$

与 $\boldsymbol{e}_1$ 的定义矛盾. 因此 $\boldsymbol{e}_1$ 确实是本原的.

依定理 2.2.1 的推论 3, 我们可以将 $\boldsymbol{e}_1$ 扩充为格 Λ_0 的一组基 $\boldsymbol{e}_1,\boldsymbol{b}_2,\cdots,\boldsymbol{b}_n$. 现在用归纳法逐次选取 $\boldsymbol{e}_j\,(j=2,\cdots,n)$. 设 $\boldsymbol{e}_1,\cdots,\boldsymbol{e}_{j-1}$ 已选定, 且可扩充为 Λ_0 的基 $\boldsymbol{e}_1,\cdots,\boldsymbol{e}_{j-1},\boldsymbol{b}_j,\cdots,\boldsymbol{b}_n$, 于是集合

$$\{\boldsymbol{u}\in\Lambda_0,\neq\boldsymbol{0}\,|\,\boldsymbol{e}_1,\cdots,\boldsymbol{e}_{j-1},\boldsymbol{u}\ \text{可扩充为}\ \Lambda_0\ \text{的基}\}$$

非空. 利用类似于在选取 $\boldsymbol{e}_1$ 时所做的推理, 可知其中存在有限多个 $\boldsymbol{u}$, 使 $f(\boldsymbol{u})$ 取最小可能值. 我们取其中一个作为 $\boldsymbol{e}_j$. 于是, 对于任何给定的型 $f(\boldsymbol{x})$, 我们用这样的方式确定了格 Λ_0 的与之相关的一组基 $\boldsymbol{e}_1,\cdots,\boldsymbol{e}_n$(下文中有时称作 Λ_0 的 f 相关基), 并且这样的基至少有一组, 但至多有有限组.

如果对于型 $f(\boldsymbol{x})$, 恰好可以用上述方式选取

$$\boldsymbol{e}_j^{(0)}=(0,\cdots,0,1,0,\cdots,0)\quad (j=1,\cdots,n)$$

(即标准单位向量组) 作为 Λ_0 的 f 相关基, 则称型 $f(\boldsymbol{x})$ 是约化的 (按 Minkowski 意义).

引理 7.4.2　正定 $r(\geqslant 2)$ 次型 $f(x_1,\cdots,x_n)$ 是约化型, 当且仅当对于所有满足条件

$$\gcd(u_j,\cdots,u_n)=1\quad (j=1,\cdots,n)\tag{2}$$

的整点 $\boldsymbol{u}=(u_1,\cdots,u_n)$, 有

$$f(\boldsymbol{u})\geqslant f(\boldsymbol{e}_j^{(0)})\quad (j=1,\cdots,n).\tag{3}$$

证　正定型 $f(x_1,\cdots,x_n)$ 是约化型, 当且仅当 Λ_0 的 f 相关基是 $\boldsymbol{e}_1^{(0)},\cdots,\boldsymbol{e}_n^{(0)}$. 由定理 2.3.1, 对于每个 j, 点组

$$\boldsymbol{e}_1^{(0)},\cdots,\boldsymbol{e}_{j-1}^{(0)},\boldsymbol{u}=\sum_{k=1}^{n}u_k\boldsymbol{e}_k^{(0)}$$

可以扩充为 Λ_0 的基, 当且仅当矩阵

$$\begin{pmatrix}1 & & & & & \\ & \ddots & & & & \\ & & 1 & & & \\ u_1 & \cdots & u_{j-1} & u_j & \cdots & u_n\end{pmatrix}$$

(空白处元素为 0) 的所有 j 阶子式的最大公因子为 1, 这等价于条件 (2). 又由 $\boldsymbol{e}_j^{(0)}$ 的取法得到条件 (3). □

下面讨论正定二次型的约化.

引理 7.4.3　每个正定二次型 $f(x_1,\cdots,x_n)$ 等价于至少 1 个、至多有限个约化型.

证　(i) 设 $\boldsymbol{e}_j\,(j=1,\cdots,n)$ 是 Λ_0 的一组 f 相关基, 那么由例 7.2.1 (用此处的 $\boldsymbol{e}_j$ 代替那里的 $\boldsymbol{\varepsilon}_j$) 可知 $f(\boldsymbol{x})$ 等价于二次型 $g(\boldsymbol{y}),\boldsymbol{y}=(y_1,\cdots,y_n)$, 其中

$$g(\boldsymbol{y})=f(\boldsymbol{\alpha y}),\quad \boldsymbol{\alpha}\in\mathbb{Z}^{n\times n},\quad \det\boldsymbol{\alpha}=\pm 1.$$

(ii) 由 $g(\boldsymbol{y})=f(\boldsymbol{\alpha y})$ 可知二次型 $g(\boldsymbol{y})$ 也是正定的. 于是存在非奇异实系数线性变换

$$Y_i'=y_i+d_{i,i+1}y_{i+1}+\cdots+d_{in}y_n\quad (i=1,\cdots,n)$$

(Jacobi 变换), 使得

$$g(y_1,\cdots,y_n)=d_1{Y_1'}^2+\cdots+d_n{Y_n'}^2,$$

其中 $d_1,\cdots,d_n>0$. 记 $Y_i=\sqrt{d_i}Y_i'\,(i=1,\cdots,n)$, 则

$$g(y_1,\cdots,y_n)=\varphi(Y_1,\cdots,Y_n),$$

其中 $\varphi(Y_1,\cdots,Y_n)=Y_1^2+\cdots+Y_n^2$. 设 $d_1,\cdots,d_n$ 重新排列为

$$d_{i_1}\leqslant d_{i_2}\leqslant\cdots\leqslant d_{i_n},$$

则正定二次型

$$\widetilde{g}(\widetilde{y}_1,\cdots,\widetilde{y}_n)=d_{i_1}\widetilde{y}_1^2+\cdots+d_{i_n}\widetilde{y}_n^2$$

也可通过适当的非奇异实系数线性变换化为 $\varphi(Y_1,\cdots,Y_n)$. 依 7.2 节所证, 二次型 g 和 $\widetilde{g}$ 等价.

(iii) 由步骤 (i) 和 (ii) 可知二次型 f 和 $\widetilde{g}$ 等价. 依引理 7.4.2 容易推出二次型 $\widetilde{g}$ 是约化的. 此外存在至少一组、至多有限组 Λ_0 的 f 相关基, 所以得到引理的结论. □

下面是关于正定二元二次型约化的基本结果:

定理 7.4.1 正定二元二次型

$$f(x_1,x_2)=f_{11}x_1^2+2f_{12}x_1x_2+f_{22}x_2^2$$

是 (Minkowski 意义下的) 约化型, 当且仅当

$$|2f_{12}|\leqslant f_{11}\leqslant f_{22}. \tag{4}$$

证 (i) 如有必要可作代换 $x_1\mapsto x_1, x_2\mapsto -x_2$, 不妨认为 $f_{12}\geqslant 0$.

(ii) 设二元二次型 (4) 是约化的. 按约化型定义,

$$f_{22}=f(0,1)\geqslant f(1,0)=f_{11}.$$

又由 $f(-1,1)\geqslant f(0,1)$ 可知

$$2f_{12}\leqslant f_{11}.$$

于是得到不等式 (4).

(iii) 反之, 设不等式 (4) 成立, 则可应用引理 7.4.2 证明 f 是约化型. 我们下面按定义验证 f 是约化的. 设 u_1,u_2 是非零整数. 若 $|u_1|\geqslant|u_2|>0$, 注意 $f_{11}-2f_{12}\geqslant 0$, 则有

$$f(u_1,u_2)=|u_1|\big(f_{11}|u_1|\pm 2f_{12}|u_2|\big)+f_{22}u_2^2$$

$$
\begin{aligned}
&\geqslant |u_1|\big(f_{11}|u_1|-2f_{12}|u_1|\big)+f_{22}u_2^2\\
&=u_1^2(f_{11}-2f_{12})+f_{22}u_2^2\geqslant f_{11}-2f_{12}+f_{22}=f(-1,1).
\end{aligned}
$$

若 $0<|u_1|\leqslant|u_2|$, 注意 $f_{22}-2f_{12}\geqslant 0$, 则类似地也可得到同样的不等式:

$$
\begin{aligned}
f(u_1,u_2)&=|u_2|\big(f_{22}|u_2|\pm 2f_{12}|u_1|\big)+f_{11}u_1^2\\
&\geqslant |u_2|\big(f_{22}|u_2|-2f_{12}|u_2|\big)+f_{11}u_1^2\\
&=u_2^2(f_{22}-2f_{12})+f_{11}u_1^2\geqslant f_{22}-2f_{12}+f_{11}=f(-1,1).
\end{aligned}
$$

由此及式 (4), 我们得到: 当 u_1,u_2 是全不为零的整数时,

$$f(u_1,u_2)\geqslant f(-1,1)=f_{11}-2f_{12}+f_{22}\geqslant f_{22}=f(0,1),$$

以及

$$f(u_1,u_2)\geqslant f_{22}\geqslant f_{11}=f(1,0).$$

当整数 u_1,u_2 中有一个为零时, 显然有

$$f(u_1,0)=f_{11}u_1^2\geqslant f_{11}=f(1,0).$$

因为与 (1,0) 线性无关 (从而可形成 $\varLambda_0$ 的基) 且有一个分量为零的向量只可能是 $(0,u_2)$ 形式的, 并且

$$f(0,u_2)\geqslant f_{22}=f(0,1),$$

可见 $\varLambda_0$ 的 f 相关基恰为 (1,0) 和 (0,1), 因此 f 是约化型. □

推论 1　若正定二元二次型 $f(x_1,x_2)=f_{11}x_1^2+2f_{12}x_1x_2+f_{22}x_2^2$ 是约化型, 则:

(a) f 在 $\varLambda_0\setminus\{\mathbf{0}\}$ 上取 3 个极小值: $f_{11},f_{22},f_{11}-2|f_{12}|+f_{22}$, 并且 $f_{11}\leqslant f_{22}\leqslant f_{11}-2|f_{12}|+f_{22}$.

(b) $f_{11}f_{22}\leqslant 4D/3$, 其中 $D=f_{11}f_{22}-f_{12}^2$ 是 f 的判别式; 并且等式当且仅当 $f_{11}=f_{22}=2f_{12}$ 即 $f(x_1,x_2)=f_{11}(x_1^2+x_1x_2+x_2^2)$ 时成立.

证　由定理 7.4.1 的证明, (a) 是显然的. 又由式 (3) 推出

$$4D-3f_{11}f_{22}=f_{11}f_{22}-4f_{12}^2\geqslant f_{11}^2-4f_{12}^2\geqslant 0,$$

所以

$$f_{11}^2\leqslant f_{11}f_{22}\leqslant\frac{4}{3}D.$$

等式当且仅当 $f_{11}=f_{22}=2f_{12}$ 时, 也就是

$$f(x_1,x_2)=f_{11}(x_1^2+x_1x_2+x_2^2)$$

时成立. □

推论 2 对于约化正定二元二次型

$$f(x_1,x_2)=f_{11}x_1^2+2f_{12}x_1x_2+f_{22}x_2^2,$$

比值 $\rho(f)=f_{11}/\sqrt{D}$ 可取区间 $(0,\sqrt{4/3}]$ 中的任何值.

证 考虑二次型

$$f_t(x_1,x_2)=x_1^2+x_1x_2+\left(t+\frac{1}{4}\right)x_2^2,$$

当 $t\geqslant 3/4$ 时, 满足条件 (4), 所以是约化正定二次型, 并且

$$f_{11}(t)=f_t(1,0)=1,\quad D(t)=t,$$

于是

$$\rho(f_t)=\frac{1}{\sqrt{t}}.$$

当 $t\geqslant 3/4$ 时, $1/\sqrt{t}\in(0,\sqrt{4/3}]$. □

注 7.4.1 文献 [53](第 10 节, 第 v 节) 和 [118](第 3 章) 也讨论了正定二次型的约化理论; 特别地, 关于约化理论与球堆积的关系可见文献 [123](第 2 章).

7.5 正定二元二次型的极小值

C. Hermite[56] 给出下列的定理:

定理 7.5.1 若

$$f(x_1,x_2)=f_{11}x_1^2+2f_{12}x_1x_2+f_{22}x_2^2$$

是正定二次型, 则存在非零整点 $\boldsymbol{u}=(u_1,u_2)$, 使得

$$f(u_1,u_2)\leqslant\sqrt{\frac{4D}{3}}=\frac{2}{\sqrt{3}}D^{1/2},\tag{1}$$

其中 $D=f_{11}f_{22}-f_{12}^2$(二次型的判别式).

证 1 因为约化型 $\widetilde{f}$ 与原二次型 f 等价, 且判别式不变, 所以依定理 7.4.1 的式 (4) 及其推论 1(b) 得到

$$\widetilde{f}(1,0)=\widetilde{f}_{11}\leqslant\sqrt{\widetilde{f}_{11}\widetilde{f}_{22}}\leqslant\sqrt{\frac{4}{3}\widetilde{D}}=\sqrt{\frac{4}{3}D}.$$

又由型的等价的定义, 存在非零整点 (u_1,u_2), 使得 $f(u_1,u_2)=\widetilde{f}(1,0)$, 所以得到不等式 (1).

证 2　因为 f 与其约化型等价, 判别式不变, 所以不妨认为 f 是约化型, 于是依约化定义得知

$$\inf\{f(u_1,u_2)\,|\,(u_1,u_2)\in\mathbb{Z}^2,\neq(0,0)\}=f(1,0)=f_{11}. \tag{2}$$

配方得到

$$f(x_1,x_2)=f_{11}\left(x_1+\frac{f_{12}}{f_{11}}x_2\right)^2+\frac{D}{f_{11}}x_2^2. \tag{3}$$

令 $u_2=1$, 并且选取 u_1 为满足不等式

$$\left|u_1+\frac{f_{12}}{f_{11}}\right|\leqslant\frac{1}{2} \tag{4}$$

的整数, 那么由式 (2) 得知

$$f(u_1,1)\geqslant f_{11};$$

同时依式 (3) 和式 (4) 还有

$$f(u_1,1)=f_{11}\left(u_1+\frac{f_{12}}{f_{11}}\right)^2+\frac{D}{f_{11}}\leqslant\frac{1}{4}f_{11}+\frac{D}{f_{11}}.$$

于是

$$f_{11}\leqslant\frac{1}{4}f_{11}+\frac{D}{f_{11}}.$$

由此可见非零整点 (u_1,u_2) 满足不等式 (1).

证 3　配方可得

$$f(x_1,x_2)=\left(\sqrt{f_{11}}x_1+\frac{f_{12}}{\sqrt{f_{11}}}x_2\right)^2+\left(\frac{D}{\sqrt{f_{11}}}x_2\right)^2.$$

(i) 先设 $D=1$, 则

$$f(x_1,x_2)=\left(\sqrt{f_{11}}x_1+\frac{f_{12}}{\sqrt{f_{11}}}x_2\right)^2+\left(\frac{1}{\sqrt{f_{11}}}x_2\right)^2.$$

2 维平面上的点

$$(x_1,x_2):\quad x_1=\sqrt{f_{11}}m+\frac{f_{12}}{\sqrt{f_{11}}}n,\quad x_2=\frac{1}{\sqrt{f_{11}}}n\quad(m,n\in\mathbb{Z})$$

的集合形成一个格 $\varLambda$, 它是 2 维格 $\varLambda_0=\{(\xi,\eta)\in\mathbb{Z}^2\}$ 在幺模变换

$$\begin{pmatrix}x_1\\x_2\end{pmatrix}=\begin{pmatrix}\sqrt{f_{11}} & \dfrac{f_{12}}{\sqrt{f_{11}}}\\ 0 & \dfrac{1}{\sqrt{f_{11}}}\end{pmatrix}\begin{pmatrix}\xi\\\eta\end{pmatrix}$$

下的像. 于是 $d(\Lambda)=d(\Lambda_0)=1$. 依例 2.1.2, 存在 Λ 的非零格点

$$\left(\sqrt{f_{11}}u+\frac{f_{12}}{\sqrt{f_{11}}}v,\frac{1}{\sqrt{f_{11}}}v\right)\quad(u,v\in\mathbb{Z})$$

到原点的距离至多为 $\sqrt{2/\sqrt{3}}$, 即

$$\left(\sqrt{f_{11}}u+\frac{f_{12}}{\sqrt{f_{11}}}v\right)^2+\left(\frac{1}{\sqrt{f_{11}}}v\right)^2\leqslant\frac{2}{\sqrt{3}},$$

于是 $f(u,v)\leqslant 2/\sqrt{3}$.

(ii) 一般情形下, $D\neq 1$, 考虑二次型

$$\begin{aligned}\widetilde{f}(x_1,x_2)&=\frac{1}{\sqrt{D}}f(x_1,x_2)\\&=\left(\frac{f_{11}}{\sqrt{D}}\right)x_1^2+2\left(\frac{f_{12}}{\sqrt{D}}\right)x_1x_2+\left(\frac{f_{22}}{\sqrt{D}}\right)x_2^2,\end{aligned}$$

那么 $\widetilde{f}$ 的判别式等于 1. 将步骤 (i) 中得到的结果应用于 $\widetilde{f}$, 即得所要结果. □

注 7.5.1 **1°** 上面的证 3 没有应用约化方法. 下面的证明是证 2 的变体, 也没有使用约化技巧.

(i) 用 Γ 记所有非零整点的集合. 因为 f 是正定二次型, 所以

$$\alpha=\inf_{(x_1,x_2)\in\Gamma}f(x_1,x_2)$$

存在, 并且可设 $\alpha>0$(不然结论已成立). 设 $f(u_1,u_2)=\alpha$. 如果 $d=\gcd(u_1,u_2)>1$, 则 $u_1=du_1',u_2=du_2'$, 其中 u_1',u_2' 是互素整数. 于是

$$f(u_1,u_2)=d^2f(u_1',u_2')>f(u_1',u_2'),$$

这与 (u_1,u_2) 的定义矛盾. 因此 u_1,u_2 互素.

(ii) 下面采用代数叙述方式. 我们有

$$f(x_1,x_2)=\begin{pmatrix}x_1&x_2\end{pmatrix}\begin{pmatrix}f_{11}&f_{12}\\f_{12}&f_{22}\end{pmatrix}\begin{pmatrix}x_1\\x_2\end{pmatrix}.$$

因为 u_1,u_2 互素, 所以存在整数 r,s, 使得 $u_1r-u_2s=1$. 作线性变换

$$\begin{pmatrix}x_1\\x_2\end{pmatrix}=\begin{pmatrix}u_1&s\\u_2&r\end{pmatrix}\begin{pmatrix}X_1\\X_2\end{pmatrix},$$

则

$$f(x_1,x_2)=\begin{pmatrix}X_1&X_2\end{pmatrix}\begin{pmatrix}u_1&s\\u_2&r\end{pmatrix}^{\mathrm{T}}\begin{pmatrix}f_{11}&f_{12}\\f_{12}&f_{22}\end{pmatrix}\begin{pmatrix}u_1&s\\u_2&r\end{pmatrix}\begin{pmatrix}X_1\\X_2\end{pmatrix}$$

$$= \begin{pmatrix} X_1 & X_2 \end{pmatrix} \begin{pmatrix} \alpha & \beta \\ \beta & \gamma \end{pmatrix} \begin{pmatrix} X_1 \\ X_2 \end{pmatrix} = g(X_1, X_2),$$

其中 $\alpha = f(u_1, u_2)$(如上文定义), β, γ 是整数 (因为后文不需要, 所以我们略去它们的具体表达式). 此外还有

$$\begin{vmatrix} u_1 & s \\ u_2 & r \end{vmatrix} \begin{vmatrix} f_{11} & f_{12} \\ f_{12} & f_{22} \end{vmatrix} \begin{vmatrix} u_1 & s \\ u_2 & r \end{vmatrix} = \begin{vmatrix} \alpha & \beta \\ \beta & \gamma \end{vmatrix},$$

所以 f 和 g 的判别式相等: $d_f = f_{11}f_{22} - f_{12}^2 = \alpha\gamma - \beta^2 = d_g$ (都等于 D). 因为线性变换的行列式等于 1, 所以当 (x_1, x_2) 遍历 $\mathbb{Z}^2$ 时 (X_1, X_2) 也遍历 $\mathbb{Z}^2$, 从而 $f(x_1, x_2)$ 和 $g(X_1, X_2)$ 在 $\mathbb{Z}^2$ 上的值集相同. 于是

$$\alpha = \inf_{(x_1,x_2)\in\Gamma} f(x_1, x_2) = \inf_{(X_1,X_2)\in\Gamma} g(X_1, X_2).$$

(iii) 我们有

$$g(X_1, X_2) = \alpha X_1^2 + 2\beta X_1X_2 + \gamma X_2^2 = \alpha\left(X_1 + \frac{\beta}{\alpha}\right)^2 + \frac{D}{\alpha}X_2^2.$$

因为区间 $[-1/2 - \beta/\alpha, 1/2 - \beta/\alpha]$ 的长度为 1, 所以其中存在一个整数 σ, 从而

$$\left|\sigma + \frac{\beta}{\alpha}\right| \leqslant \frac{1}{2},$$

于是

$$g(\sigma, 1) = \alpha\left(\sigma + \frac{\beta}{\alpha}\right)^2 + \frac{D}{\alpha} \leqslant \frac{\alpha}{4} + \frac{D}{\alpha}.$$

由此及 $g(\sigma, 1) \geqslant \alpha$ 得到

$$\alpha \leqslant \frac{\alpha}{4} + \frac{D}{\alpha},$$

立得 $\alpha^2 \leqslant (4/3)D$. □

2° 当 $f_0(x_1, x_2) = x_1^2 + x_1x_2 + x_2^2$ 时 $D = 3/4$, 由定理 7.5.1 可知, 存在非零整点 $\boldsymbol{u} = (u_1, u_2)$, 使得

$$f_0(u_1, u_2) \leqslant 1,$$

但显然对于任何非零整点 $\boldsymbol{u} = (u_1, u_2)$, 有

$$f_0(u_1, u_2) \geqslant 1,$$

因此式 (1) 中不能去掉等号; 并且对于 f_0, 不等式 (1) 中的常数 $2/\sqrt{3}$ 不能换成更小的数. 但由证 1 及定理 7.4.1 的推论 1(b) 可知, 若 f 不等价于 f_0 的倍数, 则可去掉式 (1) 中的等号. 总之, 定理 7.5.1 中不等式 (1) 右边的常数 $2/\sqrt{3}$ 是最优的.

3° 由定理 7.5.1 和引理 3.4.1 可知: 若 α 是无理数, 则存在无穷多对整数 $p,q\,(q>0)$ 满足不等式

$$\left|\alpha-\frac{p}{q}\right|\leqslant\frac{1}{\sqrt{3}q^2}.$$

这稍优于注 3.4.3 的 1° 中的结果 (但不是最优的, 最优结果是 Hurwitz 定理).

4° 关于定理 7.5.1 的证明, 还可参见文献 [118](Lecture Ⅸ, 第 5 节; Lecture Ⅺ, 第 4 节) 和 [95](8.3 节), 证明的思路本质上都是给出约化程序.

7.6 正定 n 元二次型的极小值

定理 7.5.1 可推广为:

定理 7.6.1 设

$$f(x_1,\cdots,x_n)=\sum_{i,j=1}^{n}f_{ij}x_ix_j$$

是正定 n 元二次型, 则存在非零整点 $(u_1,\cdots,u_n)$, 使得

$$f(x_1,\cdots,x_n)\leqslant\left(\frac{4}{3}\right)^{(n-1)/2}D^{1/n},\tag{1}$$

其中 $D=\det(f_{ij})$.

证 对 n 用数学归纳法. 当 $n=2$ 时, 不等式 (1) 已成立 (即定理 7.5.1). 设当变元个数为 $n-1$ 时不等式 (1) 成立, 并设 $f(u_1,\cdots,u_n)$ 是正定 n 元二次型. 必要时可用约化型代替, 不妨认为对于所有非零整点 $(u_1,\cdots,u_n)$ 有

$$f(u_1,\cdots,u_n)\geqslant f(1,0,\cdots,0)=f_{11}.\tag{2}$$

配方得到

$$f(x_1,\cdots,x_n)=f_{11}\left(x_1+\frac{f_{12}}{f_{11}}x_2+\cdots+\frac{f_{1n}}{f_{11}}x_n\right)^2+g(x_2,\cdots,x_n),\tag{3}$$

那么 $g(x_2,\cdots,x_n)$ 是 $n-1$ 个变元 $x_2,\cdots,x_n$ 的正定二次型. 如果对 $g(x_2,\cdots,x_n)$ 实施 Jacobi 变换:

$$X_i=x_i+d_{i,i+1}x_{i+1}+\cdots+d_{in}x_n\quad(i=2,\cdots,n),\tag{4}$$

可使得

$$g(x_2,\cdots,x_n)=d_2X_2^2+\cdots+d_nX_n^2,$$

于是在由

$$X_1=x_1+\frac{f_{12}}{f_{11}}x_2+\cdots+\frac{f_{1n}}{f_{11}}x_n$$

及式 (4) 给出的线性变换下,

$$f(x_1,\cdots,x_n)=f_{11}X_1^2+d_2X_2^2+\cdots+d_nX_n^2.$$

由此可知型 f 的判别式 $D=D(f)=f_{11}d_2\cdots d_n$, 型 g 的判别式 $D(g)=d_2\cdots d_n$. 于是 $D(g)=D/f_{11}$.

依归纳假设, 存在不全为零的整数 $\widetilde{u}_2,\cdots,\widetilde{u}_n$ 满足不等式

$$g(\widetilde{u}_2,\cdots,\widetilde{u}_n)\geqslant\left(\frac{4}{3}\right)^{(n-2)/2}\left(\frac{D}{f_{11}}\right)^{1/(n-1)}.$$

选取整数 $\widetilde{u}_1$ 满足

$$\left|\widetilde{u}_1+\frac{f_{12}}{f_{11}}\widetilde{u}_2+\cdots+\frac{f_{1n}}{f_{11}}\widetilde{u}_n\right|\leqslant\frac{1}{2},$$

则由此以及式 (2) 和式 (3) 得到

$$\begin{aligned}f_{11}&\leqslant f_{11}\left(\widetilde{u}_1+\frac{f_{12}}{f_{11}}\widetilde{u}_2+\cdots+\frac{f_{1n}}{f_{11}}\widetilde{u}_n\right)^2+g(\widetilde{u}_2,\cdots,\widetilde{u}_n)\\&\leqslant\frac{1}{4}f_{11}+\left(\frac{4}{3}\right)^{(n-2)/2}\left(\frac{D}{f_{11}}\right)^{1/(n-1)}.\end{aligned}$$

因此非零整点 $(\widetilde{u}_1,\cdots,\widetilde{u}_n)$ 满足不等式 (1). 于是完成归纳证明. □

注 7.6.1 **1°** 应用 Blichfeldt 定理可以证明: 若 $f(x_1,\cdots,x_n)$ 是正定 n 元二次型, 则存在不全为零的整数 $u_1,\cdots,u_n$ 满足

$$f(u_1,\cdots,u_n)\leqslant\frac{2}{\pi}\Gamma\left(1+\frac{n+2}{2}\right)^{2/n}D^{1/n},$$

其中 D 是 f 的判别式, $\Gamma(z)$ 是伽马函数 (见文献 [21]).

2° 由注 7.5.1 的 2° 可知不等式 (1) 中的常数当 $n=2$ 时为最优, 但对于 $n\geqslant3$ 则否.

3° 应用 Hermite 意义下的约化概念 (参见文献 [29], 第 Ⅱ 章第 2 节), 可以证明定理 7.6.1 对于非退化二次型也是成立的.

下面考虑 $n=3$, 即正定三元二次型的特殊情形, 在此情形中相应的常数 $\sqrt[3]{2}$ 是最优的, 改进了定理 7.6.1. 这里的证明基于文献 [48] 的思路, 其他证明还可参见文献 [63, 91] 以及文献 [118] (Lecture Ⅺ, 第 6 节).

定理 7.6.2 设

$$f(x_1,x_2,x_3)=\sum_{i,j=1}^{3} f_{ij}x_ix_j \quad (f_{ij}=f_{ji})$$

是正定三元二次型, 则:

(a) 存在非零整点 (u_1,u_2,u_3) 满足

$$f(u_1,u_2,u_3)\leqslant (2D)^{1/3}=\sqrt[3]{2}D^{1/3}, \tag{5}$$

其中 $D=D(f)=\det(f_{ij})$.

(b) 对于约化型 f, 有 $f_{11}f_{22}f_{33}\leqslant 2D$.

(c) (a) 和 (b) 中等式成立的充分必要条件是 f 等价于型 $af_0\,(a\in\mathbb{R})$, 其中

$$f_0(x_1,x_2,x_3)=x_1^2+x_2^2+x_3^2+x_1x_2+x_1x_3+x_2x_3.$$

证 (i) 型

$$f_0(x_1,x_2,x_3)=\frac{1}{2}\big((x_1+x_2)^2+(x_1+x_3)^2+(x_2+x_3)^2\big),$$

当 (x_1,x_2,x_3) 是非零整点时, x_1+x_2,x_1+x_3,x_2+x_3 中至多有两个为零, 另一个绝对值必至少为 2, 因此对所有非零整点 (u_1,u_2,u_3),

$$f_0(u_1,u_2,u_3)\geqslant 1.$$

并且 $D(f_0)=1/2$, 所以对于 f_0, 式 (5) 成为等式. 另外, (a) 可由 (b) 推出. 事实上, 设 $f(\boldsymbol{x})$ 等价于约化型 $\widetilde{f}(\widetilde{\boldsymbol{x}})=f(\boldsymbol{V}\widetilde{\boldsymbol{x}})$(依引理 7.4.3, $\widetilde{f}$ 存在), 其中 $\boldsymbol{x}=\boldsymbol{V}\widetilde{\boldsymbol{x}}$, 那么

$$\widetilde{f}(1,0,0)=\widetilde{f}_{11}\leqslant\widetilde{f}(0,1,0)=\widetilde{f}_{22}\leqslant\widetilde{f}(0,0,1)=\widetilde{f}_{33},$$

于是

$$\widetilde{f}(1,0,0)=\widetilde{f}_{11}\leqslant(\widetilde{f}_{11}\widetilde{f}_{22}\widetilde{f}_{33})^{1/3}.$$

若 (b) 成立, 则得 (注意等价的型有相等的判别式)

$$\widetilde{f}(1,0,0)=\widetilde{f}_{11}\leqslant(2\widetilde{D})^{1/3}=(2D)^{1/3}.$$

令 $\boldsymbol{u}^{\mathrm{T}}=\boldsymbol{V}(1,0,0)^{\mathrm{T}}$, 即得 (a).

下面我们证明 (b), 并且当且仅当 f 等价于型 f_0 的倍数时等式成立.

(ii) 依据文献 [48], 我们区分两种情形.

首先设 $f_{12}f_{23}f_{31} \geqslant 0$. 必要时作代换 $x_i' \mapsto \pm x_i$, 可以认为

$$f_{12} \geqslant 0, \quad f_{23} \geqslant 0, \quad f_{31} \geqslant 0.$$

令

$$\vartheta_{ij} = f_{ii} - 2f_{ij} \quad (\text{注意 } f_{ij} = f_{ji}), \tag{6}$$

f 是约化型的这一假设蕴涵

$$\vartheta_{ij} \geqslant 0 \quad (i,j = 1,2,3; i \neq j)$$

(例如, 由 $f(1,-1,0) \geqslant f(1,0,0)$ 可知 $\vartheta_{21} \geqslant 0$, 等等). 我们有恒等式

$$2D - f_{11}f_{22}f_{33} = \vartheta_{32}\vartheta_{21}\vartheta_{13} + \sum (f_{11}f_{23}\vartheta_{23} + f_{23}\vartheta_{13}\vartheta_{21}), \tag{7}$$

其中右边的求和号展布在 $\{1,2,3\}$ 的所有轮换上. 注意 $D = \det(f_{ij})$, 所以将式 (6) 代入式 (7), 可验证这个恒等式. 由于式 (6) 右边非负, 所以 (注意依约化型的定义有 $f_{11} \leqslant f_{22} \leqslant f_{33}$)

$$2D \geqslant f_{11}f_{22}f_{33} \geqslant f_{11}^3, \tag{8}$$

从而得到不等式 (5).

其次设 $f_{12}f_{23}f_{31} \leqslant 0$. 不失一般性, 可以认为

$$f_{12} \leqslant 0, \quad f_{23} \leqslant 0, \quad f_{31} \leqslant 0.$$

令

$$\psi_{ij} = f_{ii} + 2f_{ij}, \quad \omega_i = f(1,1,1) - f_{ii} \quad (i,j = 1,2,3; i \neq j),$$

与上面类似, 因为 f 是约化型, 所以 $\psi_{ij} \geqslant 0, \omega_i \geqslant 0$. 我们还有恒等式

$$\begin{aligned} 6D - 3f_{11}f_{22}f_{33} = {} & \psi_{23}\psi_{31}\psi_{12} + 2\psi_{32}\psi_{13}\psi_{21} \\ & + \sum \big(f_{11}(-f_{23})(\psi_{23} + 2\omega_1) + (-f_{23})\psi_{13}\psi_{21}\big), \end{aligned} \tag{9}$$

其中右边的求和号展布在 $\{1,2,3\}$ 的所有轮换上. 因为右边各项非负, 于是推出不等式 (8), 从而在此情形中不等式 (5) 也成立.

(iii) 最后, 验证上述两个恒等式 (7) 和 (9) 右边何时为零 (但此项工作相当冗烦), 可知: 当且仅当

$$f_{11} = f_{22} = f_{33}$$

时不等式 (8) 中的等号成立. 这等价于或者 $2f_{23} = 2f_{31} = 2f_{12} = \pm 1$, 或者 $2f_{23}, 2f_{31}, 2f_{12}$ 中一个为 0, 而另两个等于 ± 1. 于是容易验证对应于这些情形的所有型都相似于型 $f_{11}f_0(x_1,x_2,x_3)$. 例如

$$x_1^2 + x_2^2 + x_3^2 + x_1x_2 + x_2x_3 = f_0(x_1, x_2 + x_3, -x_3),$$

即左边的型等价于 f_0. □

注 7.6.2 关于一般情形. 设 $f(\boldsymbol{x})$ 是正定 n 元二次型, $D=D(f)$ 是 f 的判别式, 记

$$M(f)=\inf_{\boldsymbol{x}\in\mathbb{Z}^n\setminus\{\boldsymbol{0}\}} f(\boldsymbol{x}), \tag{10}$$

那么对于每个 n, 比值 $M(f)/D^{1/n}$ 在正定 n 元二次型的集合上有界 (见定理 7.6.1). 令 γ_n 是它在正定 n 元二次型的集合的上确界 (称 Hermite 常数), 则有

$$M(f)\leqslant \gamma_n D^{1/n}.$$

于是, 若存在非零整点 $\boldsymbol{u}$ 满足不等式

$$0<f(\boldsymbol{x})\leqslant c_n D^{1/n},$$

$c_n>0$ 是某个常数, 则 γ_n 就是这种常数 c_n 的极小值 (最优值). 前面已证 $\gamma_2=2/\sqrt{3},\gamma_3=\sqrt[3]{2}$. 其他结果有: A. Korkine 和 E. I. Zolotareff[64,65] 证明了

$$\gamma_4=\sqrt{2},\quad \gamma_5=\sqrt[5]{8};$$

H. F. Blichfeldt[24] 证明了

$$\gamma_6=\sqrt[6]{\frac{64}{3}},\quad \gamma_7=\sqrt[7]{64},\quad \gamma_8=2.$$

L. J. Mordell[90] 还证明了 $\gamma_n^{n-2}\leqslant\gamma_{n-1}^{n-1}$. 对此可参见文献 [118](Lecture Ⅻ, 第 1 节). 此外, 还有关系式

$$\delta_n^*=\frac{\sigma_n}{2^n}\cdot\gamma_n^{n/2},$$

其中 δ_n^* 是最密球格堆砌密度, σ_n 是 n 维单位球的体积 (见 8.1 节).

7.7 正定二次型与临界格

设 $\mathscr{S}$ 是一个 n 维点集, $\Delta(\mathscr{S})$ 和 Λ 分别是其临界行列式 (格常数) 和临界格 (见 4.1 节), 那么 $\Delta(\mathscr{S})$ 为具有下列性质的数 Δ 中的最大者 (记作 $\widetilde{\Delta}$): 每个行列式 $d(\Lambda)<\Delta$ 的格 Λ 都有非零点落在 $\mathscr{S}$ 中; 而行列式 $d(\widetilde{\Lambda})=\widetilde{\Delta}$ 的格 $\widetilde{\Lambda}$ 就是临界格. 我们可以通过正定二次型的算术极小给出某些点集的临界格的几何解释. 作为示例, 下面来继续讨论例 4.1.1.

如 7.1 节所见, 非退化线性变换

$$X_i = b_{i1}x_1 + b_{i2}x_2 \quad (i = 1, 2) \tag{1}$$

将正定二次型

$$f(x_1, x_2) = f_{11}x_1^2 + 2f_{12}x_1x_2 + f_{22}x_2^2$$

化为标准型

$$\varphi(X_1, X_2) = X_1^2 + X_2^2.$$

记 $\boldsymbol{b}_1 = (b_{11}, b_{21}), \boldsymbol{b}_2 = (b_{12}, b_{22})$, 由变换 (1) 非退化可知它们线性无关. 用 Λ 表示以它们为基的格. f 和 φ 分别定义在 Λ_0 和 Λ 上.

依定理 7.5.1, 存在非零整点 (u_1, u_2) 满足

$$f(u_1, u_2) \leqslant \frac{2}{\sqrt{3}}\sqrt{D} \quad (D = f_{11}f_{22} - f_{12}^2),$$

并且当 $f_0(x_1, x_2) = x_1^2 + x_1x_2 + x_2^2$ 时常数 $2/\sqrt{3}$ 不能换为更小的数. 注意 f_0 的判别式等于 3/4. 于是依引理 7.1.1 中 (c) 和 (d) 的等价性可知, 对于任何行列式 $d(\Lambda) \leqslant \sqrt{3}/2$ 的格 Λ, 其中存在非零点 $\boldsymbol{X} = (X_1, X_2) = (b_{11}u_1 + b_{12}u_2, b_{21}u_1 + b_{22}u_2)$ 满足

$$X_1^2 + X_2^2 \leqslant 1.$$

因此由常数 $2/\sqrt{3}$ 的最优性推出 2 维点集

$$\mathscr{S}_0: \ X_1^2 + X_2^2 < 1$$

的临界行列式 $\Delta(\mathscr{S}_0) = \sqrt{3}/2$.

我们来确定临界格 $\widetilde{\Lambda}$ 的基. 由变换 (1) 可知 b_{ij} 满足

$$(b_{11}u_1 + b_{12}u_2)^2 + (b_{21}u_1 + b_{22}u_2)^2 = x_1^2 + x_1x_2 + x_2^2. \tag{2}$$

在式中取

$$(b_{11}, b_{21}) = (\cos\theta, \sin\theta), \quad (b_{12}, b_{22}) = (\cos\psi, \sin\psi),$$

那么当 $\cos\theta\cos\psi + \sin\theta\sin\psi = 1/2$, 即

$$\theta - \psi = \pm\frac{\pi}{3}$$

时, 式 (2) 成立. 因此临界格 $\widetilde{\Lambda}$ 的两个基向量 $\boldsymbol{b}_1, \boldsymbol{b}_2$ 是单位圆 $x_1^2 + x_2^2 = 1$ 上幅角相差 $\pi/3$ 的两个点. 此外, $\boldsymbol{b}_1 - \boldsymbol{b}_2 \in \widetilde{\Lambda}$ 也在单位圆 $x_1^2 + x_2^2 = 1$ 上. 容易验证点 $\pm\boldsymbol{b}_1, \pm\boldsymbol{b}_2, \pm(\boldsymbol{b}_1 - \boldsymbol{b}_2) \in \widetilde{\Lambda}$ 是单位圆 $x_1^2 + x_2^2 = 1$ 的内接正六边形的顶点, $\widetilde{\Lambda}$ 的其他任何非零点都不在单位圆上或圆内.

7.8 不定二元二次型绝对值的极小值

不定二次型 (非退化) 与正定二次型有一些本质的差别. 例如, 对于不定二次型没有一般的约化程序, 其绝对值的极小值

$$M(f)=\inf_{\boldsymbol{x}\in\mathbb{Z}\setminus\{\boldsymbol{0}\}}|f(\boldsymbol{x})|$$

的估计比较复杂, 完全可能 $M(f)=0$. 我们已经见到 (定理 7.4.1 的推论 2), 对于正定二元二次型 $f,\rho(f)=M(f)/D^{1/2}$ 可取 $(0,\sqrt{4/3}]$ 中的任意值 (对于正定 n 元二次型也有类似性质), 但对于不定二次型 $f,\rho(f)$ 的值不形成一个区间. 对于不定二次型 f, 一些与 $M(f)$ 有关的经典结果可在文献 [29, 118] 中找到. 本节只考虑不定二元二次型.

对于不定二元二次型, 有下列基本结果:

定理 7.8.1 设

$$f(\boldsymbol{x})=f_{11}x_1^2+2f_{12}x_1x_2+f_{22}x_2^2$$

是不定型, 其行列式为

$$D=D(f)=f_{11}f_{22}-f_{12}^2(<0),$$

那么

$$M(f)\leqslant\frac{2}{\sqrt{5}}\sqrt{|D|};$$

若还设 f 不等价于型

$$f_0(\boldsymbol{x})=x_1^2+x_1x_2-x_2^2$$

的倍数, 则有

$$M(f)\leqslant\frac{1}{\sqrt{2}}\sqrt{|D|};$$

而当 f 不等价于型 f_0 和型

$$f_1(\boldsymbol{x})=x_1^2-2x_2^2$$

的倍数时, 有

$$M(f)\leqslant\frac{10}{\sqrt{221}}\sqrt{|D|}.$$

在每种情形中, 估值右边的常数都是最优的.

注 7.8.1　A. Markoff[82] 指出: 仅存在可数多个 $M(f)/\sqrt{|D(f)|}$ 的可能值大于 2/3(这些值可以计算出来); 并且在 (数轴上)2/3 的左边存在区间, 其中不含 $M(f)/\sqrt{|D(f)|}$ 的值 (这些未必包括了所有可能情形). 这种现象与所谓 Markoff 谱紧密关联. 对此可见文献 [12, 28, 8].

定理 7.8.1 的证明基于一类特殊不定二次型的等价型的存在性, 在此保留正定二次型情形的某些"约化"程序. 我们首先对此作一介绍.

我们设

$$M_1 = \inf_{\boldsymbol{x}\in\mathbb{Z}\setminus\{\boldsymbol{0}\}} |f(\boldsymbol{x})| > 0.$$

选取 $\varepsilon > 0$ 且任意小, 那么我们可以取整点 $\boldsymbol{\varepsilon}_1 \neq \boldsymbol{0}$, 使得

$$|f(\boldsymbol{\varepsilon}_1)| < \frac{M_1}{1-\varepsilon}. \tag{1}$$

不失一般性, 可以认为 $\boldsymbol{\varepsilon}_1$ 是本原的 (即其分量的最大公因子 g 等于 1), 因若不然, 可将它代以 $\boldsymbol{\varepsilon}_1/g$. 按此程序可类似地定义本原整点 $\boldsymbol{\varepsilon}_2$. 一般地, 若 $\boldsymbol{\varepsilon}_1,\cdots,\boldsymbol{\varepsilon}_{j-1}$ 已经选定, 那么令

$$M_j = \inf |f(\boldsymbol{u})|,$$

其中下确界取自所有使 $\boldsymbol{\varepsilon}_1,\cdots,\boldsymbol{\varepsilon}_{j-1},\boldsymbol{u}$ 可以补充成 Λ_0 的基的整点 $\boldsymbol{u}$, 那么依下确界的定义有

$$M_j \geqslant M_1 > 0.$$

我们可以取 $\boldsymbol{\varepsilon}_j$, 使得 $\boldsymbol{\varepsilon}_1,\cdots,\boldsymbol{\varepsilon}_j$ 可补充成 Λ_0 的基. 如此我们归纳地定义了 Λ_0 的一组基 $\boldsymbol{\varepsilon}_1,\cdots,\boldsymbol{\varepsilon}_n$.

设 $\widetilde{f}$ 是 f 的等价型, 满足

$$f(\boldsymbol{\varepsilon}_j) = \widetilde{f}(\boldsymbol{e}_j) \quad (j=1,\cdots,n), \tag{2}$$

其中 $\boldsymbol{e}_j$ 是标准单位向量 (型 $\widetilde{f}$ 的存在性可参见例 7.2.1). 于是由上述程序及定理 2.3.1 可知, 对于任何分量 $u_j,\cdots,u_n (j\geqslant 1)$ 互素的整点 $\boldsymbol{u}=(u_1,\cdots,u_n)$, 有

$$\begin{aligned}|\widetilde{f}(u_1,\cdots,u_n)| &= |f(v_1,\cdots,v_n)| \geqslant M_j > (1-\varepsilon)f(\boldsymbol{\varepsilon}_j)\\ &= (1-\varepsilon)\widetilde{f}(\boldsymbol{e}_j) \quad (j=1,\cdots,n)\end{aligned}$$

(这个不等式与引理 7.4.2 中的不等式 (3) 类似), 上式中向量 $(v_1,\cdots,v_n)^{\mathrm{T}} = \boldsymbol{\alpha}(u_1,\cdots,u_n)^{\mathrm{T}}$, 关于矩阵 $\boldsymbol{\alpha}$ 可参见例 7.2.1.

定理 7.8.1 之证 (i) 若 $M(f)=0$, 则定理显然成立. 下面设 $M(f)>0$. 因为 $M(tf)=|t|M(f), \sqrt{D(tf)}=|t|\sqrt{D(f)}$, 所以不妨设

$$M(f)=1.$$

(ii) 因为 $M(f)=1>0$, 所以依上述程序可构造型 $g(\boldsymbol{x})=g_\varepsilon(\boldsymbol{x})$ 等价于 $f(\boldsymbol{x})$, 使得

$$1\leqslant |g(1,0)|<(1-\varepsilon)^{-1},$$

其中 ε 是任意给定的实数, $0<\varepsilon<1$(上述不等式的左半式是显然的, 右半式由式 (1) 和式 (2) 推出). 设

$$\pm g(1,0)=(1-\eta)^{-1}$$

(即型 g 中 x_1^2 的系数 $f_{11}=\pm(1-\eta)^{-1}$), 其中

$$0\leqslant \eta=\eta(\varepsilon)<\varepsilon<1.$$

因为 $D(f)=D(g)=D$, 所以配方得到

$$\pm g(\boldsymbol{x})=\frac{(x_1+\alpha x_2)^2}{1-\eta}-|D|(1-\eta)x_2^2, \tag{3}$$

其中左边双重号的选取与 f_{11} 的符号一致, $\alpha=\alpha(\varepsilon)$ 是实数, 可以认为

$$0\leqslant \alpha\leqslant \frac{1}{2}; \tag{4}$$

若不然, 则可作代换 $x_1\mapsto \pm x_1+vx_2$, 适当选取 v 即可使式 (4) 成立. 由 $M(f)=1$ 可知对于任何一对不同时为零的整数组 (u_1,u_2), 下列二式必有一个成立:

$$\frac{(u_1+\alpha u_2)^2}{1-\eta}-|D|(1-\eta)u_2^2\geqslant 1, \tag{5}$$

$$\frac{(u_1+\alpha u_2)^2}{1-\eta}-|D|(1-\eta)u_2^2\leqslant -1 \tag{6}$$

(自然, 当 ε 变化时, 未必总是其中一式成立). 我们来选取不同的 (u_1,u_2), 考察这两个不等式中哪一个成立. 此外, 因为 $M(f_0)=M(f_1)=1$(证明见后), 我们希望排除掉型 f_0 和 f_1, 所以要选取 (u_1,u_2), 使得 $f_0(u_1,u_2)=\pm 1$ 或 $f_1(u_1,u_2)=\pm 1$.

(iii) 当 $(u_1,u_2)=(0,1)$ 时, 对于足够小的 η, 式 (5) 不可能成立, 这是因为否则将有 $|D|<0$. 因此我们在式 (6) 中取 $(u_1,u_2)=(0,1)$, 可知对于所有 $\varepsilon<\varepsilon_0$(其中 $\varepsilon_0>0$), 有

$$(1-\eta)^2|D|\geqslant (1-\eta)+\alpha^2. \tag{7}$$

现在取 $(u_1,u_2)=(1,1)$, 考虑两种可能情形:

情形 1　设当 $(u_1,u_2)=(1,1)$ 时, 对于充分小的 $\varepsilon>0$, 式 (5) 都成立, 即

$$(1-\eta)^2|D|\leqslant-(1-\eta)+(1+\alpha)^2. \tag{8}$$

由不等式 (7) 和 (8) 消去 $|D|$, 得到

$$-(1-\eta)+(1+\alpha)^2\geqslant(1-\eta)+\alpha^2,$$

即

$$2\alpha\geqslant1-2\eta.$$

由此及式 (4) 可知

$$\frac{1}{2}-\eta\leqslant\alpha\leqslant\frac{1}{2}. \tag{9}$$

将此改写为

$$\alpha=\frac{1}{2}+O(\eta),$$

并代入式 (7), 得到

$$\begin{aligned}|D|&\geqslant\frac{1}{1-\eta}+\frac{\alpha^2}{(1-\eta)^2}=1+O(\eta)+\alpha^2+O(\eta^2)\\&=1+\frac{1}{4}+O(\eta)=\frac{5}{4}+O(\eta).\end{aligned}$$

将 α 代入式 (8), 可知

$$\begin{aligned}|D|&\leqslant-\frac{1}{1-\eta}+\frac{(1+\alpha)^2}{(1-\eta)^2}=-1+O(\eta)+(1+\alpha)^2+O(\eta^2)\\&=-1+\left(1+\frac{1}{2}\right)^2+O(\eta)=\frac{5}{4}+O(\eta).\end{aligned}$$

因此 $|D|$ 与 $5/4$ 相差至多是 $O(\eta)$. 但 D 与 η 无关, 并且 $\eta\geqslant0$ 可以取充分小的值, 可见 $|D|=5/4$. 将此值代入式 (7), 得到

$$(1-\eta)^2\cdot\frac{5}{4}\geqslant(1-\eta)+\alpha^2.$$

由此及式 (9) 可知

$$(1-\eta)^2\cdot\frac{5}{4}\geqslant(1-\eta)+\left(\frac{1}{2}-\eta\right)^2,$$

即

$$\eta^2-2\eta\geqslant0.$$

因为 $\eta<2$, 所以由上式推出 $\eta=0$. 进而由式 (9) 得到 $\alpha=1/2$. 于是最终从式 (3) 得到

$$\pm g(x_1,x_2)=\left(x_1+\frac{1}{2}x_2\right)^2-\frac{5}{4}x_2^2=f_0(x_1,x_2).$$

情形 2　设当 $(u_1,u_2)=(1,1)$ 时, 对于任何充分小的 $\varepsilon>0$, 式 (5) 都不成立, 也就是说, 对于所有 $\varepsilon<\varepsilon_1$(其中 $\varepsilon_1>0$) , 当 $(u_1,u_2)=(1,1)$ 时, 式 (6) 总成立, 即

$$(1-\eta)^2|D|\geqslant(1-\eta)+(1+\alpha)^2. \tag{10}$$

我们进一步区分两种情形:

情形 2-1　设对于充分小的 $\varepsilon>0$, 当 $(u_1,u_2)=(-3,2)$ 时式 (5) 总成立. 于是对于这些 ε, 有

$$4(1-\eta)^2|D|\leqslant-(1-\eta)+(-3+2\alpha)^2. \tag{11}$$

由不等式 (10) 和 (11) 消去 $|D|$, 可得 $4\alpha\leqslant\eta$, 将此与式 (4) 相结合, 即得

$$0\leqslant 4\alpha\leqslant\eta,$$

于是 $\alpha=O(\eta)$. 将它代入式 (10) 和式 (11), 得到

$$|D|\geqslant 2+O(\eta)\quad 和\quad |D|\leqslant 2+O(\eta).$$

因为 D 与 η 无关, 并且 $\eta\geqslant 0$, 可取充分小的值, 所以 $|D|=2$. 将此值代入式 (10), 得到 $-3\eta+2\eta^2\geqslant 2\alpha+\alpha^2$. 因为 $\alpha\geqslant 0$, 并且 $\eta\geqslant 0$ 可以任意小, 所以必然 $\eta=0$(否则产生矛盾), 进而推出 $\alpha=0$. 于是从式 (3) 推出在此情形中有

$$\pm g(\boldsymbol{x})=x_1^2-2x_2^2=f_1(\boldsymbol{x}).$$

情形 2-2　设对于任何充分小的 $\varepsilon>0$, 当 $(u_1,u_2)=(-3,2)$ 时式 (5) 都不成立, 于是对于充分小的 $\varepsilon>0$, 式 (6) 总成立, 即

$$4(1-\eta)^2|D|\geqslant(1-\eta)+(-3+2\alpha)^2. \tag{12}$$

注意当 $0<\alpha<1/2$ 时, 式 (10) 右边是 α 的增函数, 式 (12) 右边是 α 的减函数, 所以对于某个 α_0, 从式 (10) 和式 (12) 分别得到

$$|D|\geqslant 1+(1+\alpha_0)^2+O(\eta),\quad 当\ \alpha_0\leqslant\alpha<\frac{1}{2}\ 时,$$
$$|D|\geqslant\frac{1}{4}+\frac{1}{4}(-3+2\alpha_0)^2+O(\eta),\quad 当\ 0<\alpha\leqslant\alpha_0\ 时.$$

取 α_0 使得

$$1+(1+\alpha_0)^2=\frac{1}{4}+\frac{1}{4}(-3+2\alpha_0)^2,$$

可知 $\alpha_0=1/10$, 于是 $|D|\geqslant 2.21+O(\eta)$, 从而与前面类似地推出 $|D|\geqslant 2.21$. 因为已设 $M(f)=1$, 所以

$$M(f)\leqslant \frac{1}{\sqrt{2.21}}\sqrt{|D|}=\frac{10}{\sqrt{221}}\sqrt{|D|}.$$

(iv) 现在考虑估值中等式成立的情形. 令

$$f_2(\boldsymbol{x})=5x_1^2+11x_1x_2-5x_2^2,$$

那么 $D(f_2)=-221/4$. 我们只需证明

$$M(f_2)=5.$$

显然当 $(u_1,u_2)\in\mathbb{Z}^2$ 时 $f_2(u_1,u_2)\in\mathbb{Z}$, 并且 $f_2(1,0)=5$. 若 $M(f_2)=m$, 则 $m\in\mathbb{Z}$, 并且 $0\leqslant m\leqslant 5$. 因为对于互素整数 $u_1,u_2,f_2(u_1,u_2)$ 是奇数, 所以 $m\neq 0,2,4$. 又因为 Legendre 符号

$$\left(\frac{\pm1}{13}\right)=\left(\frac{\pm3}{13}\right)=1,\quad \left(\frac{f_2(1,0)}{13}\right)=\left(\frac{5}{13}\right)=-1,$$

并且 13 是 $D(f_2)$ 的素因子, 所以依二元二次型的特征理论 (参见文献 [4]), $\pm1,\pm3$ 都不能被型 f_2 表示出, 因此 $M(f_2)\neq 1,3$. 于是 $M(f_2)=5$.

此外, 易见对于任何非零整点 $\boldsymbol{u}$, $f_0(\boldsymbol{u})$ 和 $f_1(\boldsymbol{u})$ 总是非零整数, 并且 $f_0(1,0)=f_1(1,0)=1$, 于是 $M(f_0)=M(f_1)=1$. 还可算出 $|D(f_0)|=5/4$, $|D(f_1)|=2$. 因此 $M(f_0)/\sqrt{|D(f_0)|}=2/\sqrt{5}$, $M(f_1)/\sqrt{|D(f_1)|}=1/\sqrt{2}$. 注意到

$$\frac{2}{\sqrt5}>\frac{1}{\sqrt2}>\frac{10}{\sqrt{221}},$$

我们容易推出定理的全部结论. □

定理 7.8.1 的证明方法还可用来研究其他一些不定型. 例如, 可以证明 (见文献 [37]): 设

$$f(\boldsymbol{x})=\sum_{i,j=1}^{3}f_{ij}x_ix_j\quad \left(f_{ij}=f_{ji},\ \boldsymbol{x}=(x_1,x_2,x_3)\right)$$

是不定三元二次型, 其行列式

$$D(f)=\det(f_{ij})>0,$$

那么, 若 f 不等价于型

$$f_0(\boldsymbol{x})=x_1^2+x_1x_2-x_2^2-x_2x_3+x_3^2$$

的倍数, 则

$$M(f) \leqslant \sqrt[3]{\frac{2D}{5}},$$

并且不等式右边的常数是最优的. 型 $f_1(\boldsymbol{x}) = x_1^2 + x_1x_2 - x_2^2 - 2x_3^2$(及其非零倍数)是唯一使上式成为等式的型. 此外有 $D(f_1) = 5/2$, 且可证明 $M(f_1) = 1$.

下面我们给出定理 7.8.1 前半部分的另外一种证明, 它显示了处理不定二次型问题的某些技巧 (参见文献 [118]).

定理 7.8.2 设 $f(x,y) = f_{11}x^2 + 2f_{12}xy + f_{22}y^2$ 是不定二元二次型, 其判别式为 $D = f_{11}f_{22} - f_{12}^2 (< 0)$, 那么

$$M(f) \leqslant \frac{2}{\sqrt{5}}\sqrt{|D|},$$

并且等式当且仅当 f 等价于 $m(x^2 - xy - y^2)(m \neq 0)$ 时成立.

在证明定理前, 我们先做一些考察:

1° 显然, 因为对于任何非零整点 (x,y), $|x^2 - xy - y^2| \geqslant 1$, 所以 $|m|$ 是 $|f(x,y)| = |m(x^2 - xy - y^2)|$ 当 $(x,y) \in \mathbb{Z}^2 \setminus \{\mathbf{0}\}$ 时的极小值(当 $(x,y) = (1,0)$ 或 $(0,1)$ 时达到).

2° 作幺模变换 $(x,y) \mapsto (x+y,y)$ 可知, "极值型" $x^2 - xy - y^2$ 等价于型 $x^2 + xy - y^2$. 同样, 幺模变换 $(x,y) \mapsto (y,x)$ 表明 "极值型" $x^2 + xy - y^2$ 等价于型 $-(x^2 - xy - y^2)$. 因此型 $m(x^2 - xy - y^2)$ 等价于型 $-m(x^2 - xy - y^2)$, 从而 $-f$ 等价于型 $m(x^2 - xy - y^2)$, 当且仅当 f 等价于型 $m(x^2 - xy - y^2)$ 时. 特别地, 在定理 7.8.2 中可以认为 $m > 0$.

3° 设

$$\xi(x,y) = \alpha x + \beta y, \quad \eta(x,y) = \gamma x + \delta y$$

是两个实系数线性型, 满足

$$\alpha\delta - \beta\gamma \neq 0,$$

则它们线性无关, 即 $c_1\xi(x,y) + c_2\eta(x,y) = 0$(零线性型) $\Leftrightarrow c_1 = c_2 = 0$. 于是它们的乘积

$$\xi(x,y)\eta(x,y) = f_{11}x^2 + 2f_{12}xy + f_{22}y^2 = f(x,y),$$

其中

$$f_{11} = \alpha\gamma, \quad 2f_{12} = \alpha\delta + \beta\gamma, \quad f_{22} = \beta\delta,$$

并且判别式

$$D = f_{11}f_{22} - f_{12}^2 = -\frac{1}{4}(\alpha\delta - \beta\gamma)^2 < 0.$$

由此得到

$$2\sqrt{|D|}=|\alpha\delta-\beta\gamma|, \tag{13}$$

并且 $f(x,y)=\xi(x,y)\eta(x,y)$ 是一个不定二次型.

反之, 若 $f(x,y)$ 是一个判别式为 $D(<0)$ 的不定二次型, 则存在非退化实系数线性变换

$$X=b_{11}x+b_{12}y,\quad Y=b_{21}x+b_{22}y.$$

将 $f(x,y)$ 化为

$$\varphi(X,Y)=X^2-Y^2,$$

并且判别式小于零. 于是有

$$\begin{aligned}X^2-Y^2&=(X+Y)(X-Y)\\&=\big((b_{11}+b_{21})x+(b_{12}+b_{22})y\big)\big((b_{11}-b_{21})x+(b_{12}-b_{22})y\big),\end{aligned}$$

并且因为上述线性变换是非退化的, 所以 $b_{11}b_{22}-b_{12}b_{21}\neq 0$, 从而上式右边两个线性型是线性无关的. 于是不定二次型总可以表示为两个线性无关的实系数线性型之积的形式.

我们现在将定理 7.8.2 加强为:

定理 7.8.2A　设不定二元二次型

$$f(x,y)=\xi(x,y)\eta(x,y),$$

其中 $\xi(x,y),\eta(x,y)$ 是两个线性无关的实系数线性型, 判别式为 $D(<0)$.

(a) 若 f 不等价于 $t(x^2-xy-y^2)\,(t>0)$, 则对于任意给定的 $\varepsilon>0$, 存在非零整点 (x,y) 满足

$$|f(x,y)|<\frac{2}{\sqrt{5}}\sqrt{|D|}, \tag{14}$$

并且 $|\xi(x,y)|<\varepsilon$.

(b) 若 f 等价于 $t(x^2-xy-y^2)\,(t>0)$, 则 $t=(2/\sqrt{5})\sqrt{|D|}$, 并且对于任意给定的 $\varepsilon>0$, 存在整点 (x,y) 满足

$$f(x,y)=\frac{2}{\sqrt{5}}\sqrt{|D|},$$

并且 $|\xi(x,y)|<\varepsilon$.

证　(i) 设给定 $\varepsilon>0$. 考虑满足

$$|\xi(x,y)|<\varepsilon \tag{15}$$

的非零整点 (x,y) 形成的集合 $\mathscr{G}$, 记

$$m=\inf_{(x,y)\in\mathscr{G}}|f(x,y)|.$$

m 显然存在, 并且不妨认为 $m>0$(因为 $m=0$ 时定理第一部分显然成立). 于是存在整数 p,r 和实数 $\sigma\in(1/2,1]$, 使得

$$|f(p,r)|=\frac{m}{\sigma},$$

以及

$$|\xi(p,r)|<\varepsilon.$$

设 h 是 p 和 r 的最大公因子. 若 $h>1$, 则 $h\geqslant 2$, 从而 $\sigma h^2\geqslant 2$, 于是

$$\left|f\left(\frac{p}{h},\frac{r}{h}\right)\right|=\frac{m}{\sigma h^2}<\frac{m}{2}.$$

这与 m 的定义矛盾. 因此 $h=1$, 即 p,r 互素. 由此可知存在整数 q,s, 使得 $sp-qr=1$, 也就是说

$$x=px_1+qy_1,\quad y=rx_1+sy_1 \tag{16}$$

是一个幺模变换. 设在此变换作用下, $f(x,y)$ 变成等价型

$$f_1(x_1,y_1)=a_1x_1^2+2b_1x_1y_1+c_1y_1^2,$$

而 ξ 和 η 分别变为

$$\xi_1=\alpha_1x_1+\beta_1y_1,\quad \eta_1=\gamma_1x_1+\delta_1y_1, \tag{17}$$

并且 f_1 等价于 $m(x^2-xy-y^2)(m>0)$, 当且仅当 f 等价于 $m(x^2-xy-y^2)(m>0)$. 注意点 $(x_1,y_1)=(1,0)$ 在变换 (16) 作用下对应于点 $(x,y)=(p,r)$. 因此有

$$\frac{m}{\sigma}=|f(p,r)|=|f_1(1,0)|=|a_1|=|\alpha_1\gamma_1|,$$

以及

$$|\xi(p,r)|=|\xi_1(1,0)|=|\alpha_1|<\varepsilon. \tag{18}$$

因为 $m>0$, 所以 $\alpha_1\gamma_1\neq 0$. 若 $\alpha_1\gamma_1<0$, 则用 $-\eta_1$ 代替 η_1, 从而用 $-f_1=\xi_1(-\eta_1)$ 代替 $f_1=\xi_1\eta_1$ 进行论证(注意 $|-f_1|=|f_1|$, 并且 $|\xi_1|$ 没有变化. 此外, 由前面预先考察中的 2° 可知, $-f_1$ 是否等价于 $m(x^2-xy-y^2)$ 取决于 f_1 是否等价于 $m(x^2-xy-y^2)$). 此时在变换 (16) 作用下将有 $\alpha_1\gamma_1>0$. 因此我们不妨认为 f_1 的系数 $a_1=\alpha_1\gamma_1>0$.

我们还可以认为 $\alpha_1>0,\gamma_1>0$. 这是因为, 如果 $\alpha_1<0$, 那么由 $\alpha_1\gamma_1>0$ 可知 $\gamma_1<0$. 于是用 $(-x_1,y_1)$ 代替 (x_1,y_1), 我们就有 $\alpha_1>0,\gamma_1>0$. 详而言之, 就是幺模变换 $x_1=-x_1',y_1=y_1'$ 将 $f_1(x_1,y_1)$ 变为 $f_1'(x_1',y_1')$, 将 $\xi_1=\alpha_1x_1+\beta_1y_1$ 和 $\eta_1=\gamma_1x_1+\delta_1y_1$ 分别变为

$$\xi_1'=-\alpha_1x_1'+\beta_1y_1'=\alpha_1'x_1'+\beta_1'y_1'$$

和

$$\eta_1'=-\gamma_1x_1'+\delta_1y_1'=\gamma_1'x_1'+\delta_1'y_1',$$

其中 $\alpha_1'=-\alpha_1>0,\gamma_1'=-\gamma_1>0$. 因而与 f_1 等价的型 f_1' 具有所说的性质 (后文中, 对于“可以认为”也作类似的理解).

由 $\alpha_1>0$ 及不等式 (18), 我们可以认为

$$0<\alpha_1<\varepsilon.$$

此外, 我们还可以认为 ξ_1 的系数满足 $-\alpha_1<\beta_1<0$. 为此我们作幺模变换:

$$x_1=x_1''+ly_1'',\quad y_1=y_1'',$$

其中 l 是一个待定整数. 在此变换下, $\xi_1=\alpha_1x_1+\beta_1y_1$ 变成

$$\xi_1''=\alpha_1''x_1''+\beta_1''y_1''=\alpha_1x_1''+(l\alpha_1+\beta_1)y_1'',$$

其中 $\alpha_1''=\alpha_1,\beta_1''=l\alpha_1+\beta_1$, 并且 η_1 变成 $\eta_1''=\gamma_1''x_1''+\delta_1''y_1''$, 其中 $\gamma_1''=\gamma_1$. 取

$$l=\left\lceil -1-\frac{\beta_1}{\alpha_1}\right\rceil,$$

即 l 是大于或等于 $-1-\beta_1/\alpha_1$ 的最小整数, 那么 (注意 $\alpha_1>0$)

$$-\alpha_1\leqslant l\alpha_1+\beta_1<0,$$

即 $-\alpha_1''\leqslant\beta_1''<0$. 我们还需证明不可能 $-\alpha_1''=\beta_1''$. 这是因为, 此时若 $(x_1'',y_1'')=(1,1)$, 则将有 $\xi_1''=0$, 从而 $m=0$, 与假设矛盾. 于是 ξ_1'' 的系数具有性质 $-\alpha_1''<\beta_1''<0$.

最后, 我们还可以认为, 对于式 (17) 中的线性型有

$$\alpha_1\delta_1-\beta_1\gamma_1=2\sqrt{|D|}.$$

这是因为, 依式 (13) 有 $|\alpha_1\delta_1-\beta_1\gamma_1|=2\sqrt{|D|}$. 若 $\alpha_1\delta_1-\beta_1\gamma_1=-2\sqrt{|D|}$, 则令 $x_1=x_1''',y_1=-y_1'''$, 那么 ξ_1 和 η_1 分别化为

$$\xi_1'''=\alpha_1'''x_1'''+\beta_1'''y_1''',\quad \eta_1'''=\gamma_1'''x_1'''+\delta_1'''y_1''',$$

其中 $\alpha_1'''=\alpha_1,\beta_1'''=-\beta_1,\gamma_1'''=\gamma_1,\delta_1'''=-\delta_1$, 于是

$$\alpha_1'''\delta_1'''-\beta_1'''\gamma_1'''=\alpha_1(-\delta_1)-(-\beta_1)\gamma_1=-(\alpha_1\delta_1-\beta_1\gamma_1)=2\sqrt{|D|}.$$

故 ξ_1''' 和 η_1''' 的系数具有所要的性质.

由上述推理可知, 通过适当的幺模变换可以得到具有某些特定性质的等价型. 因此对于给定的不定二元二次型

$$f(x,y)=\xi(x,y)\eta(x,y)=(\alpha x+\beta y)(\gamma x+\delta y)\quad(\alpha\gamma>0),\tag{19}$$

可以认为它具有下列性质:

(a) $|f(1,0)|=\alpha\gamma=m/\sigma$;

(b) $\alpha>0,\gamma>0,-\alpha<\beta<0$;

(c) $\alpha\delta-\beta\gamma=2\sqrt{|D|}$;

(d) $0<\alpha<\varepsilon$.

(ii) 由 m 的定义及式 (19), 对于所有 $(x,y)\in\mathscr{G}$, 有

$$|(\alpha x+\beta y)(\gamma x+\delta y)|\geqslant m.$$

两边除以 $\alpha\gamma$, 由性质 (a) 得到

$$\left|\left(x+\frac{\beta}{\alpha}y\right)\left(x+\frac{\delta}{\gamma}y\right)\right|\geqslant\frac{m}{\alpha\gamma}=\sigma.$$

记

$$\frac{\beta}{\alpha}=-\lambda,\quad\frac{\delta}{\gamma}=-\mu,$$

则有

$$|(x-\lambda y)(x-\mu y)|\geqslant\sigma\quad(\forall(x,y)\in\mathscr{G}).\tag{20}$$

注意性质 (a) 和 (c) 蕴涵

$$\lambda-\mu=\frac{2\sqrt{|D|}\,\sigma}{m},\tag{21}$$

而不等式 (15) 可写成

$$|x-\lambda y|<\frac{\varepsilon}{\alpha},\tag{22}$$

并且由性质 (b) 得到

$$0<\lambda<1.\tag{23}$$

由性质 (d) 可知 $\varepsilon>\alpha$, 由此及式 (23) 可见点 $(0,1)$ 和 $(1,1)$ 满足不等式 (22). 因此集合 $\mathscr{G}$ 非空. 特别地, 在式 (20) 中取 $(x,y)=(0,1)$ 和 $(1,1)$, 可得到

$$|\lambda\mu|\geqslant\sigma,\tag{24}$$

$$|(1-\lambda)(1-\mu)| \geqslant \sigma. \tag{25}$$

(iii) 现在证明

$$m \leqslant \frac{2\sqrt{|D|}}{\sqrt{5}}.$$

首先我们断言: $\mu < 0$. 如若不然, 则由式 (24) 可知有 $\mu > 0$, 进而由式 (21) 有 $\mu < \lambda$, 于是由式 (23) 推出 $0 < \mu < 1$. 由此得到

$$\lambda\mu > 0, \quad (1-\lambda)(1-\mu) > 0.$$

将不等式 (24) 和 (25) 相乘, 并且注意 $\sigma \in (1/2, 1]$, 可得

$$\lambda(1-\lambda)\mu(1-\mu) \geqslant \sigma^2 > \frac{1}{4}.$$

但这不可能, 因为依算术–几何平均不等式, 有

$$\lambda(1-\lambda)\mu(1-\mu) \leqslant \left(\frac{\lambda+(1-\lambda)+\mu+(1-\mu)}{4}\right)^4 = \frac{1}{16}.$$

因此确实 $\mu < 0$. 于是可将不等式 (24) 和 (25) 分别写成

$$-\lambda\mu \geqslant \sigma, \quad (1-\lambda)(1-\mu) \geqslant \sigma.$$

由此可得

$$1-(\lambda+\mu)-\sigma \geqslant -\lambda\mu \geqslant \sigma, \tag{26}$$

注意 $\sigma > 1/2$, 从而有

$$-(\lambda+\mu) \geqslant 2\sigma - 1 > 0.$$

由此及式 (21) 推出

$$\frac{(2\sqrt{|D|}\sigma)^2}{m^2} = (\lambda-\mu)^2 = (\lambda+\mu)^2 - 4\lambda\mu \geqslant (2\sigma-1)^2 + 4\sigma = 4\sigma^2+1, \tag{27}$$

于是我们得到 (注意 $\sigma \leqslant 1$)

$$m^2 \leqslant \frac{(2\sqrt{|D|}\sigma)^2}{4\sigma^2+1} = \frac{4|D|}{4+\sigma^{-2}} \leqslant \frac{4|D|}{5}, \tag{28}$$

因此, 或者 $m < (2/\sqrt{5})\sqrt{|D|}$, 或者 $m = (2/\sqrt{5})\sqrt{|D|}$.

(iv) 若 $m < (2/\sqrt{5})\sqrt{|D|}$, 则由 m 的定义, 存在 $(x,y) \in \mathscr{G}$ 满足

$$|f(x,y)| < \frac{2}{\sqrt{5}}\sqrt{|D|},$$

注意由集合 $\mathscr{G}$ 的定义, 自然还有 $|\xi(x,y)|<\varepsilon$.

(v) 若 $m=(2/\sqrt{5})\sqrt{|D|}$, 则由式 (28) 知, 仅当 $\sigma=1$ 时才可能 $4+\sigma^{-2}=5$. 此时, 由式 (26) 可知, 仅当 $-(\lambda+\mu)=-\lambda\mu=1$, 即

$$\frac{\beta\gamma+\alpha\delta}{\alpha\gamma}=-\frac{\beta\delta}{\alpha\gamma}=1 \quad 或 \quad \alpha\gamma=\beta\gamma+\alpha\delta=-\beta\delta$$

时, 式 (27) 才可能成为等式. 由性质 (a), $\alpha\gamma=m/\sigma=m$, 所以由式 (19) 推出

$$\begin{aligned}f(x,y)&=\alpha\gamma(x-\lambda y)(x-\mu y)=\alpha\gamma\big(x^2-(\lambda+\mu)xy+\lambda\mu y^2\big)\\&=\alpha\gamma(x^2+xy-y^2)=m(x^2+xy-y^2),\end{aligned}$$

而后者等价于 $m(x^2-xy-y^2)$. 因此 f 等价于 $m(x^2-xy-y^2)$.

反之, 若 f 等价于 $\psi(x,y)=m(x^2-xy-y^2)$, 则 f 的判别式 D 等于 ψ 的判别式 $-(5/4)m^2$, 于是 $m=(2/\sqrt{5})\sqrt{|D|}$. 因此, f 等价于 $m(x^2-xy-y^2)$, 当且仅当 $m=(2/\sqrt{5})\sqrt{|D|}$ 时.

于是, 若 f 不等价于 $t(x^2-xy-y^2)\,(t>0)$, 取 $t=m$, 则 $m<(2/\sqrt{5})\sqrt{|D|}$, 从而由步骤 (iv) 得到定理的 (a) 部分.

(vi) 若 $f=\xi\eta$ 等价于 $\varphi(x,y)=t(x^2-xy-y^2)\,(t>0)$, 则有 $D=-5t^2/4, t=(2/\sqrt{5})\sqrt{|D|}=\varphi(1,0)$. 由步骤 (v) 可推出 $m=(2\sqrt{5})\sqrt{|D|}=\varphi(1,0)$. 存在幺模变换将 f 化为 φ. 设在此变换下 (1,0) 对应于整点 $(\widetilde{x},\widetilde{y})$, 那么下确界 m 在点 $(\widetilde{x},\widetilde{y})$ 处达到

$$f(\widetilde{x},\widetilde{y})=\varphi(1,0)=m=\inf_{(x,y)\in\mathscr{G}}|f(x,y)|.$$

于是定理的 (b) 部分得证. □

推论 对于定理 7.8.2A 中的不定二次型 f, 存在无穷多个整点 (x,y) 满足

$$|f(x,y)|\leqslant 2\sqrt{\frac{|D|}{5}}. \tag{29}$$

证 (i) 首先注意, 依定理 7.8.2A, 若 f 等价于 $t(x^2-xy-y^2)\,(t>0)$, 那么存在整点 (x,y) 满足 $|f(x,y)|=2\sqrt{|D|/5}$. 特别地, 可知 (x,y) 非零. 若 f 不等价于 $t(x^2-xy-y^2)\,(t>0)$, 则有非零整解 (x,y) 满足不等式 (14). 因此不等式 (29) 总有非零整解.

(ii) 若 (x,y) 是式 (29) 的非零整解, 并且 $\xi(x,y)=0$, 那么 $f(x,y)=0$, 从而对于任何整数 $k, f(kx,ky)=k^2f(x,y)=0$, 即得式 (29) 的无穷多个整解. 若 (x,y) 是式 (29) 的非零整解, 但 $\xi(x,y)\neq 0$, 则记 $\xi^{(1)}=\xi(x,y)$. 取 $\varepsilon_1\in(0,|\xi^{(1)}|)$, 依定理 7.8.2A, 存在式 (29) 的非零整解 (x',y'). 若 $\xi(x',y')=0$, 则类似于前面, $(kx',ky')\,(k\in\mathbb{Z})$ 即为式 (29) 的无穷多个整解. 若 $\xi^{(2)}=\xi(x',y')\neq 0$, 则取

$\varepsilon_2 \in (0,|\xi^{(2)}|)$, 并且 $\varepsilon_2 \neq \varepsilon_1$, 依定理 7.8.2A, 存在式 (29) 的非零整解 (x'',y''). 于是又可继续进行与前类似的讨论. □

作为定理 7.8.2 的一个直接应用, 我们来证明 Hurwitz 逼近定理. 这个定理是丢番图逼近论中的一个重要结果, 可叙述为:

定理 7.8.3　设 ω 是一个无理数, 则存在无穷多对整数 $x,y(y>0)$ 满足

$$\left|\omega-\frac{x}{y}\right|<\frac{1}{\sqrt{5}y^2}, \tag{30}$$

并且常数 $1/\sqrt{5}$ 不可换为更小的正数.

证　(i) 不妨认为 $\omega>0$. 考虑二次型

$$f(x,y)=xy-\omega y^2=(x-\omega y)y,$$

其判别式 $D=-1/4<0$, 因此是不定的. 此外, 若存在幺模变换

$$x=aX+bY,\quad y=cX+dY \quad (a,b,c,d\in\mathbb{Z},ad-bc=\pm 1)$$

满足

$$f(aX+bY,cX+dY)=m(X^2-XY-Y^2),$$

即

$$(aX+bY)(cX+dY)-\omega(cX+dY)^2=mX^2-mXY-mY^2,$$

比较等式两边 X^2 和 Y^2 的系数, 可得

$$ac-\omega c^2=m,\quad bd-\omega d^2=-m,$$

于是 $ac-\omega c^2=-bd+\omega d^2$ 或 $ac+bd=(c^2+d^2)\omega$. 因为 $c^2+d^2\neq 0,\omega$ 是无理数, 所以我们得到矛盾. 因此 f 不可能等价于型 $m(x^2-xy-y^2)$.

(ii) 依定理 7.8.2A, 对于任何给定的 $\varepsilon\in(0,1]$, 存在不全为零的整数 x,y 满足

$$|(x-\omega y)y|<\frac{1}{\sqrt{5}}, \tag{31}$$

以及

$$|x-\omega y|<\varepsilon. \tag{32}$$

若 $y=0$, 则由不等式 (32) 可知 $x=0$, 这与 (x,y) 非零的性质矛盾. 所以 $y\neq 0$. 于是用 y^2 除式 (31) 两边, 即得不等式 (30).

(iii) 对于每个不同的 $\varepsilon\in(0,1]$, 对应地得到非零整数组 $(x(\varepsilon),y(\varepsilon))$. 若当 $\varepsilon\to 0$ 时只得到有限多组不同的非零整数组 $(x(\varepsilon),y(\varepsilon))$, 则存在一组非零整数 (x_0,y_0), 对于无穷多个 ε(并且 $\varepsilon\to 0$) 满足不等式 (32):

$$|x_0-\omega y_0|<\varepsilon.$$

令 $\varepsilon\to 0$, 得到 $x_0-\omega y_0=0$, 与 ω 是无理数的假设矛盾. 因此存在无穷多对整数 $x,y(y>0)$ 满足不等式 (30).

(iv) 不等式 (30) 右边的常数 $1/\sqrt{5}$ 不可能改进. 为此我们证明: 对于 $\omega_0=(1+\sqrt{5})/2$, 若不等式

$$\left|\omega_0-\frac{x}{y}\right|\leqslant\frac{1}{cy^2} \tag{33}$$

有无穷多个有理解 $x/y\,(y>0)$, 则 $1/c\geqslant 1/\sqrt{5}$. 因而 $1/\sqrt{5}$ 是最优的.

记 $\omega_0'=(1-\sqrt{5})/2$, 则多项式 $P(X)=X^2-X-1=(X-\omega_0)(X-\omega_0')$. 于是对于任何有理数 $x/y(y>0),P(x/y)\neq 0$, 并且

$$\begin{aligned}\frac{1}{y^2}\leqslant\left|P\left(\frac{x}{y}\right)\right|&=\left|\omega_0-\frac{x}{y}\right|\left|\omega_0'-\frac{x}{y}\right|\\&=\left|\omega_0-\frac{x}{y}\right|\cdot\left|\omega_0'-\omega_0+\omega_0-\frac{x}{y}\right|\\&\leqslant\left|\omega_0-\frac{x}{y}\right|\left(|\omega_0'-\omega_0|+\left|\omega_0-\frac{x}{y}\right|\right)\\&=\sqrt{5}\left|\omega_0-\frac{x}{y}\right|+\left|\omega_0-\frac{x}{y}\right|^2,\end{aligned}$$

由此及不等式 (33) 得到

$$\frac{1}{y^2}<\frac{\sqrt{5}}{cy^2}+\frac{1}{c^2y^4},$$

于是

$$1<\frac{\sqrt{5}}{c}+\frac{1}{c^2y^2}.$$

令 $y\to\infty$, 即得 $c\leqslant\sqrt{5}$. □

注 7.8.2 Hurwitz 定理有多种证法. 例如, 文献 [9](1.2 节定理 3, 1.7 节定理 2) 和 [8](1.4.4 小节) 给出了代数证法, 文献 [47](还可见文献 [44]) 给出了一种纯几何证法.

习 题 7

7.1 求二次型 $2x^2+3y^2$ 及 x^2+6y^2 的判别式. 它们分别可以表示 $1,2,3,4,5,6,7$ 中的哪些数? 判断这两个二次型是否等价.

7.2　设 $b^2-4ac=-3$, 证明 b 是奇数, 并列出所有判别式等于 -3 且 $|b|\leqslant 10$ 的正定二次型 $ax^2+bxy+cy^2$, 证明它们都与 x^2+xy+y^2 等价.

7.3　证明: Hermite 常数 $\gamma_{10}\leqslant 2^{9/7}$.

7.4　对于二次型 $f(\boldsymbol{x})$, 令

$$M(f)=\inf_{\boldsymbol{x}\in\mathbb{Z}\setminus\{\boldsymbol{0}\}}|f(\boldsymbol{x})|.$$

证明: 二次型 $f(\boldsymbol{x})=7x_1^2+8x_1x_2+2x_2^2$ 不定, 并且 $M(f)=1$.

7.5　求 $M(f)$, 其中:

(1) $f(\boldsymbol{x})=x_1^2+x_1x_2-x_2^2-2x_3^2$.

(2) $f(\boldsymbol{x})=x_1^2+x_1x_2-x_2^2-x_2x_3+x_3^2$.

第 8 章　堆砌与覆盖

本章的主题是数的几何中关于堆砌与覆盖经典理论的基本概念和结果. 堆砌与覆盖理论和某些数的几何问题 (临界格, 二次型等) 密切相关, 同时它本身也有独立的数学意义和魅力, 并在其他学科 (如编码理论) 中有重要应用. 堆砌与覆盖理论可以追溯到 1773 年 J. L. Lagrange[69] 关于二元二次型的约化理论的研究, 但是直到 1831 年 C. F. Gauss 引进格的思想, 二次型的算术研究对于堆砌理论的重要意义才得到揭示. 由此发展起来的关于堆砌与覆盖的经典结果按传统归于数的几何的框架; 它的现代成果和发展, 就现有文献看, 则更倾向归于凸几何的领域. 本书基本上不涉及这个部分, 对此读者可参见文献 [5, 26, 27, 33, 51, 52] 等.

8.1 堆　砌

在本节中, 我们首先给出点集堆积的概念, 特别是在全空间中的堆积, 并着重研究格堆积的基本性质, 揭示出对称凸体的堆砌与容许格 (或临界格) 的关系; 然后给出格堆积密度的基本结果; 最后讨论球格堆积密度问题, 给出它与正定二次型的联系.

设 $\mathscr{S}$ 是任意 n 维点集, 对于给定点 $\boldsymbol{y}$, 记点集

$$\mathscr{S}+\boldsymbol{y}=\{\boldsymbol{x}+\boldsymbol{y}\,|\,\boldsymbol{x}\in\mathscr{S}\}$$

(即 $\mathscr{S}$ 沿向量 $\boldsymbol{y}$ 的平移, 参见 1.3 节). 设 $\mathscr{T}$ 是另一个给定的 n 维点集. 若每个

点集

$$\mathscr{S}_r = \mathscr{S} + \boldsymbol{y}_r$$

都包含在 $\mathscr{T}$ 中, 其中 $\boldsymbol{y}_r$ 是某些给定点, 并且任意两个点集 $\mathscr{S}_{r_1}$ 和 $\mathscr{S}_{r_2}$ 都没有公共内点, 则称集族 $\mathcal{C} = \{\mathscr{S}_r\}$ 形成 $\mathscr{S}$ 的平移在 $\mathscr{T}$ 中的堆砌 (或填装), 或称 $\mathcal{C}$ 是 $\mathscr{S}$ 在 $\mathscr{T}$ 中的平移堆砌. 在本节中, 我们只考虑 $\mathscr{T}$ 是整个 n 维空间的情形, 此时, 简称 $\mathcal{C}$ 是 $\mathscr{S}$ 的 (平移) 堆砌. 若 $\boldsymbol{y}_r$ 取某个格 Λ 的所有格点, 则称 $\mathcal{C}$ 是由格 Λ 给出的 $\mathscr{S}$ 的格堆砌, 简称 $\mathcal{C}$ 是 $\mathscr{S}$ 的格堆砌, 并称 Λ 是 $\mathscr{S}$ 的堆砌格. $\mathscr{S}$ 通常取某些凸集 (一般是开集).

定理 8.1.1　格 Λ 是点集 $\mathscr{S}$ 的堆积格的充分必要条件是 $\mathscr{S}$ 的任意两个不同的点之差 $\boldsymbol{x}_1 - \boldsymbol{x}_2$ 都不属于 Λ.

证　首先设 $\boldsymbol{x}_1, \boldsymbol{x}_2 \in \mathscr{S}$ 是不同的点, $\boldsymbol{a} = \boldsymbol{x}_1 - \boldsymbol{x}_2 \in \Lambda$. 那么点集 $\mathscr{S} + \boldsymbol{0}$ 及 $\mathscr{S} + \boldsymbol{a}$ 都含点 $\boldsymbol{x}_1 = \boldsymbol{x}_2 + \boldsymbol{a}$, 因而两者有公共点. 于是 Λ 不可能给出 $\mathscr{S}$ 的堆积. 反之, 若点集 $\mathscr{S} + \boldsymbol{a}(\boldsymbol{a} \in \Lambda)$ 不能形成堆积, 那么存在 $\boldsymbol{a}_1, \boldsymbol{a}_2 \in \Lambda$, 使得点集 $\mathscr{S} + \boldsymbol{a}_1$ 和 $\mathscr{S} + \boldsymbol{a}_2$ 有公共点 $\boldsymbol{y}$, 于是 $\boldsymbol{x}_1 = \boldsymbol{y} - \boldsymbol{a}_1$ 和 $\boldsymbol{x}_2 = \boldsymbol{y} - \boldsymbol{a}_2$ 是 $\mathscr{S}$ 的不同的点, 并且它们的差 $\boldsymbol{a}_1 - \boldsymbol{a}_2 \in \Lambda$. □

由定理 8.1.1 和定理 3.1.2(取 $m = 1$) 可知, 如果 Λ 是 $\mathscr{S}$ 的堆积格, 那么

$$V(\mathscr{S}) \leqslant d(\Lambda).$$

下面的定理专门讨论上式是等式的情形.

定理 8.1.2　设 $\mathscr{S}$ 是有界的开星形体, Λ 是一个格, 并且

$$d(\Lambda) = V(\mathscr{S}). \tag{1}$$

(A) 如果 Λ 是点集 $\mathscr{S}$ 的堆积格, 那么空间中的每个点或者恰好属于一个点集 $\mathscr{S} + \boldsymbol{a}$(其中 $\boldsymbol{a} \in \Lambda$), 并且不是任何其他点集 $\mathscr{S} + \boldsymbol{a}\,(\boldsymbol{a} \in \Lambda)$ 的边界点, 或者它是至少两个形式为 $\mathscr{S} + \boldsymbol{a}\,(\boldsymbol{a} \in \Lambda)$ 的点集的边界点.

(B) 如果空间的每个点或者属于某个点集 $\mathscr{S} + \boldsymbol{a}\,(\boldsymbol{a} \in \Lambda)$, 或者是至少一个形式为 $\mathscr{S} + \boldsymbol{a}\,(\boldsymbol{a} \in \Lambda)$ 点集的边界点, 那么 Λ 是点集 $\mathscr{S}$ 的堆积格.

证　(i) 命题 (A) 之证. 设 Λ 是 $\mathscr{S}$ 的堆积格, 并且存在某个点 $\boldsymbol{y}$ 不在任何形式为 $\mathscr{S} + \boldsymbol{a}\,(\boldsymbol{a} \in \Lambda)$ 的点集中或其边界上. 又由假设, 存在实数 R, 使得 $\mathscr{S}$ 含在球 $|\boldsymbol{x}| < R$ 中. 我们可以选取 $\varepsilon \in (0,1)$ 且充分小, 使得由满足下列不等式的 $\boldsymbol{x}$ 组成的球

$$\mathscr{S}_0:\ |\boldsymbol{x} - \boldsymbol{y}| < \varepsilon$$

完全位于有限多个形式为 $\mathscr{S} + \boldsymbol{a}$ (其中 $\boldsymbol{a} \in \Lambda$ 并且 $|\boldsymbol{a} - \boldsymbol{y}| < R + 1$) 的点集之外. 依 R 的定义, 若点 $\boldsymbol{a} \in \Lambda$ 满足 $|\boldsymbol{a} - \boldsymbol{y}| \geqslant R + 1$, 则 $\mathscr{S} + \boldsymbol{a}$ 必定不含 $\mathscr{S}_0$ 的点 $\boldsymbol{x}$. 我

们还可认为 ε 足够小, 使得 $|\boldsymbol{x}|<2\varepsilon$ 中所含的 Λ 的点仅是 $\mathbf{0}$. 令

$$\mathscr{S}^*=\mathscr{S}\cup\mathscr{S}_0.$$

显然, 如果 $\boldsymbol{x}_1,\boldsymbol{x}_2$ 是 $\mathscr{S}^*$ 中的不同点, 那么 $\boldsymbol{x}_1-\boldsymbol{x}_2\notin\Lambda$. 于是由定理 3.1.2 推出

$$V(\mathscr{S}^*)\leqslant d(\Lambda).$$

但 $V(\mathscr{S})<V(\mathscr{S}^*)$, 所以上式与式 (1) 矛盾, 从而空间中的每个点属于某个集合 $\mathscr{S}+\boldsymbol{a}(\boldsymbol{a}\in\Lambda)$ 或其边界. 据此可推出命题 (A).

(ii) 命题 (B) 之证. 设 Λ 不是 $\mathscr{S}$ 的堆砌格, 那么由定理 8.1.1 可知 $\mathscr{S}$ 中存在点 $\boldsymbol{x}_1$ 和 $\boldsymbol{x}_2$, 使得

$$\mathbf{0}\neq\boldsymbol{a}_0=\boldsymbol{x}_1-\boldsymbol{x}_2\in\Lambda.$$

因为依假设 $\mathscr{S}$ 是开集, 所以存在 $\varepsilon>0$, 使得两个球

$$\mathscr{S}_1: |\boldsymbol{x}-\boldsymbol{x}_1|<\varepsilon,$$
$$\mathscr{S}_2: |\boldsymbol{x}-\boldsymbol{x}_2|<\varepsilon$$

都含在 $\mathscr{S}$ 中. 可设 ε 足够小, 使得 $\mathscr{S}_1$ 和 $\mathscr{S}_2$ 没有公共点. 记 $\mathscr{S}'=\mathscr{S}\setminus\mathscr{S}_1$. 因为 $\mathscr{S}$ 的每个点或者属于 $\mathscr{S}'$, 或者属于 $\mathscr{S}'+\boldsymbol{a}_0$, 所以显然空间中的每个点或者是 $\mathscr{S}'+\boldsymbol{a}$(对于某个 $\boldsymbol{a}\in\Lambda$) 的内点, 或者是其边界点. 换言之, 若用 $\overline{\mathscr{S}'}$ 表示 $\mathscr{S}'$ 的闭包, 则空间中的每个点都属于某个形式为 $\overline{\mathscr{S}'}+\boldsymbol{a}(\boldsymbol{a}\in\Lambda)$ 的点集. 因为 $\mathscr{S}$ 是星形体, 而 $\mathscr{S}_1\subset\mathscr{S}$, 并且注意式 (1), 所以

$$V(\overline{\mathscr{S}'})=V(\mathscr{S}')<V(\mathscr{S})=d(\Lambda).$$

但另一方面, 依上面所证, 空间中的每个点都有形式 $\boldsymbol{z}+\boldsymbol{a}$(其中 $\boldsymbol{z}\in\overline{\mathscr{S}'},\boldsymbol{a}\in\Lambda$), 所以 Λ 的基本平行体 $\mathscr{P}$ 中所有的点也有这种形式, 于是依定理 3.1.2 的推论 (在其中取 $\overline{\mathscr{S}'}$ 作为"$\mathscr{S}$", 取 $\mathscr{P}$ 作为"$\mathscr{S}_1$"), 我们有

$$d(\Lambda)=V(\mathscr{P})\leqslant V(\overline{\mathscr{S}'}),$$

因而得到矛盾. 于是命题 (B) 得证. □

定理 8.1.3 设 $\mathscr{S}$ 是 (中心) 对称凸集, Λ 是一个格, 那么 Λ 是 $\mathscr{S}$ 的堆砌格的充分必要条件是 Λ 是 $(2\mathscr{S})$-容许格.

等价地说: 当且仅当 Λ 是 $(1/2)\mathscr{S}$ 的堆砌格时, Λ 是 $\mathscr{S}$-容许格.

证 不妨认为 $\mathscr{S}$ 是开集. 设 Λ 不是 $\mathscr{S}$ 的堆砌格, 那么存在两个不同的点 $\boldsymbol{a}_1,\boldsymbol{a}_2\in\Lambda$ 以及点 $\boldsymbol{x}$, 使得

$$\boldsymbol{x}\in\mathscr{S}+\boldsymbol{a}_1,\quad \boldsymbol{x}\in\mathscr{S}+\boldsymbol{a}_2,$$

于是存在点 $\boldsymbol{v}_1,\boldsymbol{v}_2\in\mathscr{S}$, 使得

$$\boldsymbol{x}=\boldsymbol{v}_1+\boldsymbol{a}_1=\boldsymbol{v}_2+\boldsymbol{a}_2.$$

由此可知 (注意 $\mathscr{S}$ 中心对称)

$$\boldsymbol{a}_1-\boldsymbol{a}_2=\boldsymbol{v}_2-\boldsymbol{v}_1=\boldsymbol{v}_2+(-\boldsymbol{v}_1)\in 2\mathscr{S},$$

但因为 $\boldsymbol{a}_1-\boldsymbol{a}_2\neq\mathbf{0}$, 并且 $\boldsymbol{a}_1-\boldsymbol{a}_2\in\Lambda$, 可见 Λ 不是 $(2\mathscr{S})$-容许格.

反之, 设 Λ 不是 $(2\mathscr{S})$-容许格. 那么点集 $2\mathscr{S}$ 含有非零点 $\boldsymbol{v}\in\Lambda$. 显然我们有 $(1/2)\boldsymbol{v}\in\mathscr{S}$; 又由 $\mathscr{S}$ 的对称性知 $-(1/2)\boldsymbol{v}\in\mathscr{S}$, 从而 $(1/2)\boldsymbol{v}=-(1/2)\boldsymbol{v}+\boldsymbol{v}\in\mathscr{S}+\boldsymbol{v}$. 因此 $\mathscr{S}+\mathbf{0}$ 和 $\mathscr{S}+\boldsymbol{v}$ 有公共点 $(1/2)\boldsymbol{v}$, 从而 Λ 不是 $\mathscr{S}$ 的堆砌格. □

在下文中, 我们设 $\mathscr{S}$ 是一个给定的有界 (中心) 对称凸集, 其体积为 $V(\mathscr{S})$, 还设 Λ 是一个格. 我们将前面定义的格堆砌定义稍作扩充. 对于任意给定点 $\boldsymbol{z}$, 如果集族

$$\mathcal{C}_{\boldsymbol{z}}=\{\mathscr{S}+\boldsymbol{a}\,|\,\boldsymbol{a}\in\Lambda+\boldsymbol{z}\}$$

中任意两个成员都没有公共点, 则称 $\mathcal{C}_{\boldsymbol{z}}$ 形成一个 $(\mathscr{S},\Lambda)$ 堆砌, 而 Λ 称作 $\mathscr{S}$ 的堆积格. 显然, 若对于某个点 $\boldsymbol{z}$, $\mathcal{C}_{\boldsymbol{z}}$ 是 $(\mathscr{S},\Lambda)$ 堆砌, 那么对于任何其他的点 $\boldsymbol{z}'$, $\mathcal{C}_{\boldsymbol{z}'}$ 也是 $(\mathscr{S},\Lambda)$ 堆砌. 特别地, 当 $\boldsymbol{z}=\mathbf{0}$ 时, 就是前面定义的格堆砌.

引理 8.1.1 设 $\Lambda,\mathscr{S}$ 如上, $\boldsymbol{z}$ 是任意给定的点. 对任意有界凸体 B, 用 $V(B)$ 表示其体积, $R=R(B)$ 表示含在 B 中的最大的球的半径, $N=N(B,\mathscr{S},\Lambda,\boldsymbol{z})$ 表示含于 B 中的点集 $\mathscr{S}+\boldsymbol{a}$ (其中 $\boldsymbol{a}\in\Lambda+\boldsymbol{z}$) 的个数, 并令 $V=V(B,\mathscr{S},\Lambda,\boldsymbol{z})=NV(\mathscr{S})$, 即这些点集的总体积. 那么下列极限存在, 并且

$$\lim_{R(B)\to 0}\frac{V(B,\mathscr{S},\Lambda,\boldsymbol{z})}{V(B)}=\frac{V(\mathscr{S})}{d(\Lambda)}. \tag{2}$$

证 (i) 设 $\mathscr{P}$ 是 Λ 的基本平行体, r_0 是中心在原点 O 并且含 $\mathscr{S}$ 和 $\mathscr{P}$ 的最小球的半径. 令 B 是一个有界凸集, 满足 $R(B)>2r_0$. 记 $\theta=r_0/R(B)$. 因为 B 和 $\boldsymbol{z}$ 同时平移不影响 $V(B,\mathscr{S},\Lambda,\boldsymbol{z})$, 所以可以认为 B 含有中心在 O 且半径为 $R(B)$ 的球. 于是 $\mathscr{P}\subset\theta B,\mathscr{S}\subset\theta B$; 从而易见 $-\mathscr{P}\subset\theta B$.

(ii) 令

$$\mathcal{A}=\{\boldsymbol{a}\,|\,\boldsymbol{a}\in\Lambda+\boldsymbol{z},\mathscr{S}+\boldsymbol{a}\subset B\},$$

那么 $\mathcal{A}\subset B$. 于是超平行体 $\mathscr{P}+\boldsymbol{a}\,(\boldsymbol{a}\in\mathcal{A})$ 全部含于 $\mathscr{P}+B\subset\theta B+B=(1+\theta)B$. 因为这些超平行体互不交叠, 它们的个数等于 $|\mathcal{A}|=N(B,\mathscr{S},\Lambda,\boldsymbol{z})$, 所以它们的总体积是

$$N(B,\mathscr{S},\Lambda,\boldsymbol{z})V(\mathscr{P})=N(B,\mathscr{S},\Lambda,\boldsymbol{z})d(\Lambda). \tag{3}$$

于是

$$N(B,\mathscr{S},\varLambda,\boldsymbol{z})d(\varLambda)\leqslant V\big((1+\theta)B\big)=(1+\theta)^nV(B),$$

进而得到

$$N(B,\mathscr{S},\varLambda,\boldsymbol{z})\leqslant\frac{(1+\theta)^nV(B)}{d(\varLambda)}.\tag{4}$$

另一方面, 设 $\boldsymbol{y}$ 是 $(1-2\theta)B$ 中任意一点, 那么它属于某个超平行体 $\mathscr{P}+\boldsymbol{a}(\boldsymbol{a}\in\varLambda+\boldsymbol{z})$. 对于对应的点 $\boldsymbol{a}$, 我们有(注意步骤 (i) 中已证 $-\mathscr{P}\subset\theta B$)

$$\boldsymbol{a}\in\boldsymbol{y}-\mathscr{P}\subset(1-2\theta)B+\theta B=(1-\theta)B,$$

从而 (注意步骤 (i) 中已证 $\mathscr{S}\subset\theta B$)

$$\mathscr{S}+\boldsymbol{a}\subset\theta B+(1-\theta)B=B.$$

因此 $\boldsymbol{a}\in\mathcal{A}$. 于是我们证明了:

$$\boldsymbol{y}\in(1-2\theta)B\quad\Rightarrow\quad\boldsymbol{y}\in\mathscr{P}+\boldsymbol{a}(\boldsymbol{a}\in\mathcal{A}).$$

由 $\boldsymbol{y}\in(1-2\theta)B$ 的任意性可知

$$(1-2\theta)B\subseteq\bigcup_{\boldsymbol{a}\in\mathcal{A}}(\mathscr{P}+\boldsymbol{a}),$$

从而(注意式 (3))

$$V\big((1-2\theta)B\big)\leqslant N(B,\mathscr{S},\varLambda,\boldsymbol{z})d(\varLambda),$$

由此得到

$$N(B,\mathscr{S},\varLambda,\boldsymbol{z})\geqslant\frac{(1-2\theta)^nV(B)}{d(\varLambda)}.\tag{5}$$

由式 (4) 和式 (5) 可知, 当 $R(B)>2r_0$ 时,

$$\frac{(1-2\theta)^nV(B)}{d(\varLambda)}\leqslant N(B,\mathscr{S},\varLambda,\boldsymbol{z})\leqslant\frac{(1+\theta)^nV(B)}{d(\varLambda)},$$

于是

$$\frac{(1+\theta)^nV(\mathscr{S})}{d(\varLambda)}\leqslant\frac{N(B,\mathscr{S},\varLambda,\boldsymbol{z})V(\mathscr{S})}{V(B)}\leqslant\frac{(1+\theta)^nV(\mathscr{S})}{d(\varLambda)},$$

即

$$\frac{(1+\theta)^nV(\mathscr{S})}{d(\varLambda)}\leqslant\frac{V(B,\mathscr{S},\varLambda,\boldsymbol{z})}{V(B)}\leqslant\frac{(1+\theta)^nV(\mathscr{S})}{d(\varLambda)}.$$

令 $R(B)\to\infty$, 即 $\theta\to0$, 即得式 (2). □

对于有界对称凸集 $\mathscr{S}$ 和格 Λ, 我们将式 (2) 中左边的极限

$$\lim_{R(B)\to 0}\frac{V(B,\mathscr{S},\Lambda,\boldsymbol{z})}{V(B)}$$

称作 $(\mathscr{S},\Lambda)$ 堆砌密度, 简称 $\mathscr{S}$ 的格堆砌密度, 并记作 $\widehat{\delta}^*(\mathscr{S},\Lambda)$ 或 (不引起混淆时) $\widehat{\delta}^*(\mathscr{S})$.

$\mathscr{S}$ 的格堆砌密度 $\widehat{\delta}^*(\mathscr{S},\Lambda)$ 与 Λ 有关, 它的极大值称作 $\mathscr{S}$ 的最密格堆砌密度, 记作 $\delta^*(\mathscr{S})$. 可以证明: 在 $\mathbb{R}^n$ 的非奇异线性变换下, $\delta^*(\mathscr{S})$ 是不变的 (参见文献 [107] 第 1 章第 2 节).

由引理 8.1.1 得到:

定理 8.1.4　若 $\mathscr{S}$ 是体积 $V(\mathscr{S})<\infty$ 的对称凸集, Λ 是其堆砌格, 则它的格堆砌密度

$$\widehat{\delta}^*(\mathscr{S})=\frac{V(\mathscr{S})}{d(\Lambda)}\leqslant 1.$$

定理 8.1.5　若 $\mathscr{S}$ 是有界对称凸集, 体积为 $V(\mathscr{S})$, 则它的最密格堆砌密度

$$\delta^*(\mathscr{S})=\frac{V(\mathscr{S})}{\Delta(2\mathscr{S})}=\frac{2^{-n}V(\mathscr{S})}{\Delta(\mathscr{S})},\tag{6}$$

其中 $\Delta(\mathscr{S})$ 是 $\mathscr{S}$ 的临界行列式 (格常数).

证　由定理 8.1.4, 当 $d(\Lambda)$ 极小时, $\widehat{\delta}^*(\mathscr{S})$ 极大, 即成为 $\delta^*(\mathscr{S})$. 设 Λ 是 $\mathscr{S}$ 的堆砌格, 依定理 8.1.3, Λ 是 $(2\mathscr{S})$-容许格. $d(\Lambda)$ 的极小值是 $\Delta(2\mathscr{S})=2^n\Delta(\mathscr{S})$, 于是得到式 (6). □

注 8.1.1　**1°** 若 $\mathscr{S}$ 是有界对称凸集, 则由式 (6) 得到

$$V(\mathscr{S})=2^n\delta^*(\mathscr{S})\Delta(\mathscr{S}).\tag{7}$$

又由引理 4.1.1 有

$$V(\mathscr{S})\leqslant 2^n\Delta(\mathscr{S}).$$

依定理 8.1.5 可知 $\delta^*(\mathscr{S})\leqslant 1$, 所以式 (7) 可以看作 Minkowski 第一凸体定理的精细化.

2° 注意, 式 (2) 意味着对于每个 $\varepsilon>0$, 存在实数 $R_0>0$, 使得当 $R(B)>R_0$ 时,

$$\left|\frac{V(B,\mathscr{S},\Lambda,\boldsymbol{z})}{V(B)}-\frac{V(\mathscr{S})}{d(\Lambda)}\right|<\varepsilon,$$

此处 R_0 与 ε 和 Λ 都有关, 因而式 (2) 中的极限未必关于格 Λ 一致. 但因为对于堆砌格 Λ 和点 $\boldsymbol{z}$, 数 $N(B,\mathscr{S},\Lambda,\boldsymbol{z})$ 不超过 $V(B)/V(\mathscr{S})$, 所以它有界. 如果我们

令

$$\widetilde{N}(B,\mathscr{S})=\max_{\boldsymbol{z},\Lambda}N(B,\mathscr{S},\Lambda,\boldsymbol{z}),$$

$$\widetilde{V}(B,\mathscr{S})=\widetilde{N}(B,\mathscr{S})V(\mathscr{S}),$$

那么可以证明:

$$\lim_{R(B)\to 0}\frac{\widetilde{V}(B,\mathscr{S})}{V(B)}=\frac{V(\mathscr{S})}{V(B)}=\delta^*(\mathscr{S})$$

(参见文献 [53] 第 20 节, Th.4).

3° 我们可以对一般的堆砌 (未必是格堆砌) 定义堆砌密度. 依文献 [50], 我们给出下列定义: 设 $\mathscr{S}$ 是有界可测点集, $\mathcal{C}=\{\mathscr{S}+\boldsymbol{a}_r\,(r\in\mathbb{I})\}$ 是 $\mathscr{S}$ 的 (平移) 堆积, 其中 $\mathbb{I}$ 是一个下标集合, 并设 B 是单位球, 若极限

$$\widehat{\delta}(\mathscr{S})=\widehat{\delta}(\mathscr{S},\mathcal{C})=\lim_{\rho\to\infty}\frac{V\left(\left(\bigcup\limits_{r\in\mathbb{I}}(\mathscr{S}+\boldsymbol{a}_r)\right)\cap(\rho B)\right)}{V(\rho B)}$$

存在, 则称作堆积 $\mathcal{C}$ 的密度. 再令

$$\delta(\mathscr{S})=\sup_{\mathcal{C}}\widehat{\delta}(\mathscr{S},\mathcal{C}),$$

其中 $\mathcal{C}$ 遍历 $\mathscr{S}$ 的所有平移堆积, 称作 $\mathscr{S}$ 的最密堆积密度. 当 $\boldsymbol{a}_r\,(r\in\mathbb{I})$ 的分布足够"规则"时, 上述极限存在. 特别地, 当 $\boldsymbol{a}_r$ 取一个格 Λ 的所有格点时, $\mathcal{C}$ 形成 $\mathscr{S}$ 的格堆积, 上述极限称为格堆积密度, 记作 $\widehat{\delta}^*(\mathscr{S})=\widehat{\delta}^*(\mathscr{S},\Lambda)$. 可以证明:

$$\widehat{\delta}^*(\mathscr{S},\Lambda)=\frac{V(\mathscr{S})}{d(\Lambda)}.$$

令

$$\delta^*(\mathscr{S})=\sup_{\Lambda}\widehat{\delta}^*(\mathscr{S},\Lambda),$$

其中 Λ 遍历 $\mathscr{S}$ 的所有堆砌格, 称作 $\mathscr{S}$ 的最密格堆积密度. 依据 Mahler 列紧性定理可以推出, 若 $\mathscr{S}$ 是有界凸集, 并且 $\delta^*(\mathscr{S})$ 有限, 则存在格 $\widetilde{\Lambda}$ 达到 $\delta^*(\mathscr{S})$, 将 $\widetilde{\Lambda}$ 称作 $\mathscr{S}$ 的最密堆积格. 显然有

$$\delta^*(\mathscr{S})\leqslant\delta(\mathscr{S})\leqslant 1.$$

此外, 在上述极限的定义中, 可等价地将 ρB 换成超正方体 $\{|x_i|<a(i=1,\cdots,n)\}$, $V(\rho B)$ 换成 $(2a)^n$, 并且令 $a\to\infty$.

引理 8.1.1 中对有界对称凸集 $\mathscr{S}$ 的讨论显然与上述结果是一致的.

4° 本书只限于考虑有界对称凸集的格堆砌, 对于任意有界凸集的堆砌的一般性讨论, 可参见文献 [46], [53](第 20 节, 第 viii 节), [107] 等.

现在我们考虑一类特殊的格堆砌, 即在格堆砌定义中, 取 n 维单位球

$$\mathscr{S}_n: \ |\boldsymbol{x}| < 1$$

作为点集 $\mathscr{S}$. 通常将这种格堆砌称作球格堆砌. 我们来计算最密球格堆砌密度, 将它记作

$$\delta_n^* = \delta^*(\mathscr{S}_n).$$

下面的推理与引理 8.1.1 的证明思路是一致的.

依 δ_n^* 在非奇异线性变换下的不变性, 我们考虑半径为 r 的 n 维球

$$r\mathscr{S}_n: \ |\boldsymbol{x}| < r,$$

它的体积

$$V_n(r) = \sigma_n r_n, \quad \sigma_n = \frac{\pi^{n/2}}{\Gamma\left(\dfrac{n}{2}+1\right)},$$

不妨设这些球的中心形成一个格 $\varLambda$(于是 $\varLambda$ 是堆砌格). 令

$$\boldsymbol{A} = (\boldsymbol{a}_1, \cdots, \boldsymbol{a}_n)$$

是 $\varLambda$ 的基 $\boldsymbol{a}_1, \cdots, \boldsymbol{a}_n$(作为列向量) 形成的矩阵, 于是格的基本平行体的体积等于 $|\det \boldsymbol{A}| = d(\varLambda)$.

在一个非常大的 n 维正方体中, 所含球的个数近似地等于其中所含基本平行体的个数, 因为对于每个基本平行体可以指派一个球与之对应. 在极限情形中, 即当正方体的边长趋于无穷时, 被球占有的体积的总和与总体积之比是

$$\tau_n(r) = \frac{\sigma_n r^n}{d(\varLambda)}.$$

我们要将此比值极大化.

显然 $\tau_n(r)$ 是 r 的增函数. 但为了排除两球相交的情形, r 至多等于两个不同的格点间最小距离之半. 依定理 2.6.1(特例 2°), 任何一个格点可表示为 $\boldsymbol{Ax}$ 的形式, 其中 $\boldsymbol{x}$ 是一个整点 (列向量). 格点与坐标原点间距离的平方等于 (内积)

$$(\boldsymbol{Ax}) \cdot (\boldsymbol{Ax}) = (\boldsymbol{Ax})^{\mathrm{T}}(\boldsymbol{Ax}) = \boldsymbol{x}^{\mathrm{T}}\boldsymbol{A}^{\mathrm{T}}\boldsymbol{Ax} = \boldsymbol{x}^{\mathrm{T}}\boldsymbol{Sx},$$

其中 $\boldsymbol{S} = \boldsymbol{A}^{\mathrm{T}}\boldsymbol{A}$. 注意 $\boldsymbol{x}^{\mathrm{T}}\boldsymbol{Sx}$ 是一个正定 n 元二次型, 非零格点与原点最近的距离由这个二次型的极小值的 (算术) 平方根给出. 令

$$a = \min_{\boldsymbol{x} \in \mathbb{Z}^n \setminus \boldsymbol{0}} \boldsymbol{x}^{\mathrm{T}}\boldsymbol{Sx},$$

那么 $2r \leqslant \sqrt{a}$. 当 $r=\sqrt{a}/2$ 时, $\tau_n(r)$ 达到极大值

$$\frac{\sigma_n \cdot a^{n/2}}{2^n d(\Lambda)}=\frac{\sigma_n \cdot a^{n/2}}{2^n \sqrt{D}},$$

其中 D 是 n 元二次型 $\boldsymbol{x}^{\mathrm{T}}\boldsymbol{S}\boldsymbol{x}$ 的判别式:

$$D=|\det \boldsymbol{S}|=|\det(\boldsymbol{A}^{\mathrm{T}}\boldsymbol{A})|=|\det \boldsymbol{A}|^2=d(\Lambda)^2.$$

令 γ_n 是 Hermite 常数, 即

$$D(f)^{-1/n} \inf_{\boldsymbol{x}\in\mathbb{Z}\backslash\{\boldsymbol{0}\}} f(\boldsymbol{x}),$$

在所有正定 n 元二次型 f 的集合上的上确界 (参见注 7.6.2), 即得

$$\frac{\sigma_n \cdot a^{n/2}}{2^n \sqrt{D}} \leqslant \frac{\sigma_n}{2^n} \cdot \gamma_n^{n/2},$$

于是

$$\delta_n^*=\frac{\sigma_n}{2^n} \cdot \gamma_n^{n/2}.$$

当 $n=2$ 时, $\sigma_2=\pi$, 由定理 7.5.1 可知 $\gamma_2=2/\sqrt{3}$, 所以

$$\delta_2^*=\frac{\pi}{2\sqrt{3}}=0.9069\cdots \quad \text{(J. L. Lagrange[69], C. F. Gauss[48])}.$$

对应的二次型是 x^2+xy+y^2(参见注 7.5.1 的 2°). 此时相邻圆外切, 每组相邻四圆的圆心是一个内角为 60° 的菱形的顶点. 此外, 除去格的限制, 即非格堆砌情形, 最密堆砌也如上述.

当 $n=3$ 时, $\sigma_3=4\pi/3$, 由定理 7.6.2 可知 $\gamma_3=\sqrt[3]{2}$, 所以

$$\delta_3^*=\frac{\pi}{3\sqrt{2}}=0.7404\cdots \quad \text{(C. F. Gauss[48])}.$$

对应的二次型是 $x^2+y^2+z^2+xy+xz+yz$(参见定理 7.6.2(c)). 此时相邻球外切, 每组相邻四球的球心是一个正四面体的顶点. 但若不要求球心形成一个格, 则不知道这样的配置方式是否仍然最优.

当 $n=4$ 时, $\sigma_4=\pi^2/2, \gamma_4=\sqrt{2}$, 所以

$$\delta_4^*=\frac{\pi^2}{16}=0.6168\cdots \quad \text{(A. Korkine 和 E. I. Zolotareff[63])}.$$

若不要求球心形成一个格, 则不知道最优结果.

由其他的已知 γ_n 值 (参见注 7.6.2) 可推出对应的 δ_n^* 值:

$$\delta_5^*=\frac{\pi^2}{15\sqrt{2}}=0.4652\cdots \quad \text{(A. Korkine 和 E. I. Zolotareff[65])},$$

$$\delta_6^* = \frac{\pi^3}{48\sqrt{3}} = 0.3729\cdots \quad (\text{H. F. Blichfeldt}^{[22]}),$$
$$\delta_7^* = \frac{\pi^3}{105} = 0.2952\cdots \quad (\text{H. F. Blichfeldt}^{[23]}),$$
$$\delta_8^* = \frac{\pi^4}{384} = 0.2536\cdots \quad (\text{H. F. Blichfeldt}^{[24]}).$$

到目前为止, 我们只知道上述 8 个精确值 (以及实现它们的格)(参见文献 [33, 123]).

F. H. Blichfeldt[21](还可参见文献 [53], 38.1 节, Th.2; 文献 [118], Lect. Ⅻ, 第 14 节) 给出上界估计:

$$\delta_n^* \leqslant \left(1+\frac{n}{2}\right)2^{-n/2}.$$

其他结果如: E. P. Baranovskii[16] 和 C. A. Rogers[105] 证明了

$$\delta_n^* \leqslant \frac{n}{\alpha_n}2^{-n/2}, \quad \alpha_n \to \mathrm{e} \quad (n\to\infty).$$

V. M. Sidel'nikov[116] 和 V. I. Levenštein[71] 分别给出

$$\delta_n^* \leqslant 2^{-(0.509+o(1))n}$$

和

$$\delta_n^* \leqslant 2^{-(0.5237+o(1))n}.$$

H. Minkowski[86](还可参见文献 [118], Lect. Ⅻ, 第 8 节) 给出下界估计:

$$\delta_n^* \geqslant \zeta(n)2^{-n+1}. \tag{8}$$

这个估计对于有界对称凸体 $\mathscr{S}$ 的格堆积也成立, 见文献 [57](文献中称之为 Minkowski-Hlawka 定理). C. A. Rogers[99] 将估值 (8) 改进为

$$\delta_n^* \geqslant \frac{n\zeta(n)}{\mathrm{e}(1-\mathrm{e}^{-n})2^{n-1}} = n2^{-n}\cdot\frac{2\zeta(n)}{\mathrm{e}(1-\mathrm{e}^{-n})}$$

(还可参见文献 [40]).

C. A. Rogers[105,107] 证明最密球堆砌密度满足

$$\delta_n \leqslant \sigma_n \sim \frac{n}{\mathrm{e}}2^{-n/2},$$

以及

$$\delta_n \geqslant 2^{-n}\tau_n \sim \frac{2^{-n}n}{\mathrm{e}\sqrt{\mathrm{e}}}.$$

最后, 我们引述几个与一般凸体的堆砌密度的估计有关的结果.

C. A. Rogers[107] 证明了: 对于任意凸体 $\mathscr{D}_n$, 有

$$\delta^*(\mathscr{D}_n) \geqslant \frac{2(n!)^2}{(2n)!} \sim \frac{2\sqrt{\pi n}}{4^n} \quad (n \to \infty).$$

C. A. Rogers 和 G. C. Shephard[108] 证明了: 对于 n 维单纯形 $\widetilde{\mathscr{D}}_n$, 有

$$\delta^*(\widetilde{\mathscr{D}}_n) \leqslant \delta(\widetilde{\mathscr{D}}_n) \leqslant \frac{2^n(n!)^2}{(2n)!} \sim \frac{\sqrt{\pi n}}{2^n} \quad (n \to \infty).$$

C. A. Rogers[107] 证明了: 若 $\mathscr{D}_n$ 是 (中心) 对称的有界开凸体, 则

$$\delta(\mathscr{D}_n) \geqslant 2^{-n+1};$$

若不要求对称性, 则上述不等式右边换为 $2(n!)^2/(2n)!$.

注 8.1.2 关于球堆砌理论的一个综合论述 (特别是球格堆砌问题与二次型的关系), 可参见文献 [53] 第 xi 节和第 38 节. 文献 [123] 是关于球堆砌理论的专著, 其中第 1 章介绍了球堆砌问题的历史 (还可参见文献 [11]).

8.2 覆 盖

覆盖的概念广泛应用在数学的多个分支中. 在数的几何中, 它与堆砌有许多类似之处, 同样与一些经典数的几何问题紧密相关. 但我们将会看到, 两者在几何特征和处理方法等方面都有一定的差异.

设 $\mathscr{S}$ 是任意 n 维点集, 对于给定点 $\boldsymbol{y}$, 记点集

$$\mathscr{S} + \boldsymbol{y} = \{\boldsymbol{x} + \boldsymbol{y} \,|\, \boldsymbol{x} \in \mathscr{S}\}$$

(即 $\mathscr{S}$ 沿向量 $\boldsymbol{y}$ 的平移). 设 $\mathscr{T}$ 是另一个给定的 n 维点集, $\boldsymbol{y}_r$ 是某些给定点. 若点集

$$\mathscr{S}_r = \mathscr{S} + \boldsymbol{y}_r$$

之并

$$\bigcup_r \mathscr{S}_r \supseteq \mathscr{T}$$

(即 $\mathscr{T}$ 的每个点至少属于一个 $\mathscr{S}_r$), 则称集族 $\mathcal{C} = \{\mathscr{S}_r\}$ 形成 $\mathscr{S}$ 的平移对点集 $\mathscr{T}$ 的覆盖, 或说集族 $\mathcal{C}$ 是 $\mathscr{S}$ 对 $\mathscr{T}$ 的平移覆盖. 本节只考虑 $\mathscr{T} = \mathbb{R}^n$ 的情形, 此

时就得到对全空间的覆盖, $\mathcal{C}$ 称为 $\mathscr{S}$ 的 (平移) 覆盖. 若 $\boldsymbol{y}_r$ 遍历格 Λ 的所有点, 则称 $\mathcal{C}$ 是 $\mathscr{S}$ 的格覆盖, 并称 Λ 是 $\mathscr{S}$ 的覆盖格. $\mathscr{S}$ 通常取某些凸集.

我们还将

$$\Gamma(\mathscr{S})=\sup\{d(\Lambda)\,|\,\Lambda\text{是}\mathscr{S}\text{的覆盖格}\}$$

称作 $\mathscr{S}$ 的覆盖常数. 若不存在 $\mathscr{S}$ 的覆盖格, 则约定 $\Gamma(\mathscr{S})=0$.

由定义立得:

引理 8.2.1　设点集 $\mathscr{S}\subseteq\mathscr{S}'$,$\boldsymbol{A}$ 是 $\mathbb{R}^n$ 的非奇异线性变换, 则

$$\Gamma(\mathscr{S})\leqslant\Gamma(\mathscr{S}'),$$
$$\Gamma(\boldsymbol{A}\mathscr{S})=|\det\boldsymbol{A}|\Gamma(\mathscr{S}).$$

引理 8.2.2　如果点集 $\mathscr{S}$ 有内点, 则 $\Gamma(\mathscr{S})\neq 0$.

证　内点的某个领域含有一个 n 维正方体, 这个正方体当然含在 $\mathscr{S}$ 中. 由此可构造一个 n 维格 Λ, 使得点集 $\mathscr{S}$ 整个含有 Λ 的一个胞腔, 因此 Λ 就是 $\mathscr{S}$ 的一个覆盖格, 从而 $\Gamma(\mathscr{S})\neq 0$. □

定理 8.2.1　对于每个可测集 $\mathscr{S}$(Lebesgue 意义),

$$\Gamma(\mathscr{S})\leqslant V(\mathscr{S}).$$

证　不妨设存在 $\mathscr{S}$ 的覆盖格 Λ, 并且 $V(\mathscr{S})$ 有限 (不然结论已成立). 设 Λ 是任意一个覆盖格, $\mathscr{P}$ 是 Λ 的胞腔, 那么集族 $\mathscr{S}+\boldsymbol{a}\,(\boldsymbol{a}\in\Lambda)$ 覆盖全空间, 因此

$$\mathscr{P}=\bigcup_{\boldsymbol{a}\in\Lambda}\{(\mathscr{S}+\boldsymbol{a})\cap\mathscr{P}\}.$$

每个点集 $(\mathscr{S}+\boldsymbol{a})\cap\mathscr{P}$ 可测. 因此

$$\begin{aligned}d(\Lambda)=V(\mathscr{P})&\leqslant\sum_{\boldsymbol{a}\in\Lambda}V\big((\mathscr{S}+\boldsymbol{a})\cap\mathscr{P}\big)\\&=\sum_{\boldsymbol{a}\in\Lambda}V\big(\mathscr{S}\cap(\mathscr{P}-\boldsymbol{a})\big).\end{aligned}$$

点集 $\mathscr{S}\cap(\mathscr{P}-\boldsymbol{a})$ 可测并且两两不相交, 所以

$$d(\Lambda)\leqslant V(\mathscr{S}).\tag{1}$$

由覆盖格 Λ 的任意性立得结论. □

下面设 $\mathscr{S}$ 是一个射线集, Λ 是一个格, 我们称

$$\mu(\mathscr{S},\Lambda)=\inf\{\sigma\,|\,\sigma>0,\Lambda\text{是 }\sigma\mathscr{S}\text{的覆盖格}\}$$

为 $\mathscr{S}$ 对于格 Λ 的非齐次极小. 特别地, 若 $\mathscr{S}$ 没有覆盖格, 则对于任何有限的 $\sigma>0,\Lambda$ 都不是 $\sigma\mathscr{S}$ 的覆盖格 (不然 $\sigma^{-1}\Lambda$ 将是 $\mathscr{S}$ 的覆盖格). 显然可将 Λ 看作 $\infty\mathscr{S}$(理解为全空间) 的覆盖格. 因此我们约定: 当 $\mathscr{S}$ 没有覆盖格时, 对于任何格 Λ, $\mu(\mathscr{S},\Lambda)=\infty$.

我们还将

$$\mu_0(\mathscr{S})=\inf\{\mu(\mathscr{S},\Lambda)\,|\,d(\Lambda)=1\}$$

称作 $\mathscr{S}$ 的下绝对非齐次极小.

引理 8.2.3 若 Λ 是 $\mathscr{S}$ 的一个覆盖格, 则

$$0\leqslant\mu(\mathscr{S},\Lambda)\leqslant 1. \tag{2}$$

证 因为对于所有 $\sigma>1,\Lambda$ 也是点集 $\sigma\mathscr{S}$ 的覆盖格, 所以式 (2) 成立. □

引理 8.2.4 若 $s>0$, 则

$$\mu(\mathscr{S},s\Lambda)=s\,\mu(\mathscr{S},\Lambda)\quad(s>0). \tag{3}$$

证 按定义,

$$\mu(\mathscr{S},s\Lambda)=\inf\{\sigma\,|\,\sigma>0,s\Lambda\text{是 }\sigma\mathscr{S}\text{的覆盖格}\}.$$

因为 $s\Lambda$ 是 $\sigma\mathscr{S}$ 的覆盖格 $\Leftrightarrow$ Λ 是 $(s^{-1}\sigma)\mathscr{S}$ 的覆盖格, 所以

$$\begin{aligned}&\inf\{\sigma\,|\,\sigma>0,s\Lambda\text{是 }\sigma\mathscr{S}\text{的覆盖格}\}\\&\quad=\inf\{\sigma\,|\,\sigma>0,\Lambda\text{是 }(s^{-1}\sigma)\mathscr{S}\text{的覆盖格}\}\\&\quad=s\inf\{\sigma'\,|\,\sigma'>0,\Lambda\text{是 }\sigma'\mathscr{S}\text{的覆盖格}\}\quad(\sigma'=s^{-1}\sigma),\end{aligned}$$

于是推出式 (3). □

引理 8.2.5 我们有

$$\mu_0(\mathscr{S})=\inf_{\Lambda\in\mathcal{L}}d(\Lambda)^{-1/n}\mu(\mathscr{S},\Lambda). \tag{4}$$

证 将所有 n 维格分为两个集合 $\mathcal{L}_n=K_1\cup K_2$:

$$K_1=\{\Lambda\,|\,d(\Lambda)=1\},\quad K_2=\{\Lambda\,|\,d(\Lambda)\neq 1\}.$$

对于任意 $\Lambda\in K_2$, 令

$$\Lambda'=d(\Lambda)^{-1/n}\Lambda,$$

则 $d(\Lambda')=1$, 于是 $\Lambda'\in K_1$, 并且应用式 (3) 可知

$$\mu(\mathscr{S},\Lambda)d(\Lambda)^{-1/n}=\mu(\mathscr{S},\Lambda')=\mu(\mathscr{S},\Lambda')d(\Lambda')^{-1/n}.$$

由此推出值集

$$\{\mu(\mathscr{S},\Lambda)d(\Lambda)^{-1/n}\,|\,d(\Lambda)\neq 1\}\subseteq\{\mu(\mathscr{S},\Lambda)d(\Lambda)^{-1/n}\,|\,d(\Lambda)=1\},$$

从而

$$\inf_{\Lambda\in K_2}\mu(\mathscr{S},\Lambda)d(\Lambda)^{-1/n}\geqslant\inf_{\Lambda\in K_1}\mu(\mathscr{S},\Lambda)d(\Lambda)^{-1/n}.$$

因此

$$\begin{aligned}\inf_{\Lambda\in\mathcal{L}}\mu(\mathscr{S},\Lambda)d(\Lambda)^{-1/n}&=\min\left\{\inf_{\Lambda\in K_1}\mu(\mathscr{S},\Lambda)d(\Lambda)^{-1/n},\inf_{\Lambda\in K_2}\mu(\mathscr{S},\Lambda)d(\Lambda)^{-1/n}\right\}\\&=\inf_{\Lambda\in K_1}\mu(\mathscr{S},\Lambda)d(\Lambda)^{-1/n}=\inf_{d(\Lambda)=1}\mu(\mathscr{S},\Lambda)=\mu_0(\mathscr{S}),\end{aligned}$$

即得式 (4). □

引理 8.2.6　若 $\mathscr{S}$ 有内点, 则对于所有格 $\Lambda,\mu(\mathscr{S},\Lambda)$ 有限.

证　对于任意格 Λ, 当 σ 足够大时, $\sigma\mathscr{S}$ 的内点的某个领域含有 Λ 的一个胞腔, 从而 Λ 是 $\sigma\mathscr{S}$ 的覆盖格. 于是 $\mu(\mathscr{S},\Lambda)$ 有限. □

因为星形体以坐标原点为内点, 所以得到:

推论　对于星形体 $\mathscr{S},\mu(\mathscr{S},\Lambda)$ 有限.

定理 8.2.2　若 $\mathscr{S}$ 是一个任意射线集, 则

$$\Gamma(\mathscr{S})=\sup_{\Lambda\in\mathcal{L}}d(\Lambda)\mu(\mathscr{S},\Lambda)^{-n}=\mu_0(\mathscr{S})^{-n}.\tag{5}$$

证　(i) 若对于所有的格 $\Lambda,\mu(\mathscr{S},\Lambda)=\infty$, 则依上文关于 $\mu(\mathscr{S},\Lambda)$ 的约定可推出 $\mathscr{S}$ 没有覆盖格, 即 $\Gamma(\mathscr{S})=0$, 于是式 (5) 成立.

(ii) 若至少有一个格 Λ 使得 $\mu(\mathscr{S},\Lambda)=0$, 那么对于任何 $\sigma>0,\sigma^{-1}\Lambda$ 都是 $\mathscr{S}$ 的覆盖格, 因为 σ^{-1} 可以任意大, 所以 $\Gamma(\mathscr{S})=\infty$. 因此此时式 (5) 也成立.

(iii) 现在设对于任何格 Λ,

$$\mu(\mathscr{S},\Lambda)\neq 0,\tag{6}$$

并且它们不全等于 ∞. 于是存在一个格 Λ 满足

$$0<\mu(\mathscr{S},\Lambda)<\infty.$$

取 α 满足

$$\alpha\geqslant\mu(\mathscr{S},\Lambda)^{-1}.\tag{7}$$

依式 (3), $\mu(\mathscr{S},\alpha\Lambda)\geqslant 1$, 即

$$\inf\{\sigma\,|\,\sigma>0,s\Lambda\text{是 }\sigma\mathscr{S}\text{的覆盖格}\}\geqslant 1,$$

于是对于每个 $\sigma > 1, (\alpha/\sigma)\Lambda$ 是 $\mathscr{S}$ 的覆盖格, 从而

$$\Gamma(\mathscr{S}) \geqslant d\left(\frac{\alpha}{\sigma}\Lambda\right) = \frac{\alpha^n}{\sigma^n} d(\Lambda).$$

由此及式 (6) 推出

$$\Gamma(\mathscr{S}) \geqslant \frac{1}{\sigma^n}\mu(\mathscr{S},\Lambda)^{-n} d(\Lambda),$$

令 $\sigma \to 1$, 得到

$$\Gamma(\mathscr{S}) \geqslant \mu(\mathscr{S},\Lambda)^{-n} d(\Lambda).$$

此不等式对于 $\mu(\mathscr{S},\Lambda) = \infty$ 的格 Λ 也成立, 因此

$$\Gamma(\mathscr{S}) \geqslant \sup_{\Lambda \in \mathcal{L}} \mu(\mathscr{S},\Lambda)^{-n} d(\Lambda). \tag{8}$$

另一方面, 若 Λ 是 $\mathscr{S}$ 的一个覆盖格, 则由式 (6) 和式 (2) 得到

$$d(\Lambda) \leqslant d(\Lambda)\mu(\mathscr{S},\Lambda)^{-n},$$

当 $\mu(\mathscr{S},\Lambda) = \infty$ 时, 上式右边是零, 因此

$$\sup_{\Lambda} d(\Lambda) \leqslant \sup_{\Lambda \in \mathcal{L}} d(\Lambda)\mu(\mathscr{S},\Lambda)^{-n},$$

于是由 $\Gamma(\mathscr{S})$ 的定义推出

$$\Gamma(\mathscr{S}) \leqslant \sup_{\Lambda \in \mathcal{L}} d(\Lambda)\mu(\mathscr{S},\Lambda)^{-n}. \tag{9}$$

由不等式 (8) 和 (9) 立得式 (5). □

推论 若存在格 Λ, 使得 $0 < \mu(\mathscr{S},\Lambda) < \infty$, 则

$$\Gamma(\mathscr{S}) = \sup\{d(\Lambda) \,|\, \mu(\mathscr{S},\Lambda) = 1\}.$$

证 由定理证明的步骤 (iii) 可知, 实际上只需在条件 $0 < \mu(\mathscr{S},\Lambda) < \infty$ 之下, 证明不等式 (8) 和 (9), 因此由等式 (5) 的左半部分可知

$$\Gamma(\mathscr{S}) = \sup_{\substack{\Lambda \\ 0 < \mu(\mathscr{S},\Lambda) < \infty}} d(\Lambda)\mu(\mathscr{S},\Lambda)^{-n}. \tag{10}$$

令

$$\Lambda' = \frac{1}{\mu(\mathscr{S},\Lambda)}\Lambda,$$

则

$$d(\Lambda) = \mu(\mathscr{S},\Lambda)^n d(\Lambda'),$$

以及(依式 (3))

$$\mu(\mathscr{S},\Lambda')=\mu\left(\mathscr{S},\frac{1}{\mu(\mathscr{S},\Lambda)}\Lambda\right)=\frac{1}{\mu(\mathscr{S},\Lambda)}\mu(\mathscr{S},\Lambda)=1.$$

于是

$$d(\Lambda)\mu(\mathscr{S},\Lambda)^{-n}=d(\Lambda')=d(\Lambda')\mu(\mathscr{S},\Lambda')^{-n}.$$

由此和式 (10) 立得

$$\Gamma(\mathscr{S})=\sup\{d(\Lambda')\,|\,\mu(\mathscr{S},\Lambda')=1\},$$

此即所要证的公式. □

下面我们设 $\mathscr{S}$ 是给定的有界 (中心) 对称凸集. 如果 Λ 是 $\mathscr{S}$ 的覆盖格, $\boldsymbol{z}$ 是空间中任意一点, 那么我们将集族

$$\mathcal{C}_{\boldsymbol{z}}=\{\mathscr{S}+\boldsymbol{a}\,|\,\boldsymbol{a}\in\Lambda+\boldsymbol{z}\}$$

称作全空间的 $(\mathscr{S},\Lambda)$ 覆盖.

设 $V(\mathscr{S})$ 是 $\mathscr{S}$ 的体积, B 是可变的有界凸体, $R(B)$ 是含在 B 中的最大球的半径, 用 $N=N(B,\mathscr{S},\Lambda,\boldsymbol{z})$ 表示 $\mathcal{C}_{\boldsymbol{z}}$ 中含有 B 的一个内点的点集 $\mathscr{S}+\boldsymbol{a}$ 的个数, 并令 $V(B,\mathscr{S},\Lambda,\boldsymbol{z})=NV(B)$ 表示这些点集的总体积.

引理 8.2.7　在上述记号下, 对于任意点 $\boldsymbol{z}$, 存在极限

$$\lim_{R(B)\to\infty}\frac{V(B,\mathscr{S},\Lambda,\boldsymbol{z})}{V(B)}=\frac{V(\mathscr{S})}{d(\Lambda)}.\tag{11}$$

证　类似于引理 8.1.1 的证法, 设 $\mathscr{P}$ 是 Λ 的基本平行体, r_0 是中心在原点 O 并且含 $\mathscr{S}$ 和 $\mathscr{P}$ 的最小球的半径. 记 $\theta=r_0/R(B)$. 因为 B 和 $\boldsymbol{z}$ 同时平移不影响 $V(B,\mathscr{S},\Lambda,\boldsymbol{z})$, 所以可以认为 B 含有中心在 O 且半径为 $R(B)$ 的球.

分别考虑含于 $(1+2\theta)B$ 以及含于 $(1-\theta)B$ 或与之交叠的平行体 $\mathscr{P}+\boldsymbol{a}\,(\boldsymbol{a}\in\Lambda+\boldsymbol{z})$, 那么

$$\frac{(1-\theta)^nV(B)}{d(\Lambda)}\leqslant N(B,\mathscr{S},\Lambda,\boldsymbol{z})\leqslant\frac{(1+2\theta)^nV(B)}{d(\Lambda)},$$

于是

$$\frac{(1-\theta)^nV(\mathscr{S})}{d(\Lambda)}\leqslant\frac{N(B,\mathscr{S},\Lambda,\boldsymbol{z})V(\mathscr{S})}{V(B)}\leqslant\frac{(1+2\theta)^nV(\mathscr{S})}{d(\Lambda)},$$

即

$$\frac{(1-\theta)^nV(\mathscr{S})}{d(\Lambda)}\leqslant\frac{V(B,\mathscr{S},\Lambda,\boldsymbol{z})}{V(B)}\leqslant\frac{(1+2\theta)^nV(\mathscr{S})}{d(\Lambda)}.$$

令 $R(B)\to\infty$, 即 $\theta\to 0$, 即得式 (11). □

对于有界对称凸集 $\mathscr{S}$ 和格 Λ, 我们将式 (11) 中左边的极限 (点 $\boldsymbol{z}$ 任意)

$$\lim_{R(B)\to\infty}\frac{V(B,\mathscr{S},\Lambda,\boldsymbol{z})}{V(B)}$$

称作 $(\mathscr{S},\Lambda)$ 覆盖密度, 简称 $\mathscr{S}$ 的格覆盖密度, 并记作 $\widehat{\vartheta}^*(\mathscr{S},\Lambda)$, 不引起混淆时记为 $\widehat{\vartheta}^*(\mathscr{S})$. 格覆盖密度 $\widehat{\vartheta}^*(\mathscr{S},\Lambda)$ 关于 Λ 的极小值称作最稀格覆盖密度, 记作 $\vartheta^*(\mathscr{S})$. 可以证明: 在 $\mathbb{R}^n$ 的非奇异线性变换下, $\vartheta^*(\mathscr{S})$ 是不变的 (参见文献 [107] 第 1 章第 3 节).

由引理 8.2.7 及式 (1) 得到:

定理 8.2.3 若 $\mathscr{S}$ 是体积 $V(\mathscr{S})<\infty$ 的对称凸集, Λ 是其覆盖格, 则它的格覆盖密度

$$\widehat{\vartheta}^*(\mathscr{S})=\frac{V(\mathscr{S})}{d(\Lambda)}\geqslant 1.$$

由覆盖常数的定义可知:

定理 8.2.4 若 $\mathscr{S}$ 是体积 $V(\mathscr{S})<\infty$ 的对称凸集, $\Gamma(\mathscr{S})$ 是其覆盖常数, 则它的最稀格覆盖密度

$$\vartheta^*(\mathscr{S})=\frac{V(\mathscr{S})}{\Gamma(\mathscr{S})}.$$

推论 若 $\mathscr{S}$ 是体积 $V(\mathscr{S})<\infty$ 的对称凸集, 则

$$\vartheta^*(\mathscr{S})=V(\mathscr{S})\inf_{\Lambda\in\mathcal{L}}\frac{\mu(\mathscr{S},\Lambda)^n}{d(\Lambda)}=V(\mathscr{S})\mu_0(\mathscr{S})^n.$$

注 8.2.1 **1°** 设 $\mathscr{S}$ 是有界对称凸集, 令

$$\widetilde{N}(B,\mathscr{S})=\min_{\Lambda,\boldsymbol{z}}N(B,\mathscr{S},\Lambda,\boldsymbol{z}),$$

$$\widetilde{V}(B,\mathscr{S})=\widetilde{N}(B,\mathscr{S})V(\mathscr{S}),$$

可以证明

$$\lim_{R(B)\to\infty}\frac{\widetilde{V}(B,\mathscr{S})}{V(B)}=\frac{V(\mathscr{S})}{\Gamma(\mathscr{S})}=\vartheta^*(\mathscr{S})$$

(参见文献 [53], 21.4 节, Th.6).

2° 我们可以对一般的覆盖 (未必是格覆盖) 定义覆盖密度. 依文献 [50], 我们给出下列定义: 设 $\mathscr{S}$ 是有界可测点集, $\mathcal{C}=\{\mathscr{S}+\boldsymbol{a}_r\,(r\in\mathbb{I})\}$ 是 $\mathscr{S}$ 的 (平移) 覆盖, 其中 $\mathbb{I}$ 是一个下标集合, 还设 B 是单位球, 若极限

$$\widehat{\vartheta}(\mathscr{S})=\widehat{\vartheta}(\mathscr{S},\mathcal{C})=\lim_{\rho\to\infty}\frac{V\big((\bigcup_{r\in\mathbb{I}}(\mathscr{S}+\boldsymbol{a}_r))\cap(\rho B)\big)}{V(\rho B)}$$

存在, 则称作覆盖 $\mathcal{C}$ 的密度. 令

$$\vartheta(\mathscr{S})=\inf_{\mathcal{C}}\widehat{\vartheta}(\mathscr{S}),$$

其中 $\mathcal{C}$ 遍历 $\mathscr{S}$ 的所有平移覆盖, 称作 $\mathscr{S}$ 的最稀覆盖密度. 在格覆盖的情形中, 上述极限存在, 称为格覆盖密度, 记作 $\widehat{\vartheta}^*(\mathscr{S})=\widehat{\vartheta}^*(\mathscr{S},\Lambda)$. 可以证明:

$$\widehat{\vartheta}^*(\mathscr{S},\Lambda)=\frac{V(\mathscr{S})}{d(\Lambda)}.$$

令

$$\vartheta^*(\mathscr{S})=\inf_{\Lambda}\widehat{\vartheta}^*(\mathscr{S},\Lambda),$$

其中 Λ 遍历 $\mathscr{S}$ 的所有覆盖格, 称作 $\mathscr{S}$ 的最稀格覆盖密度. 若 $\mathscr{S}$ 是有界凸集或星形集, 并且 $\vartheta^*(\mathscr{S})$ 有限, 则存在格 $\widetilde{\Lambda}$ 达到 $\vartheta^*(\mathscr{S})$, 将 $\widetilde{\Lambda}$ 称作 $\mathscr{S}$ 的最稀覆盖格. 显然有

$$\vartheta^*(\mathscr{S})\geqslant\vartheta(\mathscr{S})\geqslant 1.$$

此外, 在上述极限的定义中, 可等价地将 ρB 换成超正方体 $\{|x_i|<a(i=1,\cdots,n)\}$, $V(\rho B)$ 换成 $(2a)^n$, 并且令 $a\to\infty$.

引理 8.2.7 中对有界对称凸集 $\mathscr{S}$ 的讨论显然与上述结果是一致的.

3° 本书只限于考虑有界对称凸集情形的格覆盖, 对于任意有界凸集情形的覆盖的一般性讨论, 可参见文献 [46], [53](第 21 节, 第 ix 节) 以及 [107] 等.

4° 在上面的讨论中涉及非齐次极小概念. 与此有关的系统深入的论述可参见文献 [53](第 13, 16, 46 节) 等.

下面我们考虑一类特殊的格覆盖, 即在格覆盖定义中, 取 n 维单位球

$$\mathscr{S}_n:\ |\boldsymbol{x}|<1$$

作为点集 $\mathscr{S}$. 通常将这种格覆盖称作球格覆盖. 将最稀球格覆盖密度记作

$$\vartheta_n^*=\vartheta^*(\mathscr{S}_n).$$

考虑半径是 $\sigma>0$ 的球 $\sigma\mathscr{S}_n$. 设 $\Lambda\in\mathcal{L}_n$ 是覆盖格, 使得集族

$$\sigma\mathscr{S}_n+\boldsymbol{a}\quad(\boldsymbol{a}\in\Lambda)$$

覆盖 $\mathbb{R}^n$, 那么我们要将

$$\eta_n=\eta_n(\sigma,\Lambda)=\frac{V(\sigma\mathscr{S}_n)}{d(\Lambda)}=V(\mathscr{S}_n)\frac{\sigma^n}{d(\Lambda)}$$

极小化以得到最稀球格覆盖密度

$$\vartheta_n^* = \vartheta^*(\mathscr{S}_n) = \frac{V(\mathscr{S}_n)}{\Gamma(\mathscr{S}_n)}$$

(参见注 8.2.1 的 1°). 显然, 对于给定的格 Λ, 应取

$$\sigma = \mu(\mathscr{S}_n, \Lambda),$$

σ 的这个值也称作格 Λ 的覆盖半径, 并记作 $\sigma(\Lambda)$, 即 $\sigma(\Lambda) = \mu(\mathscr{S}_n, \Lambda)$. 于是我们得到

$$\vartheta_n^* = V(\mathscr{S}_n) \inf_{\Lambda \in \mathcal{L}} \frac{\mu(\mathscr{S}_n, \Lambda)^n}{d(\Lambda)} = V(\mathscr{S}_n)\mu_0(\mathscr{S}_n)^n. \tag{12}$$

这与定理 8.2.4 的推论是一致的.

注 8.2.2 下面我们简略地介绍式 (12) 与二次型理论的关系 (有关细节请参见文献 [53] 第 xv 节). 令 $\boldsymbol{A} = (\boldsymbol{a}_1, \cdots, \boldsymbol{a}_n)$ 是 Λ 的基 $\boldsymbol{a}_1, \cdots, \boldsymbol{a}_n$(作为列向量) 形成的矩阵, Λ 的任何一个格点都可表示为 $\boldsymbol{Ax}$ 的形式, 其中 $\boldsymbol{x}$ 是一个整点 (列向量). 格点与坐标原点间距离的平方等于

$$Q(\boldsymbol{x}) = (\boldsymbol{Ax})^{\mathrm{T}}(\boldsymbol{Ax}) = \boldsymbol{x}^{\mathrm{T}}\boldsymbol{A}^{\mathrm{T}}\boldsymbol{Ax} = \boldsymbol{x}^{\mathrm{T}}\boldsymbol{Sx},$$

其中 $\boldsymbol{S} = \boldsymbol{A}^{\mathrm{T}}\boldsymbol{A}$. 显然 $Q(\boldsymbol{x})$ 是一个正定 n 元二次型, 并且 Q 的判别式

$$D(Q) = |\det \boldsymbol{S}| = |\det(\boldsymbol{A}^{\mathrm{T}}\boldsymbol{A})| = |\det \boldsymbol{A}|^2 = d(\Lambda)^2.$$

还可证明

$$\mu(Q) = \mu(\mathscr{S}_n, \Lambda)^2,$$

其中 $\mu(Q)$ 是所谓二次型 Q 的非齐次极小. 记

$$\nu(Q) = \frac{\mu(Q)}{D(Q)^{1/n}},$$

则

$$\mu_0(\mathscr{S}_n)^2 = \frac{\mu(Q)}{D(Q)^{1/n}}.$$

最终我们可将式 (12) 通过二次型表达为

$$\vartheta_n^* = V(\mathscr{S}_n) \min_{Q \in \mathcal{P}} \nu(Q)^{n/2},$$

其中 $\mathcal{P}$ 表示 $\mathbb{R}^{n(n+1)/2}$ 中的正二次型锥的集合.

下面是关于 ϑ_n^* 的一些记录:

$$\vartheta_2^* = \frac{2\pi}{3\sqrt{3}} = 1.209199\cdots \quad (\text{R. Kershher}^{[62]}),$$

$$\vartheta_3^* = \frac{5\pi\sqrt{5}}{24} = 1.463503\cdots \quad \text{(R. P. Bambah[13])},$$

$$\vartheta_4^* = \frac{2\pi^2}{5\sqrt{5}} = 1.765528\cdots \quad \text{(B. N. Delone 和 S. S. Ryskov[41],}$$

E. P. Baranovskii[17,18], T. J. Dickson[42]),

$$\vartheta_5^* = \frac{5\cdot 7^2\pi^2\sqrt{105}}{2^4\cdot 3^6} = 2.124285\cdots \quad \text{(E. S. Barnes 和}$$

T. J. Dickson[19]).

R. Kershner[62] 还证明了最稀 (2 维) 球覆盖密度为

$$\vartheta_2 = \vartheta_2^* = \frac{2\pi}{3\sqrt{3}}.$$

C. A. Rogers[107] 证明了: 当 $n \geqslant 3$ 时, 存在常数 c, 使得

$$\vartheta_n^* \leqslant c(n\log_2 n)^{\log_2\sqrt{2\pi e}},$$

以及

$$\vartheta_n^* \geqslant \vartheta_n \geqslant \tau_n,$$

其中 ϑ_n 是最稀 (n 维) 球覆盖密度, 并且

$$\tau_n \sim \frac{n}{e\sqrt{e}} \quad (n\to\infty).$$

最后, 我们引述关于用 n 维有界凸集构造覆盖的几个结果.

R. P. Bambah 和 C. A. Rogers[14] 以及 F. Tóth[45] 证明了: 若 $\mathscr{D}_2$ 是 2 维有界对称凸集, 则

$$\vartheta^*(\mathscr{D}_2) \leqslant \frac{2\pi}{3\sqrt{3}} = 1.2092\cdots,$$

并且当且仅当 $\mathscr{D}_2$ 是椭圆时等式成立. 人们猜想这个结果对于任意平面凸集 $\widetilde{\mathscr{D}}_2$ 也是成立的. W. Kuperberg[68] 证明了:

$$\vartheta^*(\widetilde{\mathscr{D}}_2) \leqslant \frac{8(2\sqrt{3}-3)}{3} < 1.238,$$

D. Ismailescu[59] 将右边的界值减小为 $1.2281772\cdots$.

C. A. Rogers[106] 证明了: 对于任意有界 (中心) 对称凸体 $\mathscr{D}_n$,

$$\vartheta^*(\mathscr{D}_n) \leqslant 2^n.$$

R. P. Bambah 和 C. A. Rogers[14] 证明了: 若 $\mathscr{D}_n$ 是 n 维有界凸集, 且关于所有坐标超平面对称, 则

$$\vartheta^*(\mathscr{D}_n) \leqslant \frac{\pi}{3\sqrt{3}} \cdot \frac{n^n}{n!} \sim \mathrm{e}^n \sqrt{\frac{\pi}{54n}}.$$

C. A. Rogers[104] 证明了: 对于所有 $n(\geqslant 3)$ 维有界凸集 $\mathscr{D}_n$,

$$\vartheta(\mathscr{D}_n) \leqslant n\log n + n\log\log n + 5n.$$

习 题 8

8.1 构造一个 (中心) 对称平面凸体 $\mathscr{S}$ 和一个 2 维格 Λ, 使得 $\widehat{\delta}^*(\mathscr{S},\Lambda) = \pi^2/4$.

8.2 设 $\mathscr{K}$ 是一个任意 2 维开集, $\mathscr{C}$ 是一个 3 维点集:

$$\mathscr{C} = \{(x_1,x_2,x_3) \,|\, (x_1,x_2) \in \mathscr{K}, |x_3| < 1\}$$

(高为 2 的广义柱体). 证明: 若 $\mathcal{C}$ 是 $\mathscr{C}$ 的某个格堆积 (或格覆盖), 则 $\mathcal{C} \cap \{x_3 = c\}(|c| < 1)$ 给出 $\mathscr{K}$ 的一个堆积 (或覆盖), 但未必是格堆积 (或格覆盖).

8.3 设 $\mathscr{K}$ 是一个 2 维有界对称凸集, $\mathscr{C}$ 是一个高为 2 的广义柱体:

$$\mathscr{C} = \{(x_1,x_2,x_3) \,|\, (x_1,x_2) \in \mathscr{K}, |x_3| < 1\}.$$

证明: $\delta^*(\mathscr{C}) \leqslant \delta(\mathscr{K})$.

8.4 构造一个 (中心) 对称平面凸体 $\mathscr{S}$ 和一个 2 维格 Λ, 使得 $\widehat{\vartheta}^*(\mathscr{S},\Lambda) = 2\pi$.

8.5 如果用 2 维凸体 $\mathscr{S}$ 可以无空隙也互不交叠 (即除边界点外无公共点) 地填满整个平面, 则称它为铺砌元. 证明下列 3 个条件等价:

(a) $\mathscr{S}$ 是铺砌元;

(b) $\delta(\mathscr{S}) = 1$;

(c) $\vartheta(\mathscr{S}) = 1$.

8.6 保留定理 8.1.2 证明步骤 (i) 中的记号. 证明:

(a) 若 $\boldsymbol{a} \in \Lambda$ 满足 $|\boldsymbol{a} - \boldsymbol{y}| \geqslant R + 1$, 则 $\mathscr{S} + \boldsymbol{a}$ 不含 $\mathscr{S}_0$ 的点 $\boldsymbol{x}$;

(b) 若 $\boldsymbol{x}_1, \boldsymbol{x}_2$ 是 $\mathscr{S}^*$ 中不同的点, 则 $\boldsymbol{x}_1 - \boldsymbol{x}_2 \notin \Lambda$.

8.7 完成定理 8.1.2(A) 部分的证明.

部分习题提示或解答

1.2 提示: 考虑不定方程 $ax+by=n$ 的正整数解的组数.

1.3 只需证明

$$\sum_{k=2}^{n}[\sqrt[k]{n}]=\sum_{\mu=2}^{n}[\log_{\mu}n].$$

应用几何方法. 对于给定的 n, 考虑曲线 $y^x=n$(即 $y=n^{1/x}$, 其反函数是 $x=\log_y n$) 与直线 $x=2$ 以及 $y=2$ 围成的曲边三角形, 它的三个顶点是 $A(2,2),B(\log_2 n,2),C(2,\sqrt{n})$. 我们来计算它 (包含边界) 所含整点的个数 σ_n.

当 $2\leqslant k\leqslant\log_2 n$ 时, 直线 $x=k$ 与 $y=n^{1/x}$ 交于点 $(k,\sqrt[k]{n})$ (这些点位于曲线弧 BC 上), 在所得到的 (竖直) 线段上共有 $[\sqrt[k]{n}]$ 个整点 (不计点 $(k,0)$), 其中除整点 $(k,1)$ 外, 都位于考虑的区域之内. 因此由直线 $x=k$ 产生的合乎要求的整点数为 $[\sqrt[k]{n}]-1$. 从而

$$\sigma_n=\sum_{2\leqslant k\leqslant\log_2 n}([\sqrt[k]{n}]-1).$$

如果扩大范围, 考虑 $\log_2 n<k\leqslant n$, 那么直线 $x=k$ 与曲线的交点 $(k,\sqrt[k]{n})$ 位于曲线弧从 B 点向右下方延伸的部分 (注意曲线单调下降), 当然不在曲边三角形 OBC 中. 因为 $1\leqslant\sqrt[n]{n}\leqslant\sqrt[k]{n}<n^{1/\log_2 n}=2$, 所以 $[\sqrt[k]{n}]=1$, 可见所得到的 (竖直) 线段上只有一个整点 $(k,1)$(不计整点 $(k,0)$). 于是

$$\sum_{\log_2 n<k\leqslant n}([\sqrt[k]{n}]-1)=0,$$

从而

$$\begin{aligned}\sigma_n&=\sum_{2\leqslant k\leqslant\log_2 n}([\sqrt[k]{n}]-1)+\sum_{\log_2 n<k\leqslant n}([\sqrt[k]{n}]-1)\\&=\sum_{k=2}^{n}[\sqrt[k]{n}]-(n-1).\end{aligned}$$

类似地, 考虑 (水平) 直线 $y=\mu$ 与曲线 $x=\log_y n$ 相交的不同情形. 当 $2\leqslant\mu\leqslant\sqrt{n}$ 时得到

$$\sigma_n=\sum_{2\leqslant\mu\leqslant\sqrt{n}}([\log_\mu n]-1).$$

当 $\sqrt{n}<\mu\leqslant n$ 时, 因为 $1\leqslant\log_\mu n<\log_{\sqrt{n}} n=2$, 所以 $[\log_\mu n]=1$, 可见在得到的 (水平) 线段 $y=\mu$ 上只有一个整点 $(1,\mu)$(不计 $(0,\mu)$) (它位于区域之外). 于是

$$\sum_{\sqrt{n}<\mu\leqslant n}([\log_\mu n]-1)=0,$$

从而

$$\begin{aligned}\sigma_n&=\sum_{2\leqslant\mu\leqslant\sqrt{n}}([\log_\mu n]-1)+\sum_{\sqrt{n}<\mu\leqslant n}([\log_\mu n]-1)\\&=\sum_{\mu=2}^{n}[\log_\mu n]-(n-1).\end{aligned}$$

令上述两个 σ_n 的表达式相等, 即得所要等式.

2.5 取 $\varLambda$ 的一组基 $\boldsymbol{a}_1,\boldsymbol{a}_2$, 使得

$$\boldsymbol{b}_1=u_{11}\boldsymbol{a}_1,\quad \boldsymbol{b}_2=u_{21}\boldsymbol{a}_1+u_{22}\boldsymbol{a}_2,$$

其中 $u_{11}>0,u_{22}>0,0\leqslant u_{21}<u_{22}$(这样的基是存在的). 由题设, 以 $\mathbf{0},\boldsymbol{b}_1$ 为端点的线段不含 $\varLambda$ 的其他点, 所以 $u_{11}=1$. 如果 $u_{22}\geqslant 2$, 那么以 $\mathbf{0},\boldsymbol{b}_1,\boldsymbol{b}_2$ 为顶点的闭三角形中含点 $\boldsymbol{a}_2$(当 $u_{21}=0$ 时), 或含点 $\boldsymbol{a}_1+\boldsymbol{a}_2$(当 $u_{21}\geqslant 1$ 时), 都与题设矛盾. 因此 $u_{22}=1$. 于是 $|\det(u_{ij})|=1$, 从而 $\boldsymbol{b}_1,\boldsymbol{b}_2$ 是 $\varLambda$ 的一组基.

$n=3$ 时, 反例有

$$\varLambda=\varLambda_0,\quad \boldsymbol{b}_1=(1,0,0),\quad \boldsymbol{b}_2=(0,1,0),\quad \boldsymbol{b}_3=(1,1,2).$$

3.6 (a) 设 $\boldsymbol{b}_1,\cdots,\boldsymbol{b}_n$ 是 $\varLambda$ 的基, $\mathscr{P}$ 是其基本平行体, 即集合 $\{y_1\boldsymbol{b}_1+\cdots+y_n\boldsymbol{b}_n\,|\,0\leqslant y<1\}$. 每个 $\boldsymbol{x}\in\mathbb{R}^n$ 都可以唯一地表示为

$$\boldsymbol{x}=\boldsymbol{v}+\boldsymbol{u}\quad(\boldsymbol{v}\in\mathscr{P},\boldsymbol{u}\in\varLambda).$$

于是

$$\begin{aligned}V(\psi)&=\int_{\mathbb{R}^n}\psi(\boldsymbol{x})\mathrm{d}\boldsymbol{x}=\sum_{\boldsymbol{u}\in\varLambda}\int_{\boldsymbol{v}\in\mathscr{P}}\psi(\boldsymbol{v}+\boldsymbol{u})\mathrm{d}\boldsymbol{v}\\&=\int_{\boldsymbol{v}\in\mathscr{P}}\left(\sum_{\boldsymbol{u}\in\varLambda}\psi(\boldsymbol{v}+\boldsymbol{u})\right)\mathrm{d}\boldsymbol{v}.\end{aligned}$$

存在 $\boldsymbol{v}_0 \in \mathscr{P}$, 使得

$$\sum_{\boldsymbol{u}\in\Lambda} \psi(\boldsymbol{v}+\boldsymbol{u}) \leqslant \sum_{\boldsymbol{u}\in\Lambda} \psi(\boldsymbol{v}_0+\boldsymbol{u}),$$

注意

$$\int_{\boldsymbol{v}\in\mathscr{P}} \mathrm{d}\boldsymbol{v} = V(\mathscr{P}) = d(\Lambda),$$

从而得到结论.

(b) 因为 $V(\psi) = V(\mathscr{S}) > md(\Lambda)$, 所以

$$\sum_{\boldsymbol{u}\in\Lambda} \psi(\boldsymbol{v}_0+\boldsymbol{u}) > m,$$

注意 $\psi(\boldsymbol{v}_0+\boldsymbol{u}) \in \{0,1\}$, 从而

$$\sum_{\boldsymbol{u}\in\Lambda} \psi(\boldsymbol{v}_0+\boldsymbol{u}) \geqslant m+1,$$

可见存在 $m+1$ 个点 $\boldsymbol{u}_k \in \Lambda$, 使得 $\boldsymbol{v}_0+\boldsymbol{u}_k \in \mathscr{S}$, 它们的差 $\boldsymbol{u}_i-\boldsymbol{u}_j \in \Lambda$.

4.1 提示: 应用引理 4.1.2. $\mathscr{S}$ 外切于单位圆 $x^2+y^2=1$.

4.2 提示: $\mathscr{S}$ 外切于椭圆 $x^2/3+y^2=1$.

4.3 只需证明 $\mathscr{S}$ 不含 Λ 的任何非本原格点. 若 $\boldsymbol{a}$ 是 Λ 的非本原格点, 则 $\boldsymbol{a}=u\boldsymbol{b}$, 其中 $u>1$ 是整数, $\boldsymbol{b}\in\Lambda$. 若 $\boldsymbol{b}$ 不是 Λ 的本原格点, 则又有 $\boldsymbol{b}=v\boldsymbol{c}$, 其中 $v>1$ 是整数, $\boldsymbol{c}\in\Lambda$, 而 $\boldsymbol{a}=uv\boldsymbol{c}$. 继续这种推理有限步, 可知最终有 $\boldsymbol{a}=t\boldsymbol{w}$, 其中 $t>1$ 是整数, $\boldsymbol{w}$ 是 Λ 的本原格点. 如果 $\boldsymbol{a}\in\mathscr{S}$, 那么 $t\boldsymbol{w}\in\mathscr{S}$. 因为 $t>1$,$\mathscr{S}$ 对称, 所以本原格点

$$\boldsymbol{w} \in \frac{1}{t}\mathscr{S} \subset \mathscr{S},$$

与假设矛盾. 于是 $\mathscr{S}$ 不含 Λ 的任何非零格点, 从而格 Λ 是 $\mathscr{S}$-容许的.

4.4 在引理 4.2.1 中取所有 $k_r=1$, 其个数 $R=p$, 则有

$$\sum_{\boldsymbol{a}_r\in M} 1 \leqslant \frac{p^{n-1}-1}{p^n-1}p < 1.$$

又依指标 p 的定义, $p\Lambda \subseteq M \subseteq \Lambda$, 所以 $p\boldsymbol{a}_1,\cdots,p\boldsymbol{a}_p \in p\Lambda \subseteq M$.

若点数换成 $p+1$, 则结论不成立. 反例: 对于任意两点 $\boldsymbol{a}_1,\boldsymbol{a}_2\in\Lambda$, 下列 $p+1$ 个点

$$\boldsymbol{a}_1, \quad \boldsymbol{a}_2+r\boldsymbol{a}_1 \quad (r=0,\cdots,p-1)$$

中至少有一个属于每个指标为 p 的子格.

4.5 应用定理 4.2.2 或习题 4.6. 或设 $g(\boldsymbol{x})$ 是 $\mathscr{S}$ 的特征函数, 令

$$f(\boldsymbol{x}) = g(\boldsymbol{x}) + 2g(2\boldsymbol{x}),$$

则

$$f(\boldsymbol{x})=\begin{cases}3, & \text{当 } \boldsymbol{x}\in\frac{1}{2}\mathscr{S} \text{ 时},\\ 1, & \text{当 } \boldsymbol{x}\in\mathscr{S},\boldsymbol{x}\notin\frac{1}{2}\mathscr{S} \text{ 时},\\ 0, & \text{其他情形},\end{cases}$$

并且

$$\int_{\mathbb{R}^n} f(\boldsymbol{x})\mathrm{d}\boldsymbol{x}=(1+2^{1-n})V(\mathscr{S}).$$

取 $\varepsilon>0$ 足够小, 满足

$$3\zeta(n)\varDelta_1>(1+2^{n-1})\big(V(\mathscr{S})+\varepsilon\big),$$

即

$$\begin{aligned}6\zeta(n)\left(\frac{\varDelta_1}{2^n}\right)&>(1+2^{1-n})\big(V(\mathscr{S})+\varepsilon\big)\\&>\int_{\mathbb{R}^n} f(\boldsymbol{x})\mathrm{d}\boldsymbol{x}+(1+2^{1-n})\varepsilon.\end{aligned}$$

由引理 4.2.3 可知, 存在行列式为 $\varDelta_1/2^n$ 的格 M 满足

$$\zeta(n)\left(\frac{\varDelta_1}{2^n}\right)\sum_{\boldsymbol{a}\in M}{}^{*} f(\boldsymbol{a})<\int_{\mathbb{R}^n} f(\boldsymbol{x})\mathrm{d}\boldsymbol{x}+\varepsilon$$

($*$ 表示只对本原格点求和). 因此

$$\sum_{\boldsymbol{a}\in M}{}^{*} f(\boldsymbol{a})<6.$$

注意 $f(-\boldsymbol{x})=f(\boldsymbol{x}),\mathscr{S}$ 中心对称, 由上式可见, 不存在 M 的本原格点 $\boldsymbol{a}$, 使得 $f(\boldsymbol{a})=3$. 如果非零点 $\boldsymbol{x}\in M$ 落在 $(1/2)\mathscr{S}\subset\mathscr{S}$ 中, 那么 $f(\boldsymbol{x})=3$, 从而 $\boldsymbol{x}$ 不可能是 M 的本原格点. 于是 $\boldsymbol{x}=u\boldsymbol{b}$, 其中整数 $u>1,\boldsymbol{b}\in M$, 并且显然可以认为 $\boldsymbol{b}$ 是 M 的本原格点. 由此可推出

$$\boldsymbol{b}=\frac{1}{u}\boldsymbol{x}\in\frac{1}{u}\mathscr{S}\subseteq\frac{1}{2}\mathscr{S},$$

从而 $f(\boldsymbol{b})=3$, 我们得到矛盾. 因此, M 的任何非零格点都不落在 $(1/2)\mathscr{S}$ 中, 或者说, $\mathscr{S}$ 不含 $2M$ 的任何非零格点. 因此 $\varLambda=2M$ 是 $\mathscr{S}$-容许格, 并且其行列式

$$d(\varLambda)=d(2M)=2^n d(M)=2^n\cdot\frac{\varDelta_1}{2^n}=\varDelta_1.$$

4.6 与习题 4.5 的解法类似. 设 $g(\boldsymbol{x})$ 是 $\mathscr{S}$ 的特征函数, 令

$$f(\boldsymbol{x})=g(\boldsymbol{x})+2g(2\boldsymbol{x}),$$

则

$$f(\boldsymbol{x})=\begin{cases}3, & \text{当 } \boldsymbol{x}\in\dfrac{1}{2}\mathscr{S} \text{ 时},\\ 1, & \text{当 } \boldsymbol{x}\in\mathscr{S},\boldsymbol{x}\notin\dfrac{1}{2}\mathscr{S} \text{ 时},\\ 0, & \text{其他情形},\end{cases}$$

并且

$$\int\limits_{\mathbb{R}^n} f(\boldsymbol{x})\mathrm{d}\boldsymbol{x}=(1+2^{1-n})V(\mathscr{S}).$$

取 $\varepsilon>0$ 足够小, 满足

$$6\zeta(n)\left(\frac{\Delta_1}{2}\right)>(1+2^{1-n})\big(V(\mathscr{S})+\varepsilon\big).$$

由引理 4.2.3 可知, 存在行列式为 $\Delta_1/2$ 的格 M 满足

$$\zeta(n)\left(\frac{\Delta_1}{2}\right)\sum_{\boldsymbol{a}\in M}{}^{*} f(\boldsymbol{a})<\int\limits_{\mathbb{R}^n} f(\boldsymbol{x})\mathrm{d}\boldsymbol{x}+\varepsilon$$

($*$ 表示只对本原格点求和). 因此

$$\sum_{\boldsymbol{a}\in M}{}^{*} f(\boldsymbol{a})<6.$$

类似于习题 4.5 的解法, 可知不存在 M 的本原格点 $\boldsymbol{a}$, 使得 $f(\boldsymbol{a})=3$, 并且除 $\mathbf{0}$ 外 $(1/2)\mathscr{S}$ 不含 M 的点. 此外, 由上式及 $f(\boldsymbol{x})$ 的取值可知, $\mathscr{S}$ 至多含有两对 M 的本原格点 (记为 $\pm\boldsymbol{a}_1,\pm\boldsymbol{a}_2$). 下面区分 3 种情形讨论:

情形 1　$\mathscr{S}$ 恰含有两对点 $\pm\boldsymbol{a}_1,\pm\boldsymbol{a}_2$. 注意 2 是素数. 由习题 4.4 可知, 存在 M 的指标为 2 的子格 M', 不含 $\boldsymbol{a}_1$ 和 $\boldsymbol{a}_2$, 但含 $2\boldsymbol{a}_1$ 和 $2\boldsymbol{a}_2$. 因为 M 的格点 $\boldsymbol{a}_1,\boldsymbol{a}_2\notin(1/2)\mathscr{S}$, 所以 $2\boldsymbol{a}_1,2\boldsymbol{a}_2\in M'$ 也不属于 $\mathscr{S}$. 设还有其他非零点 $\boldsymbol{a}\in M'(\subseteq M)$ 属于 $\mathscr{S}$, 那么 $\boldsymbol{a},\boldsymbol{a}_1,\boldsymbol{a}_2$ 是 M 中三个不同的点 (因为后两点不属于 M'). 因此依假设, $\boldsymbol{a}(\in\mathscr{S})$ 不可能是 M 的本原格点, 从而 $\boldsymbol{a}=u\boldsymbol{b}$, 其中整数 $u>1$, 并且可以认为 $\boldsymbol{b}$ 是 M 的本原格点 (参见习题 4.3 的解答). 由此可知

$$\boldsymbol{b}=\frac{1}{u}\mathscr{S}\subseteq\frac{1}{2}\mathscr{S},$$

这也不可能 (因为上面已证 $(1/2)\mathscr{S}$ 不含 M 的非零格点).

于是 $\mathscr{S}$ 不含格 M' 的非零格点, 并且依指标的定义, $d(M')=2d(M)=\Delta_1$. 因此 M' 就是所要的格.

情形 2　$\mathscr{S}$ 中只含一对 M 的本原格点 (设为 $\pm\boldsymbol{a}_1$). 我们用 $\boldsymbol{a}_1$ 和 $-\boldsymbol{a}_1$ 代替情形 1 中的 $\boldsymbol{a}_1$ 和 $\boldsymbol{a}_2$ 进行讨论, 也得到矛盾, 从而 M' 就是所要的格.

情形 3 $\mathscr{S}$ 不含 M 的任何本原格点. 此时可证 $\mathscr{S}$ 不含 M 的任何非零格点 (参见习题 4.3 的解答). 虽然 M 是 $\mathscr{S}$-容许的, 但 $d(M)\neq\Delta_1$. 我们取 $M'=\sqrt[n]{2}M$, 那么 M' 的任意点有形式 $\boldsymbol{a}'=\sqrt[n]{2}\boldsymbol{a}$, 其中 $\boldsymbol{a}\in M$. 若 M' 的非零格点 $\boldsymbol{a}'=\sqrt[n]{2}\boldsymbol{a}\in\mathscr{S}$, 则

$$\boldsymbol{a}=\frac{1}{\sqrt[n]{2}}\boldsymbol{a}'\in\frac{1}{\sqrt[n]{2}}\mathscr{S}\subset\mathscr{S},$$

我们得到矛盾. 因此格 M' 是 $\mathscr{S}$-容许的, 并且

$$d(M')=d(\sqrt[n]{2}M)=2d(M)=\Delta_1.$$

4.7 (i) 设 $\boldsymbol{b}_i=(b_{1i},b_{2i},\cdots,b_{n-1,i},0)\,(i=1,\cdots,n-1)$ 是 $n-1$ 维格 Λ 的基, 那么

$$\Lambda=\{u_1\boldsymbol{b}_1+u_2\boldsymbol{b}_2+\cdots+u_{n-1}\boldsymbol{b}_{n-1}\,|\,u_1,u_2,\cdots,u_{n-1}\in\mathbb{Z}\}.$$

定义线性变换 $\boldsymbol{\lambda}:(\eta_1,\cdots,\eta_n)\mapsto(\xi_1,\cdots,\xi_n)$:

$$\xi_j=\sum_{k=1}^{n-1}b_{jk}\eta_k\quad(j=1,\cdots,n-1),$$
$$\xi_n=\eta_n,$$

那么点 $u_1\boldsymbol{b}_1+u_2\boldsymbol{b}_2+\cdots+u_{n-1}\boldsymbol{b}_{n-1}$ 变换为点 $v_1\boldsymbol{e}_1+v_2\boldsymbol{e}_2+\cdots+v_{n-1}\boldsymbol{e}_{n-1}$, 其中 $\boldsymbol{e}_i=(0,\cdots,1,\cdots,0)$(第 i 个分量为 1, 其余分量为 0), 以及

$$v_j=\sum_{k=1}^{n-1}b_{jk}u_k\quad(j=1,\cdots,n-1).$$

于是 $n-1$ 维格 Λ 变换为 $n-1$ 维格 $\Lambda_0^{(n-1)}$. 由定理 2.6.1 可知 $d(\Lambda_0^{(n-1)})=|\det(b_{jk})|d(\Lambda)$, 因此

$$|\det(\boldsymbol{\lambda})|=|\det(b_{jk})|=\frac{1}{d(\Lambda)}.$$

(ii) 格 $\Lambda_{\boldsymbol{z}}$ 由所有下列形式的点组成:

$$u_1\boldsymbol{b}_1+u_2\boldsymbol{b}_2+\cdots+u_{n-1}\boldsymbol{b}_{n-1}+r\boldsymbol{z}\quad(u_1,\cdots,u_{n-1},r\in\mathbb{Z}).$$

于是格 $\boldsymbol{\lambda}\Lambda_{\boldsymbol{z}}$ 由所有下列形式的点组成:

$$v_1\boldsymbol{e}_1+v_2\boldsymbol{e}_2+\cdots+v_{n-1}\boldsymbol{e}_{n-1}+r\boldsymbol{\lambda}\boldsymbol{z}\quad(v_1,\cdots,v_{n-1},r\in\mathbb{Z}),$$

此处 $\boldsymbol{z}=(z_1,\cdots,z_{n-1},\alpha)$, 从而

$$\sum_{\substack{\boldsymbol{x}\in\Lambda_{\boldsymbol{z}}\\x_n\neq0}}\chi(\boldsymbol{x})=\sum_{r\neq0}\sum_{v_1,\cdots,v_{n-1}}\chi(v_1\boldsymbol{e}_1+\cdots+v_{n-1}\boldsymbol{e}_{n-1}+r\boldsymbol{\lambda}\boldsymbol{z}).$$

对于每个 $r\neq 0$, 令积分

$$
\begin{aligned}
I_r &= I_r(v_1,\cdots,v_{n-1})\\
&=\int_0^1\cdots\int_0^1\chi(v_1\boldsymbol{e}_1+\cdots+v_{n-1}\boldsymbol{e}_{n-1}+r\boldsymbol{\lambda}\boldsymbol{z})\mathrm{d}z_1\cdots\mathrm{d}z_{n-1},
\end{aligned}
$$

作变量代换

$$
y_j=\sum_{k=1}^{n-1}b_{jk}z_k\quad (j=1,\cdots,n-1),
$$

那么变换的 Jacobi 行列式等于(注意步骤 (i) 中得到的结果)

$$
\frac{1}{|\det(b_{jk})|}=\frac{1}{d(\varLambda)},
$$

因此

$$
I_r=\frac{1}{d(\varLambda)}\int_0^1\cdots\int_0^1\chi(v_1+ry_1,\cdots,v_{n-1}+ry_{n-1},r\alpha)\mathrm{d}y_1\cdots\mathrm{d}y_{n-1}.
$$

令 $t_j=ry_j\,(j=1,\cdots,n-1)$, 则有

$$
\begin{aligned}
I_r &= \frac{r^{-n+1}}{d(\varLambda)}\int_0^r\cdots\int_0^r\chi(v_1+t_1,\cdots,v_{n-1}+t_{n-1},r\alpha)\mathrm{d}t_1\cdots\mathrm{d}t_{n-1}\\
&=\frac{1}{d(\varLambda)}\int_0^1\cdots\int_0^1\chi(v_1+t_1,\cdots,v_{n-1}+t_{n-1},r\alpha)\mathrm{d}t_1\cdots\mathrm{d}t_{n-1}.
\end{aligned}
$$

(iii) 因为

$$
\begin{aligned}
I &= \int_0^1\cdots\int_0^1\left(\sum_{\substack{\boldsymbol{x}\in\varLambda_{\boldsymbol{z}}\\ x_n\neq 0}}\chi(\boldsymbol{x})\right)\mathrm{d}z_1\cdots\mathrm{d}z_{n-1}\\
&=\sum_{r\neq 0}\sum_{v_1,\cdots,v_{n-1}}I_r(v_1,\cdots,v_{n-1}),
\end{aligned}
$$

所以由步骤 (ii) 得到的结果推出 (注意 χ 在某个有界区域外为零)

$$
\begin{aligned}
I &= \frac{1}{d(\varLambda)}\sum_{r\neq 0}\sum_{v_1,\cdots,v_{n-1}}\int_0^1\cdots\int_0^1\chi(v_1+t_1,\cdots,v_{n-1}+t_{n-1},r\alpha)\mathrm{d}t_1\cdots\mathrm{d}t_{n-1}\\
&=\frac{1}{d(\varLambda)}\sum_{r\neq 0}\int_{-\infty}^{\infty}\cdots\int_{-\infty}^{\infty}\chi(w_1,\cdots,w_{n-1},r\alpha)\mathrm{d}w_1\cdots\mathrm{d}w_{n-1}\\
&=\frac{1}{d(\varLambda)}\sum_{r\neq 0}V(r\alpha).
\end{aligned}
$$

I 是 $z_1,\cdots,z_{n-1}$ 的函数

$$\varphi(z_1,\cdots,z_{n-1})=\sum_{\substack{\boldsymbol{x}\in\Lambda_{\boldsymbol{z}}\\ x_n\neq 0}}\chi(\boldsymbol{x})$$

在集合 $\{\Lambda_{\boldsymbol{z}},0\leqslant z_j\leqslant 1\,(j=1,\cdots,n-1)\}$ 上的平均值, 因此推出 $\boldsymbol{z}$ 的存在性.

5.2 (c) $\lambda_i,\boldsymbol{x}_i=(x_{i1},\cdots,x_{in})$ 与 s 有关. 因为 $1/n!\leqslant\lambda_1\cdots\lambda_n\leqslant 1$, 所以存在某个 i 使 $\lambda_i=\lambda_i(s)$ 有界. 若当 $s\geqslant s_0$ 时 $V(\boldsymbol{x}_i)=0$, 则 $x_{i2}=\cdots=x_{in}=0$, 于是由

$$U(\boldsymbol{x}_i)=|x_{i1}|\leqslant s^{-(n-1)}\lambda_i\to 0\quad(s\to\infty)$$

可知 $x_{i1}=0$, 与 $\boldsymbol{x}_i\neq\boldsymbol{0}$ 矛盾. 因此对于 i, 当 $s\geqslant s_0$ 时有

$$U(\boldsymbol{x}_i)\leqslant s^{-(n-1)}\lambda_i,\quad 1\leqslant V(\boldsymbol{x}_i)\leqslant s\lambda_i.$$

由此消去 s, 即得所要的不等式.

5.3 提示: $V(\mathscr{S}_0)=2^n|A|^{-1}$. 由定理 5.7.2,

$$\frac{1}{n!}\leqslant\lambda_1\cdots\lambda_n|A|^{-1}\leqslant 1.$$

类似地, $V(\mathscr{S})=2^n\lambda_1\cdots\lambda_n|A|^{-1}$, 以及

$$\frac{1}{n!}\leqslant\Lambda_1\cdots\Lambda_n\lambda_1\cdots\lambda_n|A|^{-1}\leqslant 1.$$

将两不等式相除即可.

5.5 由引理 3.6.1 可知 $d(\Lambda)\leqslant k_1\cdots k_m$. 定义对称凸体

$$\mathscr{S}=\{(x_1,\cdots,x_n)\in\mathbb{R}^n\,|\,|x_i|<\sqrt[n]{k_1\cdots k_m}\},$$

那么 $V(\mathscr{S})=2^nk_1\cdots k_m$. 设 $\lambda_1,\cdots,\lambda_n$ 是 Λ 对于 $\mathscr{S}$ 的相继极小, n 个线性无关的点 $\boldsymbol{u}_i=(u_{i1},\cdots,u_{in})\in\Lambda(i=1,\cdots,n)$ 满足 $\boldsymbol{u}_i\in\lambda_i\overline{\mathscr{S}}$, 即

$$|u_{ij}|\leqslant\lambda_i\sqrt[n]{k_1\cdots k_m}\quad(i,j=1,\cdots,n).$$

由定理 5.7.1 可知

$$\lambda_1\cdots\lambda_n 2^nk_1\cdots k_m\leqslant 2^nd(\Lambda),$$

即得

$$\lambda_1\cdots\lambda_n\leqslant 1.$$

5.6 由定理 5.7.1 得到

$$\frac{2^n}{n!}\leqslant\lambda_1(q)\cdots\lambda_n(q)V\big(\mathscr{C}(Q)\big)\leqslant 2^n.$$

设 $\boldsymbol{e}_1,\cdots,\boldsymbol{e}_k$ 是 W 的正交基, 将它扩充为 $\mathscr{S}$ 的正交基 $\boldsymbol{e}_1,\cdots,\boldsymbol{e}_n$. 定义平行体

$$\mathscr{P}=\{\boldsymbol{x}\in\mathbb{R}^n \mid \max_{1\leqslant j\leqslant k}|\boldsymbol{x}\cdot\boldsymbol{e}_j|\leqslant Q^{-1},\ \max_{k<j\leqslant n}|\boldsymbol{x}\cdot\boldsymbol{e}_j|\leqslant 1\},$$

那么 $n^{-1}\mathscr{P}\subset\mathscr{C}(Q)\subset\mathscr{P}$, 于是体积 $V\big(\mathscr{C}(Q)\big)$ 满足不等式

$$\frac{2^n}{n^n}Q^{-k}\leqslant V\big(\mathscr{C}(Q)\big)\leqslant 2^{-n}Q^{-k}.$$

由所得两个不等式推出

$$\frac{1}{n!}\leqslant \lambda_1(q)\cdots\lambda_n(q)Q^{-k}\leqslant n^n.$$

取对数即得所要的结果.

6.1 提示: 应用引理 6.2.2 可知 $\varLambda_r$ 收敛 $\Rightarrow a\varLambda_r$ 收敛. 反之, 若 $a\varLambda_r$ 收敛, 则依刚才所证, 可知 $a^{-1}\cdot(a\varLambda_r)$ 收敛.

6.5 (i) 因为 $F_r(t\boldsymbol{x})=tF_r(\boldsymbol{x})\,(t>0)$, 所以若 $F_r(\boldsymbol{x})\,(r=1,2,\cdots)$ 在单位圆 $|\boldsymbol{x}|<1$ 中一致收敛于距离函数 $\widetilde{F}(\boldsymbol{x})$, 则其在单位圆 $|\boldsymbol{x}|<t$ 中具有同样的性质, 从而在任何有界区域也具有同样的性质. 因为 $\widetilde{F}$ 是连续函数, 所以对于任何收敛点列 $\boldsymbol{c}_r$(记其极限为 $\widetilde{\boldsymbol{c}}$), 有

$$\lim_{r\to\infty}F_r(\boldsymbol{c}_r)=\widetilde{F}(\widetilde{\boldsymbol{c}}).$$

(ii) 由定理 6.2.1 可知, 每个非零格点 $\widetilde{\boldsymbol{a}}\in\widetilde{\varLambda}$ 都是某个非零点列 $\boldsymbol{a}_r\,(r=1,2,\cdots$, 其中 $\boldsymbol{a}_r\in\varLambda_r)$ 的极限, 因此

$$\widetilde{F}(\widetilde{\boldsymbol{a}})=\lim_{r\to\infty}F_r(\boldsymbol{a}_r);$$

又因为由 $F(\varLambda)$ 的定义可知 $F_r(\boldsymbol{a}_r)\geqslant F_r(\varLambda_r)$, 所以

$$\lim_{r\to\infty}F_r(\boldsymbol{a}_r)\geqslant\varlimsup_{r\to\infty}F_r(\varLambda_r).$$

于是我们得到对于每个非零格点 $\widetilde{\boldsymbol{a}}\in\widetilde{\varLambda}$,

$$\widetilde{F}(\widetilde{\boldsymbol{a}})\geqslant\varlimsup_{r\to\infty}F_r(\varLambda_r),$$

从而

$$\widetilde{F}(\widetilde{\varLambda})=\inf_{\substack{\widetilde{\boldsymbol{a}}\in\widetilde{\varLambda}\\ \widetilde{\boldsymbol{a}}\neq\boldsymbol{0}}}\widetilde{F}(\widetilde{\boldsymbol{a}})\geqslant\varlimsup_{r\to\infty}F_r(\varLambda_r).$$

7.1 判别式都等于 -24. 二次型 $f_1=2x^2+3y^2$ 可取值 2, 3, 5, 但不能取值 1, 4, 6, 7; $f_2=x^2+6y^2$ 可取值 1, 4, 6, 7, 但不能取值 2, 3, 5. 两者值集不同, 所以不等价.

7.2 因为 $b^2=4ac-3$ 是奇数, 所以 b 也是奇数.

若 $b=\pm1$, 则 $ac=1$, 于是 $a=1$. 由此得到型 $x^2\pm xy+y^2=x^2+x(\pm y)+(\pm y)^2$.

若 $b=\pm3$, 则 $ac=3$, 于是 $a=1$ 或 3. 由此得到

$$x^2\pm3xy+3y^2=(x\pm y)^2+(x\pm y)(\pm y)+(\pm y)^2;$$
$$3x^2\pm3xy+y^2=(\pm x)^2+(\pm x)(x\pm y)+(x\pm y)^2.$$

类似地求出:

若 $b=\pm5$, 则 $a=1,7$. 由此得到

$$x^2\pm5xy+7y^2=(x\pm2y)^2+(x\pm2y)(\pm y)+(\pm y)^2;$$
$$7x^2\pm5xy+y^2=(\pm x)^2+(\pm x)(2x\pm y)+(2x\pm y)^2.$$

若 $b=\pm7$, 则 $a=1,13$. 由此得到

$$x^2\pm7xy+13y^2=(x\pm3y)^2+(x\pm3y)(\pm y)+(\pm y)^2;$$
$$13x^2\pm7xy+y^2=(\pm x)^2+(\pm x)(3x\pm y)+(3x\pm y)^2.$$

若 $b=\pm9$, 则 $a=1,3,7,21$. 由此得到

$$x^2\pm9xy+21y^2=(x\pm4y)^2+(x\pm4y)(\pm y)+(\pm y)^2;$$
$$3x^2\pm9xy+7y^2=(x\pm2y)^2+(x\pm2y)(x\pm y)+(x\pm y)^2;$$
$$7x^2\pm9xy+3y^2=(x\pm y)^2+(x\pm y)(2x\pm y)+(2x\pm y)^2;$$
$$21x^2\pm9xy+y^2=(\pm x)^2+(\pm x)(4x\pm y)+(4x\pm y)^2.$$

上面的表示也给出了相应的模变换, 可见它们都与 x^2+xy+y^2 等价.

7.3 提示: 应用 $\gamma_n^{n-2}\leqslant\gamma_{n-1}^{n-1}$ (参见注 7.6.2)

7.4 提示: 令 $x=-x_1-2y_1, y=x_1+3y_1$(模变换), 则 $7x^2+8xy+2y^2=x_1^2-2y_1^2$. 当 $(x_1,y_1)=(1,0)$ 时, $x_1^2-2y_1^2=1$. 显然对于非零整点 $(x_1,y_1), x_1^2-2y_1^2\neq0$.

7.5 我们证明 $M(f)=1$. 两小题证法类似.

(1) 显然 $f(1,0,0)=1$. 只需证明对于任何非零整点 $\boldsymbol{x}, f(\boldsymbol{x})\neq0$, 或证明

$$4f(\boldsymbol{x})=(2x_1+x_2)^2-5x_2^2-8x_3^2\neq0.$$

这等价于证明不定方程

$$v_1^2-8v_3^2=5v_2^2$$

没有非零整数解 (v_1, v_2, v_3). 由方程的齐性可设 $\gcd(v_1, v_2, v_3) = 1$. 由上述方程可知

$$v_1^2 - 8v_3^2 \equiv 0 \pmod 5,$$

于是若 v_1, v_3 中有一个是 5 的倍数, 则另一个也是 5 的倍数, 从而由上述方程推出 v_2 也是 5 的倍数. 这与 $\gcd(v_1, v_2, v_3) = 1$ 矛盾. 于是只可能

$$v_1, v_3 \equiv 1, 2, 3, 4 \pmod 5.$$

逐一计算可知此时 $v_1^2 - 8v_3^2 \not\equiv 0 \pmod 5$, 从而对于任何整数 $v_2, v_1^2 - 8v_3^2 \neq 5v_2^2$. 因此 $v_1^2 - 8v_3^2 = 5v_2^2$ 没有非零整数解.

(2) 只需证明对于任何非零整点 $\boldsymbol{x}, f(\boldsymbol{x}) \neq 0$, 或证明

$$4f(\boldsymbol{x}) = (2x_1 + x_2)^2 + (x_2 - 2x_3)^2 - 6x_2^2 \neq 0.$$

这等价于证明不定方程

$$v_1^2 + v_3^2 = 6v_2^2$$

没有非零整数解 (v_1, v_2, v_3). 不妨设 $\gcd(v_1, v_2, v_3) = 1$. 于是由方程本身推出 $3 \mid v_1^2 + v_3^2$. 若 v_1, v_3 中有一个是 3 的倍数, 则另一个也是 3 的倍数, 从而 $9 \mid v_1^2 + v_3^2 = 6v_2^2$, 可见 $3 \mid v_2$. 这与 v_1, v_2, v_3 互素的假设矛盾. 若 $v_1, v_3 \equiv 1, 2 \pmod 3$, 那么 $v_1^2 + v_3^2 \equiv 2 \pmod 3$, 这与 $3 \mid v_1^2 + v_3^2$ 矛盾. 总之, 上述方程确实无非平凡解.

8.1 应用公式 $\widehat{\delta}^*(\mathscr{S}, \Lambda) = V(\mathscr{S})/d(\Lambda)$. 例如, 取格 $\Lambda = \Lambda_0^{(2)}$, 凸体 $\mathscr{S}$ 是 $|\boldsymbol{x}| < 1/2$.

8.3 设 $\mathcal{C}$ 是柱体 $\mathscr{C}$ 的任意格堆砌. 平面 $x_3 = \sigma$(常数) 和 $\mathcal{C}$ 中的立体之交与 $\mathscr{K}$ 全等, 但任何两个没有公共内点, 因而形成 (二维平面上)$\mathscr{K}$ 的堆积, 当然未必是格堆积.

任取 $\varepsilon > 0$ 和充分大的 $\rho > 0$, 作立方体 $G(\rho): |x_i| < \rho\,(i = 1, 2, 3)$ 以及平面 $x_3 = \alpha\,(|\alpha| \leqslant \rho)$. 因为这个平面和 $\mathcal{C}$ 含在 $G(\rho)$ 中的立体之交与 $\mathscr{K}$ 全等, 所以它们的面积之和不超过

$$4\rho^2\big(\widehat{\delta}(\mathscr{K}) + \varepsilon\big) \leqslant 4\rho^2\big(\delta(\mathscr{K}) + \varepsilon\big).$$

此处 $\widehat{\delta}(\mathscr{K})$ 的定义参见注 8.1.1 的 3°(其中球换成立方体). 于是 $\mathcal{C}$ 含在 $G(\rho)$ 中的立体的体积之和不超过

$$2\rho \cdot 4\rho^2\big(\delta(\mathscr{K}) + \varepsilon\big) = 8\rho^3\big(\delta(\mathscr{K}) + \varepsilon\big).$$

由此可推出

$$\widehat{\delta}^*(\mathscr{C}) \leqslant \delta(\mathscr{K}) + \varepsilon.$$

因为 $\varepsilon>0$ 可以任意小, 所以 $\widehat{\delta}^*(\mathscr{C})\leqslant\delta(\mathscr{K})$, 于是 $\delta^*(\mathscr{C})\leqslant\delta(\mathscr{K})$.

8.4 应用公式 $\widehat{\vartheta}^*(\mathscr{S},\Lambda)=V(\mathscr{S})/d(\Lambda)$. 例如, 取格 $\Lambda=\Lambda_0^{(2)}$, 凸体 $\mathscr{S}$ 是 $|\boldsymbol{x}|<2$.

8.5 (a) 设不然, 则 $\mathscr{S}_0$ 的点 $\boldsymbol{x}=\boldsymbol{s}+\boldsymbol{a}$, 其中 $\boldsymbol{s}\in\mathscr{S},\boldsymbol{a}\in\Lambda$ 满足 $|\boldsymbol{a}-\boldsymbol{y}|\geqslant R+1$, 于是 $|\boldsymbol{s}|=|\boldsymbol{x}-\boldsymbol{a}|\geqslant|\boldsymbol{y}-\boldsymbol{a}|-|\boldsymbol{x}-\boldsymbol{y}|\geqslant R+1-\varepsilon>R$, 与 R 的定义矛盾.

(b) 注意 $\mathscr{S}=\mathscr{S}+\boldsymbol{0}$ 与 $\mathscr{S}_0$ 无公共点. 若 $\boldsymbol{x}_1,\boldsymbol{x}_2\in\mathscr{S}$, 则因为 Λ 是 $\mathscr{S}$ 的堆积格, 所以由定理 8.1.1 可知 $\boldsymbol{x}_1-\boldsymbol{x}_2\notin\Lambda$. 若 $\boldsymbol{x}_1,\boldsymbol{x}_2$ 同属于 $\mathscr{S}_0$, 则有 $|\boldsymbol{x}_1-\boldsymbol{x}_2|\leqslant|\boldsymbol{x}_1-\boldsymbol{y}|+|\boldsymbol{x}_2-\boldsymbol{y}|<2\varepsilon$. 因为球 $|\boldsymbol{x}|<2\varepsilon$ 中不含 Λ 的非零格点, 所以 $\boldsymbol{x}_1-\boldsymbol{x}_2\notin\Lambda$. 若 $\boldsymbol{x}_1\in\mathscr{S},\boldsymbol{x}_2\in\mathscr{S}_0$, 则 $\boldsymbol{x}_2=\boldsymbol{x}_1+(\boldsymbol{x}_2-\boldsymbol{x}_1)\in\mathscr{S}+(\boldsymbol{x}_2-\boldsymbol{x}_1)$. 因为 $\mathscr{S}_0$ 与任何 $\mathscr{S}+\boldsymbol{a}(\boldsymbol{a}\in\Lambda)$ 无公共点, 所以 $\boldsymbol{x}_2-\boldsymbol{x}_1\notin\Lambda$, 也有 $\boldsymbol{x}_1-\boldsymbol{x}_2\notin\Lambda$(若 $\boldsymbol{x}_2\in\mathscr{S},\boldsymbol{x}_1\in\mathscr{S}_0$, 证法类似).

8.6 (i) 正文中已证: 空间中任何点 $\boldsymbol{y}$ 属于某个点集 $\mathscr{S}+\boldsymbol{a}(\boldsymbol{a}\in\Lambda)$ 或其边界.

(ii) 现证: 空间中任何点 $\boldsymbol{y}$ 不可能恰为一个点集 $\mathscr{S}+\boldsymbol{a}(\boldsymbol{a}\in\Lambda)$ 的边界点.

用反证法. 设 $\boldsymbol{y}$ 恰为一个点集 $\mathscr{S}+\boldsymbol{a}(\boldsymbol{a}\in\Lambda)$ 的边界点. 不失一般性,(通过适当平移) 可认为恰为点集 $\mathscr{S}(=\mathscr{S}+\boldsymbol{0})$ 的边界点. 取 $\varepsilon>0$ 充分小, 可使球 $\sigma:|\boldsymbol{x}-\boldsymbol{y}|<\varepsilon$ 不含任何形式为 $\mathscr{S}+\boldsymbol{a}(\boldsymbol{a}\in\Lambda$ 并且非零) 的点集的点或边界点. 同时可取 $\eta>0$ 充分小, 使得点 $\boldsymbol{y}'=(1+\eta)\boldsymbol{y}\in\sigma$, 并且不属于 $\mathscr{S}(=\mathscr{S}+\boldsymbol{0})$ 或其边界. 于是点 $\boldsymbol{y}'$ 不属于任何点集 $\mathscr{S}+\boldsymbol{a}(\boldsymbol{a}\in\Lambda)$ 或其边界. 这与 (i) 中的结论矛盾.

(iii) 空间中任何点 $\boldsymbol{y}$ 不可能同时属于两个不同的形式为 $\mathscr{S}+\boldsymbol{a}(\boldsymbol{a}\in\Lambda)$ 的点集 (这可由堆砌的定义推出).

(iv) 空间中任何点 $\boldsymbol{y}$ 不可能既属于形式为 $\mathscr{S}+\boldsymbol{a}(\boldsymbol{a}\in\Lambda)$ 的点集, 也是形式为 $\mathscr{S}+\boldsymbol{b}(\boldsymbol{b}\in\Lambda)$ 的点集的边界点.

这是因为 $\mathscr{S}$ 是开集, 蕴涵 $\boldsymbol{a}\neq\boldsymbol{b}$, 于是 $\boldsymbol{y}$ 的一个邻域完全含在 $\mathscr{S}+\boldsymbol{a}$ 中, 同时也与 $\mathscr{S}+\boldsymbol{b}$ 有非空的交, 从而 $\mathscr{S}+\boldsymbol{a}$ 与 $\mathscr{S}+\boldsymbol{b}$ 有公共点, 与堆砌的定义矛盾.

综上所述立可推出定理 8.1.2(A).

参 考 文 献

[1] 陈景润. 初等数论: Ⅲ [M]. 北京: 科学出版社, 1988.

[2] 范德瓦尔登. 代数学: Ⅰ [M]. 北京: 科学出版社, 1978.

[3] 菲赫金哥尔茨. 微积分学教程: 第 3 卷 [M]. 8 版. 北京：高等教育出版社, 2006.

[4] 华罗庚. 数论导引 [M]. 北京：科学出版社, 1979.

[5] 帕赫, 阿格瓦尔. 组合几何 [M]. 北京：科学出版社, 2008.

[6] 王元. 关于 Davenport 一个定理的注记 [J]. 数学学报, 1975, 18：286-289.

[7] 朱尧辰. 关于 Lekkerkerker 格点分布定理的注记 [J]. 数学学报, 1980, 23：720-729.

[8] 朱尧辰. Dirichlet 逼近定理和 Kronecker 逼近定理 [M]. 哈尔滨：哈尔滨工业大学出版社, 2018.

[9] 朱尧辰, 王连祥. 丢番图逼近引论 [M]. 北京：科学出版社, 1993.

[10] 朱尧辰, 刘培杰数学工作室. Minkowski 定理 [M]. 哈尔滨：哈尔滨工业大学出版社, 2018.

[11] 宗传明. 堆球的故事 [M]. 北京：高等教育出版社, 2014.

[12] Aigner M. Markov's theorem and 100 years of the uniqueness conjecture[M]. Berlin: Springer, 2013.

[13] Bambah R P. On lattice coverings by spheres[J]. Proc. Nat. Inst. Sci. India, 1954, 20: 25-52.

[14] Bambah R P, Rogers C A. Covering the plane with convex sets[J]. J. Lond. Math. Soc., 1952, 27: 304-314.

[15] Bambah R P, Woods A, Zassenhaus H. Three proofs of Minkowski's second inequality in the geometry of numbers[J]. J. Austral. Math. Soc., 1965, 5: 453-462.

[16] Baranovskii E P. On packing of n-dimensional Euclidean space by equal spheres I [J]. Izv. Vysš. Učebn. Zaved. Mat., 1964, 2(39): 14-24.

[17] Baranovskii E P. Local density minima of a lattice covering of a four-dimensional Euclidean space by equal spheres[J]. Dokl. Akad. Nauk SSSR, 1965, 164: 13-15.

[18] Baranovskii E P. Local minima of the density of the lattice covering of a four-dimensional Euclidean space by similar spheres[J]. Sibir. Mat. Žurn., 1966, 7: 974-1001.

[19] Barnes E S, Dickson T J. Extreme covering of n-space by spheres[J]. J. Austral. Math. Soc., 1967, 7: 115-127; 1968, 8: 638-640.

[20] Bezdek K. Classical topics in discrete geometry[M]. Berlin: Springer, 2010.

[21] Blichfeldt H F. A new principle in the geometry of numbers with some applications[J]. Trans. Amer. Math. Soc., 1914, 15: 227-235.

[22] Blichfeldt H F. On the minimum value of positive real quadratic forms in 6 variables[J]. Bull. Amer. Math. Soc., 1925, 31: 386.

[23] Blichfeldt H F. On the minimum value of positive real quadratic forms in seven variables[J]. Bull. Amer. Math. Soc., 1926, 32: 99.

[24] Blichfeldt H F. The minimum values of positive quadratic forms in six, seven, and eight variables[J]. Math. Zeit., 1934, 39: 1-15.

[25] Blichfeldt H F. Note on the minimum value of the discriminant of an slgebraic field[J]. Mh. Math. Phys., 1939, 48: 531-533.

[26] Böröczky Jr. Finite packing and covering[M]. Cambridge: Cambridge Univ. Press, 2004.

[27] Brass P, Moser W, Pach J. Research problems in discrete geometry[M]. Berlin: Springer, 2005.

[28] Cassels J W S. An introduction to Diophantine approximation[M]. Cambridge: Cambridge Univ. Press, 1957.

[29] Casseels J W S. An introduction to the geometry of numbers[M]. Berlin: Springer, 1959.

[30] Chabauty C. Sur les minima arithmétiques des formes[J]. Ann. Sci. Éc. Norm. Sup., Paris, 1949, 66(3): 367-394.

[31] Chabauty C. Limite d'ensembles et géométrie des nombres[J]. Bull. Soc. Math. France, 1950, 78: 143-151.

[32] Chalk J H, Rogers C A. The successive minima of a convex cylinder[J]. J. Lond. Math. Soc., 1949, 24: 284-291.

[33] Conway J H, Sloane N J A. Sphere packings, lattices and groups[M]. 3rd ed. Berlin: Springer, 1999.

[34] van der Corput J G. Verallgemeinerung einer Mordellschen Beweismethode in der Geometrie der Zahlen Ⅱ [J]. Acta Arith, 1936, 22: 145-146.

[35] Danicic I. An elementary proof of Minkowski's second inequality[J]. J. Austral. Math. Soc., 1969, 10: 177-181.

[36] Davenport H. Minkowski's inequality for the minima associated with a convex body[J]. Quart. J. Math. Oxford, 1939, 10: 119-121.

[37] Davenport H. On a theorem of Markoff[J]. J. Lond. Math. Soc., 1947, 22: 96-99.

[38] Davenport H. On a theorem of Furtwängler[J]. J. London Math. Soc., 1955, 30: 186-195.

[39] Davenport H. The higher arithmetic[M]. New York: Dover, 1983.

[40] Davenport H, Rogers C A. Hlawka's theorem in the geometry of numbers[J]. Duke Math. J., 1947, 14: 367-375.

[41] Delone B N, Ryškov S S. Solution of the problem of the least dense lattice covering of 4-dimensional space by equal spheres[J]. Dokl. Akad. Nauk SSSR, 1963, 152: 523-524.

[42] Dickson T J. The extreme coverings of 4-space by spheres[J]. J. Austral. Math. Soc., 1967, 7: 490-496.

[43] Erdös P, Gruber P M, Hammer J. Lattice Points[M]. New York: Longman Scientific & Technical, 1989.

[44] Erdös P, Suurányi J. Topics in the theory of numbers[M]. New York: Springer, 2003.

[45] Fejes Tóth L. Eine Bemerkung über die Bedeckung der Ebene durch Eibereiche mit Mittelpunkt[J]. Acta Math. Sci. Hungar. Szeged, 1946, 11: 93-95.

[46] Fejes Tóth L. Lagerungen in der Ebene, auf der Kugel und im Raum[M]. 2nd. ed. Berlin: Springer, 1972.

[47] Ford L R. A geometrical proof of theorem of Hurwitz[J]. Proc. Edinburgh Mat. Soc., 1916/1917, 35: 59-65.

[48] Gauss C F. Untersuchungen über die Eigenschaften der positiven ternären quadratischen Formen von Ludwig August Seeber[M]. Göttingische gelehrte Anzeigen, 1831 // Werke Ⅱ, 1876: 188-196.

[49] Groemer H. Über Treffanzahlen in Figurengittern[J]. Monatsh. Math., 1970, 74: 21-29.

[50] Gruber P M. Geometry of numbers[M] // Tölke J, Wills J M.Contributions to Geometry, Proc. Symp. in Siegen 1978. Basel: Birkhäuser, 1979: 186-225.

[51] Gruber P M. Geometry of numbers[M] // Gruber P M, Wills J M. Handbook of Convex geometry. Amsterdam: North-Holland, 1993: 739-763.

[52] Gruber P M. Convex and discrete geometry[M]. Berlin: Springer, 2007.

[53] Gruber P M, Lekkrkerker C G. Geometry of numbers[M]. 2nd ed. Amsterdam: North-Holland, 1987.

[54] Guérin F. On a problem connected with a theorem of Jarnik[J]. Monatsh Math., 1991, 111: 287-291.

[55] Hardy G H, Wright E M. An introduction to the theory of numbers[M]. Oxford: Oxford Univ. Press, 1981.

[56] Hermite C. Lettres de Hermite à M. Jacobi[J]. J. reine und angew. Math., 1850, 40: 261-315.

[57] Hlawka E. Zur Geometrie der Zhalen[J]. Math. Z., 1944, 49: 285-312.

[58] Honsberger R. Ingenuity in mathematics: vol. 23[M]. New Math. Library, MAA, 1970.

[59] Ismailescu D. Covering the plane with copies of a covnvex disk[J]. Disc. and Comp. Geometry, 1998, 20: 251-263.

[60] Jurkat W B. On successive minima with constraints[J]. Analysis, 1981, 1: 33-44.

[61] Jurkat W B, Kratz W. On optomal systems and on the structure of simultaneous Diophantine approximations[J]. Analysis, 1981, 1: 129-148.

[62] Kershner R. The number of circles covering a set[J]. Amer. J. Math., 1939, 61: 665-671.

[63] Korkine A, Zolotareff E I. Sur les formes quadratiques positives quaternaires[J]. Math. Ann., 1872, 5: 581-583.

[64] Korkine A, Zolotareff E I. Sur les formes quadratiques[J]. Math. Ann., 1873, 6: 366-389.

[65] Korkine A, Zolotareff E I. Sur les formes quadratiques positives[J]. Math. Ann., 1877, 11: 242-292.

[66] Kratz W. Sukzessive Minima mit und ohne Nebenbedingungen[J]. Mh. Math., 1981, 91: 275-289.

[67] Krätzer E. Lattice points[M]. Kluwer Academic, 1988.

[68] Kuperberg W. Covering the plane with congruent copies of a convex body[J]. Bull. London Math. Soc., 1989, 21: 82-86.

[69] Lagrange J L. Recherches d'arithmétique[M]. Nouv. Mémo. de l'Acad. royal des Sci. et Belles-Letters de Bellin, 1773: 265-312; Oeuvres Ⅲ: 693-758.

[70] Lerkkerkerker C G. A theorem on the distribution of lattices[J]. Indag. Math., 1961, 23: 197-210.

[71] Levenštein V I. The maximal density of filling an n-dimensinal Euclidean space with equal balls[J]. Mat. Zametki, 1975, 18: 301-311.

[72] Mahler K. Ein Übertragungsprinzip für konvexe Körper[J]. Časopis pro Pest. Mat. a Fys., 1939, 68: 93-102.

[73] Mahler K. Lattice points in two-dimensional star domains Ⅰ [J]. Proc. Lond. Math. Soc., 1946, 49(2): 128-157.

[74] Mahler K. On lattice points in n-dimensional star-bodies Ⅰ [J]. Proc. Roy. Soc. Lond., 1946, A49: 151-187.

[75] Mahler K. On lattice points in n-dimensional star-bodies Ⅱ [J]. Proc. Kon. Ned. Akad. Wet., 1946, 49: 331-454, 524-532, 622-631.

[76] Mahler K. On the minimum determinant of a special point set[J]. Indag. Math., 1949, 11: 195-204.

[77] Mahler K. On the critical lattices of arbitrary point sets[J]. Canad. J. Mah., 1949, 1: 78-87.

[78] Mahler K. On compound convex bodies Ⅰ, Ⅱ [J]. Proc. Lond. Math. Soc., 1955, 5: 358-384.

[79] Mahler K. A remark on Kronecker's theorem[J]. Enseig. Math., 1966, 12(2): 183-189.

[80] Mahler K. The successive minima in the geometry of numbers and the distinction between algebraic and transcendental numbers[J]. J. of Number theory, 1968, 22: 147-160.

[81] Mann U B. Addition theorems[M]. New York: Interscience Pub., 1965: 13-14.

[82] Markoff A. Sur les formes quarratiques binaires indéfinies[J]. Math. Ann., 1879, 15: 381-409.

[83] Matoušek J. Lectures on discrete geometry[M]. Berlin: Springer, 2002.

[84] Minkowski H. Geometrie der Zahlen[M]. Leipzig and Berlin, 1896.

[85] Minkowski H. Dichteste gitterförmige Lagerung kongruenter Körper[J]. Nachr. K. Ges. Wiss. Göttingen, 1904: 311-355.

[86] Minkowski H. Diskontinuitätsbereich für arithmetische Äquivalenz[J]. J. reine angew. Math., 1905, 129: 220-274.

[87] Minkowski H. Diophantische Approximationen[M]. Leipzig, 1907.

[88] Modell L J. The product of homogeneous linear forms[J]. J. Lond. Math. Soc., 1941, 16: 4-6.

[89] Modell L J. The product of n homogeneous forms[J]. Mat. Sbornik, 1943, 12: 273-276.

[90] Mordell L J. Observation on the minimum of a positive definite quadratic form in eight variables[J]. J. Lond. Math. Soc., 1944, 19: 3-6.

[91] Modell L J. The minimum of a definite ternary quadratic form[J]. J. Lond. Math. Soc., 1948, 23: 175-178.

[92] Moshchevitin N G. Proof of W. M. Schmidt's conjecture concerning succcessive minima of a lattice[J]. J. Lond. Math. Soc., 2012, 86: 129-151.

[93] Nathanson M B. Additive number theory: GTM 165[M]. New York: Springer, 1996.

[94] Noordzij P. Über das Produkt von vier reellen, homogenen, linearen Formen[J]. Mh. Math., 1967, 71: 436-445.

[95] Olds C D, Lax A, Davidoff G. The geometry of numbers[M]. Washington DC: MAA, 2000.

[96] Pick G. Geometrisches zur Zahlenlehre[J]. Lotos Prag, 1900, 19(2): 311-319.

[97] Rado R. A theorem on the geometry of numbers[J]. J. Lond. Math. Soc., 1946, 21: 34-47.

[98] Rankin R A. The anomaly of convex bodies[J]. Proc. Camb. Phil. Soc., 1953, 49: 54-58.

[99] Rogers C A. Existence theorems in the geometry of numbers[J]. Ann. of Math., 1947, 48: 994-1002.

[100] Rogers C A. The product of the minima and the determinant of a set[J]. Indag. Math., 1949, 11: 71-78.

[101] Rogers C A. The product of n real homogeneous linear forms[J]. Acta Math., 1950, 82: 185-208.

[102] Rogers C A. The number of lattice points in a star-body[J]. J. Lond. Math. Soc., 1951, 26: 307-310.

[103] Rogers C A. The reduction of star-sets[J]. Phil. Trans. Roy. Soc. Lond., 1952, A 245: 59-93.

[104] Rogers C A. A note on coverings[J]. Mathematika, 1957, 4: 1-6.

[105] Rogers C A. The packing of equal spheres[J]. Proc. Lond. Math. Soc., 1958, 8(3): 609-620.

[106] Rogers C A. Lattice covering of space with convex bodies[J]. J. Lond. Math. Soc., 1958, 33: 208-212.

[107] Rogers C A. Packing and Covering[M]. Cambridge: Cambridge Univ. Press, 1964.

[108] Rogers C A, Shephard G C. The difference body of a convex body[J]. Arch. Math., 1957, 8: 220-233.

[109] Roy D. On Schmidt and Summerer parametric geometry of numbers[J]. Annals of Math., 2015, 182: 739-786.

[110] Schmidt W M. Eine neue Abschätzumg der kritischen Determinanten von Sternkörpern[J]. Monatsh Math., 1956, 60: 1-10.

[111] Schmidt W M. Eine Verschäfumg des Satzes von Minkowski-Hlawka[J]. Monatsh. Math., 1956, 60: 110-113.

[112] Schmidt W M. Diophantine approximation, LNM 785[M]. New York: Springer, 1980.

[113] Schmidt W M. Open problems in Diophantine approximation [M] // Bertrand D, Waldschmidt M. Diophantine approximations and transcendental numbers (Luminy 1982). Birkhäuser Boson, 1983: 271-287.

[114] Schmidt W M, Summerrer L. Parametric geometry of numbers and applicatios[J]. Acta Arith., 2009, 140: 67-91.

[115] Schmidt W M, Summerrer L. Diophantine approximation and parametric geometry of numbers[J]. Monatsh. Math., 2013, 169: 51-104.

[116] Sidel'nikov V M. New estimates for the closest packing of spheres in n-dimensional Euclidean space[J]. Mat. Sb.(N.S.), 1974, 95: 148-156, 160.

[117] Siegel C L. Über Gitterpunkte in konvexen Körpern und ein damit zusammenhängendes Extremalproblem[J]. Acta Math., 1935, 65: 309-323.

[118] Siegel C L. Lectures on the geometry of numbers[M]. Berlin: Springer, 1989.

[119] Uhrin B. On a generalization of Minkowski's convex body theorem[J]. J. of Number Theory, 1981, 13: 192-209.

[120] Woods A C. The anomaly of convex bodies[J]. Proc. Camb. Phil. Soc., 1956, 52: 406-423.

[121] Woods A C. On two-dimensional convex bodies[J]. Pacific J. Math., 1958, 8: 635-640.

[122] Wely H. On geometry of numbers[J]. Proc. Lond. Math. Soc. , 1942, 47(2): 268-289.

[123] Zong C. Sphere packings[M]. Berlin: Springer, 1999.

索　引

2~3 画

4~6 画

8 画

9 画

10 画

10 画以上

其他